U0007379

廚房必備基本工具

1. 湯鍋
2. 油炸時使用的溫度計
3. 炒鍋
4. 研磨過濾器
5. 瀝水籃
6. 湯勺

7. 細網目的篩子
8. 木頭材質的湯匙
9. 橡皮刮刀
10. 網杓
11. 不鏽鋼材質的餐夾
12. 高湯鍋
13. 鑄鐵材質的荷蘭鍋
14. 鑄鐵材質的平底煎鍋
15. 盒狀研磨器
16. 手動擠汁工具（常用於柑橘類）
17. 研缽
18. 主廚長刀（以及小刀、鋸齒刀）
19. 量杯與量匙

收納在櫥櫃裡的

20. 料理秤
21. 測量肉塊溫度的探針式溫度計
22. 沙拉甩水器
23. 攪拌盆（數個）
24. 烤盤（數個）
25. 果汁機或食物調理機
26. 日式薄切工具
27. 刮刀（磨皮器）

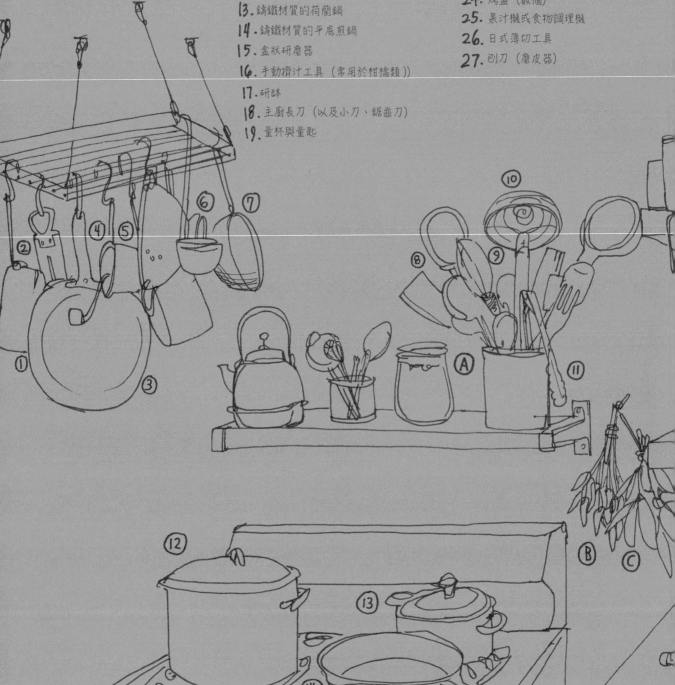

常備食材

A. 猶太鹽或細海鹽
B. 乾燥辣椒
C. 月桂葉
D. 醬油
E. 香料
F. 堅果及乾燥果乾
G. 巧克力與可可粉
H. 義大利麵、米和穀物
I. 初榨橄欖油和無特殊風味的液態油脂

J. 番茄罐頭
K. 洋蔥
L. 新鮮香草
M. 乾燥豆類
N. 橄欖與酸豆
O. 鮪魚及鯷魚
P. 大蒜
Q. 檸檬與萊姆
R. 紅酒醋、白酒醋、巴薩米克醋和米酒醋

S. 黑胡椒
T. 片狀鹽
U. 奶油
V. 帕瑪森起司
W. 蛋

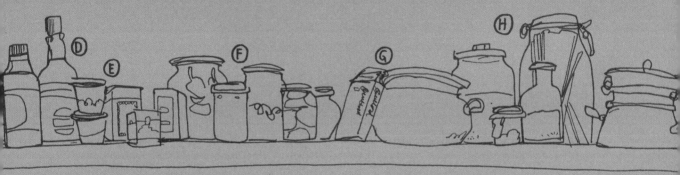

這本美好親切的書不只教你料理，還幫你抓住料理的感覺，引導你探索、創造並樂在其中。莎敏用真實的食物料理：追求有機、當季與新鮮，更以她奔放的熱情與好奇心贏得讚賞。

——紐約時報暢銷書《食滋味》（*The Art of Simple Food*）作者
愛麗絲·華特斯（Alice Waters）

莎敏·納斯瑞特將「我們如何料理」這個既龐大又複雜的主題整理歸納為四個字：「鹽、油、酸、熱」，即將令所有人眼界大開。

——紐約時報暢銷書《耶路撒冷》（*Jerusalem*）作者
尤坦·奧圖蘭吉（Yotam Ottolenghi）

想要精進廚藝的人必讀《鹽、油、酸、熱》。莎敏·納斯瑞特，加上溫蒂·麥克諾頓有趣的插畫，教導大家認識料理的基礎，歸納出讓食物出色美味的四大元素。幫自己一個忙，買下這本書，保證你一定不會後悔！

——《A Girl and Her Pig》作者、米其林二星主廚
艾波·布倫費爾德（April Bloomfield）

如同從莎敏·納斯瑞特的廚房端出的神奇美食，《鹽、油、酸、熱》也結合了所有高品質的元素：美麗的故事、清楚的科學知識、對食物的熱愛，以及溫蒂·麥克諾頓打動人心的插畫藝術。

——紐約時報暢銷書《改變人類醫療史的海拉》（*The Immortal Life of Henrietta Lacks*）作者
芮貝卡·史克魯特（Rebecca Skloot）

《鹽、油、酸、熱》是一本很重要的書，不只是因為其中包含了許多傑出的食譜，也不是因為作者曾在 Chez Panisse 工作，雖然這些都是事實。這本書的重要性在於它給予家庭料理人指引的方針，可以悠遊於各自的廚房，並相信讀者能善加運用這些原則。莎敏‧納斯瑞特隨和、跟著感覺走的料理方式，不會令人感到難以接近或門檻太高。這本書是引導你不再依賴食譜，也能在廚房裡揮灑自如的好幫手。

——紐約時報暢銷書《廚藝之樂》（*Joy of Cooking*）第四代作者
約翰‧貝克（John Becker）與梅根‧史考特（Megan Scott）

《鹽、油、酸、熱》是一本資訊多元、新時代的烹飪參考書。莎敏‧納斯瑞特豐富的經驗在這裡集結為迷人的故事、真誠的建言、插畫與靈感。對新手或資深廚師來說，成功的條件都是一樣的，無論你在廚房的何處遇到這本書，都能找到對的方向。

——紐約時報暢銷書《Super Natural Cooking》作者
海蒂‧史汪森（Heidi Swanson）

讚嘆。這完全就是一本為廚事迷途羔羊們所譜寫的超級指南。

——貓下去敦北俱樂部 & 俱樂部男孩沙龍負責人**陳陸寬**

風味是料理的靈魂，只有精準的科學與邏輯才能讓妳（或你）做菜時是站在磐石上而非枯葉上。

——《低烹慢煮》作者、咖啡與法式餐飲顧問**蘇彥彰**

SALT
ACID

鹽
·油·
酸
·

FAT
HEAT

熱

莎敏·納斯瑞特（Samin Nosrat）　著

溫蒂·麥克諾頓（Wendy MacNaughton）　插畫

妞仔（黃宜貞）　譯

積木文化

VC0027
鹽、油、酸、熱
融會貫通廚藝四大元素，建立屬於你的料理之道

原 文 書 名　Salt, Fat, Acid, Heat: Mastering the Elements of
　　　　　　 Good Cooking
作　　　者　莎敏・納斯瑞特 (Samin Nosrat)
插　　　畫　溫蒂・麥克諾頓 (Wendy MacNaughton)
譯　　　者　妞仔 (黃宜貞)

總 編 輯　王秀婷
主　 輯　廖怡茜
版　 權　徐昉驊
行 銷 業 務　黃明雪、林佳穎

發 行 人　涂玉雲
出　 版　積木文化
　　　　　104 台北市民生東路二段 141 號 5 樓
　　　　　電話 : (02) 2500-7696 | 傳真 : (02) 2500-1953
　　　　　官方部落格 : www.cubepress.com.tw
　　　　　讀者服務信箱 : service_cube@hmg.com.tw
發 　 行　英屬蓋曼群島商家庭傳媒股份有限公司城邦分公司
　　　　　台北市民生東路二段 141 號 11 樓
　　　　　讀者服務專線 : (02)25007718-9 | 24 小時傳真專線 : (02)25001990-1
　　　　　服務時間 : 週一至週五 09:30-12:00、13:30-17:00
　　　　　郵撥 : 19863813 | 戶名 : 書虫股份有限公司
　　　　　網站 : 城邦讀書花園 | 網址 : www.cite.com.tw
香港發行所　城邦 (香港) 出版集團有限公司
　　　　　香港灣仔駱克道 193 號東超商業中心 1 樓
　　　　　電話 : +852-25086231 | 傳真 : +852-25789337
　　　　　電子信箱 : hkcite@biznetvigator.com
馬新發行所　城邦 (馬新) 出版集團 Cite (M) Sdn Bhd
　　　　　41, Jalan Radin Anum, Bandar Baru Sri Petaling, 57000 Kuala Lumpur, Malaysia.
　　　　　電話 : (603) 90578822 | 傳真 : (603) 90576622
　　　　　電子信箱 : cite@cite.com.my

國家圖書館出版品預行編目（CIP）資料

鹽、油、酸、熱：融會貫通廚藝四大元素，
　建立屬於你的料理之道／莎敏・納斯瑞特
　（Samin Nosrat）著；溫蒂・麥克諾頓（Wendy
　MacNaughton）插畫；黃宜貞譯 . -- 初版 . --
　臺北市：積木文化出版：家庭傳媒城邦分公
　司發行，2018.09
　　面；　公分 . --（食之華；27）
　譯　自：Salt, fat, acid, heat: mastering the
　elements of good cooking
　ISBN 978-986-459-148-0（平裝）

1. 烹飪 2. 食譜
427　　　　　　　　　　　　　107013047

Complex Chinese translation copyright © 2018 by Cube Press, a division of Cite Publishing Ltd.
Salt, Fat, Acid, Heat: Mastering the Elements of Good Cooking
Original English Language edition
Text copyright © 2017 by Samin Nosrat
Illustrations copyright © 2017 by Wendy MacNaughton
All Rights Reserved
This edition is published by arrangement with the original publisher, Simon & Schuster, Inc.
　through Andrew Nurnberg Associates International Limited

內頁排版・封面設計 Pure
製版印刷　中原造像股份有限公司

2018 年 9 月 4 日　初版一刷
2021 年 7 月 20 日　初版三刷
售　價 / NT$1280
ISBN　978-986-459-148-0
有著作權・侵害必究

獻給讓我擁有廚房的愛麗絲・華特斯
獻給讓我擁有世界的媽媽

任何喜歡吃的人，很快就能精通料理。

——珍妮・葛里森 (Jane Grigson)

目錄

PART ONE
美好料理的四大元素

PART TWO
食譜與建議

推薦序

當我寫下這篇序的此時，這本書還沒有正式出版，但，我完全可以預見這本書將會是一本市面上不可或缺的重要書籍。

這預測聽起來誇張至極……我知道。老實說，我實在回想不起來，近期我讀過任何一本烹飪書籍，像這本一樣，既實用又如此的與眾不同。我會這麼說最大的原因在於，閱讀《鹽、油、酸、熱》感受上不像是翻讀一頁頁的烹飪書，反而比較像是真正上烹飪學校……身著圍裙，站在放有厚重木砧板的中島旁，專注聆聽著聰明、口才伶俐，時而穿插幽默笑話的老師示範如何拯救油水分離的美乃滋（加幾滴水，然後像是身邊有隻大白鯊般，拚命揮動四肢的那種努力，瘋狂攪拌）。接著，這盆不再油水分離、完美乳化的滑順美乃滋，在學生間傳遞著，大家紛紛使用試吃湯匙挖取，讓味蕾感受其美好。這就是一本這樣的書！

在《鹽、油、酸、熱》一書中，莎敏‧納斯瑞特（Samin Nosrat）成功的帶領我們悠遊於更深、更廣的烹飪藝術，這是一般烹飪書所無法達到的。這完全要歸功於她的這本書不僅僅是食譜，制式的食譜書雖然實用，但不可避免的也限制了學習。一份書寫得當，經過多次試驗的食譜，能讓你輕鬆的做出同樣的一道料理，但是卻無法教會你煮食，差遠了。打個誠實的比喻好了，食譜就像是給小朋友看的童書：照著我說的、他說的、大家說的做就對了，不要問問題，小腦袋裡也別自尋煩惱的思考為什麼要這麼做了。食譜書，沒有解釋、沒有說明卻要求讀者獻出絕對的忠誠與信仰。

回想看看！我們這輩子「學過」多少東西，又真正「學到」多少呢？

當老師不再僅僅條列出步驟一、步驟二，而是詳細介紹背後的原理，一旦知道理由，有了原理撐腰，我們將不再需要巴著食譜不放。最後，終於可以展現自我，隨性而煮。

當然，書裡也收錄了許多優質的食譜，不過，我得說，書裡提到的原理才是真精華。莎敏‧納斯瑞特將範圍廣闊、令人卻步、多元文化的各式煮食主題，濃縮提煉為四個精要元素（或是五個，如果你把「隨時嘗嘗味道」這個核心原則算進去的話）。

熟悉了這些原則後，她可以保證，你能煮出各種各款的美味食物，從沙拉淋醬、燉肉到塔派餅類，全都沒問題。在適當的時機，使用適量的鹽調味；選擇最佳的脂肪作為媒介，讓食材得以傳遞出最大的香氣。加點酸，提點平衡食材的滋味；採用對的熱源、火力，正確判斷應該的加熱時間。如果以上幾點都做到了，你就能端出感人的美味料理，有沒有食譜，完全不重要。這是個很重大的承諾，只要你照著她的教學課程（讀這本書），你會發現，莎敏・納斯瑞特敢承諾就辦得到。不論你是廚房新手，或是早有數十年經驗的專業廚師，你還會學到如何在料理中架構起令人激賞的豐富層次。

● ● ●

莎敏・納斯瑞特有天份，更具有多年在灣區（Bay Area）許多好餐廳服務所累積出的深厚經驗。除此之外，她還是位渾然天成的好老師：總是那麼認真、激勵人心又具說服力。莎敏・納斯瑞特曾經是我寫作課的學生，後來當我在為著作《烹：人類如何透過烹飪轉化自然，自然又如何藉由烹飪轉化人類》（Cooked）一書蒐集資料時，她成了我的烹飪老師。這些對於莎敏・納斯瑞特的了解，可是我親自接觸後的第一手認識呢！

我們相識在更早的十年之前，當時莎敏寫信詢問是否能旁聽我在柏克萊大學（Berkeley）開的食物新聞學。不論是從寫作教授或是美食愛好者的角度來說，答應讓她進教室旁聽，絕對是我做過的眾多決定裡十分正確的一個。

既然是跟食物相關的課程，很理所當然的，我們在課堂上吃吃喝喝。授課內容演變為每週一次的點心故事時間——享用些可能和某位學生的背景、手邊正在進行的案子，或是熱衷的事物有關聯的食物或菜餚。我們吃過從巨大垃圾車裡打撈出來的棍子麵包；野地採集的菇類跟雜草；各種你所能說出的民族特色食物，我們都搭配著故事吃下肚。輪到莎敏的那一週，她為我們準備了豪華全餐：以鑲有銀邊的正規餐盤承裝著她親手自製的波菜千層麵。此等規格的食物，不曾在我的課堂上出現過。就在大家一邊品嘗這輩子從沒嘗過的美味千層麵的同時，莎敏一邊說著她當年在佛羅倫斯（Florence）當班尼德塔・維達李（Benedetta Vitali）的學徒，在她帶領下如何徒手攪拌蛋與麵粉，學習做義大利麵的故事。她說故事的能力跟她的廚藝都讓我們深深著迷。

因此，多年之後我下定決心好好認真學習烹飪，請她來當我的老師，絕對是不二人選。莎敏也立刻爽快答應。我們一週上課一次，通常是在星期天午後，我們一起煮出週週不同主題的三道菜全餐，就這樣持續超過一年的時間。莎敏總是提著購物

袋、圍裙和刀具包，一邊衝進我家廚房一邊宣布當週教學主題，這些主題大致上和這本書編排收錄的內容相仿。「今天，我們要學乳化（emulsions）。」（我印象非常深刻的記得，她將乳化形容為「脂肪與水分暫時和諧所造就的美味」。）如果當週上課需要使用到肉類，莎敏會在前一天特地來我家或是打電話貼心的交代我，至少要提前二十四小時開始醃製調味，使用的鹽量大概是你的心臟科醫生建議的五倍份量左右，提早確保大塊肉或是全雞事先醃製調味得當。

一開始，就只有我跟莎敏站在廚房中島旁切菜、聊天，一對一教我煮食，漸漸的，我的太太茱蒂斯（Judith）和我的兒子艾札克（Isaac）被食物的香氣及談笑的氛圍吸引加入。既然煮出這麼美味的食物，不找人分享，就太說不過去了。於是，我們擴大經營，開始邀請朋友一同共進晚餐，而朋友們在不知不覺中，一個個越來越早到，從傍晚一直提早，甚至中午就出現在我家。大家也就自然而然的圍到廚房中島，偶爾順手幫忙擀一下派皮，或是當艾札克正往製麵機裡塞進琥珀色的雞蛋麵團時，幫忙轉動把手。

莎敏的教學方式有股感染力，結合了她的熱情、幽默與耐心，除此之外，最特別的是她能將無敵複雜的料理過程，分解成幾個簡單的步驟，而且大家一聽她解釋其中的原理後，馬上就能輕鬆瞭解。及早加鹽調味肉類，讓鹽有充分的時間擴散進到肌肉纖維中，將蛋白束融解成飽含水分的膠狀物質，不但是為肉類的內部調味，還是促進肉類的濕潤度。像是這樣的每一個步驟背後都有著一段故事，一旦瞭解原由，每個步驟都是合理的，自然而然這麼料理食物，最終就
會成為你反射性的廚藝。

莎敏傳授給大家的是有邏輯、合乎
科學的廚藝技術，除此之外，最重要
的，她再三強調要多試吃，要仔細
聞，訓練自己的感官，然後信任
自己的判斷，憑自己的感覺做菜。
「試吃，試吃，再試吃！」就算
我在料理的是很簡單、看似無趣的
炒洋蔥，她也會這麼提醒我。鍋裡
錯綜複雜的演變正慢慢的依序呈現，
洋蔥的滋味從嗆酸到純淨，接著開始

產生甜味，焦糖化作用發生，於是有了煙燻的氣息，隨著顏色越來越深，此時洋蔥帶了點苦味。她教會我，只要掌握好料理的第四項重要元素：熱，即使是平凡無奇的食材，也隱藏著數十種令人驚奇的滋味。投入感官、細細體驗，深刻地記住炒洋蔥每個階段的差異與香氣。現今，有哪本食譜是精確傳達出這些訊息的呢？正如同莎敏常常引用自她老師的一句話：「食譜不會使食物變得美味，但人會。」

最讓我深愛這本書的原因是，莎敏終於在溫蒂・麥克諾頓（Wendy MacNaughton）豐富的圖畫協助下，將她熱衷且擅長的領域呈現在書頁上。呼應而成的是本好讀易懂又賞心悅目（當然文字上的闡述也是功不可沒）的大作。很快的，我的預測就會成真，廚房裡的食譜書架上，絕對少不了這一本書，趕快清出個位置，準備收藏吧！

——麥可・波倫（Michael Pollan）

前言

　　人人都能下廚做料理，而且能料理得很美味。

　　不論你是從沒拿過廚刀的新手，或是受過訓練的專業廚師，食物的美味與否，僅僅取決於以下四個基礎因素：促進風味的**鹽**；強化食物風味，營造可口質地的**油**；增添明亮與平衡感的**酸**；以及，最終控制食物口感的**熱**。鹽、油、酸與熱，是料理中最基礎關鍵的要素，這本書要告訴大家，如何善用這四大元素，找到自己的料理之道，輕鬆的悠遊於每一間廚房。

　　下廚時沒有食譜，你是否就會感到迷失？羨慕其他人可以信手拈來，即使冰箱空蕩蕩也能變出料理？在選定食材後，只要掌握好鹽、油、酸與熱這四大要點，就能明白該如何著手料理，以及最後的口味如何微調，以達到食物該有的滋味。所有善於料理的優秀廚師，舉凡是獲獎無數的廚師、摩洛哥熱愛煮食的老奶奶，以及分子廚藝大師，他們能穩定的做出美味食物，全是倚靠著這四大元素的指引。只要全力投入，認識這四個重點，你也能成為優秀的廚師。

　　在發現鹽、油、酸與熱在料理上是如此重要的祕密之後，你也會同時發現自己的廚藝日益精進，得以從食譜及鉅細靡遺的購物清單中獲得解放。在農夫市集或是肉舖裡，看到什麼品質好的、心動想買的食材，你都能入手，而且有自信將好食材變身為好料理。你也會更信任自己的味覺判斷，懂得將食譜中的某些食材，以手邊現有的食材替換使用。這本書，會大大顛覆你對下廚、飲食的既有印象，幫助你在任何一間廚房，使用任何食材，料理任何餐點，都能找到自己舒服的姿態。你面對食譜的態度與方法（包括書本裡收錄的食譜），會變得跟專業廚師一樣：是作為靈感來源、食材變化之用，食譜僅僅提供料理參考，不再是亦步亦趨，按表操課。

　　這本書，不但能讓你成為一位好廚師，而且還是一位廚藝超棒的廚師。我向你保證，真的可行！因為我自己就是這樣辦到的。

● ● ●

我這一生，都在探求食物美好的風味。

　　小時候，印象最深刻的畫面是媽媽每天晚餐前呼喚我和哥哥們，一起窩在廚房剝生蠶豆，以及幫忙準備香草，好讓媽媽為大家煮食傳統波斯料理。我的父母，在 1979 年伊朗（伊斯蘭）革命的前一晚，從德黑蘭遷徙到聖地牙哥，過沒多久我就誕生了。我的生長環境，是講著波斯語，慶祝著伊朗的傳統新年（No-Ruz），上的是波斯學校，學習讀、寫波斯文。而波斯文化，最大的特色，莫過於傳統食物，食物將人們拉近，聚在一起。家裡的餐桌上，擺滿了堆著香草的小碟，裝盛番紅花米飯的大盤子和香氣撲鼻的燉肉料理。姑姑、叔伯、祖父母們，大家天天共進晚餐，不一起吃晚餐的日子，屈指可數。我永遠記得，而且深深愛上每位波斯媽媽煮出的米飯，底部那層棕色、酥脆的鍋巴（tahdig）。

　　我知道自己愛吃，但絕沒想到自己會因此成為一位廚師。高中畢業後，懷抱著對文學志向的遠大抱負，我北上前往柏克萊加州大學（UC Berkeley）。我記得在新生報到日那天，有人向我提起城裡有間非常知名的餐廳，當時我壓根沒有前往用餐的念頭。我唯一去過的餐廳，是每週末和父母一起前往位在橙縣（orange county）的波斯烤肉店，當地的披薩攤，和海邊的賣魚餐車。在聖地牙哥，沒有什麼聞名的餐廳。

　　後來，我開始和喬尼（Johnny）交往戀愛，喬尼有著玫瑰般的粉色雙頰，及詩人般的星芒雙眼，是他帶領我以當地人的角度認識舊金山的餐飲之美。他帶我去了他最愛的、專賣墨西哥捲餅的餐廳，並教我如何組合出一份完美的墨西哥捲餅，完成複雜的點菜任務。我們一起前往 Mitchell's（密契爾冰淇淋店），品嘗了迷你椰子與芒果冰淇淋。我們也曾在深夜時分，爬上科伊特塔（Coit Tower），搭配腳下的閃爍美景，吃著購自 Golden Boy Pizza（金色男孩披薩店）的披薩。喬尼一直渴望能去 Chez Panisse（帕妮絲之家）用餐，但苦無機會。我後來發現，原來這家知名餐廳我早有耳聞。我們存了七個月的錢，在謎樣的訂位系統摸索半天，終於成功訂了位。

　　用餐當天，我們捧著裝滿 25 分硬幣的鞋盒，先去了趟銀行，換成兩張百元及兩張二十元面額的紙鈔。穿上我們最好的衣服，開著他那輛福斯金龜車，奔馳前往用餐。

　　餐點，當然是無話可說的好。我們吃了菊苣培根溫沙拉（*frisée aux lardons*）、比目魚湯（halibut in broth）和珍珠雞佐小朵雞油菌菇（guinea hen with tiny chanterelle mushrooms）。這些食物，都是我以往從沒吃過的。

　　甜點是巧克力舒芙蕾，甜點上桌後，侍餐小姐教我如何使用湯匙在舒芙蕾頂端挖個洞，然後朝洞裡倒進覆盆子醬汁。她看著我吃下第一口，我震懾了一下後，告訴她

吃起來像是一朵溫熱的巧克力雲。整個用餐經驗，回想起來，如果能再搭配一杯冰鮮奶，就更完美了。

當時的我，實在是懵懂無知，這可不是小孩子的早餐組合啊！如此精緻的美食，搭上一杯鮮奶，簡直是大逆不道。

但，我就是天真。深深的相信，一杯冰鮮奶與一塊溫熱布朗尼蛋糕，不論白天、晚上或是任何時候享用，都是最棒的組合。侍餐小姐看透我這股天真裡蘊藏的甜。她短暫離開後，帶回了一杯冰鮮奶及兩杯甜點酒（這才是搭配甜點，最適宜的選擇）。

我的專業廚藝學習之路，開始於此。

過了不久，我寫電子郵件給 Chez Panisse 的傳奇老闆與主廚：愛麗絲·華特斯（Alice Waters），信裡我鉅細靡遺的形容了一遍我們的晚餐情況。受到美食的精神感召，我請她給我一個工作機會，一個專職擦桌子、清廚餘的職位。在這之前，我從沒想過在餐廳裡工作的可能性，但是我想要成為那晚在 Chez Panisse 那魔幻用餐經驗裡的一員，即使是從最微小、最基層的職位做起。

後來，我就帶著履歷以及這封信，前往餐廳應徵。一進到餐廳，說明來由後，我被領到一間辦公室裡，介紹給樓層經理。一碰到面，我們馬上認出彼此：她就是當晚那位端來冰鮮奶與甜點酒的侍餐小姐。在她讀了我的信後，立刻就決定僱用我，並且安排隔天開始受訓。

受訓的第一天，我被帶著穿過廚房，來到樓下的用餐區，第一項任務是：使用吸塵器將地板吸乾淨。途中我瞥見那間美麗的廚房，閃閃發亮的古銅牆面前，排列著一籃籃裝滿熟透無花果的簍子，這畫面令我震懾不已。立即，被那些身穿潔白無瑕廚師服，煮食時移動得既優雅又有效率的身影深深迷倒。

工作了幾週之後，我便央求主廚們讓我進去廚房裡幫忙。幫著幫著，主廚們開始相信我對於料理的態度是很認真，不是兒戲的，於是我得到了廚房實習生一職。於是，我日也煮，夜也煮，每晚食譜伴我入夢，夢裡則是瑪契拉·賀桑（Marcella Hazan，義式料理教母）的義式肉醬和寶拉·沃佛特（Paula Wolfert）的手揉庫司庫司。

在 Chez Panisse，餐廳菜單是每日更新的，各個廚房部門每天第一件事就是開會討論當天菜色。小廚們一邊為豌豆去膜，一邊剁蒜頭，同時聽著主廚描述菜色預期該呈現的面貌。有時會提起這道菜的靈感來源，可能是啟發自西班牙海岸之旅，或是多年前在《紐約客》（*New Yorker*）上讀到的故事。有些時候，主廚會進一步仔細說明，特別指定使用哪種香草、蘿蔔的特殊切法，在分派工作的小紙條背面，還會素描出擺盤設計。

身為實習生，能參與這樣的菜單會議，非常具有啟發性，同時也是戒慎緊張。《Gourmet》雜誌才剛評比 Chez Panisse 為全國最好的餐廳，而我身列於眾多世界頂尖名廚之間。光是聽他們談論食物，就非常具有教育意義了。*Daube Provençal*，Moroccan *tagine*、*calçots con romesco*、*cassoulet toulousain*、*abbacchio alla romana*、*maiale al latte*：這些都是外來文。光是菜餚的名稱就夠我茫然了，為什麼他們可以料理出主廚交代、形容的食物呢？究竟是如何辦到的呢？

我懷疑自己永遠無法追上大家的程度。甚至，如果哪一天廚房裡的香料全都沒有標上名稱，我也沒有自信是不是能判斷出全部的種類。我幾乎辨別不出孜然籽與茴香籽的差別，所以要我分辨出普羅旺斯馬賽魚湯（Provençal *bouillabaisse*）與托斯卡尼海鮮湯（Tuscan *caccinco*）的細微差異，那簡直是毫無可能（兩者都是源自地中海的，幾乎完全一樣的海鮮燉煮料理）。

我每一天都問每一個人問題，問許多問題。我閱讀、下廚、試吃，還書寫關於食物的文字，全是為了讓自己更懂食物。我參觀農場和農夫市集，用著自己的方法努力瞭解他們的商品。慢慢的，廚師們給我越來越多的責任與工作，從油炸閃閃發亮的鰻魚作為前菜，到捏製義大利餃（ravioli）作為第二道菜；或是肢解牛肉，準備第三道菜。亢奮的心情支持著我持續努力，當然同時也伴隨著一些大大小小的失誤。小失誤像是，本來該拿香菜，我卻拿成巴西利，因為我看不出兩者的差異。大失誤則是，一次在總統夫人的餐會上，我將牛肉醬汁煮焦了。

隨著我的日益進步，也開始能判斷真正美食與好吃之間的細微差異。我開始試著去剖析組成一道菜的各個元素，瞭解該在煮義大利麵的水裡加鹽，而非加在醬汁裡；懂得在香草莎莎醬中加點醋，以平衡豐腴的口感；在燉羊肉裡加點甜味。在看似難理解、費疑猜的日常料理調味迷陣中，我開始看見有跡可循的線索。硬韌的肉塊部位，要前一晚先抹鹽鹽漬，而軟嫩的魚排，則是下鍋前才加鹽調味。油炸時，油溫必須要高，否則炸出來的成品容易膩口。而用於做塔派的奶油，則必須保持冰冷，烘烤後的

成品才能有酥脆的層次感。幾乎所有的沙拉、湯品或是熬燉的料理，擠點檸檬汁或加點醋，都會有顯著的提味之效。某些部位的肉類，只適合用在燒烤上，而有些部位，則是只適合燉煮。

鹽、油、酸和熱這四大元素，能帶領著大家做出基本的判斷與決定，通用於每一道菜，放諸任何料理皆準。剩下的，就是文化、季節性或是技術細節了，這些都能參考食譜書、專家、歷史和地圖。這四大元素，才是所有料理整合性的重點。

要水準一致、次次都做出美好的食物，看似高深難以達成，但是，每當我站在廚房裡，心中有一份簡單的檢視清單：鹽、油、酸和熱。我曾經將這個想法向其他廚師提起。他笑笑的看著我，一臉好像在表達：「對啦！對啦！大家都知道嘛！」

才怪！哪有大家都知道！我從來就沒聽過或讀過這類的書籍或文章，也從來沒有人指點過我相關的觀念。就在我參透這件事，又被專業廚師肯定這些理念是正確無誤的後，再想想市面上竟然沒有任何書籍，將這套料理概念完整呈現過，這實在是一件不可思議的事。於是，我決定要為所有對料理有興趣（可能算是素人廚師）的各位寫一本這樣的書。

我拿了一支筆，跟一本黃色速記本，就開始寫起來了。這個開始，已經是十七年前的事了！我當時只有二十歲，廚齡不過幾年而已。很快的，我也覺悟了，在指導別人之前，必須先自我充實對食物的認識與寫作的能力。這本書，於是擱置。當我學習、寫作及料理時發現到關於鹽、油、酸和熱的新知識時，我都再次過濾統整，最後成為純粹的廚藝思維。

像是學者追尋學問的源頭，Chez Panisse 裡一道我深愛的料理，激起了我一嘗原產地版本的渴望，強烈的念頭帶領著我前往義大利。在佛羅倫斯，我跟著具有舉足輕重地位的主廚班尼德塔‧維達李（Benedetta Vitali），在他的 Zibibbo 餐廳裡當學徒。在完全陌生的廚房工作，一開始是十分艱困的，尤其是語言不通，溫度慣用的單位是攝氏，體積與重量則是使用公制單位。但是，基於對鹽、油、酸與熱的熟悉，我很快就能融入廚房，掌握到廚房運轉的軸心。或許一些料理的細節無法一下子全上手，但是班尼德塔教我做肉醬時該怎麼先將肉煎上色，炒菜時，鍋中橄欖油預熱的程度，煮麵時水裡要加鹽，還有針對滋味豐腴的食物，擠上檸檬汁能有提味的效果。這一些都和我在加州所學到廚藝知識不謀而合。

放假的時候，我總會和達里歐‧切基尼（Dario Cecchini）一起前往奇揚地（Chianti）的山上。達里歐是家族裡第八代的肉販了，為人非常有個性，也很是豪邁。他耐心的

教導我全隻動物的肢解，並生動的向我介紹許多托斯卡尼傳統食物。更帶著我到各個不同的區域，去拜訪農夫、酒商、麵包師傅和起司工作坊。於是，我認識地理差異、季節更替及歷史，在數個世紀以來對托斯卡尼食物哲學的潛移默化，最大的特色在於：新鮮。謙虛的來說，所有食材，只要悉心料理，就能傳遞出最深遠的風味。

我企圖追求風味的決心，帶領我走向全世界。在好奇心的驅使之下，我造訪了位於中國，世界上最古老的食物醃漬店；深入研究，辨別巴基斯坦各地區扁豆料理的些微差異。因為政治因素，古巴料理在食材取得上受限，因此在料理傳承的過程中有不少的遺落。相反的，墨西哥玉米餅料理，則是受到猶如傳家寶般的推崇與保護。兩者之間的巨大差異，我深刻的親身感受到。無法趴趴走四處旅行時，我會大量閱讀，訪問移民的老阿嬤，品嚐他們的傳統食物。不論我身處何方，待在什麼環境，鹽、油、酸與熱永遠是我下廚的最高指導原則，每次都能穩當的讓我端出一盤好料理。

● ● ●

接著，我回到了柏克萊，為我在 Chez Panisse 工作時的導師克里斯多福・李（Christopher Lee）工作，他的 Eccolo 義大利餐廳當時剛開幕。我很快就成為餐廳的行政主廚（*chef de cuisine*）。工作內容上，我順應食材或是食物的天性，再搭配一些廚房裡的科學，料理出最獨特的美好滋味。我認為，與其一直盯著廚師們要「時時試吃」，倒不如教他們如何在料理時做出正確的決定。在我發現鹽、油、酸與熱的廚藝理論十年之後，也已經累積足夠的實務經驗，可以將這套系統完整的教導給手下年輕的廚師們。

發現我的鹽、油、酸與熱這一套理論，對專業廚師是如此的有用。後來我的寫作老師麥可・波倫（Michael Pollan）請我教他料理，他當時正在書寫《烹：人類如何透過烹飪轉化自然，自然又如何藉由烹飪轉化人類》這本關於料理歷史的書籍。在教學的過程中，他很快就發現我對於這四大料理元素的癡迷，於是鼓勵我將資料整理得更有系統，並且再去教導更多人。我聽他的話，照做了！我以這套理論教過料理學校的學生、老人中心的長輩、中學學生和社區活動中心的附近居民。不管我們煮的是墨西哥、義大利、法國、波斯、印度或是日本料理，沒有任何例外，我都能感受到學生在廚藝上更有自信，

總是將食物風味擺在料理的第一順位，學著做出更好的廚藝決定，煮出來的食物，在品質上也是大大進步。

十五年前我發現並且起了將這套理論出版的念頭，十五年後，我終於著手認真書寫。打從一開始，我在廚房裡親身實踐與鑽研鹽、油、酸與熱的理論，然後，花了好幾年教導大家這套廚藝。內容經過層層淬煉，全是精要必須的。只要學會遵循鹽、油、酸與熱這四大廚房導航，就能煮出美食。繼續讀下去，讓我仔細的告訴你該怎麼做吧！

如何使用本書

你大概已經能感覺出來了,這本書並不是市面上常見的傳統料理書籍。

我強烈的建議你,要從頭開始,一頁頁讀到最後。留意書裡提到的料理技術、科學理論和背後的故事,但別擔心要全部牢記。後續如果再次遇到相關的概念,隨時可以再回過頭複習相似的主題。書中的每個基礎元素,全依照各自的風味、科學角度編排,廚房新手的讀者們,能很快的學到如何做出好料理及相關原理。而原本就有底子的讀者們,閱讀本書時會不時有「啊!原來如此啊!」的頓悟,發現以往不知道的祕訣,或是早就知道,但透過書裡的介紹,有了另一種層次的瞭解。

每個章節裡,我都安插了幾個相關的廚房實驗及食譜,能將章節中想要傳達的概念,表達得更精準明確,同時也是將理論付諸實行,提供了學以致用的機會。

本書的後半段,我編入了一些常用的食譜,透過這些食譜,我想讓大家更深刻的瞭解,一旦掌握了鹽、油、酸與熱,這四大元素,究竟能將廚藝帶往什麼樣的境界。慢慢的,在日常料理時不需參考任何食譜,也能很有自信。在學習全憑直覺料理的過程中,食譜,就像腳踏車兩旁的輔助輪,是有必要且令人感到安心的。

為了強調做出好料理的既有法則,我在食譜章節裡,有別於一道道特定獨立料理的呈現方式,而是以食物種類編排。在超強、又具有幽默感的插圖畫家溫蒂‧麥克諾頓(Wendy MacNaughton)的精美畫作協助之下,在視覺上助益良多,彌補了單純只有文字的不足。書裡採用插圖,而不是使用照片,是我刻意安排的決定。這樣的做法,讓每一道料理,不受限於照片裡唯一的完美版本,狹隘想法可以獲得解放。選擇使用插畫的呈現方式,藉以鼓勵大家自由發揮,美味的食物該具有怎樣的面貌,由每個人自行決定。

如果你覺得書本的前半部內容過於深入、沉重，而打算直接跳到食譜章節的話，建議你先瞄一眼**料理課程**的部分。這個部分，提及了食譜及相對應的技巧磨練和特定廚藝技術。如果你不是很確定該如何規劃一份菜單，可以參考**菜單建議**。

　　最後，我想提醒大家，放手盡情享受吧！享受煮食當下的大大小小愉悅過程，和你熱愛的人兒們，一起共食享受吧！

PART ONE

美好料理的四大元素

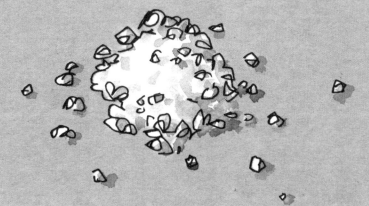

在成長記憶中，「鹽」對我而言是一小罐「只會」出現在餐桌上的東西。小時候，我從沒用過，也從沒見媽媽這麼做過。每當我和哥哥們看到以吃鹽聞名的莉芭阿姨伸手拿起鹽罐往番紅花飯灑時，那畫面實在是有趣極了，我們紛紛忍不住掩嘴竊笑。究竟！到底！將鹽加到食物中的目的是什麼？

鹽，也總讓我聯想到海邊。我童年有大把時光是在太平洋海邊度過的，錯估浪潮而吞下一大口又一大口的海水，是我很深刻的孩提記憶。清晨潮間帶的水坑，我和朋友們常因為誤踩到海葵而絆倒，跌得水花四濺。哥哥們總是拿著猶如巨型流蘇的大把海帶和我在海邊追逐，只要我跑得太慢被抓著了，就會被海帶搔得又刺又癢。

正因為我們隨時隨地都想往海邊跑，媽媽在家中藍色富豪旅行車的後車廂裡，總是備著我們的泳衣。當她催促著我們三個孩子快去玩的同時，也快手快腳在岸上架好大陽傘跟毛巾。

我們一下水，一定是玩瘋，直到肚子超餓了才肯上岸。擦去眼睛周圍的海水，尋找岸上那把因為長期日曬而褪色的珊瑚紅白相間的大陽傘，指引我們衝回媽媽身邊。

媽媽太了解我們，知道我們肯定是餓扁了才捨得離開海水，馬上遞上亞美尼亞薄餅（Lavash）包著波斯大黃瓜及羊奶菲塔起司（feta）。我們搶食著薄餅，再搭上解渴的冰涼葡萄或切片西瓜。

混著從我捲髮滴落的海水及皮膚上因海水被曬乾而產生的薄鹽，那些小食，嘗起來特別好吃！海邊的愉快記憶使得食物加分許多是無庸置疑的。然而，多年之後，到了 Chez Panisse 工作，我才真的從廚藝的角度明白，那些小食之所以嘗起來特別美味的原因。

我在 Chez Panisse 工作的第一年擔任侍餐員，最接近食物、能認識料理的機會是透過品嘗會議（tasters），這時負責的廚師們會在每一道料理拍板定案前，先演練一遍讓主廚審核。因為餐廳每天的菜單都不同，於是需要透過品嘗會議，確保主廚設計的料理都被執行到位，沒有一絲一毫差錯。負責料理的廚師們在會議之後，會再做補救或微調，直到滿意為止。接著，他們就把料理傳給所有工作人員品嘗。在狹小的餐廳後場，我們總共十多名員工，會將食物傳一圈，每個人都吃上一小口。我在那樣的機會下，第一次嘗到了炸鵪鶉蛋，還有炙烤處理的無花果葉包裹柔軟無比的鮭魚，以及白脫鮮奶製成的義式奶酪，佐上香氣撲鼻的野生草莓。往往在品嘗會議時所嘗到的絕美料理，會在當天上班時段中繚繞我心頭久久不散、令人回味再三。

當我的餐飲志向日益確立，克里斯‧李（Chris Lee）終於收我為徒，同時也建議我，

別把重點放在我們在後場嘗到了什麼，倒是廚房裡所發生的才是焦點：廚師們對於食物的用字遣詞，怎麼判斷什麼是對的，這些才是如何成為一位好廚師的線索。當一道料理嘗起來平淡無味，八九不離十，都是鹹度出了錯。有時候是指鹽本身的使用，有時是指起司絲，或是搗碎的鯷魚、幾顆橄欖、一把酸豆。我終於明白了，廚房裡唯一不變的重要原則就是試吃。尤其是針對料理中的鹹度，判斷用鹽量的試吃。

隔年的某一天，我開始進到備料區工作，並且被交代烹調義式玉米粥（polenta）。在進入 Chez Panisse 工作之前，我其實只有吃過一次玉米粥，而且不太喜歡這道平淡無味、需要事先料理並用保鮮膜捲起像餅乾麵團般的食物。但是我對自己說過，餐廳裡的每樣食物都必須要親自嘗過一次。就在我第二次吃玉米粥時，簡直不敢相信這種滑順且滋味豐富多層次的食物，竟然跟我一度認定無滋無味的太空食品是同一種食品。Chez Panisse 的玉米粥是由許多不同玉米品種研磨而來，每一口都飽含甜味及大地氣息，我等不及再為自己多煮一些。

卡爾・佩特濃（Cal Peternell）一步步清楚講解完玉米粥的製作流程後，我便開始料理。看過太多廚師料理玉米粥時總是煮焦黏鍋，耗了一大堆的鍋子，深怕自己也重蹈覆轍，我像是發了狂的拚命攪拌。

一個半鐘頭後，我遵照卡爾的指示，將奶油跟帕瑪森起司加了進去。我舀了一小匙的濃稠玉米粥，呈給他品嘗看看。卡爾是位個性溫和、身高高達 195 公分的巨人，擁有一頭金棕色頭髮，以及幾近為零的幽默感。我既敬畏又尊崇的期待著他的試吃回應。他板著臉說出：再加點鹽。我唯唯諾諾的馬上回到料理區，把鹽粒當作金箔般珍貴高價，只敢小心翼翼的再多灑上幾顆。我自認為嘗起來已經很不錯了，於是再舀了一匙重新調味過的玉米粥，呈給卡爾鑑定。

只見他停頓了幾秒鐘，我就知道他依然認為調味不到位。我想，可能是為了省下彼此來回多次調整鹹度的寶貴時間吧，他索性領著我回到料理區，豪邁的往玉米粥裡加了，可不是一大把，而是足足三大把的猶太鹽！

向來行事小心謹慎，追求完美的我簡直嚇傻了眼。我想把這鍋玉米粥煮好的決心是多麼的堅定，想不到調味失準得這麼嚴重。滿滿三大把！

接著，卡爾抓起了湯匙，我們一起試吃。這鍋玉米粥的滋味竟然有了驚人的變化。玉米味嘗起來莫名的更香甜，奶油氣息也變得更豐厚滿足。各種滋味都更加的立體、凸顯了。

再試吃之前，我一度絕望的認為卡爾毀了我的精心烹調，這三大把鹽加下去，一

定讓這鍋玉米粥鹹到爆。然而，實際試吃後，每一口都是那麼的美味、鮮明，壓根沒有太鹹的感覺。

　　當下，我眼前猶如有道閃電打下。在那之前，我眼中的鹽，充其量不過是胡椒的另一半，沒別的了。在親身體驗過鹽對於提升食物滋味的強大功能，從此以後，每回下廚我都想追求鹽對於食物的提味之效，滿心捕捉正確調味後而誕生的鮮明滋味。回想起孩提時我喜歡吃的某些食物，那些在海邊享用的小食，特別是大黃瓜跟菲塔起司。我這才恍然大悟，那些食物之所以會這麼美味的原因，全在於妥善加鹽調味啊！

何謂鹽？

　　或許我們可以用一點基本的化學來試著解釋，鹽能讓食物的滋味更鮮明背後的祕密。鹽的化學名稱為氯化鈉，是礦物質的一種。也是人體中不可缺少的必要養份之一。而人體無法儲存大量的鹽，因此我們需要隨時持續補充，以因應生理上的需求，像是：調控血壓、體內水分的分布、細胞間養份的運送、神經傳導以及肌肉的運動。人體其實內建有渴望鹽的機制，以確保我們攝取足夠的鹽分。值得慶幸的是，鹽能讓食物變得美味，因此往食物裡加鹽，不是什麼令人痛苦的決定，相反的，加了鹽調味的食物，讓我們更能享受食物的美好。

　　所有的鹽都是來自海洋的產物，舉凡是大西洋或是某個被遺忘的鹽水湖，像是位於玻利維亞（Bovilia）的史前巨湖：明清鹽水湖（Lake Minchin），被稱為是世界上最大的鹽沼平原。海水蒸發後留下的鹽，稱為海鹽。岩鹽，則是由古老的湖泊或海洋的深處探勘挖取而來的。

　　鹽在料理上所扮演的角色，除了能彰顯食物的風味之外，還會影響食材的質地與口感，並且和其他滋味相輔相成。嚴格說來，烹調時任何關於鹽的決定或選擇，都同時伴隨著促進與加強食物風味的因果關係。

　　這麼說來，是不是單純提高用鹽量就好呢？當然不是，應該是學會更妥善的使用鹽：適時、適量，及適合的方式。煮食的過程以少量的鹽調味，跟料理完成端上桌後才加大量的鹽，前者對於食物風味的助益遠比後者強大。另外，除非你的醫生明確要求你限鹽，不然大可放心自家料理的鈉攝取量。每當學生們對於我大把大把的往川燙蔬菜的水裡加鹽，而面露吃驚表情時，我總是再三解釋：絕大部分的鹽是進到熱水中，後續被瀝走。自己料理的食物，大多數一定比加工品、即食料理或是餐廳料理來得健康，也更營養。

鹽與風味

如果世界上沒有鹽，會怎樣呢？這是有美國當代料理之父之稱的詹姆士．貝爾德（James Beard）曾提出的大哉問。我知道答案！人們將在無滋無味也無趣的汪洋中載浮載沉。如果這本書只教會你一件事，那麼我希望是讓你瞭解到：在所有的食材中，鹽對於食物的風味是最具影響力的。使用得當，鹽能緩和苦味、提升甜香、促進芳香，構成飲食經驗的亮點。想像品嘗一塊表面灑有片狀海鹽的濃縮咖啡口味布朗尼。入口後，舌尖能立即感受到片狀鹽細緻脆脆的口感，咖啡的苦味被減低了，巧克力的香氣更強化了，總的來說，提供了鹹甜對比的有趣滋味。

鹽的風味

鹽，嘗起來應該是純淨，沒有參雜任何一絲不悅的雜質。試著單獨品鹽，是個很好的開始。將指頭伸入鹽缽，沾取鹽粒放到舌尖，讓舌頭感受鹽粒慢慢融化的感覺。嘗起來是什麼滋味呢？希望能讓你感受到夏日的海洋。

鹽的種類

廚師都各自有自己對某種鹽的死忠信仰。若是問起支持的原因，也總能激昂不絕的論述為何這款鹽優於那款鹽的諸多觀點。但是，說實話，最最重要的是：對於自己的慣用鹽有充分認識與熟悉。加到滾水中需要多少時間才會完全溶解？烤雞時用量多少，鹹度才會恰到好處？用在餅乾麵團中，會溶解在其中？還是維持著鹽粒狀態，保有脆脆口感？

雖然所有的鹽，都是海水蒸發而製成的。但，不同的蒸發方式與速度，決定了

鹽結晶的狀態。岩鹽是海水快速蒸發後沉澱下來的鹽結晶。精製的海鹽，也是透過相似快速蒸發海水的過程而製成的。凡是經由在密閉空間快速蒸發的方式生成的鹽粒型態，都是細小紮實的方塊。相反的，如果是在開放空間，經由天然日照，緩慢蒸發的方式，則會製成輕盈空心的片狀鹽。這類鹽形成後會浮到海水表面，在還未被鏟起前被水潑濺到，則會沉降到底部堆疊，形成的顆粒大且紮實。這是未精製，或者只經過最少處理的海鹽。

鹽粒的型態與大小，使用起來對於料理有很大的影響。同樣是一大匙的鹽，型態細小的鹽跟顆粒粗大的鹽，前者一大匙的量遠多於後者，很可能鹹上兩三倍。這也是為什麼在定量鹽時，該用重量而非容積。當然啦！還是要試吃，這才是判斷鹽用量正確與否的不二法則。

精製食鹽

裝在罐子裡，擺放在餐桌上的鹽，是市面上很普遍的精鹽。灑一點點在掌心觀察，你會發現它是型態一致且明顯的方塊結晶。也就是來自於密閉空間，快速製成的鹽類。這類精鹽的型態是既小又硬，密度高，因此鹹度很高。一般來說，除非包裝上有特別註明，通常精鹽都已經額外添加了碘。

用這類加了碘的精鹽做料理，往往會有一股金屬味，我非常不建議使用。在精鹽裡添加碘，源自西元 1924 年，當時碘缺乏症是很常見的公眾疾病，於是莫頓鹽業（Morton Salt）這家公司開始生產加碘的精鹽，對大眾健康有顯著助益。時至今日，我們日常飲食已能自天然食物中攝取到足量的碘，只要保持飲食內容多樣性，像是海鮮跟奶製品裡就飽含碘，我們不再需要忍受帶有金屬味的食物了。

另外，精鹽往往會添加防潮劑避免受潮結塊，或為了穩定額外添加的碘，還會加葡萄糖。雖然這些添加物，不是什麼劇毒，但能避免還是最好。當你要讓食物吃起來有鹹味，鹽，是唯一需要添加的調味料。這算是這本書裡我少數有的堅持：如果你一向只使用精鹽，現在馬上出門買些猶太鹽或是海鹽！馬上！

猶太鹽

猶太人在處理肉類時，會使用特殊的猶太鹽清洗肉上的血水，並進行祝禱儀式。正因為猶太鹽不含任何添加物，因此嘗起來很單純。市面上有兩大猶太鹽品牌：鑽石牌（Diamond Crystal），是在開放式的鹽水中結晶而成，型態上是輕薄、空心的片狀。

幾種鹽的結晶構造

FLEUR de SEL
鹽之花

SEA SALT 海鹽

MALDON
馬爾頓鹽

SEL GRIS
灰鹽

KOSHER
猶太鹽

TABLE 精鹽

另外一個是莫頓（Morton's），是在不斷滾動的真空透明方塊中，讓水分蒸發，而製成薄硬的片狀鹽。

不同的製鹽方式，產生全然不同的兩種鹽。鑽石牌猶太鹽容易附著在食物上，並且崩解融化的速度很快。而莫頓猶太鹽，因為紮實、密度高，同體積的莫頓鹽，是鑽石牌兩倍以上的鹹度。兩者之間大不同，無法互相替用，在食譜中如果提到猶太鹽，務必看清所交代的品牌。本書食譜中所使用的是紅色包裝盒的鑽石牌猶太鹽。

鑽石牌猶太鹽比起一般密度高的顆粒鹽，溶解速度快上兩倍，因此適用於短時間就能煮熟的食物。鹽溶解的速度越快，越不容易失手加太多，有些時候，在你考慮著是不是需要再加鹽的同時，其實是鹽還沒完全溶解。鑽石牌猶太鹽表面積大的特質，調味時容易附著在食物上，不會彈開掉落。

不貴，絕對負擔得起，是絕佳的日常用鹽選擇。即使有時候我顧著聊天，一時忘情而調味了兩次，但是配著好酒與好友，這道用了兩倍鹽的料理嘗起來也不是太糟糕。這就是我喜歡鑽石牌猶太鹽的地方。

海鹽

　　海鹽是海水蒸發後留下來的產物。天然的海鹽，像是：鹽之花（fleur delay sel）跟馬爾頓鹽（Maldon）都是經過較少的精緻化，並監控海水蒸發的速度，確保至少長達五年才得以製成。就鹽之花來說，收成自法國西部的海鹽床表面，它有著細緻的結晶與迷人的香氣，因而取名鹽之花。同樣的海鹽床，在低於海平面處吸取大量的氯化鎂及硫酸鈣，潔白的鹽之花因而變得帶有灰色，即是灰鹽（sel gris，grey salt）。馬爾頓鹽的結晶過程和鹽之花相似，不同的是它是空心金字塔的型態，一般也稱為片鹽（flaky salt）。

　　天然的海鹽，比精製海鹽昂貴的原因在於必須倚靠高人力採集，產量很低。我們多付出的價差就為了天然海鹽的迷人品質，因此請珍惜善用，讓它們的美好發光。如果你用鹽之花的鹽水煮義大利麵，或是拿馬爾頓鹽做番茄醬汁，都是浪費好鹽的行為。你應該把它們灑在新鮮生菜上，濃郁的焦糖醬中，或是在巧克力餅乾麵團進烤箱的前一刻灑在表面，才能吃到鹽本身的爽脆口感，發揮價值。

　　一般賣場裡的精製顆粒狀海鹽和天然海鹽的不同處在於：精製鹽是海水在密閉真空的環境下，快速煮沸而得到的產物。細鹽或是顆粒中等的精製海鹽適合常備使用。這一類的鹽該用在從食物的內部調味：加進水裡煮蔬菜或是義大利麵，烤、燉大塊肉時使用，拌蔬菜，製作麵團或麵糊時使用。

　　手邊同時擁有兩種鹽：平價的海鹽、猶太鹽，作為日常使用。另外也備有特殊質地的馬爾頓鹽或是鹽之花，作為食物最後畫龍點睛調味之用。不論你用哪種鹽，務必和它們混熟：鹹的程度、嚐起來的感覺、滋味，添加後對食物風味的影響。

鹽對風味的影響

　　要了解鹽對食物風味的影響，我們得先了解何謂風味。我們的味蕾可以接收五種不同的**味覺**：鹹、酸、苦、甜、鮮或適口（umami）。另一方面，人體對於**氣味**（aroma）的感受，還牽涉到嗅覺與數千種化學物質之間的反應。

　　這些常見用於描述風味（Flavour）字彙，像是：**大地芬芳、果香、花香**，和常用來形容紅酒香氣的字詞相似。

　　風味，是食物嚐起來、聞起來的體驗，是感官上對於口感、聲音、視覺及溫度的

整體感受。既然氣味是風味的重要一環，換句話說，聞著越香，吃進嘴裡的感受也就跟著越鮮明。這解釋了為什麼鼻塞、感冒時，東西總是沒那麼好吃。

　　神奇的是，鹽同時影響著人體的味覺及食物的風味。我們的味蕾能清楚的辨別出鹽的存在與否，以及量的多寡。鹽，協助食物中的香氣化學分子釋放，使得我們在食用時能嘗出滋味。最簡單的實驗，就是試喝一碗濃湯或清湯。下次如果你做了**雞高湯**（Chicken stock）記得要實驗一下。沒有加鹽的高湯，喝起來滋味平平，但是，一旦加了鹽，味蕾能偵測出更多的香氣，是加鹽前所無法感受到的滋味。加鹽、試吃，再加鹽、再試吃，就能不斷的感受到豐富、美好的滋味：雞肉的鮮甜，雞油脂的豐腴，百里香跟西洋芹的大地芬芳。持續的加鹽、試吃，直到你嘗到猶如醍醐灌頂的鮮美，這就是你「嘗、試」出用鹽量的方法。食譜若寫著，「依喜好加鹽調味」，鹽要確實加夠，直到你嘗起來滿意為止。鹽這種釋放風味的功能，也是為什麼專業廚師習慣在番茄上桌的幾分鐘前才加鹽，因為鹽會和番茄中的蛋白質結合，促進香氣，大大凸顯、強化了番茄的滋味。

　　鹽也使得我們對於苦味的感受與接收變得遲鈍，因此使得苦味料理中的其他滋味得以彰顯。在苦甜食物裡加鹽，不但能抑制苦味，同時有提升甜味之效，例如：苦甜巧克力、咖啡口味的冰淇淋，還有苦焦糖，都是很好的例子。

　　一般總有加糖平衡苦味的刻版印象，事實上，加鹽才是最有效的選擇。不信的話，你可以試試加在通寧水（tonic water）、金巴利（Campari，義大利開胃酒）或是葡萄柚汁，先單純試喝看看這些苦甜飲料，加一小撮鹽，再試喝一次，你一定會超驚訝苦味散退的幅度之大。

調味

　　任何促進、加強食物味道的行為，都稱為**調味**（seasoning）。但，通常說到調味，很直覺的就是想到加鹽，正因為它是促進味道最有效的調味法。如果食物用鹽不夠，再花俏的料理方式或是配菜裝飾也都無法拯救一道鹹度不夠的食物。少了鹽，令人不悅的滋味展現無遺，而美好的風味也會失色許多。食物萬萬不可少了鹽，但是過量的鹽也是絕對無法接受的：食物該加鹽，但不該令人感到鹹。

　　加鹽這回事，可不是待辦事項，加一次就完事了的：在料理的過程中，持續留心味道的變化，確認符合上桌時期待的滋味。在舊金山堪稱傳奇的 Zuni Café 主廚茱蒂・羅傑斯（Judy Rodgers）最常向她的廚師員工說：「這道菜可能需要再加七粒鹽。」是的，

有時候就是這麼細微：七粒鹽對食物的影響力，可能是尚可與極致之差。有的時候，你的那鍋玉米粥，就是需要一把鹽，唯一判斷的方式，就是試吃、微調。

一而再再而三的試吃、微調，在料理過程中，每添加進新的元素，食物整體就會跟著轉化，直到成就出一道風味完美的料理。調味到位，指的是很多層面：每咬下的一口，每個組成元素、每道料理以及一頓餐的整體調味。也就是**由內而外的調味**（seasoning food from within）。

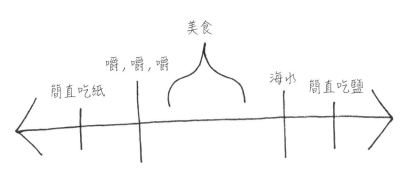

用鹽的滋味量表

就全球用鹽量的觀察，所謂的調味得宜，落在一個範圍之內，而非固定的份量。有的國家傾向使用比較多的鹽，有的國家則是普遍用鹽量少一點。義大利的托斯卡尼地區，一向不在麵包裡加鹽，但彷彿是補償，他們習慣在其他的料理中多加幾把鹽。法國人在棍子麵包（baguettes）和魯邦麵包（*pain au levain*）中的鹽用量恰好完美，而在其他料理上的用鹽量，則是傾向保守。

在日本，白米飯就僅僅只有蒸熟，不做任何調味，就直接作為生魚片、肉類、咖哩或漬物的陪襯。相反的，在印度料理中的香米飯，雖然一樣是搭配蔬菜、肉類、魚、香料或蛋一起食用，但絕對會加鹽調味。加鹽調味的步驟，沒有既定的法則可循，唯

一的通則是在料理的過程中不斷的試吃。

　　當一道料理嘗起來平淡無味，罪魁禍首通常就是鹽加的不夠。如果你不是很確定加了鹽能改善的話，可以先舀一小湯匙或是取一小口的份量，加點鹽試吃看看。如果味道變得鮮甜有層次，那麼就可以放心往整鍋食物裡加鹽了。透過這樣有所思慮的料理方式，你的味覺也會逐漸培養出一套判斷力。猶如爵士音樂家，聆聽的音樂越多，雙耳越益敏銳，越具鑑賞力，技術也就更精進。

鹽的作用機制

料理是藝術也是化學，了解鹽作用的機制，可以幫助做出正確的決定：何時，以及如何使用鹽，才能由裡而外的調整食物的風味及質地。有些食材及料理方法，需要提前一段時間開始，好讓鹽能有時間滲入，平均分布在食材中。其他的狀況，則是在料理時，營造一個鹹度足夠的環境，讓食材能一邊烹煮一邊吸收恰好份量的鹽。

鹽在食物中的分布，可用**滲透作用**（osmosis）及**擴散作用**（diffusion）來解釋。這兩種作用都是來自自然界維持均衡的力量，或可說是礦物質與糖溶液在半透膜或是細胞壁兩側追求濃度平衡。在食物中，水分由含鹽度低的一邊穿過細胞壁，來到含鹽度高的一邊，稱為**滲透**。

而**擴散**是指鹽分子由較濃的一側，移動到較少的一側，直到兩側濃度相同為止。發生的速度上，擴

滲透

水分在細胞壁兩邊的進出移動

□ = 半透膜

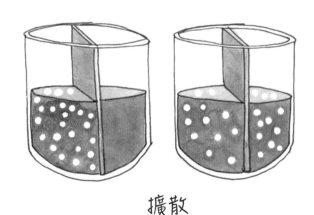

擴散

鹽在細胞壁兩側的移動，
直到兩側濃度一致

散作用比滲透作用慢。

在雞肉表面灑鹽，並靜置 20 分鐘後，可以明顯看出鹽顆粒消失：它們溶解後，開始往雞肉裡移動，以追求達到雞肉裡外的鹽濃度一致。藉由擴散作用的加鹽調味，能品嚐出明顯的差異：雖然只是在表面灑鹽，因為擴散作用的催化，最終能嘗到裡外都具鹹度的雞肉，而不僅僅只有表面。

在雞肉的表面，也會有水分滲出的現象，這是滲透作用造成的。當鹽往肉塊裡移動的同時，肉塊中的水分往外移動，兩種作用同時進行，以達到相同目標：整塊肉裡外的鹽濃度一致。

只要靜靜等待，鹽分子必定會在整塊肉裡擴散均勻，同時，在不同的食材中，以不同的方式影響、改變著食物的質地。

鹽對各種食材的影響

肉類

在我加入 Chez Panisse 時，餐廳廚房的運作早就像一臺充分潤滑的機械，運轉了數十年之久。廚房成功順利的運轉模式，全靠每位工作人員提前一天（或是更早）的事前規劃。我們每天都會分切肉塊並調味處理，為隔天的食材做準備，日復一日沒有失誤過。因為這項工作，就像是件單純的前置作業，當時的我並沒有聯想到這和食物的風味有關。全因為我還不懂，鹽分子在半夜偷偷提前開工，是多麼重要的一件事。

由於擴散現象是種進行得很緩慢的作用，**事前調味**，給鹽充分的時間擴散到整塊肉裡。這就是我們從食材內部調味的做法。提前用一點點鹽醃食材，比起事後（料理完）才加鹽，效果好太多了。換句話說，關鍵在於時間，而不是用量。

鹽分子的存在，同時也啟動了滲透作用，幾乎任何食材和鹽接觸後，都可以明顯看到內部的水分被帶出到表面，因此，許多人相信鹽也具有脫水，以及讓食物變硬的效果。事實上，隨著時間的拉長，鹽分子會開始把蛋白纖維溶解成果凍

狀，這使得食材在料理時反而更能吸收水分，保水度更佳。而水分即是濕潤，能使得肉品柔軟、多汁。

把蛋白質想像成是一堆鬆散的電話線圈，表面夾帶著一顆顆的水分子。事先沒有做任何調味的蛋白質，在加熱後開始**變性**（denatures）：線圈收縮變緊，陸續將水分子擠出來。因此，如果煮過頭（水分全被擠出去了），就會產生老硬的口感。有點像是干擾蛋白質結構的概念。加了鹽的肉塊，可以降低加熱後蛋白質線圈收縮**凝結**（coagulating）成塊，水分得以保留下來。

當一塊肉的含水度高時，不小心煮過頭也較有緩衝餘裕。將肉品以鹽水醃漬入味（肉泡進加了鹽、糖、香料的水裡），背後的祕密也是一樣的。在這樣的混合**鹽水**中，鹽溶解了部分蛋白質，同時糖和香料也被吸收。因此，對於瘦肉或雞鴨肉……這些本身沒什麼味道、又容易乾柴的肉類來說，這種方式是個很實用的技巧。試試看**香料鹽水火雞胸肉**（Spicy Brined Turkey Breast），就能明白香料鹽水作用了一夜之後，能將這無滋無味又容易乾柴的部位，轉化成什麼境界。

我已經不記得是什麼時候第一次品嘗到（或是該說，意識到）事先調味過的肉類了，但現在我可以馬上辨識出沒有事先調味的肉品。不論有沒有事先調味，我前前後後總共料理過數千隻雞。多年下來，在科學研究尚未證實我的懷疑前，以我的經驗是：事先加鹽調味的肉類，不僅風味較足，肉的質地也較嫩。要證實這個論點，可以做個簡單的實驗：下次你打算烤全雞時，可以將雞對切成兩半（或是請肉販幫忙），其中一半雞肉在前一天就加鹽調味，而另外一半在烘烤前一刻才調味。事先調味的作用，在烤雞還沒入口就看得出差異。事先加鹽的一半，光是分切時骨肉就分離。而另一半，雖然一樣濕潤，但是柔嫩度還是輸太多了。

當我們說到料理肉類的加鹽調味這件事，任何事先的執行，都比完全沒提前調味來得好。當然，如果能越提前越好。盡量在前一天就事先調味，如果沒辦法前一天做到，那麼至少是當天早上，如果再不行，那就當天下午吧！或是，在你提著剛採買的晚餐食材，踏進家門的第一步，就馬上調味。我的習慣是買完食材，回到家就馬上處理好，這樣我就不需再掛心。

肉塊體積越大，質地越硬，筋膜越多的部位，越需要提前調味。牛尾、牛腱或是牛小排，可提前一天或兩天調味，讓鹽有充足的時間發揮作用。烤雞可以在一天前調味，感恩節的烤火雞，則是兩到三天前開始。肉塊或是周圍環境溫度越低，鹽就需要越長的時間才能發揮功能。如果時間不夠，可以在加鹽調味後，不送回冰箱，而是繼

續將肉留在室溫下（勿超過兩個小時）。

　　雖說提前加鹽調味，對於肉的滋味及口感有很大助益，但是，太過提前也有壞處。幾千年以來，鹽漬的做法一直都是保存食物的方法之一。夠大量的鹽與夠長時間，對肉類會造成脫水、熟成的醃肉效果。如果晚餐計畫臨時改變，已經加鹽調味的全雞，或是幾磅重的牛肋排，多醃個一兩天後再烤或再燉，是沒什麼大礙的。但是，如果繼續醃下去，肉類就會開始變乾，而產生皮革口感，這時就像是在醃肉乾，而不是新鮮肉品的事先調味了。如果你醃了一些肉，然後發現在近幾天內不會著手料理，就緊密的將醃肉包裹好，放冷凍保存，如此可以保存兩個月。後續只需要解凍，然後接續著本該進行的步驟料理即可。

海鮮

　　和肉類完全不同的是，海鮮類食物如果太早加鹽調味，反而會造成口感乾韌的橡皮質感。厚度 2.5 公分的魚塊只需在料理前約 15 分鐘加鹽調味，時間就足以引出香氣。厚度再厚一點，肉質結實的鮪魚或旗魚，則是建議提前 30 分鐘。其他的海鮮，只需在料理的當下調味，以保留該有的口感。

油脂

　　鹽只溶於水，無法溶於純油脂中。好險的是，廚房裡會使用到的油脂種類，大多含有少量的水：奶油裡含水，美乃滋裡有檸檬汁，油醋沙拉醬裡有醋，這些少量的水分能幫助鹽分子在油脂類食材中緩慢的溶解。調味脂肪含量高的食物，需要提早並小心用量，給予充分的時間讓鹽溶解，試吃後才追加。或是先將鹽加在水、醋、檸檬汁中溶解後，才與油脂混合，以馬上得到均勻分布的鹽分。脂肪含量低的瘦肉，含有較高的水分與蛋白質，相對肥肉來說，鹽被瘦肉吸收的空間較大。因此，像是豬里肌肉及肋眼牛排，這類有脂肪塊的肉類，調味通常不太均勻。薄薄的一片義大利生火腿（prosciutto），就是最好的例子：瘦肉（粉紅色）的部分，含水量高，在醃製一開始就快速的吸收鹽分。相反的，脂肪（白色）的部分，含水量低，吸收鹽分的速率也低。分別品嘗這兩個部位，你能發現瘦肉的位置鹹到不行，而脂肪的部分則是味道很淡。兩個部位一起品嘗，脂肪與鹽分的協同效益才會出現。在調味時，無須困擾於這種鹽分吸收效率不同步的情形，只要同時試吃兩個部位，再決定要不要再加鹽。

蛋

蛋吸收鹽分的速度很快。正因為如此，加了鹽使得蛋白質能在較低溫時被煮熟，也可縮短加熱的時間。蛋白質凝結的速度越快，分布在蛋白質之間的水分子被排擠掉的機率就越低。料理的過程中，能保住越多的水分，蛋類食物的成品就越濕潤柔軟。如果你要做西式炒蛋、歐姆蛋、卡士達或是烘蛋類的食物，在料理的一開始就加鹽。煮水波蛋時，在整鍋滾水中加鹽。帶殼的水煮蛋或是煎蛋，則是在食用前調味。

蔬菜、水果和菇類

大部分的蔬菜和水果的細胞之中含有人類無法消化的碳水化合物，稱為**果膠**（pectin）。透過自然熟成或是加熱，能軟化果膠，使得蔬果變軟，也更好吃。加鹽，有助於軟化果膠。

如果不是很確定怎麼做，蔬菜類在料理前加鹽，烤蔬菜則是加鹽、加油，翻拌後烘烤。燙蔬菜要用鹽水。翻炒蔬菜的同時，在鍋裡加鹽。細胞大且含水量高的蔬菜，例如：番茄、櫛瓜和茄子，在燒烤或烘烤之前，先加鹽調味，讓鹽分有充分時間作用。在這同時，滲透作用會啟動，蔬果中的水分會排出，記得在料理前將表面水分擦乾。因為鹽分會持續讓蔬果脫水，通常只需提前 15 分鐘加鹽就綽綽有餘了，務必小心不要太早加鹽，以免脫水過度造成橡皮韌度很高的口感。

菇類不含果膠，而是含有高達80%的水，一旦加鹽後大量水分就開始排出。因此，為了保有菇類應有的口感，要等到它們已經料理上色後才加鹽調味。

豆類與穀物

久煮仍硬梆梆的豆子，是廚房裡大家都痛恨的慘事，甚至在英文的諺語中，用來形容難搞的事。如果你預謀要讓某人一輩子都痛恨吃豆子，只要給他吃一次無味又不夠熟的豆子就行了。一般大眾普遍認為加了鹽的豆子煮不軟。其實，正好相反，就如同鹽能軟化蔬果的果膠成分，同樣也能軟化豆子。為了由內部調味起，浸泡時就用鹽水，或在料理一開始就加鹽。

豆子跟穀物都是乾燥的種子，植物界用來將生命延續至下一季的媒介。需要有堅硬的外殼才有保護作用，因此適合長時間、溫和的加熱，吸收足夠的水分後才會變軟。通常，煮出一鍋硬豆子或是硬米飯，最大的共通原因是：煮不夠久。所以，小火繼續煮！是唯一解。（另外的幾個可能原因是：老豆或是豆子儲存不善過期了；誤用硬水

或是含酸的水煮豆子）。長時間的滾煮，給了鹽分子大把的時間，均勻擴散到各處。因此，煮米、法羅小麥（farro）或是藜麥的水，用鹽量可以比燙蔬菜的水少些。水分最終會全部被吸收，水裡的鹽也是，要小心不要加太多鹽，以免過鹹。

麵團與麵糊

　　我在 Chez Panisse 的第一份有薪職稱為：義大利麵／生菜。我花了一年的時間洗生菜，以及製作各式各樣你所能想像得到的義大利麵。那段期間，我也必須準備披薩麵團，每天一大早，我往巨無霸的攪拌缸裡加酵母、水、麵粉，然後一整天照料這一缸麵團。一旦麵粉和水成功喚醒了冬眠的酵母後，我會再加入麵粉及鹽。待揉麵和發酵的步驟完成了，我最後再加入一點橄欖油。有一天，到了該加麵粉和鹽的時候，我才發現鹽罐是空的。當時我沒有時間馬上去儲糧室拿新的一包鹽，我想後續加橄欖油時再一起加鹽，應該沒有關係。在揉麵時，我發現麵團比平常更容易成團，但是當下我並沒有多想。幾個鐘頭之後，我回到攪拌缸前要完成最後的步驟時，不可思議的事發生了：我如常啟動機器攪拌麵團，讓它消氣一點，然後我加了鹽進去。當鹽溶解後，我看見整臺機器也跟著震動搖晃。鹽，讓麵團變硬了，變硬的程度之大，令人震驚。我不知道究竟是怎麼了，超擔心我犯了什麼無法彌補的大錯。

　　好險沒什麼大礙。結果是鹽加入後強化了**麩質**筋度（一種讓麵團有嚼勁、彈性的蛋白質），使得麵團瞬間變硬。後來，我讓麵團休息鬆弛後，當晚出爐的披薩維持跟往常一樣的水準。

　　鹽分在低溫的環境下，要花較長的時間才能溶解於食物中，所以，在做麵包的麵團中會早點加。做義大利麵時，就別加鹽了，煮麵水裡的鹽就夠了。拉麵跟烏龍麵團裡也要早點加鹽，可以增強筋度，以達到有嚼勁的口感需求。做蛋糕、鬆餅以及精緻糕點的麵糊或麵團，則是晚點加鹽，以維持鬆軟口感，要特別注意的是，在送入烘烤前，鹽要徹底拌勻。

鹽水燙煮食物

使用足夠鹽量的滾水川燙食物，能保留住最多的營養成分。想像燙煮一鍋豌豆莢，完全不加鹽，或是加不夠，那麼水裡的鹽（礦物質）濃度會比豆莢內的濃度低，豌豆莢為了追求內外環境礦物質濃度相同，在燙煮的過程中會釋出自身的礦物質和天然的糖分。因而煮出無味、灰黃，營養成分大量流失的豌豆莢。

換個角度，如果滾水中鹽加的夠多，礦物質含量比青豌豆莢高，那麼結果也就會相反。同樣為了達到濃度平衡，豌豆莢在燙煮過程中會吸收水裡的礦物質，因此達到內部的調味。加上鹽分進入青豌豆莢之中，能避免葉綠素中鎂離子的流失，於是保有鮮明的顏色。鹽分也能軟化豆莢的果膠與細胞壁，能更快、更容易煮軟。而縮短燙煮時間，豆莢養分流失的機率也就降低。

我無法提供精確的用量供大家遵循，因為：我不知道你們使用多大的鍋子，裝多少水，一次要燙多少食物，又是使用什麼鹽。以上的各個變因，都會影響鹽的用量，而且每次都會不一樣。與其追問精確用鹽量，不如每次都嘗嘗那鍋水，像海水一樣鹹就對了（說精確一點，應該是你記憶中海水的鹹度，大約是 3.5% 的食鹽水。真正的海水嘗起來鹹太多了，應該沒人想用來做料理）。當你親眼看到要加的鹽量時，可能

有調味的豆子，
就是開心的豆子

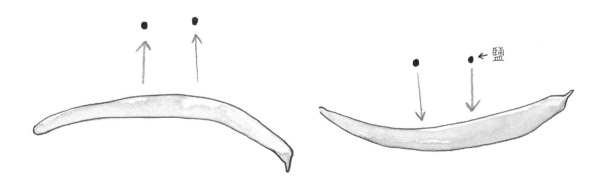

鹽 ••• **35**

會有點卻步，但是，請記得，大多數的鹽，最後是留在水裡倒掉，而不是全部進到食物裡。目的是製造一個鹹度足夠的環境，在燙煮的過程中，鹽能進行擴散作用而進到食物中，達到調味的目的。滾水加鹽還是冷水加鹽都沒關係，最終鹽都會溶化，然後進行擴散作用，只是在熱水裡效率會高一些。要注意的是，鹽都溶化了，水嘗起來夠鹹，才將食物放進水裡。如果這鍋鹽水持續沸騰，水分蒸發減少太多，剩下的水太鹹，就不適合做菜了。解決的方法很簡單：嘗嘗鹽水就能判斷，如果太鹹或太淡，就加水或鹽，調整到對的鹹度。

使用鹽水料理食物，是一種很簡單的由內調味食物的方法。嘗嘗看加了鹽才送入烤箱的馬鈴薯，你可以嘗到表面的鹹香，但就只僅只於表面而已。但是，先以鹽水燙煮後才烘烤的馬鈴薯，你一定會對這兩者的差異感到震驚：鹽就這麼一路深入到內部，整顆馬鈴薯由內而外都被調味了。

煮義大利麵、馬鈴薯、穀物或豆類的水，盡可能越早加鹽越好。越早加鹽，鹽就能越早溶解，也就越能均勻的透過擴散作用進入食物裡。煮蔬菜的水如果鹽量使用得當，後續不需要再另外加鹽調味，就能直接享用。用來做成沙拉的水煮蔬菜，像是：

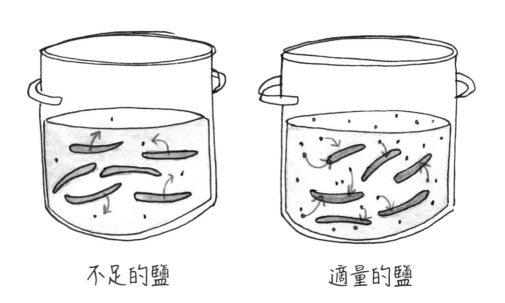

不足的鹽　　　　　　　適量的鹽

馬鈴薯、蘆筍、白花椰菜、綠色豆類……或任何其他蔬菜都是，在水煮的同時也恰恰好的調了味，是它們最美味的狀態。沙拉完成後，最後在表面灑的鹽，對於食材的滋味與質地助益不大，最多只是增加鹽粒脆脆的口感而已。

要採取水煮方式的任何肉類，鹽要事先、直接加在肉上調味。而肉類以燉煮方式時，鹽要加在熬燉的液體中，並且持續試吃看看，請記住，這裡你所加的鹽會全數保留在料理中。有別於事先直接在肉上加鹽調味的方法，鹽在完成調味、軟化肉類的重要工作後，可能在料理時滲出到清湯（水）中。事先調味的肉和煮肉的液體，風味會彼此交換是可料想的情形，在端上桌前，務必試吃、調整液體的部分。

後續在熱的章節，會更仔細的介紹**川燙**（blanching）、**煎燉**（braising）、**燉煮**（simmering）和**微火泡煮**（poaching）。

如何調味雞肉？

加鹽調味，追求最美味的實用守則

問問自己：
從現在到預計享用前，
還剩下多少時間？

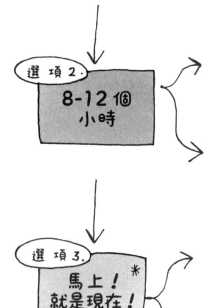

選 項 1.
超過一天

選 項 2.
8-12 個小時

選 項 3.
馬上！就是現在！*

*雞肉切小塊比較好！

選項 1 Ⓐ

為整隻禽肉類加鹽調味，如果要做 340 頁的「白脫鮮奶醃漬烤雞」的話，再接著將雞隻塗上白脫鮮奶後，送入冰箱靜置一夜。就能得到一頓你這輩子嘗過最軟嫩多汁的烤雞。

選項 1 Ⓑ

肢解全雞（參考 318 頁）後才加鹽，放進冰箱一夜，隔天用來做 334 頁的「雞肉佐扁豆與香米」。

選項 2 Ⓐ

剪去雞隻的脊椎背骨，在裡外兩面均勻抹上鹽調味，放回冰箱醃，等到開始預熱烤箱時，再從冰箱取出，放在室溫下回溫。就能做出 316 頁超級酥脆「去脊骨展平烤雞」。

選項 2 Ⓑ

全雞肢解成四大份，加鹽調味，我們預計做成 336 頁的「法式醋溜雞」。雞肉加了一點酒後燉煮，可以促進鹽滲透入骨。

選項 3 Ⓐ

就做 332 頁的「雞肉與大蒜濃湯」吧！使用好的高湯熬燉雞肉，同時也算是調味的方法。

選項 3 Ⓑ

雞腿去骨，直接做成 325 頁的「我可以！我要吃一打雞！」雞胸肉也可以用相同的做法。

擴散作用的計算

促進鹽進行擴散作用的三大要素為：時間、溫度跟水。在真正開始做菜前，先問問自己：「要如何才能讓食材內部入味？」這問題和挑選食材以及打算怎麼料理一樣重要。然後，推敲計算出需要提前多少時間準備？加多少鹽？該加在食材上還是用來料理的水中。

時間

鹽分子的擴散作用，是個進行非常緩慢的現象。如果你要料理的是大型、密度高的食材，想要鹹度入味到食材內部的話，越早加鹽調味越好，讓鹽分子有足夠的時間散布到食材的深處。

溫度

溫度能促進鹽的擴散作用。室溫下鹽的擴散作用速率會比在冰箱裡快。當你來不及或是忘記事先調味雞肉或牛排時，可以利用這個特性稍作挽救。一回到家馬上從冰箱取出肉塊，加鹽調味後留在室溫下，等候烤箱預熱的時間，就讓肉塊繼續在室溫下和鹽作用。

水

水分能幫助鹽分子擴散。選擇大量用水的料理方式，讓鹽分子能穿透進密度高、乾燥及硬韌的食材裡。尤其是當你沒空事先調味時，採用多水的料理方法，更是受用。

鹽的調味與加鹽行事曆

貼心的提醒你，該提前多久加鹽

提前 3 年

醃製義式火腿＆肉乾＆世界末日來臨前的存糧

---

3 週前

鹽醃牛肉
鹹味鱈魚

5-7 天前

整隻牛

3 天前

整隻豬，為了小孩週歲的慶生活動！
全羊，作為紀念日的特別活動的烤肉食材

---

2 天前

感恩節的火雞，聖誕節的鵝，或是其他重大節日需要的任何其他種類的大型禽鳥肉類烤牛肋排，小羊羊腿

1 天前

雞肉！薄切的牛排，鵪鶉，鴨，豆子泡鹽水

當 天

數小時前

任何你早該但忘記加鹽的食材，有加有保佑！

15-20 分鐘前

茄子＆櫛瓜（後續記得拍乾水分），要做沙拉的高麗菜，厚厚的鮪魚、旗魚魚排

開煮前

魚片＆細緻的海鮮，烤蔬菜，煮食物的水，西式炒蛋

煮的當下

炒鍋裡的菇類，蔬菜，正在小火慢煮的醬汁

上桌前的數分鐘

沙拉裡使用的番茄

上桌前

沙拉

上 菜

享 用

最佳的調味狀態是食物上桌後就不需再加鹽，如果一定要再加，好吧！那就加吧！

鹽的使用

英國美食作家伊莉沙白‧大衛（Elizabeth David）曾說過：「我向來都懶得用湯匙取鹽。直接用手指抓取有什麼不妥嗎？」我超同意！丟掉鹽罐，直接把鹽倒進碗裡，從今以後，就徒手抓鹽往食物裡加吧！裝鹽的碗口直徑，應該是你能將五隻手指同時伸進去，輕而易舉抓取一把鹽的大小。這一點很重要，但往往沒人特別提出來說明，專業廚師下廚料理的作業流程是很制式且固定的，當我們到了不熟悉的廚房工作時，第一件事就是找個適合的碗裝鹽。我曾經在古巴一間國際廚藝學校授課：政府單位的廚房設備真的非常簡陋，我後來甚至直接將塑膠水瓶鋸成兩半，充當裝鹽的碗。這樣克難的裝鹽容器，也是可以的。

量化鹽用量

請拋棄找尋精確用鹽數量化的想法，使用鹽時，我們需要聽從心中的信念。當我剛成為廚房新手時，總是疑惑要怎麼知道鹽加夠了？我在想，要怎麼才能避免加得太多？鹽的用量實在令人搞不清楚，無所適從。唯一判斷到底需要加多少鹽的方法，就是一直試吃，然後再次次稍微加一點鹽進去。我必須更懂鹽才行！隨著時間的累積，我知道了，一大鍋煮義大利麵的水，需要我的手滿滿的抓上三把鹽。我記得的是，在加鹽調味要用來烤的雞肉時，鹽從我的手掌落下到工作檯面的狀態，應該是類似飄雪的畫面。這全是因為我自己日復一日的練習後，找到給自己的用鹽量判斷指標。同時，我也歸納出幾個特例：特定的糕點、醃肉的鹽水，或是香腸，這類經由精確秤重食材製造出來的食物，不需要一直斟酌微調用鹽量。除此之外其他的食物，我都是邊煮，邊試吃，邊調味。

下回在你要事先調味用來烘烤的豬里肌肉時，記下自己大概用了多少鹽，吃下第一口烤肉時，仔細分析看看調味是否恰當。如果滋味不錯，就交給記憶力去處理，在

腦海裡留住肉上面就是撒這麼多鹽的畫面。

　　如果滋味不甚滿意，那麼也在心中記住，下回是該減或增量。我們都具備了判斷用鹽量的最佳工具：舌頭。每間廚房的環境條件各異，如果可以的話，試吃兩次。因為我們每次都使用不同的鍋子，水量也不同，全雞每次不一樣大，使用的紅蘿蔔數量也不一樣，要說精準的測量實在有難度。信賴自身的舌頭，在每個料理階段都試吃一下。隨著時間與經驗的累積，你也能使用其他的感官知覺來估判用鹽量，觸覺、視覺及直覺，和味覺一樣重要。著有《義大利美食精髓》（ *Essentials of Classic Italian Cooking* ）一書的作者瑪契拉‧賀桑（Marcella Hazan），甚至只需用聞的，就能知道一道料理是否還需要再加鹽！

　　我對鹽的慣用比例很簡單：肉、蔬菜、穀物是用 1% 的鹽，煮食物的鹽水則是 2%。下一頁的圖表中可以看到這樣的通則如何換算成體積，以及各種不同的鹽。如果這樣的用鹽量嚇到了你，試試看做個實驗：準備兩鍋水，其中一鍋就照你平常習慣加鹽，另一鍋，準備 2% 的鹽水，順便記下這樣的鹽量大概是什麼樣子。在兩鍋鹽水裡，各放進一半份量的豆子、綠花椰菜、蘆筍或是義大利麵，煮熟後比較兩鍋食物的風味。我想，這個簡單的實驗，足以說服你相信我。

　　把我這裡提到的用鹽比例當做起點，很快的，或許是練習一兩回合義大利麵之後，你就能光靠感受鹽粒由手掌中滑落的感覺，判斷用鹽量。不論是否能達到這種境界，光是試吃，絕對能讓你有貼近大海風味的美味感受。

基礎用鹽指南 ※

鹽的種類	一大匙的重量	每一磅無骨肉的用量	每一磅帶骨肉的用量	每一磅蔬菜 & 穀物	每公升的煮麵水	每一杯麵粉製成的麵團或麵糊
原則上用量	—	1.25%重量比	1.5%重量比	1%重量比	2%鹽度	2.5%重量比

換算成：

鹽的種類						
細海鹽	14.6	1 ⅛小匙	1 ⅓小匙	接近1小匙	1大匙 + 接近1小匙	¾ 小匙
馬爾頓鹽	8.4	2 小匙	2½ 小匙	1 ⅔小匙	2大匙 +¾ 小匙	1 ⅓小匙
灰鹽	13	1¼ 小匙	1¼ 小匙	1小匙	1大匙 +⅜小匙	接近1小匙
精緻食鹽	18.6	⅔小匙	1 ⅛小匙	¾ 小匙	1大匙	⅔小匙
莫頓猶太鹽	14.75	1 ⅛小匙	1 ⅓小匙	接近1小匙	1大匙 + 接近1小匙	¾ 小匙
鑽石牌猶太鹽	9.75	1¾ 小匙	2 ⅛小匙	1 ⅓小匙	接近2大匙	1 ⅛小匙

※ 請記得，你自己的味蕾判斷才是最終的依據。這個表格只是一開始的建議。

怎麼加鹽

在你了解需要多少用鹽量，才能將食物調味到位後，你可能也會開始覺得鹽很不容易過量。我就曾這麼想過。還記得當時我在餐廳樓下的肉類處理室中，正在調味隔天晚餐需要的烤豬肉，那時我才剛頓悟了鹽在調味時的重要性。本來應該在豬肉表面抹鹽就好，我決定把它們抹上鹽後再捲起來，埋在鹽裡，以確保鹽能入味。

這時一位我非常景仰的主廚正好走下樓，她驚訝到眉毛聳得半天高，說著：「這樣的用鹽手法，簡直是在鹽漬豬肉，靜待熟成三年的做法，隔天晚上一定是難以入口的狀態。」於是，我花了二十分鐘的時間，將豬肉上的多餘鹽分洗掉。後來，主廚教了我該使用怎樣的手勢動作，才能均勻將鹽撒在大塊的肉上。

當時，我並沒有馬上參透加鹽的各種手勢動作背後所具有的意義，直到後來我觀察了其他廚師在不同情況下使用不同的加鹽動作，我才真的融會貫通。先說說在燙煮青菜或義大利麵的熱水中加鹽的手勢動作，以手掌抓起一把又一把的鹽，接近水面以搓動指頭的手法輕灑入滾水裡，待前一把鹽融化後，試試看鹹度，才加下一把。

抓起一把，以搓動指頭的手法輕灑

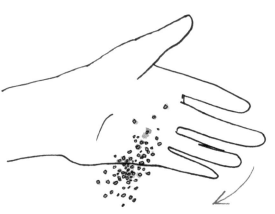

手心向上，搖晃手腕

再來說說，為烤盤中的蔬菜、準備要油封的鴨腿、任何其他大塊的肉類，或是準備要進烤箱的佛卡夏麵包的加鹽手勢動作。這類食物的加鹽法，是抓一把鹽後，手心向上，輕輕搖晃手腕，讓掌心的鹽像下雨似的落在食物上。這種手法適合將任何粉狀或顆粒狀的鹽、麵粉均勻加在大面積的食材上。而不是我以前習慣的：指尖一次取一小撮鹽，多次來回的加。試著感受並習慣鹽粒從手掌中散落的感覺；體驗一下這以往總被告誡加鹽要謹慎小心，如今居然能豪邁揮灑的快感。

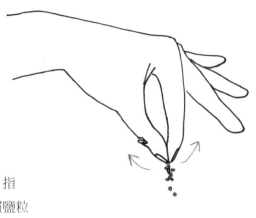

指尖抓鹽

首先，擦乾手，這樣鹽才不會黏在皮膚上。放輕鬆抓一把鹽。手掌前後像鐘擺似的晃動，讓鹽均勻散落。觀察鹽粒降落在桌面的樣子。如果降落得不均勻，也就代表著調味不均勻。將桌上的鹽粒收掃回碗中，再練習一次。搖晃手腕的動作練習越多次，鹽粒降落的均勻度也就會慢慢提高。

這並不代表用手指取一撮鹽的手法不能使用。這種加鹽手勢像是用指甲油填補汽車擋泥板上的微小掉漆，無法對太大的部位起任何作用，但是加的精準、明快的話，效果是不錯的。使用指尖抓鹽加鹽，以確保每一小部位都有加到：加在烤麵包上的酪梨切片、切半的水煮蛋，或是小塊完美的焦糖上。但是，如果你要用指尖抓鹽法為一隻雞、一盤奶油瓜（butternut squash）切片調味，你的手腕會在你完成之前，就提前累到投降放棄了。

鹽與胡椒

餐桌上如果有胡椒罐，旁邊就一定有鹽罐，反之不成立。請記住，鹽是礦物質，也是人體必需的養分之一，加鹽調味食物的步驟，伴隨著多種不同的化學反應，藉此改變了肉類整體的質地，由內而外的風味。

而胡椒是香料，被大眾接受，所謂適宜的用量，深受地域性與飲食文化的影響。加胡椒之前仔細想想：這道料理是不是真的需要？儘管法國、義大利等國在料理上使用了大量的黑胡椒，但放眼世界料理，絕不是人人的喜好皆如此。在摩洛哥的餐桌上常與鹽罐為伴的是孜然粉。在土耳其，則是一種特殊的辣椒粉最常與鹽罐並列。在許多中東國家，像是黎巴嫩和敘利亞，則是由乾燥的百里香、奧勒岡和芝麻混合，名為扎塔（ *za'atar* ）的粉末香料。在泰國，餐桌上常見辣椒糊及糖。而寮國，人們更常以自己帶來的新鮮辣椒與萊姆調味。這麼一來，任何料理都加胡椒，是不是就顯得不這麼理所當然了，就像不是人人在每一道料理中都加孜然或扎塔香料呀！（參考 194 頁的 **香料地球村**，更進一步認識各地對香料的使用情況。）

說到使用黑胡椒，最好的黑胡椒是來自印度代利杰里（Tellicherry）產的胡椒粒，這些黑胡椒粒留在莖上成熟的時間遠遠長於其他品種，也因此醞釀出較濃郁的香氣。像是沙拉、抹有香濃布拉塔起司（ *burrata* ），及滴了幾滴好油的吐司、熟透番茄切片、**黑胡椒起司義大利麵**（ *Pasta Cacio e Pepe* ）、一塊料理完美的牛排等料理在完成後、享用前才磨上一點黑胡椒。在醃肉的水裡、燉肉湯裡、醬汁、濃湯、高湯或是爐火上正在煮的整鍋豆子，加入整顆的黑胡椒粒，甚至可以直接放進烤箱裡烘烤，以增加香氣。在液體中，可盡早放入香料，以得到最豐富的香氣：由於香料會先吸收水分，進而才將香氣釋出到液體中，這種慢慢醞釀、逐漸釋出的清淡深遠，不是在料理最後才加入一把香料所能達到的境界。

香料，就像是咖啡，使用前才研磨，香氣是最飽足濃郁的。香料的風味，以香氛

兩者並非

油脂的型態存在著，研磨時開始散發香氣，加熱後香味更加撲鼻。

　　那些預先磨好的香料，香氣會隨著時間流失。盡可能購買原粒型態的香料，使用前才用研缽或是香料磨粉機磨成粉狀，以體驗香氛油脂威力最強大的時刻。現磨香料對於料理的增味差異之大，也會讓你大受震驚。

鹽與糖

　　製作甜點時，別急著把鹽的一切拋棄。任何截至目前我們所學到關於鹽的知識，在甜點上也一樣通用。我們一直以來都被教育鹽和糖是兩種相反的東西，而不是互補的，例如：食物不是甜就是鹹。但是，我想提醒大家，鹽對於食物的首要作用是促進風味，當然，對於甜點，鹽也能有相同的作用。相反的，若在料理中加一點點甜，不論是以何種形式：焦糖化洋蔥、巴薩米克油醋醬，或是豬排佐上一杓蘋果醬，也能增進料理的風味。鹽，能提升甜點的滋味。要體驗鹽在甜點上能發揮怎樣的作用，下次做餅乾時，可以簡單的將麵團分成兩份，其中一半不要加鹽。烘烤完成後，同時試吃兩種餅乾，因為鹽在香氣及口感上推了一把，你會驚訝的發現，在加了鹽的餅乾裡，堅果香、焦糖香和奶油香都特別突出。

　　製作甜點的材料，可說集合了廚房裡最無味的元素。料理中的麵粉、奶油、蛋或鮮奶油，我們絕對不會忘記加鹽調味；同樣的，相似的材料用來製作甜點，也別忘了要加鹽調味。一般來說，只需要一兩撮的鹽，揉進麵團、拌進麵糊或是任何甜點基底中，就足以提升塔派、餅乾麵團、蛋糕麵糊、塔餡或卡士達類甜點的風味。

　　先思考清楚甜點的享用方式，能有助於你決定該使用什麼種類的鹽。譬如：巧克力餅乾麵團裡使用精鹽，有利於鹽分布均勻，而表面則是使用片狀的馬爾頓鹽，食用時能增加額外的口感。

一定要成雙成對

凱薩沙拉

或是

鹽的層次鋪陳練習

1. 一開始，先準備
所有具鹹味的食材

帕瑪森起司
（磨）

鯷魚
（拍扁）

大蒜
（連同一小撮鹽，
一起壓碎）

鹽
（倒入）

伍斯特辣醬油
（打開瓶蓋）

2. 製作硬挺、不加鹽的美乃滋

（參見書裡後面一點，如何製作美乃滋的章節）

碗下方墊
一塊濕布，
防滑動。

3. 分別少量多次加入上方列出的含鹹度食材，
接著加入檸檬汁和醋。

然後，
試吃看看

停！ 需要加鹽，對吧？但是，該加哪一種呢？
鯷魚？帕瑪森？就各加一點吧！

再試吃看看

或許……一點伍斯特辣醬油。

再試吃看看

一直重複這些步驟，直到滋味符合你的口味，
最後才再加適量的鹽。

完成調味後，以一片生菜沾
取美乃滋試吃看看。

完美極了！

和美生菜、麵包丁
　　一起翻拌，
再加帕瑪森及黑胡椒，
試吃。

享用。

鹽的層次感

酸豆（capers，又稱續隨子）、培根、味噌、起司，都是些本身具有鹹度的食材，都能代替一般的結晶顆粒鹽作為調味之用。使用多種具有鹹度的食材入菜調味，我稱為**鹽的層次感**，這也是種架築食物風味的絕佳手法。

在開始架構一道鹹度層次分明的料理前，先想想整道料理的感覺，以及想使用哪些材料作為鹹度的來源。沒把具鹹度的食材放心上，很可能導致料理最後過鹹。下次製作**凱薩沙拉醬**時，試著營造多層次的鹹，善用內含的多種具鹹度的食材，像是：鯷魚、帕瑪森、伍斯特辣醬油和鹽。我習慣將大蒜加點鹽，再使用研缽一起磨成泥，成為第五種鹹度的來源。一份滋味平衡的好沙拉醬取決於為每種食材找到最佳用量，與其他不具鹹度的食材達到平衡。在你還不確定各種食材用量都調整到完美前，先避免加鹽。

第一步，將油一滴滴的加進蛋黃中，並邊攪打，製成硬挺的無鹽美乃滋（參考86-87頁，了解更多自製美乃滋的細節），接著，將帶鹹味的食材：搗碎的鯷魚、大蒜、研磨的起司和伍斯特辣醬油，每一種都適量的加一點，再加檸檬汁跟醋。試吃看看。這時候，你會覺得需要加鹽，除此之外，問問自己，它還需要追加鯷魚、起司、大蒜或是伍斯特辣醬油嗎？如果需要，將這些具鹹度的食材視為鹽的另一種形式，追加使用、調味。追加的過程中，不斷的試吃，並依需要加酸調整味道！可能需要重複好幾回合，才能將滋味調整到位。像這種含有其他鹹味食材（視為鹽的另一種型態）的料理，在加鹽之前，先確定這些具鹹度食材的滋味已達到了平衡。一旦你滿意了，才加鹽。最後，要再次確定調味真的完美精準，拿取一兩片美生菜沾取美乃滋，試吃看看這樣的組合是否達到預期的風味。

即使是照著食譜做菜也是一樣，當你覺得需要再鹹一點，停下來思考一下，該先追加什麼具鹹度的食材嗎？

鹹味的來源

1. 小的鹽漬鹹魚（鯷魚、沙丁魚……等）2. 鹽漬或泡鹽水的酸豆 3. 鹽漬或發酵的蔬菜，例如：漬蘿蔔、醋漬小黃瓜、德國酸菜以及韓國泡菜 4. 魚露 5. 醬油和味噌 6. 起司 7. 大多數的調味品，像是黃芥末、番茄醬、莎莎醬和辣椒醬 8. 鹽漬的肉品，譬如：義大利火腿、義式培根、培根……等 9. 紫菜、昆布和各種海帶 10. 橄欖 11. 含鹽奶油

鹹味的平衡

不論多謹慎於料理的過程，總是必須等到完成後坐下來，才遺憾的發現今天晚餐不夠鹹。有些食物不夠鹹可以很快、輕易的挽救，有的料理則是相對困難。像是沙拉上桌後，依然可以輕易的加把鹽，湯品也能追加磨點帕瑪森起司畫龍點睛。但有些料理，對這類的補救行為，完全無動於衷：再怎麼鹹的醬汁或起司或肉，都無法補救平淡無味的義大利麵。煮麵水不夠鹹，煮出來的麵，舌頭第一時間就知道。烤大塊肉和燉肉如果調味不夠鹹，通常也是大勢已去，無法挽回些什麼的了。

我在 Chez Panisse 親眼目睹了多件調味不足的悲慘事件後，就立誓要全力避免重蹈覆轍。一次，沒人注意到廚師忘了在整批的披薩麵團中加鹽，直到試吃時才驚慌的發現，挽救不了又無計可施的情況之下，只好把披薩從菜單上移除。又有一次，我燉煮一批標注有「加鹽調味」（但其實並沒有）的雞腿，這個錯誤一直到我整批都完成了，試吃之後才猛然發現。因為在料理好的肉類表面加鹽，其實起不了多大的作用，我們只好把雞腿肉撕碎，加鹽調味，做成蕃茄肉醬拌進義大利麵裡。料理時調味不足，對食物造成的劇烈影響，大大的衝擊著我。還有一次，一位很資深的廚師做出不夠鹹的千層麵，而且已經分切成當晚所需的一百份。如果直接在最上層灑鹽，一點幫助都沒有，於是身為實習生的我，馬上被賦予一個任務：將這一百份，每份十二層麵的千層麵，小心翼翼的一層層掀起，仔細的加進幾顆鹽粒。自從那次之後，我做千層麵時，再也不敢調味不足了。

當然，也有可能會有調味過重、過鹹的時候，人人都可能會犯這個錯，尤其是剛大徹大悟鹽的重要性，所以盡情使用，而失手加太多。像是我當年自以為是的在烤豬肉上加了超級多的鹽，有好一陣子很傲慢的做出鹹到無法入口的食物。也可能是單純的漫不經心，而加了太多的鹽。沒關係的，我們偶爾都會犯錯，即使是我，一直到現在也是如此。

有幾個方法，可以解決食物過鹹的問題。但，絕對不是故意搭配一道平淡無味的食物，無味的食物是完全沒辦法中和過鹹食物的。

稀釋

額外加入更多沒有調味的食材，增加料理的總體積。很多食材都有中和過鹹食材的作用，尤其是無味、澱粉含量高、豐腴的食材，在平衡過鹹食物時效用最大，少少

的份量，就足以平衡掉大量的過鹹食物。過鹹的湯，可以加飯或馬鈴薯補救；過鹹的美乃滋則可以加橄欖油。加熱湯品、高湯或是醬料食物時，因為水分受熱持續蒸發，但是鹽不會，因此會有變鹹的可能。解決的方法很簡單，就是加水或高湯。如果要處理的過鹹食物是由眾多食材料理而成的，那麼選用其中最主要的食材追加，接著再重新調整其他食材的用量，直到滋味再次達到平衡。

減量

如果你的料理已經加入所有食材了，使用稀釋的手法會產生太多、吃不完的食物。可以將過鹹的食物分出一半，只先拯救半份食物。依食物的種類而定，剩下的另一半先冷凍或冷藏保存，直到下次欲食用時才調整鹹度。或是，很殘忍卻真實，必須忍痛放棄另一半份量的食物。但，總比花上一瓶要價 30 美元的橄欖油拯救價值 0.25 美元的失敗美乃滋，要來得划算啊！

平衡

有些時候，嘗起來感到太鹹的食物，並不是真的過鹹，只是需要酸或油脂的介入平衡。可以試著舀起一匙食物，滴進數滴檸檬汁或醋，再加點橄欖油，試吃看看，如果這樣小匙食物的滋味有所改善，那麼就可以朝這個方向，大膽放手拯救整批食物了。

選擇

在液體中烹煮的食物，例如豆類或是燉物，通常將過鹹的液體移除後，就能獲得改善。如果豆子太鹹，就換一鍋水煮，後續做成豆泥，或是捨棄原本的過鹹液體，再額外加入沒有調味的清湯及蔬菜，做成湯品。如果燉肉有些偏鹹，那麼就不要連汁一起上菜，並利用豐腴帶酸的醬料，例如法式酸奶油，去平衡鹹度。食用時，搭配清淡調味的澱粉類食物，或是澱粉含量高的蔬菜，是很好的障眼法。

變身

將過鹹的肉類食物撕成絲，變化成新的料理，可以是：燉肉、墨西哥肉醬、湯、碎肉煎餅，或是義大利餃的內餡。不小心加太多鹽的生白魚肉，就直接鹹上加鹹，做成鹽漬鱈魚好了！

承認失誤

很多時候，最好的拯救之道，就是直接承認失敗，重新再來一次，或是直接放棄叫份外送披薩。搞砸也沒什麼大不了的，一頓晚餐罷了，以後有的是機會再做一次。

別輕易喪失信心！將調味失誤（過或不足）視為學習的機會。在我因為玉米粥的調味而向主廚卡爾學了一課，有了對鹽的頓悟後不久，我被交付了為素食客人製作玉米粥的任務。那是我第一次被指派全部從頭到尾自己獨當一面完成的工作。我簡直不敢相信，客人們真的要付費吃我煮的食物，是一種既興奮又緊張的心情。我依照所學到的做法開始執行：先將洋蔥炒軟，接著加入剛剝下來的玉米粒，並將玉米芯浸泡在鮮奶油中，讓它釋出香氣，再使用鮮奶油及雞蛋製作基礎卡士達醬，然後將所有元素輕輕拌勻，隔水加熱直到恰恰凝結的程度。當下，我完全沉醉在自己製作出超級無敵滑順卡士達的喜悅中，直到當晚的主廚駕到，舀了一匙試吃……看著我滿是期待得到正面肯定的眼神，主廚先是和藹的稱讚我做的很好，然後才又接著說，下回鹽的用量可以再多一點。儘管主廚把評語修飾得非常客氣了，我依然感到萬分羞愧，信心深深遭受打擊。我全神貫注的就想著要按部就班做好玉米粥，卻反而忘了廚房裡更重要的事，也正是我自以為剛頓悟的事（但其實不然）：隨時試吃，每個步驟都要試吃。過程中，洋蔥，沒試吃；玉米，也沒試吃；卡士達，更沒試吃；全都忘了試吃！

自從那次經驗之後，我痛定思痛，料理的過程，全程不斷的試吃成為一種新的反射行為。幾個月後，我能夠很穩定的煮出許多比以前好吃的食物，全拜我學會了如何正確用鹽所賜。

料理時，及早且隨時試吃，以培養出用鹽的直覺。口訣：**攪一攪、吃看看、斟酌調整**。試吃時，先判斷是否夠鹹，最後料理上桌前才出手調整。當試吃變成是不假思索的直覺動作時，也就是要開始進步了。

鹽的即興發揮

　　料理其實和爵士樂非常相似。一位優秀的爵士樂歌手，能將一小段音符毫不費力的分解、淬煉成具有自身特色的樂曲。路易斯‧阿姆斯壯（Louis Armstrong），能將精緻的旋律，粹鍊成具有共鳴的音符，艾拉‧費茲杰拉（Ella Fitzgerald）利用自己的嗓音，將一段簡單到不行的旋律，唱到無盡華麗。但是，要達到這般無瑕的即興演出，他們都是紮紮實實學過音樂語言：音符，是依藉著深厚的基礎，才得以即興。廚師的角色也一樣，很多看似隨性的料理風格，全靠著強而有力的經驗基礎背書。

　　鹽、油、酸與熱，是架構起廚藝基礎的基石，隨時隨地都能用以譜出許多基礎料理。最終，你的廚藝能有如路易斯或是艾拉那樣信手拈來。將學到所有關於鹽的知識，應用在簡單的日常隨手烘蛋料理，或是假期的烤肉盛宴。

　　三個關於用鹽的判斷與決定，分別是：何時？多少？該使用什麼形式？每一次的煮食過程，都該問問自己這三個問題，而組成的答案，就是即興演出的草稿。在不久的將來，你會對自己的廚藝感到驚豔。或許會是某一天，站在空蕩蕩的冰箱前，苦惱著沒食材，堅信自己絕對煮不出任何料理的同時，意外發現一塊帕瑪森起司。於是，在二十分鐘後，你已經在享用一盤畢生吃過最美味的**黑胡椒起司義大利麵**（*Pasta Cacio e Pepe*）了。也可能在某一次，無預警的與友人在農夫市集裡採購過度，回到家中，將所有食材在廚房桌面上一字排開，隨即很順手的從冰箱裡取出前一晚已經加鹽調味的生全雞，然後，反射性的預熱起了烤箱。為朋友們倒了杯酒，並端上灑有鹽花的黃瓜和蘿蔔片。爐火上正煮滾一鍋水，你完全不用思考，抓了一把鹽加入水中，猶如內建導航似的，在川燙蕪菁與蕪菁葉前，會嘗一嘗水的鹹度是否到位。朋友們淺嘗了一口你提供的食物後，紛紛央求你分享料理祕訣。就老實向他們說吧！你只是掌握了做好料理的最重要一項元素：鹽。

在我剛進 Chez Panisse 的廚房工作時，主廚們舉辦了一場員工之間的「最佳番茄醬汁食譜」競賽。比賽的規則就只有一條：使用廚房裡日常使用的食材製作。獎品內容則是，五百美元的現金，以及無論何時每當這道食譜被使用時，在菜單上都會提及與致謝。

初來乍到的菜鳥如我，完全沒有參加競賽的念頭。但，似乎除了我之外，從侍餐經理到其他的侍餐服務人員、跑堂送菜人員，當然還有所有廚師們，人人都磨拳擦掌，熱切地參與。

大概有好幾打的參賽人員，帶著他們製作的番茄醬汁，讓我們稱為「最具公信力的評審團」（也就是主廚們與愛麗絲）進行盲品。有的醬汁使用乾燥奧勒岡調味，也有的使用新鮮馬郁蘭（marjoram）；有的參賽者把罐頭番茄隨意切碎，有的則是費盡心思將蕃茄去籽後切丁。有人加了番茄碎屑，有人則是內心的阿嬤魂爆發，悉心將絞碎的番茄泥慢燉熬煮。整場賽事，可說是番茄大混戰，全餐廳的工作人員也都嘰嘰喳喳討論，引頸期待得獎名單公布。

中途，一位主廚走進廚房倒了一杯水，我們抓緊機會打探評審情況，他說出了一段我至今難忘的話。

「許多參賽醬汁都很棒，好的醬汁實在太多，難分軒輊。加上愛麗絲的味覺太過敏銳了，她無法忽視有幾個很不錯的醬汁，竟然用了餿掉的橄欖油！」

愛麗絲想破頭也無法理解，為什麼參賽者不使用高品質的橄欖油，更何況，餐廳一直以來都是以成本價供員工購買自用的呀！

我聽了震驚不已。在這之前，我從沒想過橄欖油對於料理風味的影響如此之劇，甚至是在帶有強烈酸勁的番茄醬汁上。這也是我首次粗略的參透橄欖油（當然其它被選來做菜的油脂也是）如此基本的食材，其風味對於整道料理的影響是這麼的舉足輕重，強烈的牽動著人們的味覺。像是使用奶油跟橄欖油炒洋蔥，會有完全不同的風味。然而，若是使用品質好的橄欖油，比起劣質橄欖油，那料理出來的洋蔥滋味又更是大大的不同（這裡來說，前者當然較美味）。

那場比賽，最後由我的一位年輕廚師好友，麥克（Mike）拔得頭籌獲獎。他使用的食材超級複雜，在這麼多年之後，我已經無法記住食譜內容了。但是，我依然深深記得那日珍貴的一課：美味的食物與使用的油脂，有很大的關係。

儘管打從我開始在 Chez Panisse 工作時，就一直被教育、學習品嘗各式各樣的橄欖油。但是，我真正參透油脂並不僅僅只是料理介質，而且具有多變萬用的特質，是在我到了義大利工作之後才有的深切體悟。

　　在橄欖收成的季節（義大利稱為 *raccolta*），我前往卡爾米尼亞諾（Tenuta di Capezzana）朝聖，在那裡我品嘗了此生入口過最優質的橄欖。站在油坊前，我定睛凝望著白天採收的橄欖，就這麼提煉變成黃綠色液體，華麗光澤簡直照亮了托斯卡的黑夜。油脂的風味跟色澤一樣令人震懾：辛辣，甚至帶點酸勁，是我從沒想過油脂會有的滋味。

　　隔年秋天的橄欖採收季，我前往了利古里亞（Liguria，一個靠海的省份）。地中海岸產出的第一批初榨橄欖油新油（Olio nuovo）又有極大的不同：奶油香氣足、酸度低，豐腴濃厚，我可以直接飲用一大匙。我懂得了，橄欖油的風味與其種植地有很大的關係。來自炎熱乾燥丘陵地的橄欖油，帶有辛辣口感。而沿海岸氣候溫和產出的橄欖油，則具有清淡溫和的特色。在品嘗了這麼些口味差異極大的橄欖油之後，我頓時瞭解了：如果在生魚塔塔料理（fish tartare）上使用辛辣口感的油品，絕對會蓋過原有的細緻原味。又，若是在托斯卡尼牛排佐微苦蔬菜（Tuscan *bistecca*）這道料理，採用了海岸產的油品，則是無法突顯該料理的厚重香氣。

在班尼德塔‧維達李（Benedetta Vitali）於弗羅倫斯開設的 Zibibbo 酒館裡，我們大量使用托斯卡尼產、帶有辛辣口感的初榨橄欖油：製作沙拉醬，淋浸於每天早上製作的佛卡夏麵團，將「基底蔬菜糊」（*soffritto*，由洋蔥、紅蘿蔔及西洋芹組成，多用於燉煮料理，香氣滿滿的混炒蔬菜）炒上色。我們也用來油炸基本上任何可炸的東西，從小章魚、櫛瓜花，到義大利多拿滋（*bomboloni*），每週六早晨我都必定在酒館享用，裡面填滿了奶油餡。托斯卡尼產的橄欖油，定位了這家酒館食物的風味，食物之所以美味，是因為我們使用的橄欖油很美味。

在我遊遍義大利後，深刻的體會到，油脂定義了各個區域料理的不同風味。義大利北邊，乳製品及牛隻飼養佔大宗，因此使用奶油、鮮奶油、起司入菜，像是：玉米粥、義大利肉醬寬麵（*tagliatelle bolognese*）及燉飯（*risotto*）。義大利南方種植大量橄欖樹，在眾多料理：海鮮、麵食，甚至是甜點、義式冰淇淋，都用了橄欖油。除此之外，豬隻飼養不受氣候限制，豬脂肪則成為整合義大利不同區域料理的通用脂肪。

在我沉浸於義大利文化與料理之際，日益清晰的是：義大利料理之所以如此美味，和他們善於使用油脂有著絕大的關聯。阿！就是油脂啦！這是做出好料理的第二要素！

何謂油

　　試著想像一下，做菜卻不使用任何油脂，就能深刻體會油脂在廚房裡的重要性了。沒有橄欖油的油醋醬，少了豬脂肪的香腸，不搭配酸奶油的烤馬鈴薯，完全不用奶油的可頌麵包？全變得不像樣，這就是少了油脂的情況。少了油脂參與所製造出來的食物，在風味與口感上都會大打折扣，食用起來的愉悅感也就跟著大降。換句話說，食物要達到最佳香氣及入口質感，油脂是料理時的必備元素。

　　更進一步來說，油脂是駕馭料理的四大要素中，唯一同時能和水、蛋白質及碳水化合物起作用的要角。雖然，脂肪和鹽一樣，被定位為不健康食材，但這兩種食材也同時是人類維持生命的必要元素。脂肪是人體很重要的能量儲備形式，可供未來使用，同時也扮演著吸收養分及參與代謝的功能，譬如：腦力成長。除非是醫生特別警告需要控制油攝取量，一般來說無需特意節制，正常料理時的油用量，對於健康絕無大礙（尤其是植物或魚類來源的脂肪）。就油脂來說，和料理上的用鹽不同，我不打算鼓勵你增加用量，而是想教會你如何使用油脂，以及挑選好的、正確的油脂。

　　和鹽相比，油脂以更多種的形式存在，也可由多種來源提供（詳見 63 頁，**油脂來源**）。鹽，是礦物質，作用在於增進風味。油脂在廚房裡則同時扮演**三種非常不同**

的角色：作為主要食材，當作料理媒介，以及，和鹽一樣，具有調味功能。同一種油脂因為使用方法的不同，在料理上常常有不同的作用。挑選適合的油脂入菜，首要步驟是釐清：希望或預期油脂在料理時扮演三大角色的哪一種。

油脂作為**主要食材**，會對於整道料理有顯著的影響。最常見的情況是，因油脂而有豐腴風味，或是營造出特殊需求的口感。譬如，將脂肪絞入漢堡肉排裡，隨著炙烤

加熱後，脂肪融化，因而營造出漢堡肉自內而外的多汁效果。糕點中的奶油則是妨礙麵粉產生筋度，得以做出酥脆的層次口感。橄欖油存在青醬中，才得以達到既清爽又油膩的豐潤口感。冰淇淋中的鮮奶油及蛋黃含量，更是決定了滑順與罪惡程度（祕訣：含量越高越綿密）。

油脂，最獨特、優秀的特性，莫過於可作為**料理媒介**。料理用的油脂，可加熱到超高的溫度，食物表面接觸到油脂的部分，也藉此能達到高溫。透過這樣的過程，食物可以呈現出金黃棕色且酥脆可口。凡有加熱油脂煮食的步驟，都可將油脂歸類為媒介。花生油炸雞、奶油炒蔬菜，或是水煮鮪魚裡加的橄欖油，都算媒介。

某些種類的油脂，在料理上桌前加一點，可以促進口感，當**調味功能**之用：數滴

麻油可以讓米飯的香氣顯得更為深遠；一匙酸奶油，有助於增添濃湯的滑順豐厚；培根、生菜、番茄經典三明治（BLT）裡，抹上薄薄一層美乃滋，會嘗起來濕潤多汁；烤過的吐司麵包只要塗上奶油，更是多了不可言喻的豐華滋味。

判斷油脂在你的料理中扮演什麼角色，可以試著問問自己以下的問題：

● 使用的油脂會和其他食材結合嗎？如果會，那麼它就是主要食材。
● 油脂對這道料理的口感（造成酥脆、滑順或是清爽的效果）有所貢獻或影響嗎？如果油脂是主要食材，同時又可貢獻酥脆度，那麼也要視為料理媒介。如果讓料理產生軟嫩口感，那麼則可能扮演其一角色而已。
● 料理食物時是否加熱油脂？如果是，那麼則是扮演料理媒介。
● 油脂對於風味有重大貢獻？若是料理一開始就加，那麼是主要食材。如果在料理最後才加，用以增添風味或口感，則是調味之用。

油脂來源

油脂:

1. 奶油、澄清奶油(或稱無水奶油) 2. 油:橄欖油、種籽油、堅果油 3. 動物脂肪:豬、鴨、雞

高脂食材:

4. 煙燻和熟成的肉品,例如:培根、義式火腿,義式培根等 5. 堅果與椰子 6. 鮮奶油,酸奶油以及法式酸奶油 7. 可可脂和巧克力 8. 起司 9. 全脂優格 10. 全蛋 11. 脂肪含量高的魚類,例如:沙丁魚,鮭魚、鯖魚、鯡魚 12. 酪梨

油與風味

油脂對風味的影響

　　簡單來說，油脂傳遞風味。除了少數的油脂本身具有獨特的味道，所有的油脂更是具有傳送香氣的功能。也就是促進、突顯香氣的存在感，並讓味蕾深刻的品嘗到。食物入口後，透過油脂覆蓋住舌頭，而使得香氣分子停留在味蕾上的時間延長，因而強化、加長了味蕾感受食物滋味的效用。將兩瓣大蒜剝皮後並切片，其中一份以兩大匙的熱水燙煮，另外一份以等量的橄欖油煎，接著分別嘗嘗兩份液體，你會很驚訝的發現：橄欖油裡的大蒜香氣濃厚許多。這就是油脂的特性與優勢，透過這樣的優勢，油脂可攜帶運送其他食材的香氣。烘焙時，將香草萃取液或是其他香料加入奶油或是蛋黃中，也有相同的效果。

　　油脂之於提昇風味有著很令人驚豔的運作模式。料理用油脂可以加熱到遠遠高過水的沸點許多（水平面的沸點為 100°C），藉此達到關鍵性任務：讓食物表面上色，這是通常要高於 110°C 才會發生，也是透過水無法達到的。某些食物，經由加熱上色可將風味提領到一個全然不同的新境界，包括：堅果香氣、甜香、肉香、大地芬芳及鮮味。想想，水煮雞肉，及塗了橄欖油烤到金黃的烤雞，比較看看兩者的香氣，油脂的獨特性質對食物的影響之巨，馬上不言而喻。

油脂的風味

不同的油脂，各自有其本身的風味。瞭解各種油脂的味道，以及常用於什麼樣的料理之中，才能做出最正確的選擇判斷。

橄欖油

橄欖油是地中海料理的本命用油。當你在煮食義大利、西班牙、希臘、土耳其、北非及中東料理時，可以很自然、不做他想的將橄欖油當作基礎用油。在湯品、義大利麵、燉肉、烤肉或是蔬菜……任何料理中，橄欖油是種讓食物發光的媒介油。當作主要食材，能用於美乃滋、油醋醬，以及各種醬料，像是**香草莎莎醬**和辣椒油。滴灑於薄切生牛肉（beef carpaccio）或是烤瑞可達起司（ricotta）上，則是調味之用。

好的橄欖油是料理好食物的起點，如何選擇好的橄欖油卻往往讓人不得其門而入。就拿我熟悉的市集來說好了，光是架上的特級初榨橄欖油就有二十來種品牌，然後每一種又區分為初榨、純以及風味橄欖油。還記得在我剛接觸料理行業時，每當走到油品區，總因為選擇太多而不知所措的心情：特級初榨還是初榨？義大利產或是法國產的？該選有機的嗎？那個剛好在特價的橄欖油不知道好不好？為什麼這個牌子750毫升要價20美元，另一個牌子一公升只要7.5美元？

挑選橄欖油的準則其實和挑選紅酒一樣，依著你的品味喜好，而非依價錢。這需要一點對於自我直覺的信任，但也是唯一能真正認識橄欖油的途徑：留心品嘗。一些描述滋味的形容詞，像是果香味、嗆辣、香料氣息、清朗，在一開始可能有點困擾，但是好的橄欖油，就像是好的紅酒般，滋味是由多種面貌組成的。一瓶高價位的橄欖油，如果不合你的胃口，價錢也就只是數字。如果一瓶十美元的橄欖油，你嘗起來喜歡，那麼就是這一瓶了！

要精確描述出好品質的橄欖油，很有難度。而要形容劣質的橄欖油，卻相對的容易：苦澀、味道過重、太過辛辣、混濁、帶有油餿味，只要具有以上任何一個，就算劣質。

橄欖油的顏色和品質，沒有必然的相關性，也無法從而猜測是否腐敗。最重要的是，相信你的嗅覺及味覺：是否聞起來像蠟筆、蠟燭或是浮在花生醬上頭的一層油？如果是，那麼這瓶油就壞了！令人遺憾的是，大多數的美國人不但嘗慣了腐壞的橄欖油，而且竟然還覺得很不錯。因此油品大廠將好油留給懂得品嘗、挑剔的客人，而將

次級品賣給我們。

　　橄欖油是有季節性的。購買時，看看包裝上的製造日期，若是標示十一月，就是當季現榨的油品。榨好的橄欖油，在十二到十四個月之後，就會逐漸開始酸敗。所以，別省著在特殊節日才用，橄欖油並不會隨著時間熟成風味益增（在這一點上，橄欖油就一點也不像紅酒了）。

　　和鹽一樣，橄欖油也有許多分類：日常用、畫龍點睛之用，以及加了其他風味的橄欖油。**日常用橄欖油**，用於每天的料理上。**畫龍點睛之用的橄欖油**，使用在需要將橄欖油風味在整道料理的比重上大大顯著提昇時。像是：沙拉醬、生魚塔塔料理最後加的一匙油、香草莎莎醬，和橄欖油蛋糕。**風味橄欖油**要很小心選購及使用。一般，我會建議避免使用這類的油品，因為通常加了其他香味，是為了掩蓋油質低劣。除了在瓶身標示有 *agrumato*（義大利文裡柑橘的意思）以外，這是使用一種傳統的萃取法，初榨橄欖的同時連同整顆的柑橘果實一起萃取油脂。在聖地牙哥著名的冰淇淋店 Bi-Rite Creamery 裡販售的巧克力聖代就是佐以佛手柑風味的橄欖油，這樣的搭配美味至極！

　　要找到品質優良且價位公道的日常用橄欖油，可能不是那麼容易。我的備用品牌包括：Seka Hills，Katz 和加州橄欖牧場（California Olive Ranch）的初榨橄欖油。以及，

來自好市多（Costco）的科克蘭有機特級初榨橄欖油（Kirkland Signature Organic Extra Virgin Olive Oil），在眾多自有品牌裡，品質評鑑分數頗高，也是另一個值得推薦的產品。

如果尋獲不著以上這些的話，試著購買 100% 使用加州或是義大利橄欖的橄欖油（而不是單純標有「義大利製」或「裝瓶、包裝於義大利」，這些字眼真正的意思是：油品於義大利壓榨製作，但是其使用的橄欖，不可考）當然，製造日期必須清楚的標印於瓶身。

如果你實在無法找到品質好又負擔得起的日常用油，可以試著使用高品質的橄欖油加無味的冷壓葡萄籽油或是芥花油以節省用量，就是千萬不要妥協於劣質的橄欖油。作為沙拉最後畫龍點睛的淋油，或是調味用途的油品，絕對要使用純粹的真食材。

一旦你覓得衷心喜愛的橄欖油，記得要好好保存於陰暗涼爽的地方，像是爐灶附近溫度起伏過於頻繁，或日照直射，都容易使油品酸敗。如果沒有適合的陰涼環境，那麼將油品保存於深色或金屬容器中避免受光，也是可行的方法。

奶油

在許多畜牧業盛行區域，常使用奶油來料理食物。像是：美國、加拿大、英國、愛爾蘭、斯堪地那維亞、西歐，包括義大利北部、俄羅斯、摩洛哥和印度。

奶油堪稱多變萬用的脂肪，它能以多種型態存在，同時扮演著料理的介質、主要食材或是調味品。市面上的奶油可分為**含鹽、無鹽**及**發酵處理過**三種。含鹽和帶微酸氣息的發酵奶油，光是塗抹在烤熱的吐司麵包上，或是搭配櫻桃蘿蔔（radishes）再灑點海鹽一起食用，當作簡單的餐前小點就很美味。然而，我們沒有辦法掌控含鹽奶油裡的鹽含量，因此建議在料理時統一使用無鹽奶油，後續才自行加鹽調味。

冰涼或是室溫軟化的無鹽奶油作為主要食材製成的麵團或是麵糊，烘烤過後具有豐富的乳香，並成就酥脆、細緻、輕盈等多種奢華口感。和油脂不同之處在於，組成奶油的成分並不全然是脂肪，還包括水分、乳蛋白、乳清固形物，也正因為這些成分，造就了奶油的多元香氣。試著以小火加熱無鹽奶油，直到裡頭的固形物變成棕色，你就得到帶有堅果香甜氣息的**焦化奶油**（brown butter）。焦化奶油常用於法國和義大利北方的傳統料理上，常見搭配榛果、冬季瓜類及鼠尾草，在我喜歡的**秋天的托斯卡尼麵包沙拉**（Autumn Panzanella）中，就是佐上**焦化奶油油醋醬**（Brown Butter Vinaigrette）。

使用微弱的小火融化無鹽奶油，可以得到澄清的奶油。奶油裡的乳清蛋白會浮於清澈淡黃色奶油的表面，而其餘的乳蛋白則是沉澱到底部，其中的水分則是被加熱蒸發，因此得到 100% 的脂肪。小心的將表面的乳清蛋白撈起，之後可用於拌緞帶麵（fettuccine）。奶油香氣融合進雞蛋麵條裡，最後再加上帕瑪森起司和現磨黑胡椒，尤其合拍迷人。由於蛋白質能穿透起司濾布（cheesecloth）的細小孔洞，留意不要晃動融化的奶油，以免沉到底部的乳蛋白飄起。小心的舀起融化奶油的澄清部分，並再以起司濾布過濾一次，就是適用於高溫料理的**澄清奶油**（clarified butter）。我很喜歡使用澄清奶油煎薯餅，因為固形物已經移除，因此奶油不會燒焦，馬鈴薯能吸飽奶油的滿滿香氣。印度酥油（ghee）也是澄清奶油的一種，製作時以高溫加熱奶油，使得內含固形物棕化，而產生甜香的特色。用於摩洛哥庫斯庫斯米中，藉以產生鬆散口感的史諾奶油（smen），也是澄清奶油的一種，透過埋在地下長達七年的製作方法，而發展出類似起司的滋味。

種子與堅果油

在料理食物時，大多的時候都不需要，也不希望使用的油脂帶有強烈氣味，以避免干擾菜餚本身的滋味。因此沒有特殊氣味的中性油脂，是各地料理的使用主流。像是：花生油，芥花油或是葡萄籽油，嘗起來沒有任何顯著的味道，因此都是很適宜用於料理的選擇。同時又具有高**發煙點**的特質，很適合用於製作金黃酥脆的料理。

眾所皆知，絕對能讓食物沾染上熱帶南洋氣息的椰子油，就很適合用於製作烤穀麥（granola）或是烤蔬菜。椰子油也是少數罕見在室溫下以固體型態存在的植物油。本章節後面會說明固體脂肪之於酥口塔派糕點的貢獻，下次如果你有乳糖不耐症的朋友造訪，或許你能為他特製以椰子油取代奶油的糕點。（廚師小祕訣：皮膚與毛髮對於椰子油有絕佳的吸收度，如果你感到乾燥，椰子油會是很好的滋養修護品！）

具有濃重氣息的種籽或是堅果油，可當作調味品之用。使用芝麻油，將隔夜飯、泡菜、雞蛋一起翻炒，就是一道具有韓國風味的小食。油醋醬裡滴進幾滴熱過的榛果油，能大大增進芝麻菜與榛果沙拉的堅果香。南瓜湯若是淋上加有烘香南瓜子跟南瓜籽油的香草莎莎醬，即能為單一食材帶入多面向的層次變化。

動物脂肪

　　所有的葷食飲食文化，也都善用動物脂肪於料理之中。可能當作主要食材、料理媒介，或是視動物脂肪的型態，有時當作調味之用。絕大多數的香氣是由非水溶性小分子構成，也就是說主要存在動物的脂肪中。換句話說，所有的動物脂肪與其瘦肉部分相比，前者能被嘗到更濃、更重的肉味。牛油比牛排更有牛味；豬油比豬肉更具豬味；雞油比雞肉有更足的雞肉香……以此類推更多的動物脂肪與肉品。

牛

　　液體的牛油（英文為 tallow），固體的牛脂肪（英文為 suet），是製作漢堡肉或是熱狗的關鍵食材，能大大提升牛肉香氣並增進濕潤度。少了牛脂肪的漢堡肉嘗起來毫無滋味，口感乾硬粗糙 。而牛油則是常使用於炸薯條或約克夏布丁。

豬

　　固體的豬脂肪（英文為 pork fat），液體的豬油（英文稱為 lard）。前者是製作香腸跟肉凍派（terrines）的重要材料，在豐腴度及香氣加分許多。料理瘦肉時很常搭配著固態豬脂肪，藉以避免乾柴口感，在英文中甚至以 barding（脂肪包製）跟 larding（脂肪餡填充）這兩個專門的字，來形容這樣的料理手法。前者 barding，是指瘦肉上覆蓋油脂豐盛的豬五花（可能是煙燻培根、鹽漬過的義式培根，或是沒有任何處理，單純的豬五花肉片），可以避免烘烤造成乾硬的口感。而後者 larding，則是利用長長的粗針，將脂肪一針針嵌進瘦肉塊中。兩種手法，都是為了增加香氣及豐腴度。

　　由於豬油具有很高的發煙點，這種特

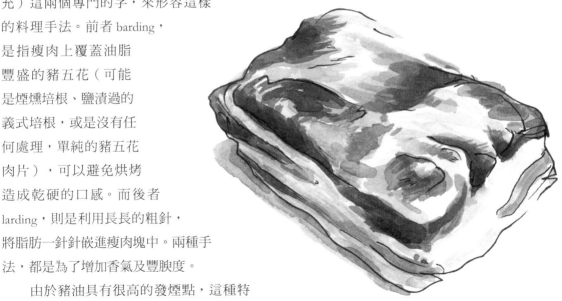

豬五花

質使得它成為絕佳的料理媒介，在墨西哥、南美洲、義大利南部及菲律賓北邊等地區的料理中，豬油很廣泛的使用。除了當作料理媒介，豬油也能作為主要食材，用於製作麵團。必須留意的是，豬油的製成的糕點雖然有極為酥鬆效果，但是那股豬肉的味道，並不是人人可以接受的，我想你不會希望藍莓派有股豬肉味吧！

雞、鴨、鵝

在料理上，這類的動物脂肪我們只會使用液體狀態，並僅僅當作料理媒介。融化、液體狀態的雞油（Schmaltz，猶太文的雞油）很常使用於猶太料理中。我個人非常喜歡使用雞油做出的香雞炒飯。烤鴨烤雞時，將流出的脂肪蒐集起來並過濾，可以用於煎馬鈴薯或是其他的根莖類蔬菜。很少有食物能超越用鴨油香煎馬鈴薯的美味。

羊

羊脂肪（suet）一般不會以液態存在，是製作以「羊肉為主的香腸」的重要材料，像是不吃豬肉的國家中常見的牛羊腸（*merguez*）。

● ● ●

油脂地球村

油脂＝風味

利用這張圖表，
幫助你在烹煮不
同的世界料理時，
能選用正確適合
的油脂。

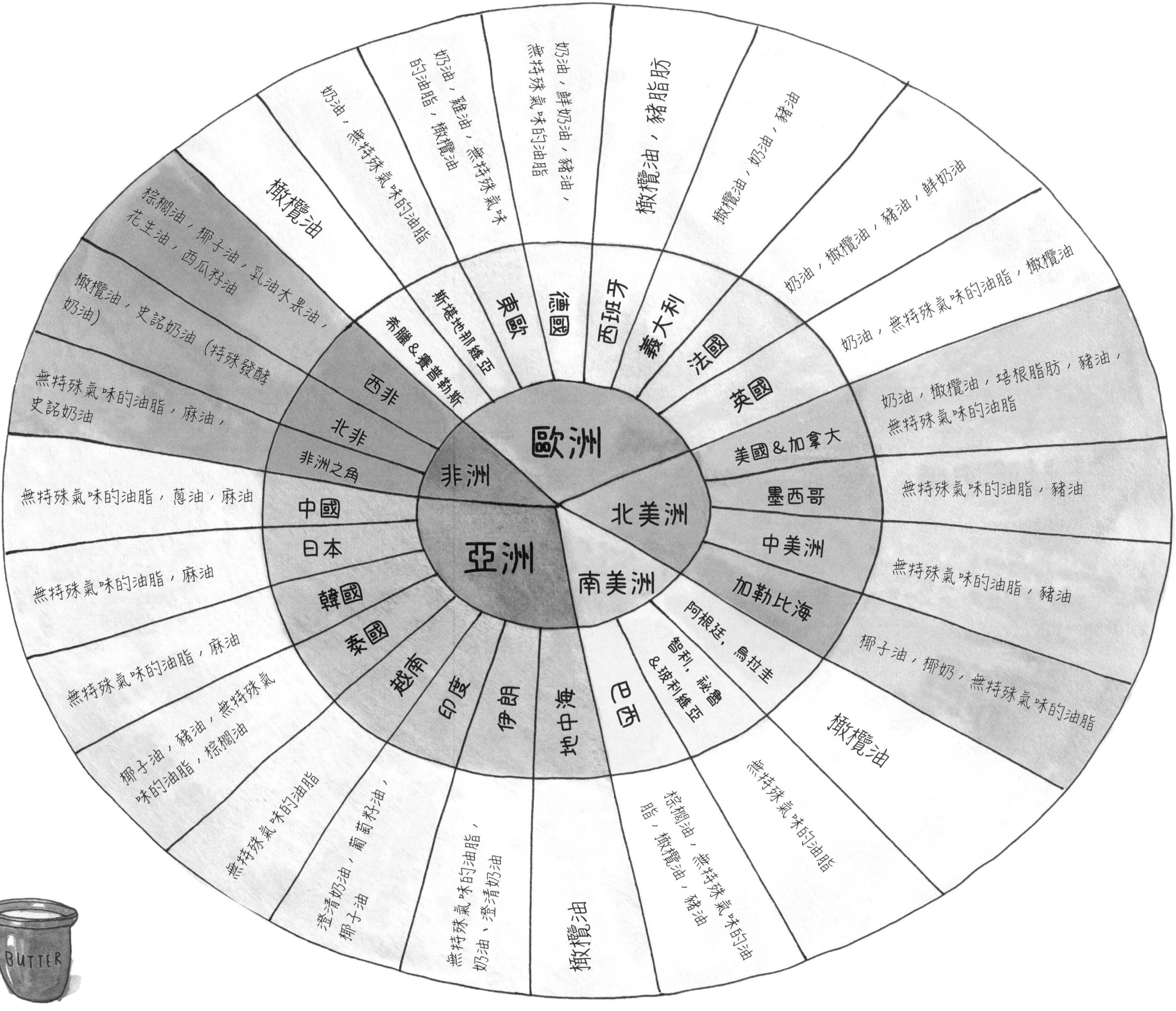

歐洲
北美洲
南美洲
亞洲
非洲
希臘&賽普勒斯
橄欖油
斯堪地那維亞
奶油，無特殊氣味的油脂
東歐
奶油，雞油，無特殊氣味的油脂，橄欖油
德國
奶油，鮮奶油，豬油，無特殊氣味的油脂
西班牙
橄欖油，豬脂肪
義大利
橄欖油，奶油，豬油
法國
奶油，橄欖油，豬油，鮮奶油
英國
奶油，無特殊氣味的油脂，橄欖油
美國&加拿大
奶油，橄欖油，培根脂肪，豬油，無特殊氣味的油脂
墨西哥
無特殊氣味的油脂，豬油
中美洲
無特殊氣味的油脂，豬油
加勒比海
椰子油，椰奶，無特殊氣味的油脂
阿根廷，烏拉圭
橄欖油
智利，秘魯&玻利維亞
無特殊氣味的油脂
巴西
棕櫚油，無特殊氣味的油脂，橄欖油，豬油
地中海
橄欖油
伊朗
無特殊氣味的油脂，奶油，澄清奶油
印度
澄清奶油，葡萄籽油，椰子油
越南
無特殊氣味的油脂
泰國
椰子油，豬油，無特殊氣味的油脂，棕櫚油
韓國
無特殊氣味的油脂，麻油
日本
無特殊氣味的油脂，麻油
中國
無特殊氣味的油脂，蔥油，麻油
非洲之角
無特殊氣味的油脂，麻油，史詺奶油
北非
橄欖油，史詺奶油（特殊發酵奶油）
西非
棕櫚油，椰子油，乳油木果油，花生油，西瓜籽油

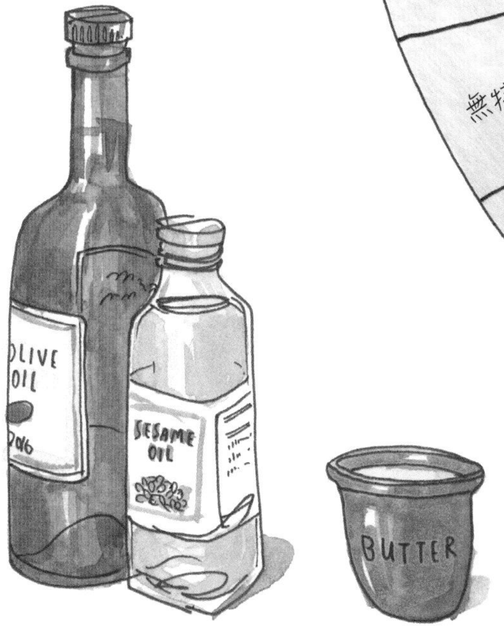

OLIVE OIL
SESAME OIL
BUTTER

直接這麼說好了，脂肪使得肉更美味。舉個例子，當我們在定價或是分級牛排時，全依大理石紋路油花與脂肪含量而定。然而，有些脂肪是不受人歡迎的，像是雞胸肉上韌性高的脂肪塊，或是牛腩（前胸肉）也常常被遺留在餐後盤中的一角。我們是如何決定喜歡某些脂肪，同時又屏棄某些脂肪的呢？

就飼養四隻腳的動物來說，身體中心的部位可以吸收最多的熱量，風味也最飽滿。形成的脂肪最後存在肌肉群之間或是皮下，像是豬里肌肉或是牛肋排外圍的一圈就是屬於這一種脂肪。而有些脂肪則是分布於肌肉中，這一類就是所謂的具有價值的脂肪。如果在牛排上，我們常常形容為大理石紋的油花。大理石油花隨著料理加熱而融化，由內產生均勻多汁的口感。又由於油脂具有攜帶風味的特質，這些脂肪裡的眾多化學小分子，使得含脂的肉比起瘦肉，肉味更顯著：牛肉更有牛味，豬肉豬味更重，雞肉的雞香更足。舉個例子來說好了，這也是為什麼雞腿肉比雞胸肉來得有風味。

想當然耳，若是一大塊脂肪直接上桌，是不可能美味的。我們得取下脂肪，加熱融化，日後作為料理媒介之用。料理時使用動物脂肪，可以提昇強化肉的滋味：猶太丸子湯（matzoh balls）有了雞油的加持，能使得雞湯湯頭更顯豐富有深度。使用煎培根釋放出來的油脂料理馬鈴薯煎餅，即使早餐餐盤上完全沒看到肉，也能充滿煙燻肉香。一點點的動物脂肪，就能大大提升簡單料理的滋味及豐腴感，傳香千里。

如何使用風味地圖

打開本內摺頁。本書總共收錄了三份風味地圖，此內摺頁就是其中一份，用於探索導航世界風味的地圖。車輪狀地圖的每一層分別標示著不同的分類訊息，先由靠近圓心的兩圈挑選出你感興趣的料理，接著往最外圈延伸找出建議使用的油脂。

世界各地的油脂

　　正如同我在義大利參透奧義：油脂決定了一道料理的優勝劣敗。既然油脂是眾多料理的最最基石，正確挑選適合的油脂，可從料理本身達到增進風味的效果，若是選錯油脂，再怎麼從其他方面補強，也挽救不了失誤的滋味。

　　別用橄欖油做越南菜，或是培根油脂做印度菜。參考這張輪盤地圖，可以幫助你在烹煮世界各國料理時決定正確的用油。在法式基調的餐飲時，我們使用奶油炒**蒜味青豆**。當餐桌上擺的是印度米飯或是扁豆料理時，記得隨桌附上印度酥油。至於**五香脆皮烤雞**（Glazed Five-Spice Chicken），則要記得滴上幾滴麻油後才端上桌。

油的作用機制

　　油脂的種類關係著料理的風味，而油脂的使用方法，更是深深影響食物的口感，兩者都是成就好料理的關鍵。味蕾透過感受食物的多種口感，因而傳遞享受美食的愉悅。將濕軟的食物轉化成乾爽酥脆，也就是新口感的導入，能使得飲食具有驚喜娛樂效果。食物普遍的五種令人喜愛的口感：酥脆、滑順、多層次、柔軟及輕盈，都能透過油脂的各種使用手法來達到。

鍋子表面

(非科學＆不精準的示意圖)

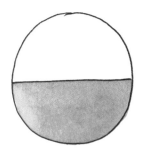

不沾鍋或養鍋
完善的鑄鐵鍋

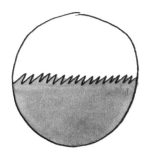

不鏽鋼鍋

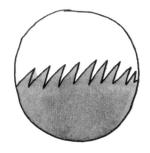

完全沒養鍋的鑄鐵鍋

酥脆

　　人人都愛酥脆爽口的食物，套句名廚瑪利歐・巴塔利（Mario Batali）的形容：光是在菜單上加上「酥脆」一詞，就足以吸引買氣、賣得比其他料理好了。酥脆食物的迷人香氣與滋味，再加上入口時發出的聲響，有著令人食慾大增的潛力。像是炸雞，你幾乎可以在世界各地找到許多不同版本的炸雞料理。炸雞品質的好壞在入口幾秒內馬上見真章：專業級的油炸，在牙齒咬下之際能感受到雞皮在口中迸開，酥脆麵衣隨熱氣蒸散而更顯撲鼻香氣，令人口水直流。咬下時，那響亮而無法忽視的聲音，加上炸雞撫慰人心的滋味，是全宇宙公認的美味定義。

　　食物要變得酥脆，存在細胞中的水分必須逸散出來，也就是食材的表面溫度至少要超過 100°C 水分才有辦法沸騰逸散。

　　為了讓食物表面整體達到酥脆的效果，必須直接接觸熱源，譬如：直接和高於沸點的鍋面接觸。但是，沒有任何食材的表面是完全平滑的，嚴格說來鍋面在顯微鏡下也並非如肉眼觀察的那樣平滑。因此，為了讓食材與鍋面能有完全密合的接觸，在料理時我們需要**媒介**：「脂肪」的存在。一般的料理用油可以加熱到 176°C 以上才開始冒煙，是很理想的媒介，幫助食物達到我們追求的金黃酥脆可口。油脂加熱後透過烙、炒、煎、煎炸或油炸等方式讓食物表面酥脆。使用適量足夠油脂的另一個好處：油脂幫助鍋子形成完全平滑的表面，能防止食物沾黏。

　　就像我先前給大家的用鹽建議一樣，我想再次鼓勵大家不要害怕用油，越瞭解如何正確使用油脂，就越能減低用量。要培養出正確判斷用油量的唯一方式，就是放大感官時時處處留意。有些食材，像是茄子和香菇有著海綿特質，會很快將油脂全數吸收，導致像是沒加油般的乾煎而已。油量太少，或是放任油脂被吸收不補充添加，會在食物表面產生苦黑的浮泡。另外，像是豬排或是雞腿肉，則是隨著加熱過程會慢慢釋出食材本身的脂肪。或是，煎培根的時候，若是暫時離開鍋邊，稍後回頭查看，往往會發現培根早已被本身釋出的脂肪淹沒了。

　　聽從你的眼睛、耳朵及味蕾的指示，判斷、決定用油量。食譜中的建議用油量，在一開始是有幫助的，但實際情況依每個廚房或是個人手邊的工具而有所不同。

　　舉個例子來說好了，食譜上寫著：使用 2 大匙橄欖油炒軟 2 顆切丁的洋蔥。如果你是使用小型鍋子，這樣的油量可能剛好足以覆蓋鍋子底部面積。如果用的是大一點的鍋子，底部面積也就相對大一點，相同的油量當然就無法覆蓋了。除了食譜的說明

之外，料理當下的直覺判斷也很重要，煎東西時油量要足以覆蓋整個鍋面，半煎炸時，至少要使用達到食材一半高度的油量。

　　相反的，料理時用油過量，也是一樣令人倒胃口。用餐完畢的盤中留有一灘油，無疑是毀了一頓飯的少數幾件致命缺憾。煎、炸過後的食物，需要瀝油；使用夾子或是漏勺從鍋中取出，而非直接倒到盤中；上桌前，使用乾淨的餐巾或是廚房紙巾快速地拍壓一下食物，將過多油脂吸去。

　　下廚時，發現不小心倒了太多油脂，可以直接將過多的油脂倒出，並記得擦掉鍋邊殘留的油脂，以免後續接觸熱源造成火災。小心為上，別燒傷自己了。如果鍋子太重或太燙，當然就別勉強：先以夾子取出正在烹調的食材，放到一旁的盤子上，然後才倒掉多餘的油脂。接著再將食材放回鍋中繼續料理。多洗一個盤子，比起燙傷或是被熱油濺燙到划算多了。

正確的加熱油脂

　　事先熱鍋，可以縮短油脂和熱金屬接觸的時間，以減低油脂變質的機率。當油脂加熱後會開始裂解，風味下降，進而產生有毒化學物質。另一個好處是，冷鍋容易沾黏食物，熱鍋可以避免這樣的窘境。但是，先熱鍋原則也有例外：當使用到奶油或是大蒜時，這兩種食材都很容易燒焦，應以小火加熱，避免使用過熱的鍋子。除此之外，料理其他所有食材時，熱鍋、加入油脂，待油脂也熱了，食材才下鍋。

　　鍋子必須夠熱，油脂一倒入能立即看見閃著光亮油紋的程度。不同的金屬導熱速度不同，因此無法建議大家精確的熱鍋時間，但是可以提供「一滴水」測試法：在預熱過後的鍋中試著滴進一滴水，如果水滴馬上冒泡（不需要有激烈地沸騰聲音），接著水滴被蒸煮揮發，那麼表示鍋子夠熱了。一般來說，如果油鍋夠熱，在放入食材時能馬上聽到微弱的滋滋聲。如果食材太早進鍋，鍋子不夠熱沒有聽到滋滋聲，那麼馬上將食材從鍋中取出，靜待油鍋夠熱再重放回鍋中，並特別留意是否沾鍋或是上色前不小心煮過頭。

融化、提煉

　　肉類在肌肉間與皮下的脂肪，可以切成一小塊一小塊，連同極少量的水，一起放進鍋裡，以微弱的火力加熱**融化**成液體，同時水分也受熱蒸發逸散。這樣的手法，能使得固體的脂肪，轉化成液體，精煉後應用為料理的介質。下一回，當你準備要烤鴨

時，先將多餘的脂肪修切下來，融化提煉後，再以篩網過濾，裝進玻璃瓶中，放冰箱冷藏，可保存六個月。留作日後**油封雞**（Chicken Confit）之用。

脂肪成分，正是飽含肉品風味的元素但過多的脂肪，會阻礙酥脆口感的營造。即使目的不在於將肉類裡的脂肪融化提煉出來做為料理媒介使用，上述的技術，對於肉類口感的轉化也是很關鍵的做法。譬如，煎培根時，透過逼出許多油脂，而得到酥脆口感的培根，就是一個最好的例子。如果火力太強，有可能外面已經焦黑了，內部卻還很生軟。祕訣是緩慢溫和的加熱，使得培根油脂融出的速度和煎上色同步。

一般來說，動物脂肪加熱到176°C以上，就開始變質燒焦。試著將培根一片片，單層不重疊的排放在烤盤上，送進烤箱裡，以176°C的溫度烘烤。利用烤箱加熱比用爐火煎，還要溫和且均勻，提供脂肪最適宜的環境融化。或是，如果要以爐火煎培根的話，可以在一開始就加一點水，藉以調控鍋子的溫度和緩變化，也有助於脂肪融化而不是直接失控燒焦。

雞或是火雞只要烘烤的時間夠長，脂肪有充裕的機會融化流出，就能得到酥脆的外皮。而，鴨肉就需要一點額外的技巧了。鴨子為了在長達數個月的寒冬氣候中飛行，自然演化出一層厚厚的皮下脂肪組織。可以利用很尖的針，或是金屬烤肉叉，在整隻鴨的表面刺出許多小洞，尤其是肥美的部位：鴨胸及鴨腿。這些小洞能有助於脂肪融化，脂肪流出的同時，在鴨皮表面裹上薄薄的一層，形成油亮、酥脆的口感。如果，你還沒有準備好挑戰烤全鴨，那麼試著從料理鴨胸開始。首先，使用鋒利的小刀在鴨胸的皮面切畫出許多細小的菱格紋路，鴨油的融化、流出，會以較小的規模發生，最後一樣留下完美酥脆的鴨胸。

不論是豬排或是肋眼牛排中夾帶的油脂，我一向非常堅持一定要特意加熱融化處理。一份料理成恰當熟度的牛排，卻掛著一條要生不熟，軟爛口感的脂肪，我實在難以接受。所以，在料理的一開始或最後，讓肉排的脂肪部位，立起直接接觸鍋面或烤肉架，以助脂肪的融化。這個步驟，考驗著平衡能力：使用料理夾把肉夾起直立，或是搭配木製湯匙，將瘦肉的部分懸空架起，或是靠在鍋邊。怎麼做都好，千萬不要跳過這個步驟。將肉類外圍的脂肪條，煎成金黃、酥脆，這款美味，不會令人失望的。

發煙點

油脂的**發煙點**指的是不同的油脂分別在加熱到不同的特定溫度時開始裂解，並產生肉眼明顯可見的有毒氣體。你是否曾經在熱鍋中加了油脂，正準備炒青菜時，必

須暫時離開去接聽一通突來的電話呢？當你再次回到鍋邊，發現爐上油鍋早已冒起大煙，此時鍋中的油脂已經被加熱到超過發煙點的溫度了。有次我正要向實習生示範熱鍋的重要性，一位廚師過來詢問我一個緊急的問題，當我回答完後，鍋子已經太熱了，我才倒進橄欖油的同時，油瞬間被加熱遠遠超過發煙點，鍋子也即刻變黑，附近的人全部咳嗽連連。為了顧及自己的顏面，我馬上謊稱這是故意安排的橋段，為的就是讓大家體驗一下「發煙點」這回事。但是，在其他正式的廚師面前，我無法掩飾羞紅的臉，接著大家哄堂大笑。

發煙點越高的油脂，可以加熱的溫度也就越高，也越不會破壞食材的滋味。單純精煉出的植物油，像是葡萄籽油和花生油的發煙點大約是 200°C，因此適合用於炒、炸。不純的脂肪，發煙點就沒那麼高了。未純化的橄欖油裡的雜質，和奶油裡的乳蛋白，在 176°C 左右的發煙點之前就會開始燒焦，因此適合不需高溫料理的食物，像是油浴（oil-poaching）、清炒蔬菜或是煎魚、肉。甚至是直接用在沒有加熱過程的料理上，例如：製作成美乃滋或是油醋醬。

確保酥脆

當食物接觸到高溫油脂促使表面水分蒸發，就能達到酥脆的效果。因此，如果想要得到酥脆的食物，只要想盡辦法保持油脂及鍋面滾燙就對了。先熱鍋，再熱油，避免一次下鍋太多的食物，或是堆疊多層，這會使得鍋子的溫度驟降，蒸發的水氣凝結，而得到濕軟的結果。

許多精緻的食物更是深受溫度的影響。料理時如果油脂不夠熱，會造成食材本身吸收油脂，譬如：雖然熟透但是上色不足，油膩感十足，引不起食慾的淺棕色炸魚排。如果油鍋不夠熱，就將牛排或是豬排下鍋，會花上極長的時間才能將表面煎的焦脆，一旦肉排的表面看起來是你想要的熟度時，肉塊內部早已過熟，而不是一般喜歡的三分熟（medium-rare）了。

但是，這也不表示我們要一頭「熱」的追求溫度。如果使用溫度過高的油脂料理食物，食材表面會很快的上色、酥脆甚至焦掉，而食材內部卻沒有足夠的時間被煮熟。譬如：洋蔥圈有著酥脆的麵衣圈，但是咬下後裡頭的洋蔥卻和麵衣滑開分離，洋蔥口感依然生硬；炸雞胸肉，表面焦黑、裡頭的肉卻是生的；兩個悲劇都是因為油溫太高所致。

我們所追求的目標是在同一時間內將食材的表面跟裡面料理成希望的口感，大多

數的情況是外脆內軟。需要花點時間才能熟透的食材，像是切片的茄子或是雞腿肉，在油鍋熱後下鍋煎，先追求表面酥脆的效果，接著將火轉小，避免表面燒焦的同時能持續煮透內部。在「熱」這個章節時，我會對於如何調整火力這方面再多加說明。

　　當你得到可貴的酥脆口感後，記得！盡全力保護它！當食物還熱熱時，會持續冒起蒸氣，不要罩住或是堆疊。以蓋子罩住熱熱的酥脆食物，侷限了蒸氣的逸散，更會凝結成水氣而回滴到食物上，造成濕軟不堪。熱熱的酥脆食物，譬如：炸雞，應該單層排開散熱，如果你同時希望食物保持溫熱，可以將它們放在廚房溫暖處，像是爐火附近，或是先在烤盤上徹底放涼後，上桌前才短暫快速的進烤箱加熱一下，也是可行的方法。

滑順

　　廚房裡最令人著迷的幻術之一：乳化！指的是兩種彼此不互融的液體，放棄各自原本的堅持，合而為一。發生在廚房裡的乳化，就是油脂與水分的短暫和平共存。其中一種液體以細小的淚滴狀分布於另一種液體之間，因而構成一種全新的滑順物質。奶油、冰淇淋、美乃滋，甚至是巧克力，凡是你想得到口感滑順、豐腴的食物，八九不離十都是乳化的產物。

　　我們來想想油和醋做成的油醋醬。將兩種液體倒在一起，油脂層安穩的浮在醋層上方，而且變得沒那麼濃稠。如果攪拌兩種液體，會散開成數千萬滴迷你的油滴和醋

乳化

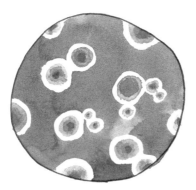

搖晃後的油醋醬，油、醋
各自急欲恢復該有的狀態，
邁向油水分離中

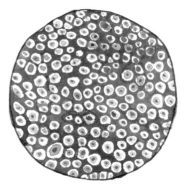

攪打過後，穩定的美乃滋

滴。此時，醋滴被眾多油滴包圍，形成濃稠的均質，一種全新的液體，這就是乳化。

　　然而，這款簡單的油醋醬，令人傾心的的油水交融狀態，只維持了比瞬間再稍微長一點點的時間，不消幾分鐘，油、醋又各自分開，**油水分離**（break）。若使用這種油水分離狀態的油醋醬，加到沙拉上頭會分布不均，造成這一口過酸，下一口又過油

的窘境。對照起來，如果使用乳化完全的油醋醬調味沙拉，每一口嘗起來都會很均衡。

當乳化破局，油脂和水分各自朝著原本的狀態奔去，也就是油水分離。**乳化劑**（emulsifier）能包覆在油脂小滴的外圍，幫助油脂更安穩地留在醋滴的周圍，使得乳化狀態更加穩定、持久。乳化劑，像是條鏈子，同時吸引兩個原本互斥的物質，並做為介質將兩者綁住。油醋醬裡加了芥末，或是美乃滋裡使用的蛋黃，都是具有乳化劑的特性。

乳化劑的使用

乳化劑能很有效率的豐富平淡無味的食物：義大利麵起鍋前，加一匙奶油；在口感乾硬的蛋沙拉裡加一匙美乃滋；樸實無華的黃瓜及番茄滴灑上少許的油醋醬，馬上提升為夏日沙拉。

有些時候，會需要你親手執行乳化的步驟，但是更多的情況是僅僅在料理中使用乳化產品，你需要做到的只有妥善保存，避免產品油水分離即可。認識廚房裡常見的乳化劑，可以幫助你保護這些細緻脆弱的乳化品：

- 美乃滋與荷蘭醬
- 油醋醬（極為短暫的乳化狀態）
- 奶油、鮮奶油和鮮奶
- 花生醬和芝麻醬（tahini）（和額外的油脂攪在一起時）
- 巧克力
- 濃縮咖啡上頭稍縱即逝的咖啡油沫（crema）

花生醬

冰淇淋（這裡是巧克力豆口味）

追求滑順：美乃滋

美乃滋是將一滴滴的油脂連同蛋黃，一起不斷的攪打。透過蛋黃具有結合油水，天然乳化劑的特質，達到水包油的乳化效果。蛋黃裡所含的卵磷脂，一端親油，另一端親水，是很令人感到安心的天然乳化劑。經過劇烈的攪打，卵磷脂分子的一端會和蛋黃中的水分結合，而另一端則是和油脂鍵結，周圍則是包覆著氣泡。於是兩個神奇的食材得以結合成豐腴、均質的醬汁。

但是，美乃滋（或者該說所有的乳化產物），永遠都處於伺機而動，隨時傾向**油水分離**的不安狀態。

以製作基本款美乃滋為例，精準秤重或是至少仔細目測一開始油脂的用量。油脂種類的選擇，全依美乃滋後續用途而定，若是打算塗抹在培根生菜蕃茄三明治或越式法國麵包三明治裡，建議使用中性無特殊氣味的葡萄籽油或是芥花油。若是要製作蒜味蛋黃醬（aïoli）用於尼斯沙拉中，或拌著**油封鮪魚**一起享用，則是選用橄欖油。每顆蛋黃可以輕鬆乳化 3/4 杯的油脂，自家手作的好處就是新鮮，所以盡量少量製作，剩下的放冰箱可以保鮮數天。

水包油的乳化作用，在食材溫度不冰也不熱時最完美。如果你的雞蛋才剛從冰箱中取出，記得讓它回到室溫才著手開始，若是趕著製作，可以將雞蛋泡在溫水中加速退冰。

取一條沾濕並擰乾的廚房抹布墊在攪拌盆下方，濕布提供了足夠的緩衝，可以保持攪拌盆的安定不位移，避免潑出。盆中加入蛋黃，開始攪打，使用小勺子或是湯匙一小匙一小匙將油脂加進盆中，直到加了一半左右的油脂，整體有了較高的穩定度後，才增量每次添加的油量。如果過程中美乃滋變得太過濃稠、攪不動，可以添加少許的水或檸檬汁稀釋，並且預防油水分離。當所有的油脂都加進去了，最後才調味。

遵守這些製作原則，你會發現美乃滋很難搞砸（但依然有可能）。在麥可·波倫（Michael Pollan）的料理課上，他要求我從科學的角度解釋乳化作用。當時我不甚瞭解，回答了：「魔法的結合！」現在我知道乳化原理，我依然深信這其中一定有魔法存在。

永恆的滑順：奶油

我最喜歡的愛爾蘭詩人，謝默斯·希尼（Seamus Heaney）曾經以「凝結的日光」（coagulated sunlight）來歌頌奶油的魔力，這真是我聽過最優雅且貼切的形容了。先來說說，奶油是唯一來自動物，且不用殺生就能取得的動物脂肪。牛、山羊、綿羊吃草

後提供人們日光及光合作用的產物：鮮奶。我們取用表面最豐華的鮮奶油，配合不斷攪打而得到奶油。製作的過程簡單明瞭，就連孩子只要徒手搖晃裝進罐裡的冰鮮奶油，就能輕易製作出奶油。

我想提醒大家記得，奶油和一般單純的油脂不同，並非 100% 的脂肪，而是綜合了脂肪、水分以及鮮奶固形物，以乳化的狀態存在。一般來說，乳化物只能穩定的存在很小範圍（可能只有幾度之間）的特定溫度中。但，奶油在冰點 0°C 到 32°C 之間都能穩當的以固體狀態存在。如果你試著加熱或冷凍美乃滋，一定是落得油水分離的下場，而融化後的奶油卻是清澈液體，這就是它的神奇之處。

這同時也解釋了為何奶油放在高溫的廚房桌面往往會有「流汗」的現象：奶油融化時，其中的水分由油脂中分離出來。如果奶油處於再高溫一點的環境（爐火上的鍋中或是微波爐裡），奶油中的脂肪與水更是明顯的分離。將奶油加熱融化，也就是破壞了它的乳化狀態，即使後續放涼凝固變硬，原本的神奇狀態卻再也回不去了。

悉心照料奶油的乳化狀態，就能在許多美食上嘗到滑順口感，不論是巴黎人熱愛的經典法棍夾火腿奶油三明治（*jambon-beurre*），或是松露巧克力，都有奶油的貢獻。料理食譜中使用奶油所提到的溫度，是不可以隨意更動的：室溫軟化的奶油具有極高的潛力與可能，可以透過攪打而承載大量的空氣，使得蛋糕有輕盈口感；或是幫助麵粉、糖、雞蛋結合製成蛋糕跟餅乾；容易塗抹在麵包裡製成三明治。在後續章節裡，我會做更多的說明。而維持奶油冰涼低溫，也是一樣重要，保持乳化狀態，可以避免奶油和麵粉中的蛋白質發生作用，這在製作酥脆口感糕點的相關麵團時是很關鍵的一點，像是後續會介紹的**純奶油派皮麵團**（All-Butter Pie Dough）。

茱莉亞·柴爾德（Julia Child）曾說過：「足夠的奶油，讓所有的事都美好了起來！」將這句話的付諸實際驗證的代表作是使用奶油執行乳化作用：製作奶油醬（butter sauce）。奶油與水的乳化作用，溫度條件很重要：關鍵就在熱鍋和冰奶油。舉最簡單的平底鍋醬汁為例，將煎好的牛、魚、豬排起鍋後，先倒掉鍋中殘餘的油脂，原鍋再次回到爐火上，加入恰好淺淺覆蓋鍋底的液體：水、高湯或酒，使用木杓將鍋中因煎肉產生的焦脆部分刮下，加熱到滾沸，依照用餐人數，一個人兩大匙奶油的比例，加入冰的奶油塊。接著持續以中大火加熱，煮到奶油融進液體中。留意鍋子不要過熱，導致奶油一入鍋就滋滋作響，只要液體用量夠，就沒問題。當醬汁開始收乾，漸漸變得濃稠時，熄火，利用餘熱將剩下的奶油融化，記得依然不時的攪拌。最後，需要加鹽調味，依喜好加幾滴檸檬汁或一些酒。上桌前，將醬汁淋在食物上，馬上享用。

在製作搭配麵或蔬菜，以奶油／水為基底的醬汁時，也是使用相同的手法，可以直接在煮義大利麵的鍋子裡操作，只要掌握鍋子不要太燙、奶油要冰的大原則，並確認鍋中水量足夠，搭配攪拌及晃動鍋子的手勢，就可同時製作醬汁及讓麵體沾裹醬汁。加點佩克里諾綿羊起司（pecorino cheese）和黑胡椒，你就得到一鍋遠比起司通心粉（macaroni and cheese）美味上千倍的經典義式料理：**黑胡椒起司義大利麵**。

油水分離與搶救乳化物

乳化物隨著時間的流逝，常會油水分離，這是常見的自然現象。有時當油水結合速度過快時，也會有油水分離的結果。普遍來說，溫度變動過大，是擊垮乳化狀態的共通因素。有的乳化物最好保持低溫，有的要維持微溫，有的則是在室溫下最穩定。將油醋醬拿去加熱，一定油水分離；法式白醬（*beurre blanc*）放冰箱冷藏，也會油水分離。每一款乳化物都脆弱極了，得死心塌地待在屬於自己的舒適溫度圈裡才穩定。

雖然有時我們會刻意打破乳化狀態，如加熱融化奶油，為了製作澄清奶油。除此之外，大多數的破壞乳化狀態都是災難一場。好比說，加熱過快的巧克力醬，落得油水分離，即使在疲憊一天後的甜點時光，我也絲毫不想將這膩口不堪的醬汁淋在我的冰淇淋上啊！因此，小心善待不穩定的乳化物非常重要。但若不幸搞砸了，也不是世界末日，我們總是有方法可以挽救。

如果維持美乃滋滑順的乳化魔法失效了，別擔心！要學會如何拯救油水分離的美乃滋，最好的方法是真的搞砸並搶救一次。

搶救的方法，簡單到我說出來你會嚇一跳：原本使用中的打蛋器，留著繼續用，另外取一個乾淨的攪拌盆。如果你手邊就只有一個攪拌盆，先將盆中失敗的美乃滋倒到另外的量杯，或是隨手可取用的馬克杯裡，並將攪拌盆洗淨。使用半小匙水龍頭流出最燙的熱水，續用先前還佈滿油脂、蛋黃的打蛋器，瘋狂的攪打這半小匙的熱水，直到起泡。接著，將失敗（油水分離）的美乃滋，當作是油脂的角色，一滴一滴慢慢地加入盆中，同時持續攪打。當你加了一半左右的份量，此時應該看起來是那種我們願意拿來塗在龍蝦三明治上、正常狀態的美乃滋了。

如果這麼做，還是無法搶救成功，同樣的作法並多加一顆蛋黃，再重複步驟執行一次，將失敗的美乃滋一滴滴加回、攪打。

日後，當你在製作任何乳化物的時候，萬一、如果、真的看起來情況有點不妙，請記住我以下的忠告。當你懷疑苗頭有一丁點不對勁時，馬上停手，不要再加油了！

如果整體沒有越來越濃稠的趨勢，打蛋器攪拌時也沒有辦法留下明顯的紋路，拜託你！別再加油了！大多數在這個節骨眼，需要的是一陣強而有力的瘋狂攪拌，就能力挽狂瀾、阻止失敗了。

　　如果不確定問題出在哪，也能加進一些碎冰，或是灑一點水龍頭的冷水進去一起攪拌，就足以調整溫度，協助你安然的渡過這一關。

製作 美乃滋
作

油脂與乳化課程

首先！

1 精確的秤重油脂與蛋，

美乃滋的黃金比例

1 顆蛋黃　＝　175ml 油脂

同時確定，蛋與油脂都回到室溫。

記得將蛋事先從冰箱取出，或是以溫水沖泡回溫。

2 將蛋黃加入攪拌盆中，

開始攪打，並一滴一滴的

添加油脂進盆中。

將廚房抹布浸濕擰乾，
圍成一圈，將攪拌盆
放在圈中，可以
避免攪打時
位移噴濺。

當你加進一半左右的油脂，
整體濃稠度提高，接著就能
增量每次添加的油量。
如果過程中美乃滋變得
太過濃稠，攪不動，
可以添加少許的水
或是檸檬汁。當所有
的油脂都加進去了，

嘗嘗看。

需要加鹽？加一點吧！

再嘗嘗看。

拯救 油水分離 的 美乃滋

1 停手！深呼吸！油水分離的美乃滋，很常見的！

在每個人身上都發生過！

2 另外拿一個乾淨的攪拌盆。

加入半小匙水龍頭流出最燙的熱水。

3 續用先前還佈滿油脂、蛋黃的打蛋器，

用盡生命的力量，瘋狂的攪打這半小匙的熱水。

接著，就像先前一樣，

將失敗（油水分離）的美乃滋，當作是油脂，

一滴一滴

慢慢地加入盆中，保有正向樂觀的信念，

<u>持 續 攪 打。</u>

以光速攪打！

當你加了一半左右的份量，
問問自己：「搶救成功了嗎？」

喔耶！
救援成功

喔不！
依然不妙

美乃滋

沒事！
再次深呼吸，
我們回到
步驟 1.

日後的小建議：
當你發現正在製作的美乃滋不如預期的滑順，
馬上停止再加油進去了！先奮力攪打一番。

＊

也能加進一些碎冰，或是灑一點水龍頭的冷
水進去一起攪拌。

層次感與輕盈

　　小麥裡所含的兩種蛋白質：穀麥蛋白（glutenin）與穀膠蛋白（gliadin），統稱為**麩質**（gluten）。當製作麵糊或麵團時，小麥麵粉和液體接觸後，這些蛋白質開始彼此連接成長鍊狀。隨著揉捏麵團或是攪拌麵糊的過程，所形成的蛋白質長鍊也越益強壯，進而組成麩質網狀構造（gluten network）。這種由麩質構成的網，再彼此串連擴大，稱為**出筋**（gluten development），也是麵團有彈性、嚼勁的原因。

　　麵團筋度越高，嚼勁也越大。因此麵包師會採用蛋白質含量相對高的麵粉，並投入時間與氣力揉麵，就是為了追求表面硬脆、內部富嚼勁的鄉村麵包。鹽，有助於麩質網狀構造的穩定（這也可以解釋我剛在 Chez Panisse 工作製作披薩麵團時延遲加鹽，為何使得打麵機徒勞無功）。而甜點師通常追求輕盈、濕潤、酥脆有層次的口感，因此致力於抑制或至少控制筋度的產生，方法包括：使用蛋白質含量低的麵粉（低筋麵粉），並且避免過度揉麵。糖與酸（例如白脫鮮奶或是優格）也具有抑制筋度產生的功能，越早加入，成品越柔軟。

　　大量的脂肪，也具有妨礙筋度產生的作用。透過脂肪，把一段段的麩質包裹住，隔絕彼此黏著成長鍊狀，這也是為什麼在英文中會將酥鬆的口感形容為**短**（shortening），因為麩質無法延伸成長鍊，維持著短短的狀態。

　　烘焙食品（或是其他如義大利麵的非烘焙麵食類）的口感全受控於以下四大變因：油脂、水、酵母以及麵團、麵糊受力揉拌的程度（詳見下頁圖示）。油脂與麵粉的使用比例與混合手法、該使用哪種麵粉、適合操作的油脂溫度，等等因素也都會影響烘焙品或麵食的口感：

　　烤後成品為輕盈、酥鬆，入口即化的**酥鬆麵團**（short doughs）就是一個很好的例子。麵粉和脂肪在一開始就混合，製成為光滑、質地均勻的麵團。許多酥鬆糕餅類的食譜，像是奶油酥餅（shortbread cookies）使用軟化甚至幾近融化的奶油，為的就是能讓奶油立即裹覆在麵粉顆粒上，阻止麩質網狀構造（筋度）產生，而達到成品酥口之效。這類的麵團通常很軟，可以徒手將麵團壓排入模。

　　而有層次感的**香脆酥皮麵團**（flaky doughs）烘烤後的成品，一口咬下就酥裂散開，這和酥鬆口感又大不相同。比較傳統的美國派和法式國王餅（French *galettes*），後者在擁有酥脆口感之餘，又具有一定的硬度，得以撐起蘋果或夏季莓果內餡，在切片同時又能保有層層精緻的層次。要創造出如此的強韌特質，是透過配方中的部分奶油軟化

麵團與麵糊

影響口感、質地的變因

酵母　　　　　油脂　　　　　水　　　　　揉 ＊

嚼勁與豐腴

布里歐許麵包、
多拿滋和丹麥酥皮

嚼勁

酸種麵包、扭結麵包、貝
果、披薩皮和法國棍子麵包

酥鬆易碎

奶油酥餅、墨西哥喜餅和
俄羅斯茶點餅乾

具結構支撐性的

泡芙類：閃電泡芙、小圓球
泡芙、薄酥捲餅（strudel）
和薄脆酥皮（phyllo）

輕盈

午夜蛋糕、塔派殼、格雷派
派皮（galette）、比思吉、
巧克力餅乾和布朗尼

有嚼勁 2.0

義大利麵

具層次感的酥脆

千層派皮（極少的水）、起
司酥條（cheese straws）和
蝴蝶酥（palmiers）

＊ 還包括折疊、乾粉或液體的攪拌等手法。

後和麵粉作用，妨礙筋度產生。而聞名的層次感，則是來自保持冰冷，維持原有固體狀態的奶油的貢獻。一份製作正確的千層麵團，在擀開後能依稀見到奶油的存在。當你將派送入烤箱時，派皮中奶油裡的水分受熱成為蒸氣，而蒸氣逸散後留下了空間，造就了被撐開成為多層的千層派皮。

用於製作具層次口感糕餅的麵團，稱為**千層酥皮麵團**（laminated dough，字面意思為許多薄片層疊）。想像一下，當你享用完起司酥條（cheese straw）、蝴蝶酥（*palmier*），或是任何經典千層酥糕點（strudel），盤中（或衣服上！）滿是碎屑和閃亮脆片，這全靠一大塊奶油被包裹製成麵團，才能構出的食況畫面。這一份千層麵團，猶如是麵團和奶油構成的三明治，多次的擀開與折疊的製作手法稱為「折」（turn）。經典的千層麵團，需經歷 6 次的擀折動作，最後產生了 730 層的薄透麵團層，夾有 729 層的奶油層！隨後送入烤箱，這 729 層的奶油中的水分轉化成蒸氣，將麵團層撐開，因而得到 730 層的酥脆。保持油脂及工作環境冰涼是製作酥皮麵團的絕對關鍵。奶油的最佳狀態，除了不能融化，同時又必須是可以擀開的軟硬程度。

加有酵母的麵團，在揉過出筋之後，再以同樣的方式包裹奶油，就能製出具有層次感的麵包，像是可頌、丹麥麵包（Danishes）和焦糖奶油酥（Berton, *Kouign amann*）都是兼具嚼勁跟層次感的美食。

追求輕盈：英式奶油酥餅及奶油比思吉

奶油酥餅嘗起來該是輕盈、酥鬆且具有細緻砂礫感。脂肪和麵粉在製作餅乾麵團的一開始混合，就能達到這樣的結果。我最喜歡的奶油酥餅食譜，使用的是放軟到像美乃滋般可輕鬆塗抹開來的柔軟奶油。如此一來，脂肪可以很快的包覆住麵粉顆粒，阻止筋度產生。

使用任何軟化或液態的脂肪，像是鮮奶油、法式鮮奶油，軟化的奶油起司或是油脂，都能包裹麵粉，得到同樣的酥脆口感。經典的奶油餅乾，使用冰冷的鮮奶油（視為脂肪及液體來源），可以很快的包裹麵粉顆粒，同時無須多加水分，可以有效降低出筋的機會。

追求層次感：塔派麵團

製作千層麵團的關鍵要點，總讓我想起古老主婦間的傳說：只有手溫冰冷的人才能成為一位好的糕餅師傅。其實，這也是頗有根據的說法，因為對於千層派麵團需要

派的威力

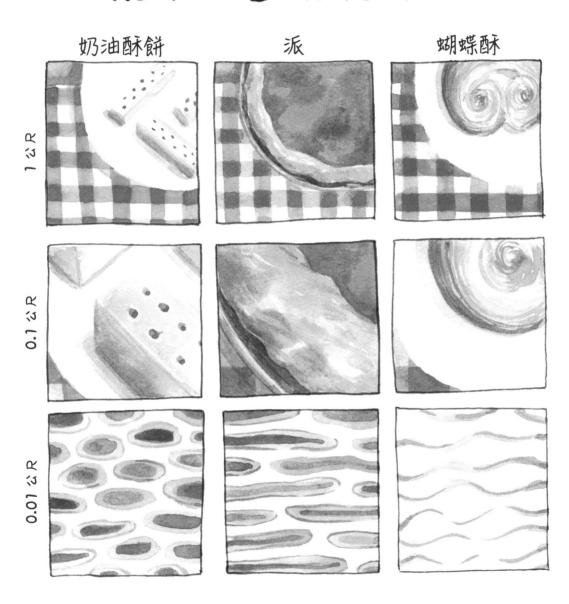

奶油酥餅　　　　　派　　　　　蝴蝶酥

1 公R

0.1 公R

0.01 公R

一切低溫的操作環境，擁有一雙冰冷的手，實在太重要了。

　　這個傳說的真實性與否，我們無從得知。但，從很多地方及角度看來，糕點師傅們真的致力於將所有東西保持冰冷。他們在冰冷的大理石桌上工作，攪拌盆及金屬工具也常常預先送進冷凍庫裡冰鎮後才使用。一位曾與我共事多年的糕點師傅，甚至非常堅持在保持低溫的廚房中，才願意著手製作麵團。她穿著毛衣、廚師服外再加上一件太空背心，更大費周章的提早兩個小時，在廚房裡的烤箱、爐火、火烤器具都還未點燃前就上工準備麵團。她所執行的任何一個步驟，都因應著當下的環境溫度而微調。她製作的糕餅總是超級酥脆，這一切的吹毛求疵，完全值得！

　　話說回來，不論是否擁有冰冷的雙手，只要你企圖利用奶油撐開麵團層，營造具有層次感的酥脆，把溫度這個因素放在心上是很必要的。環境越溫暖，奶油也就越軟，越容易和麵粉融合。因為脂肪抑制筋度產生，越初期加入奶油，成品就越輕盈（而不是層次）。

　　維持奶油低溫，在揉、摔麵團時，奶油依然保有乳化狀態，就能預防麵團出筋。奶油含有 15-20% 的水分，若是在操作時融化，也就失去乳化狀態，水分會釋出到麵團中，小小的水滴分子和麵粉結合，架接成長鏈，也就是所謂的筋度，這會使得麵團中細緻的層次全部黏在一起，在烘烤時也就無法因為奶油中的水氣蒸散而撐起層次，導致成品彈性過高、硬口。

　　植物性的酥油（vegetable shorteening）融點高，即使在溫暖的廚房裡，也能維持固體狀態，不像奶油一樣那麼容易融化，雖然好操作，但風味足足差上一大截。以奶油製成的成品，入口後在體溫環境下，奶油會立即融化，留下難以忘懷的豐腴香氣；相反的，人造酥油對溫度穩定性高，也不融於體溫，食用後往往會在舌頭上留下不舒服的塑膠感。

　　我傾向於別貪圖人造酥油耐高溫（好操作）的優勢，而妥協了風味，同時我也想提供大家一些折衷的解決之道：叉子一出手，立馬酥脆鬆裂的奶油派皮，需要精準秤量配方。自家操作時，先將奶油丁、麵粉、所有會使用到的工具，全放到冷凍庫中降溫，以確保操作過程奶油能保有大塊狀態。執行的手法務必快速俐落，以降低奶油軟化的機率。也不要揉過頭。最後，在揉麵、摔麵、入模及烘烤各個步驟之間，確實的留有大把時間回到冰箱冷卻。我的經驗是，最好是預先製作好派皮麵團，並用保鮮膜包緊，保存於冷凍庫中（可保存長達 2 個月），備用。

　　如此一來，就能免去所有緊迫的步驟，想烤就烤。

一旦麵團入模，塔派完成組合並冷卻後，馬上送入預熱好的烤箱是很重要的關鍵。烤箱的熱度，可以快速的讓奶油所含的水分轉換成水氣並逸散。藉著水氣蒸散的力量，同時撐起麵團產生層次，因而得到層層酥脆口感。如果烤箱效能不佳或是熱度不足，很可能麵團層次才被撐開，卻因水分無法有效率的蒸發，這些層次很快地又坍塌回去，因此形成濕軟口感。

追求酥口與輕盈：塔派麵團

　　每次失心瘋的逛完農夫市集，我都恍然驚覺自己手中提了大量（而且可能用不完）的食材。對熟香甜美的玫瑰李、適合做水果塔且完美熟度的油桃，或是多汁的波森莓（boysenberries）真的很難說不啊！更可恨的是，它們都約好在同一天當季上架。憑著對於脂肪科學的了解，我的朋友阿朗・賀門（Aaron Hyman）研發出一款結構穩當且美味細緻的塔派麵團。他理想中的完美塔派，必須結構強壯到足以承裝夏日多汁果餡，並且具備有當牙齒一咬就瞬間酥鬆散開的那種酥口程度。他要塔殼既輕盈又酥鬆，我則是盼望能有一款塔殼，每當我手邊有多餘的水果，就能馬上做份水果塔、派，簡易執行的食譜。

　　首先，他思索著要如何能達到極致的酥口。他很快的決定所有的食材、器具都要保持冰冷，使用大塊的奶油，揉麵的程度剛剛好就好，才能得到剛好可以撐起層次的筋度。接下來，考慮輕盈，他選擇使用液態脂肪：鮮奶油和法式鮮奶油，避免麵粉產生筋度，同時集結成麵團。

　　阿朗的這份塔派麵團的做法內建防呆裝置，就連一向對烘焙感到苦手的我也是次次都成功。在冷凍庫裡備上一份**阿朗的塔派麵團**，盛宴垂手可得。只要冷凍庫裡有幾份這款麵團，廚房備品只需有幾顆老洋蔥、帕瑪森起司外圍的硬皮，跟幾罐醃漬鯷魚，就足以邀請朋友到家裡用餐了！或是，當你答應朋友會帶點食物前往派對，正擔心自己變不出什麼名堂；或是，不小心在農夫市集上手滑亂買，搭配這份塔派麵團的上場，能輕易的讓美食從無到有。

輕盈的蛋糕

　　曾經有長達好幾年的時間，我對於所有送入口的蛋糕，不論是自己烤的，或是向餐廳、糕餅店訂購的蛋糕，都深深感到失望。我夢想中的絕美蛋糕，該是既濕潤又風味十足。然而，許多蛋糕卻總只符合其中一項：從商店購入，由蛋糕預拌粉製成的蛋糕，有我期待的口感，但是滋味普普。高級甜點店買來到蛋糕，則是滋味滿分，但質地稍嫌乾硬。我失落的認為，或許兩者就是無法兼具吧？索性，我就不再吃蛋糕了。

　　後來吃到這顆巧克力生日蛋糕，超級濕潤，滋味更是豐盈飽滿，美好到我差點昏厥。那顆蛋糕的美好氛圍甚至持續籠罩著我，長達數日。我央求朋友給我這蛋糕的食譜。她稱這蛋糕為**午夜巧克力蛋糕**（Chocolate Midnight Cake）。在她將食譜分享給我時，我終於明白了那顆蛋糕既濃郁又飽滿的原因，在於食譜中使用了液體油脂及水，而非奶油。幾個月之後，我有機會在 Chez Panisse 嘗到**鮮薑與黑糖蜜蛋糕**（Fresh Ginger and Molasses Cake），更是震懾於它的完美濕潤口感及深沉濃郁的香料氣息。我忍不住的追問了食譜。才發現，這兩顆蛋糕的配方竟然相似極了。

　　液體油脂之於蛋糕，這兩者之間一定有什麼！我翻了翻專門收藏食譜的鐵盒子，找出自己一向喜愛的經典胡蘿蔔蛋糕跟橄欖油蛋糕食譜，發現它們不約而同都是使用液體油脂而非奶油。甚至我企求能做出蛋糕預拌粉的蛋糕口感，盒上的作法說明，也是明指使用液體油脂。液體油脂是如何影響蛋糕的濕潤度呢？

　　科學的角度，可以找到答案。液體油脂可以很有效率的包裹麵粉中的蛋白質，因而避免產生筋度，就像是奶油酥餅使用室溫軟化奶油，原理是一樣的。水分會驅使筋度產生，而液體油脂像是道高效率的屏障能徹底隔絕水分，產生輕盈沒有嚼勁的質感。麵粉不會吸收水分，也就不會產生筋度，更加分的是，水分依然保留在蛋糕麵糊中，最終我們得到一顆高濕潤感的蛋糕。

　　自從我發現這個使用液體油脂做蛋糕的祕密之後，往後只要看蛋糕食譜配方，連吃都不用吃，我就能猜測做出來的蛋糕口感會是如何。如果見到食譜中列出液體油脂，我就知道成品會有我私心喜愛的濕潤口感。但是，有些時候，我也會捨棄濕潤質感，而忽然想吃吃有豐厚香氣的奶油配方蛋糕，是配上午後的一杯茶，或是邀約朋友共進早午餐的首選。心中藏著液體油脂能做出濕潤口感蛋糕的祕密，我開始思考著是否能做出更好的奶油蛋糕。解答並不是把奶油融化當作液體油脂使用，而是把奶油本身具有的輕盈特質，發揮到極致。

輕盈

　　當我們說到油脂時，實在很難和輕盈二字聯想在一起。但是油脂捕捉空氣的能力超強，使用在製作蛋糕上，能有蓬鬆、起酥的作用，也是液體鮮奶油能轉化成一團鬆軟雲朵的關鍵成分。

　　一些傳統經典的蛋糕，完全不使用小蘇打或泡打粉這類的化學膨鬆劑，全靠打發奶油就能達到雲朵般的蓬鬆結構。磅蛋糕裡只要有打發的奶油，加上雞蛋的存在，就足以達到蓬鬆之效。法式奶油蛋糕則是一種靠著打發雞蛋，藉著高脂蛋黃抓住空氣，以及蛋白中的高蛋白質圈圍住許多小氣泡，而製作出具有鬆軟口感的海綿蛋糕。蛋就是唯一的蓬鬆劑，不需要泡打粉、小蘇打粉，或是酵母，甚至沒有打發奶油的步驟，就足以做出蓬鬆的海綿蛋糕，很神奇吧！

追求輕盈：奶油蛋糕及打發鮮奶油

　　如果追求奶油蛋糕（或是巧克力餅乾）等級的豐腴細緻，吃進嘴裡如絲絨般的口感，那麼就得仔細執行打發奶油和糖的步驟，將空氣包進奶油中，而達到等同於蓬鬆劑的效果，稱為**乳化奶油**（creaming）或是打發奶油。通常做法是使將室溫奶油連同糖以攪拌機持續攪打 4 到 7 分鐘，直到顏色變淡且蓬鬆。如果這個步驟執行得宜，打發的奶油在蛋糕糊裡的角色就像是一張困住成千上萬細小空氣泡泡的網子。

　　緩慢的將空氣導入奶油裡，是操作的重點。如此一來，細小的氣泡才能以一致的型態存在，也才不會造成溫度變動過大。忍不住想將攪拌機轉速調到最高，好讓蛋糕糊速速進烤箱，真的是人之常情，但是，請相信我，這種「快」是一路通往品質不佳的快。這是我的經驗之談，這麼做，只會做出又硬又塌的蛋糕。

　　當你在攪打時，請同時留意奶油的溫度，切記，奶油應該呈乳化狀態，一旦溫度太高融化了，就會油水分離，也就不夠硬挺，無法抓住大量的空氣。先前抓住的空氣，

跟著逸散無蹤。

如果奶油太冰，那麼空氣無法進入奶油，無法被包覆（或者該說無法均勻分布），想當然，做出的蛋糕也就發不起來。

脂肪如果沒有正確打發將空氣帶入是無法靠化學膨鬆劑補救的。小蘇打粉和泡打粉的作用在於產生二氧化碳讓存在麵糊中的氣泡膨大，卻無法為麵糊產生更多氣泡。

這也是攪拌麵糊時，需要動作輕巧的原因：如果你費盡心力的將氣體帶入脂肪中，隨後卻又魯莽的將製作蛋糕的乾、濕材料一口氣全加入，那麼你必定會失去氣泡。因此，在處理蓬鬆飽含空氣的食材時，務必使用「折拌」（folding）的手法將其他不含空氣的食材小心拌入。執行時，試著一手持握著橡皮刮刀，輕巧的折拌，另一手則是同時緩緩的轉動攪拌盆。

打發鮮奶油和打發奶油背後的化學反應，有些許的不同。打發鮮奶油，食材一開始要保持冰涼。而兩者都是脂肪包覆氣泡的概念倒是一致的。正確打發的鮮奶油，內含的脂肪固形物被打碎成細小滴狀，並彼此連接聚合（記得嗎？鮮奶油本身就是一種天然的乳化物）。過度打發的鮮奶油，因為溫度上升，細小滴狀脂肪過度聚合而黏成一大塊，口感既粗糙不佳。若是再持續攪打，鮮奶油就失去了乳化狀態，產生液體：白脫鮮奶（buttermilk），及固體：奶油。

折拌手法

油的使用

　　波斯人只有在很特別的場合，才會以甜點來結束一餐。因此，在家裡我們並沒有太多烘焙的機會。加上，我的母親是個健康狂人，致力於阻止我和哥哥們攝取任何多餘的糖分，如果我們想要吃餅乾或是蛋糕，就得自己試著做，而媽媽也一定會使出渾身解數全程拚命的阻擾（其實這樣反而更催化了我們對於甜食的嚮往）。媽媽坐鎮的廚房裡，沒有桌上型攪拌器，也沒有微波爐可以用來處理軟化奶油，而且，她將所有備用奶油全放在冷凍庫裡。

　　對餅乾、蛋糕的那股渴望總是十分急切，我一向沒有遵照食譜的要求（而且是幾乎每一個食譜都提到的），耐心等待冷凍奶油退冰回到室溫軟化。就算我耐著性子，遵照指示等待奶油軟化，少了手持攪拌機的打發，我的餅乾麵團總是一團糟：不是揉過頭，就是揉不夠均勻而夾雜著奶油塊。我當時仗著年少輕狂，自認比所有食譜作家都懂！我索性直接將奶油加熱融化，完全跳過了軟化及打發的步驟。使用木杓將融化的奶油拌入餅乾麵團中，遠比軟化奶油來得簡單容易上千倍，製成的蛋糕麵糊流動性也高，好倒多了。

　　當時的我，完全不知道奶油一旦融化了，也就表示徹底失去將空氣帶入麵糊的機會。我的餅乾和蛋糕，在烤箱中總是攤黏成一大片，又扁又硬。當年我烘焙的唯一目的是烤點東西吃，任何甜的、可入口的就行。這些微不足道的小問題，我跟哥哥們完全不在乎，每每都能快速的完食出爐的食物。長大成人之後，我的品嚐鑑賞力有所增長，而不是「甜食」就好。我要的甜點（嚴格來說，是任何我自己料理的食物）一定要酥脆、均勻一致的美味，該有的質感及風味缺一不可，我想你也一樣。需要付出的代價，只是一點點的事先計劃。

油的層次感

既然油脂對於風味有這麼強大的影響力，那麼在料理時，使用一種以上的油，也必定會加分許多，我稱為**油的層次感**。除了考量各種飲食文化中的慣用油脂之外，同時也考慮油脂該如何與料理中的材料交互融合。像是，如果你打算為某道魚料理搭配奶油基底的醬汁，那麼就使用澄清奶油烹調魚肉，好讓兩種油脂彼此加分。含有酪梨的沙拉，很適合配上血橙，再淋上具有柑橘香氣的橄欖油（agrumato olive oil）可以更突顯柑橘的香氣。想要有酥脆口感的鬆餅，可以使用融化奶油製作麵糊，並用早餐時煎培根所逼出的油煎鬆餅。

很多的時候，單一料理採用複合式的用油，能幫助你追求口感效果。試試看，使用葡萄籽油炸魚，以達到酥脆酥脆的口感，再佐以橄欖油製成的**阿優里醬**（Aïoli，一種蒜味蛋黃醬）。或是在液態油脂製成濕潤無比的**午夜巧克力蛋糕**上，塗上滿滿的奶油糖霜或是打發的鮮奶油。

油的平衡與調整

調整過度油膩料理的方法，和處理過鹹食物的手法很類似：再追加更多的食材，加點酸、水稀釋，或是加入澱粉類、密度高的食材，做出較大的份量，藉以拉回料理的平衡。也可以將整道料理放進冰箱冷藏，降溫後過多的脂肪浮起於表面凝固，即可輕鬆撇除。當食物自油的鍋中取出時，利用廚房紙巾拍壓，吸取多餘的脂肪。

乾柴或缺乏豐腴口感的的食物，可以藉由添加少許的橄欖油（或是其他適合的油品），多數的情況可以獲得改善。或是透過添加具有滑順口感的各種食材，像是：酸奶油（sour cream）、法式酸奶油（crème fraîche）、蛋黃、羊奶起司，都能增進風味與調整口感。另外，乾口無味或麵包過厚的三明治，可以透過油醋醬、美乃滋、軟質可抹開的起司、酪梨泥的幫助，平衡並提帶出美味。

鹽與油的即興發揮

只要遵守我提出的**油的作用機制**原則，就能達到食物入口後所期待的質感。再參照**油脂地球村**（p.72）的地圖，掌握全球各地不同的料理的用油差別與風味。就拿**吮指香煎雞**（Finger-Lickin' Pan-Fried Chicken）來說，若是使用澄清奶油煎雞肉，則會是道傳統的法式料理；如果你忽然渴望印度菜，想使用冰箱門冰著的那罐芒果甜酸醬（mango chutney）入菜，那麼就用印度酥油。如果是日式炸雞在呼喚你，那麼就使用無特殊氣味的油脂，最後再灑幾滴芝麻油。不論使用以上哪一種油脂，都必須絕對高溫，才能得到香酥金黃的外皮。

在為心愛的人做生日蛋糕前，先釐清她喜歡濕潤、鬆軟，由液體油脂製成的蛋糕？還是偏好口感扎實、濃厚的奶油蛋糕？烘焙時，我絕對不建議即興發揮，藉由這唯一的法則，幫助你決定使用對的食譜、對的油脂，做出能哄你心愛的人開心的蛋糕。

現在你懂油脂，也了解鹽了，那麼你已經比自己想像的更擅長下廚了。脂肪對於食物口感的影響力非常強大，再加上鹽，只要兩者使用得當，就能增強食物的風味。每次下廚都是練習如何以鹽與脂肪來增進食物風味的機會。如果你打算在沙拉淋上鹽漬的瑞可達（*ricotta salata*），那麼用鹽時務必先有所保留，親自嘗過之後再調整。同樣的，**蕃茄義大利麵**（*Pasta all'Amatriciana*）裡加了切碎的義式培根，稍稍等待，靜待培根的鹹度釋出後，才著手做最後的加鹽調味。如果披薩麵皮的食譜中寫著，加橄欖油、揉麵，之後才加鹽，在腦中一字一句的依序演練一遍。開始應用你所知的知識，引領你穿越、參透那些殘缺不全、落東落西的食譜。

廚房裡的即興創作，需要音符為基礎，現在你有了鹽跟脂肪，兩個音符供你發揮。如果再多掌握第三個音符，那麼你將能深深體驗，由鹽、油、酸共譜出的樂章，是多麼的超越和諧且悅耳（口）。

對於鹽跟脂肪在料理的重要性，我是透過某次經驗的忽然頓悟，有別於此，關於酸在料理地位上的舉足輕重，是我跟著母親、祖母、阿姨們在每頓自家晚餐的製備中緩慢漸進而認識瞭解的。

母親是可以把檸檬或萊姆當作午後點心的人，食物的調味沒有酸到讓她眉頭一皺都不算到位。她總會在食物裡加進酸性元素，藉以平衡甜度、鹹度、澱粉以及豐腴感。有時只是在烤肉串或是米飯上灑點乾燥的鹽膚木莓果（sumac berries）；飽含香草與蔬菜的**波斯蔬菜庫庫**（*Kuku Sabzi*，香草蔬菜烘蛋），則是會添上幾匙祖母自製的波斯綜合漬蔬菜（*torshi*，綜合泡菜）。在波斯新年（*No-Ruz*）時，我的父親更會特地驅車前往墨西哥，就為了找尋特殊的酸橘子，好讓我們可以往炸魚或是香料米飯上大把大把的淋上。至於其他經典料理，母親會隨盤佐上小顆酸葡萄（ghooreh）以及小小顆非常酸勁十足的刺蘗（zereshk）。而最常見的情況，我們會將優格加在任何菜餚上，舉凡蛋料理、湯品、燉肉或是米飯，來達到對酸的渴求。喔！還有義大利肉醬上，母親也加優格，至今我回想到都還感到發酸而抖一下。

在學校時，我跟其他孩子的家庭生活大不同，從午餐盒就能看出端倪。同學們的餐盒裡各個裝的都是花生醬三明治，而母親為我準備的是波斯蔬菜庫庫，黃瓜跟菲塔起司。我的記憶中，家裡一向充滿著異國文字、商品與各地不同季節的食物。我最期待每年一次，住在伊朗的祖母，帕紋（Parvin）的到來。眼巴巴的直盯著她打開那只使用多年，布料似乎吸附有裡海些許霉味的行李箱，並一一拿出番紅花、小豆蔻及玫瑰水，眾多異國香料氣味和空氣中的濕度交融，也慢慢的將房間地板佔據。接下來，她會不疾不徐的拿出甜點零食：以番紅花與萊姆汁烤香的開心果、糖漬櫻桃、她自製的水果皮革糖（lavashak），尤其是李子口味的皮革糖，酸勁十足，令我雙頰都隱隱發疼了。這些成長背景，培養了我和家人一樣喜愛酸性食物的獨特口味偏好，這也是我全身上下最最最像波斯人的特質。但是，一直到多年我離家之後才真正體悟到，酸性食物在料理上，絕對不僅僅只是酸到令人皺眉這麼簡單而已。

● ● ●

爸媽一直以來（目前仍是）很努力的拖延我們三個小孩被美國文化同化的速度，因此，家裡從來不過感恩節。我的第一個感恩節，是大學時和同學及她家人一起渡過的。我非常喜歡一大夥人聚在一塊準備餐點的熱鬧氛圍，而節慶食物本身倒是讓人有些失望。我們沿著桌邊坐下，眼前是一座座食物山：巨大無比的火雞，全雞烘烤，並

且配合節慶得以特殊的手法切分享用。利用烤火雞的殘餘油脂做成棕色的淋肉醬汁；在馬鈴薯泥裡加了奶油與鮮奶油，造就更濃厚的質感；固定在奶醬菠菜裡添加肉豆蔻粉；球芽甘藍，久煮到軟爛，連我朋友那沒什麼牙齒的奶奶都能輕易入口；火雞內餡則是香腸、培根與栗子。我自認為是個很愛吃的人，但是這些軟爛、膩口、無味的食物我吃了幾口就感到無趣極了。蔓越莓醬在餐桌上傳遞著，只要傳到我手邊，我總會大大舀個幾匙，期盼能藉著蔓越莓醬的佐伴而讓這餐吃出滿足感。然而，這份期盼從沒成真過，每年十一月的第四個星期四，我就這麼的和大多數的人一樣，一個勁的吃，吃到撐。

當我開始在 Chez Panisse 工作之後，感恩節假期也就常常跟餐廳的同事一起渡過。自從第一個有廚師友人參與的感恩節之後，感恩節食物就不再令我感到無趣。不再是為了應景而吃，隨後也不再有因過食而造成的不舒服感。會有這樣的轉變，也絕不是因為我們煮的比較健康或廚藝好。那麼，究竟是什麼原因呢？

仔細想想，我才驚覺，原來這些和廚師朋友一起準備的感恩節餐點，跟我從小到大吃慣的傳統波斯料理相似之處在於：每道料理中都塞進酸性元素食材，靠著酸性食物讓大餐明朗了起來。酸奶油讓馬鈴薯泥滋味活潑了；淋肉醬汁上桌前，加一點白酒，讓口感更顯清爽；火雞內餡搭配大量的酸種麵包丁、蔬菜，與香腸丁，拌入泡過白酒的李子（隱身於無形的酸性元素，最為有效）。冬天的根莖瓜類和球芽甘藍，則是拌入義式甜酸醬（Italian *Agrodolce*，一種以糖、辣椒、醋製成的醬汁）後烘烤。莎莎醬裡加了炸鼠尾草；還有我取一點母親每年秋天自製的波斯榅桲果醬，信手拈來製成的蔓越莓榅桲醬。就算是甜點也一樣，淋一點深色焦糖的派，或是在打發鮮奶油中拌入法式酸奶油，都是在食物中帶入酸的概念。我頓時參透了，感恩節大餐的餐桌上，為何人們總是一大匙一大匙的舀取蔓越莓醬，正因為蔓越莓醬是桌上唯一的酸性元素食物啊！

於是我開始明白了，酸性食物的價值。可不是僅僅讓人吃了眉頭一皺這麼平凡，更是具有平衡功能的要角。

酸味，能讓味蕾放鬆，在放鬆後品嘗的對比之下，使得食物風味更足。

很快的，我又體悟到酸的另一個祕密。在一個接近中午的早晨，我急忙著準備蘿蔔濃湯，為了趕上 Chez Panisse 的午餐時間。如同所有咖啡廳菜單上的濃湯一樣，這道蘿蔔湯也非常簡單。先以橄欖油跟奶油將洋蔥炒軟，隨後加入削皮並切片的蘿蔔，倒入份量恰好淹過蔬菜的高湯，加鹽調味，以小火燉到所有的蔬菜都軟爛。最後，把

整鍋蔬菜湯打成滑順的濃湯，並再次加鹽調味。一切嘗起來是如此的完美。我舀了一匙給洛斯（Russ）試喝評鑑。洛斯是個不拘小節、很孩子氣的廚師，他正要衝上樓和侍餐人員開當日菜單的會議。他試喝了一匙後，沒有任何停頓空檔就回頭指示：回去加一瓶蓋的醋，然後再端上來。

醋？洛斯是瘋了嗎？誰會在湯裡面加醋？還是我聽錯了？為了不一次搞砸整鍋湯，我從那鍋完美的濃湯裡舀了一匙，然後往湯匙中謹慎的加入一滴紅酒醋。試喝了一口，馬上被擊潰！加了醋的湯，完全沒有我原先預期的甜酸噁心。醋發揮了如同三菱鏡的作用，將濃湯中蘊藏的細緻滋味折射散透出來。我嘗到了奶油、橄欖油、洋蔥、高湯，就連蘿蔔內含的糖與礦物質，也都鮮明嘗到。如果蒙上眼罩盲品這濃湯的食材用料，再怎麼想破頭的猜，我也嘗不出一丁點醋的滋味。現在，如果我煮出一道滋味平庸，總覺得差了點什麼的料理，我完全知道是缺了什麼。

就像料理的鹹度要不斷試吃以做出最佳判斷一樣，使用酸的調味也該如此。酸與鹽在料理上猶如最佳戰友，鹽能凸顯食物的香氣，酸則是促進滋味的平衡。酸在所有的料理上陪襯彰顯鹽、油、糖和澱粉，是不可或缺的重要元素。

酸的來源

酸：
1. 醋和未成熟的葡萄汁（verjus）　2. 檸檬與萊姆汁　3. 葡萄酒與加烈酒

酸性食材：
4. 調味料：黃芥末醬、蕃茄醬、莎莎醬、美乃滋、印度甜酸醬、辣椒醬……等。

5. 新鮮與乾燥水果　6. 巧克力及可可粉　7. 醃製肉品

8. 發酵的乳製品：起司、優格、白脫鮮奶、法式酸奶油、酸奶油、馬斯卡彭起司（mascarpone）

9. 醃漬與發酵蔬菜，及醃醬　10. 咖啡與茶　11. 番茄，罐頭或新鮮的都是　12. 啤酒

13. 酸種麵包與酵頭老麵　14. 蜂蜜、黑糖蜜（molasses）、深色焦糖

何謂酸？

　　理論上，凡是 ph 值低於 7 的物質都屬於酸性。我的廚房裡沒有 ph 儀（為了製作 109 頁圖表，被我摔壞了），我想一般人家中也不會有 ph 儀呀！沒儀器也沒關係，我們人人都自備有更方便的酸性測量儀：舌頭。任何嘗起來酸酸的食材，都能當作酸性元素的來源。檸檬汁、醋、酒，都是料理上常見的酸性元素。和油一樣，酸性食材也同樣具有其他五花八門的來源。所有經過發酵步驟的食材，從起司、酸種麵包，到咖啡、巧克力，都能在料理中貢獻那份酸勁。還有大多數的水果，當然也包括了喜歡冒充成蔬菜的番茄。

酸與風味

酸對風味的影響

流口水（mouthwatering）一向被用來形容美味的食物，中英文都是。越讓人享受的美食，口水越是滿溢。而五大滋味中，又屬酸最能激發唾液分泌。由於酸性物質對牙齒有害，因此當我們吃進酸性食物時，口腔會及時分泌唾液以平衡掉酸，食物越酸，唾液分泌越盛。身體這樣的自然機制，使得我們的眾多美好飲食經驗，都和酸的存在息息相關。

話雖如此，單單就酸味本身，可就沒那麼怡人了。酸，與食物中的其他滋味對比之下，透過反差而凸顯風味。鹽、酸都能襯托強化風味，但酸的作用機轉稍有不同：鹽的作用是絕對的，而酸是相對的。

就簡單舉例，用鹽調味一鍋清湯好了，如果鹽越加越多，越加越多，超過某個臨界點時，整鍋湯就會變得無法入口。唯有額外添加更多（而且是蠻大量的）未調味的清湯，稀釋鹽的濃度，才能挽救。

酸的平衡機制則是另一回事。來說說製作檸檬汁飲料吧！備好所需的檸檬汁、水跟糖，一開始先僅僅混合檸檬汁跟水，試喝一口看看，會發現只有酸味，完全不好喝。接著，把糖加入，再試喝一次，就變得很美味。檸檬汁飲料的 ph 值或是所含的酸性物質，並沒有因為加了糖而變少或減低。飲料中的酸味，只是被甜度平衡了。而能扭轉、調和酸度的不僅僅是糖而已，鹽、油脂、苦味和澱粉，都具有等同程度的影響力。

酸的風味

酸性物質，嘗起來就是酸，也就只有酸，沒別的了。酸味，是個中性詞，沒有好或不好的意思。嘗嘗一滴蒸餾白醋（家家必備，用來清爐灶或是阻塞水管的那種白醋），你就明白單純只是酸、沒有任何其他滋味是什麼意思。

許多我們所能想到含有酸性食材的美好滋味，像是紅酒中夾帶的獨特果香酸勁，起司裡那股妙不可言的氣味，都跟這些食材是如何製造出來的有關。使用什麼種類的葡萄酒製作醋，或是使用哪種鮮奶及菌種製成的起司，都會深深影響這些含酸食材的風味。即使是同款起司，熟成時間長的嘗起來會較酸，風味也較豐富多元，這也解釋了市面上常常形容熟成時間短的切達起司為淡味切達（mild cheddar），而長時間熟成的為酸味切達（sharp cheddar）了。

不同製程、來源的酸性食材，除了風味上有所不同之外，濃度上也各異。好比說，不同的醋，酸度不一樣。柑橘類水果汁的酸度，也從不固定。在約翰・麥克菲（John McPhee）1966 年出版的文學報導，《柳橙》（Oranges）一書中仔細說明了眾多的天然元素，如何在食物風味上造成影響。他首先解釋了為何越接近赤道的果園栽種出來的柳橙，酸度越是遞減。甚至有款巴西品種的柳橙，能達到零酸度。他還更進一步的解釋，柳橙的風味不只和果樹所在位置有關，就連果實生長在樹上的什麼位置也深具影響。

> 站在地面上，伸手就能觸及並摘取的柳橙，甜度不及那些結在樹頂端的柳橙。果樹外圍的柳橙會比深在內部的柳橙甜。生長在果樹靠南側的柳橙比西或東側的甜一些，北側的柳橙則是最不甜……這麼多細節之外，光是一顆柳橙裡，每一片橙瓣彼此之間的酸度、含糖量也都有差異。採柳橙的人吃柳橙是只吃甜的那一半，把另一半不甜的丟掉。

由於這些天然不可控制的因素，也就表示你永遠不知道你用的柳橙酸度、熟度、甜度，是否和食譜廚房中使用的一樣。我曾經花了一整個夏天待在朋友的牧場裡，將採集來的少女番茄（Early Girl tomatoes）製成醬並裝罐。每一批成品都跟上一批不同，有的番茄很水、風味欠佳，有的則是飽含香氣。有的偏酸，有的偏甜。

如果我在夏天的一開始寫了關於番茄醬汁的食譜，到了夏末，那份食譜就完全不

精確了。而我所用番茄可還是來自同一個農場，同一個品種的呢！因此，廚房裡不能盡信食譜，而是需要邊料理、邊試吃，相信自己的直覺，慢慢的培養出對酸味平衡的敏感度。

世界各地的酸

許多知名料理，都是以其獨特的酸味而聞名，像是：花生醬三明治絕對少不了果醬的酸。炸魚薯條如果少了麥芽醋，英國人可是不肯吃的。墨西哥豬肉絲捲餅（carnitas tacos）怎能不加莎莎醬？還有上海聞名的小籠湯包，更是要沾烏醋才正宗對味。和油脂一樣的，不同酸能將料理帶往不同的方向，讓地域與傳統飲食文化引導你，挑選出適合的酸性食材。

醋

一般來說，醋的產地反映著當地的農業。義大利、法國、德國、西班牙，這些生產葡萄酒的國家，也同時生產很優質的葡萄酒醋，可用於料理。使用雪莉醋，製作**蘿梅斯科醬**（*Romesco*，一種使用甜椒、堅果製成的加泰隆尼亞地區特殊醬料）。香檳醋適合用來製作搭配生蠔的木樨草醬（*mignonette* sauce）。紅酒醋淋在菊苣（radicchio）上或是用於德國經典燉煮紅高麗菜（*blaukraut*）。而米醋，則是廣用於許多亞洲國家，從

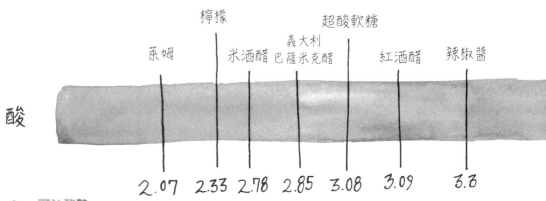

莎敏廚房裡所有食材的 PH* 近似值**

檸檬　萊姆　米酒醋　義大利巴薩米克醋　超酸軟糖　紅酒醋　辣椒醬

酸

2.07　2.33　2.78　2.85　3.08　3.09　3.3

酸性食材 地球村

利用這張圖表，幫助你在烹煮不同的世界料理（圓心中間兩圈）時，能選用正確適合的酸（由外數第二圈），及配菜、沾醬（最外圈）入菜。

中心圈： 歐洲、非洲、北美洲、南美洲、亞洲

歐洲

- **斯堪地那維亞** — 啤酒、葡萄酒、醋／酸奶油、酸漬高麗菜、酸奶油 (Quark)、酸櫻桃果醬、鹽巴拉洗製成的起司 (bribed cheese)、酸漬鯡魚、酸豆、酸黃瓜、冰島淡木優格 (skyr)、莓果、丹麥
- **希臘&賽普勒斯** — 蜂蜜、葡萄酒、啤酒、棕櫚酒／番茄、撖欖、優格、菲塔起司、哈魯米起司 (halloumi)、哈瓦帝起司 (havarti)、藍黴起司
- **英國** — 蘋果酒醋、白醋、啤酒、葡萄酒醋、葡萄酒／切達起司及史帝爾頓起司 (Stilton)、塔塔醬、薄荷醬、棕醬 (brown sauce)、沙拉醬、辣椒醬
- **法國** — 麥芽醋、葡萄酒、醋／番茄、撖欖、酸種麵包、瑞士古即起司、冷克福起司 (Roquefort)、奶藍黴起司
- **義大利** — 葡萄酒、蘋果酒、未成熟的葡萄汁、檸檬、葡萄酒醋、葡萄酒／巴薩米克醋、番茄、撖欖、莫扎瑞拉綿羊起司 (bufala)、小牛羊奶 (mozzarella)、佩克里瑪綿羊起司、法式酸豆醬、法式古即起司 (Gruyère)、冷克福羊奶
- **德國** — 酸奶油、葡萄酒、醋／德國酸菜、巴伐利亞粗鹽卷餅、芥末、漬物

北美洲

- **美國&加拿大** — 蘭姆、酸橙、白醋、啤酒／番茄、芥末、日腌鮮奶、培根及火腿、切物、辣醬、達及奶油起司
- **墨西哥** — 蘭姆、柳橙、白醋、啤酒／番茄、新鮮起司、莎莎醬、酸奶油、撖欖、漬物、西班牙腌腸、墨西哥巧克力辣椒醬 (mole)、巧克力、牛奶焦糖醬 (dulce de leche)
- **中美** — 檸檬、蘭姆、柳橙、蘋果酒醋／薩爾瓦多發酵酸白菜 (curtido)、番茄杏草辣椒醬 (Aji pepper sauce)、新鮮起司、羅望子 (tamarind)、番茄醬
- **加勒比** — 檸檬、蘭姆、柳橙、蘋果酒醋／番茄、檸檬大蒜腌醬 (mojo)、撖欖、漬物、海地辣醬 (sos Ti-malice)

南美洲

- **阿根廷&烏拉圭** — 檸檬、葡萄酒、葡萄酒醋、啤酒／阿根廷青醬 (chimichurri)、番茄、曼徹格起司和波蘿伏尼起司 (provolone)、乾燥水果、漬茄子
- **智利、祕魯&玻利維亞** — 蘭姆、柳橙／番茄杏草辣椒醬、番茄
- **巴西** — 檸檬、醋、柳橙／煎式奶油起司 (requeijão)、番茄、鳳梨、白奇果、霹靂辣醬 (Piripiri hot sauce)

亞洲

- **中國** — 米酒、醋／醃漬蔬菜、蠔油、醬油、梅子
- **日本** — 米酒、米酒醋／味噌、味醂 (mirin)、豆瓣醬
- **韓國** — 米酒、醋、米酒／泡菜、韓式辣椒醬 (gochujang)、醬油
- **泰國** — 蘭姆、米酒醋、米酒／蒸蝦汁、是拉差辣醬 (sriracha)、參巴醬 (sambal)、咖哩醬、羅望子
- **越南** — 蘭姆、米酒、米酒醋／蒸鰻醬 (hoisin)、醃漬紅蔥頭、魚露、海鮮醬
- **印度** — 檸檬、蘭姆、醋／優格、漬物、乾燥水果、鹽膚木、紅石榴、綜合醃漬蔬菜、優格、印度起司 (paneer)、印式甜酸醬、羅望子、蒸粉米糕

非洲

- **伊朗** — 椰棗醋 (date vinegar)、檸檬、蘭姆、葡萄酒、啤酒／優格、中東優格起司 (labneh)、菲塔起司、甜椒醬、紅石榴、鹽膚木
- **地中海** — 檸檬、蘭姆、椰棗醋／優格、漬物、紅石榴 (pomegranates)
- **非洲之角** — 蜂蜜酒 (tej)、啤酒、葡萄酒／衣索比亞酸薄餅 (injera and canjeero)、辣醬、番茄、芒果、芭樂、葡萄柚、茅屋起司 (cottage cheese)
- **北非** — 檸檬、蘭姆、椰棗醋／鹽漬檸檬、乾燥水果、鹽膚木、摩洛哥醃醬 (charmoula)、哈里薩辣醬 (harissa)、番茄、撖欖、漬物
- **西非** — 蜂蜜、葡萄酒、啤酒、棕櫚酒／番茄、發酵刺槐豆 (sumbala)

泰國、越南，到日本跟中國。英國及德國人改以蘋果醋調成沙拉醬，就像美國南方的廚師一樣。南方人也常使用甘蔗醋（cane vinegar），這也是菲律賓在料理上酸性食材的常見選擇，因為那裡盛產蔗糖。

柑橘類

提到柑橘類水果，就會聯想到地中海的沿岸氣候非常適合檸檬樹生長。中東塔布勒沙拉（tabbouleh）、鷹嘴豆泥（hummus）、炙烤章魚、尼斯沙拉或是西西里茴香柳橙沙拉都很適合擠上一點檸檬汁。相反的，萊姆生長於熱帶氣候地區，從墨西哥、古巴到印度、越南和泰國料理上都很常見。墨西哥酪梨莎莎醬（guacamole）、越式雞肉河粉（pho gà）、泰國青木瓜沙拉和印度酸辣沙拉（kachumbar，墨西哥也有相似的沙拉稱為 pico from gallo），都是使用萊姆的各地特色料理。唯一最不建議使用的柑橘類果汁，是由濃縮還原、加有防腐劑及人工合成的柑橘油脂的瓶裝果汁。這類果汁少了現擠柑橘果汁乾淨、清爽的口感。

醃漬的食物

每個地區都有著屬於自己的醃漬食物文化，印度的阿渣（achar），伊朗的波斯綜合漬蔬菜，韓國泡菜到日本的漬物（tsukemono），德國有酸白菜（sauerkraut），美國

南方則有醬菜泥（chow-chow）。幾片牛排以碗裝盛，再疊滿泡菜，就很有韓式拌飯（bibimbap）的精髓。或是配上幾片酸漬蘿蔔跟墨西哥辣椒就能是墨西哥捲餅，變身為什麼完全視冰箱存糧而定。

乳製品

發酵的乳製品是駕馭酸味平衡的祕密武器。試著使用起司搭配沙拉，不論是希臘菲塔起司、義大利藍黴古岡佐拉起司（gorgonzola）或是西班牙曼徹格起司（Manchego），都能將沙拉提升到另一個層次。試試……往猶太薯餅上加一匙酸奶油，墨西哥捲餅淋上墨西哥特有的發酵鮮奶油（crema），莓果塔配著法式酸奶油享用，烤羊肉串淋上優格，則是中東料理羊肉卡巴（kufte）常見的吃法。

一塊羊肩肉，在摩洛哥會連同漬檸檬一起慢燉；在南法則是和白酒、綠橄欖一起烹調；到了希臘，則是會跟紅酒、番茄送做堆。同樣的高麗菜絲，在南美習慣拌著黃芥末跟蘋果醋；在墨西哥則是淋上萊姆汁，並拌上香菜；而在中式廚房裡，則是灑點米酒醋、青蔥及炒香的花生。除了試著用酸，更是要利用酸味的優勢，引導每道料理的精髓展現。

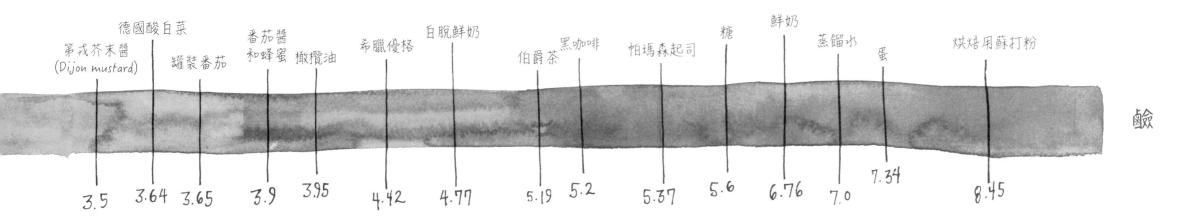

＊注意！這套實驗數值是在廚房中（乾淨、不髒，但不是實驗室的無菌環境），使用業餘程度 PH 儀測得。

＊＊我本來打算測出所有食材的 PH 值！但後來儀器壞了。

第戎芥末醬 (Dijon mustard)　德國酸白菜　罐裝番茄　番茄醬和蜂蜜　橄欖油　希臘優格　白脫鮮奶　伯爵茶　黑咖啡　帕瑪森起司　糖　鮮奶　蒸餾水　蛋　烘焙用蘇打粉

鹼

3.5　3.64　3.65　3.9　3.95　4.42　4.77　5.19　5.2　5.37　5.6　6.76　7.0　7.34　8.45

酸的作用機制

　　酸的作用主要在於改變食物風味，同時也會催化化學反應而改變食物的顏色與質地。熟悉加了酸對食物會發生怎樣的影響後，就能幫助你在料理時做出正確的判斷，知道如何及何時該添加酸。

酸與顏色

　　酸，會使得綠色蔬菜變得暗沉，因此盡可能的在最後一刻才為沙拉淋上醬，香草莎莎醬裡的醋也是最後才加，煮好的菠菜（或是其他綠色蔬菜）在上桌前幾秒才擠上檸檬汁。

　　相反的，酸，使得紅色和紫色更鮮明。紫色高麗菜、紅莖的莙薘菜（red chard stems）或是甜菜根，若是跟著略帶酸度的食材，像是蘋果、檸檬或是醋一起料理，則能維持最佳的顏色。

　　生的水果和蔬菜大多容易**氧化**（oxidation），也就是當生的蔬果接觸到空氣時，內含的酵素進行褐化作用。切片的蘋果、朝鮮薊（artichokes）、香蕉和酪梨，在食用或是烹調前可以拌一點酸或是泡在加有數滴檸檬汁的水中，就能避免氧化維持原本的色澤。

	加酸前	加酸後
綠色		
紅色和紫色		
生的水果和蔬菜		

酸與食物質地

　　酸，能使蔬菜與豆科植物變得更堅韌，保鮮期限也更長。任何含有纖維質或果膠的豆科植物、水果和蔬菜，在酸性環境下烹煮，會熟得比較慢。同樣的紅蘿蔔，若是以清水小火燉煮 10 到 15 分鐘後，質地變得如同嬰兒食品般軟爛。如果是以紅葡萄酒燉煮，即使是一個小時後，紅蘿蔔依然維持形狀且口感偏硬。

　　熬湯或是醬汁時，洋蔥總是漂浮在整鍋湯品的頂端，死都不肯沉入湯裡，也永遠煮不軟，這惱人的情況，全是番茄裡的酸度造成的。要避免洋蔥久煮仍脆的窘境，務必先將洋蔥單獨炒、煮軟後才加入番茄、葡萄酒或醋。

　　料理豆子或是任何豆科植物（包括製作鷹嘴豆泥時，欲煮軟鷹嘴豆）時，加入一小撮蘇打粉可以促使水分由豆子內的酸性環境移出到**鹼性環境**中，有效率的將豆子煮軟。另外，煮豆子和煮洋蔥類似，先行將豆類食材煮軟後才加入其他酸性食材。一位厲害的墨西哥主廚曾教過我一個撇步：將煮軟的豆類食材，後續淋上醋或是含醋的沙拉醬，可以某種程度上的讓豆子變生，豆子的皮膜也會變得緊實。製作豆子沙拉或是不小心豆子煮過頭，這一招推薦給你。

　　利用化學原理的優勢，協助你判斷如何料理蔬菜。水煮蔬菜，能使得蔬菜裡的酸度釋放出來（被稀釋減少），因此跟烤蔬菜的做法比起來，水煮的方法能料理出較軟的口感。整顆切片的白色花椰菜或是羅馬花椰菜，倒是適合以烘烤的方式以維持它們的美麗形狀。製作馬鈴薯泥或是防風草根泥（parsnips），建議採用水煮的方式，能更輕易的搗成滑順的泥。

　　酸也具有促進**果膠**（水果成分中的黏著劑）間彼此架接的功能，在做果醬時，酸能捉住水分並促進凝固。有些水果（例如：蘋果和藍莓）本身所含的酸度不夠促使果膠凝聚。因此我們在使用這類水果做果醬或是餅、派內餡時，會擠點檸檬汁，藉以幫助凝固。

　　化學膨鬆劑像是蘇打粉和泡打粉，作用時也需要酸的參與。回想一下，小學時期做過的蘇打粉加醋的火山實驗。差不多是一樣的原理，但是縮小版的程度，酸活化蘇打粉，作用後釋出二氧化碳而使得烘焙品膨鬆。麵團或麵糊要透過蘇打粉作用而膨鬆，必須同時加有其他的酸性材料，像是天然可可粉、黑糖、蜂蜜或是白脫鮮奶。而泡打粉因為已經內含酒石酸（tartaric acid）成分，無需再外加酸性食材也能活化。

　　酸，能使得蛋白凝結的速度更快，同時**凝結**的密度、硬度則是比其他的方法鬆散。

一般狀況下，蛋白質在遇熱後解開並且變硬，在這個過程中，一段段的蛋白質同時會將水分排擠出去，使得蛋白變熟、變硬，也變乾。在酸性環境下，一段段的蛋白質聚集得更緊密，因此在加熱解開後，能減低蛋白質彼此黏接的程度。少少幾滴的檸檬汁，可以做出滑順軟嫩的炒蛋。要做出完美的水波蛋，只需要在鍋中滾水裡加入一瓶蓋的醋，就能讓外圍蛋白更有效率的凝結成形，穩當的包裹住裡頭的生蛋黃。

打發蛋白時，加入酸性食材能提高穩定性，帶入更細緻的氣泡，更容易打發蛋白霜膨大體積。傳統上常見使用塔塔粉（cream of tartar，製作葡萄酒過程的副產品），加進蛋白裡打發成蛋白霜，製成蛋糕或舒芙蕾。也能改用醋或檸檬汁，也會有相似的功能。

乳製品裡名為**酪蛋白**（casein）的蛋白質，在遇到酸後會開始凝結或凝固成豆花狀。除了奶油跟重鮮奶油的蛋白質含量較低之外，其他的乳製品的最佳加酸時間點，應安排在最後最後的步驟。除了預期、故意讓乳製品凝結，例如：製作優格或是法式酸奶油，是有心、刻意製作成的食物，其餘不小心造成凝結產生的豆花狀乳製品，都是令人難以下嚥的。其實，可以試試自製**法式酸奶油**，很簡單。將2大匙的法式酸奶油或是白脫鮮奶，和450ml的重鮮奶油一起拌勻，裝進乾淨的玻璃瓶裡，鬆鬆的蓋上蓋子，或是不蓋也可以。靜置於室溫溫暖處兩天，或是直到整體質地濃稠即可。就這麼簡單！可以應用在**藍黴起司沙拉醬**（Blue Cheese Dressing），**醋溜雞**（Chicken with Vinegar），**打發酸味鮮奶油**（Tangy Whipped Cream）中。蓋緊後可保存於冰箱中達2週。剩下的最後2匙，使用同樣的做法，再次開始下一批法式酸奶油的製作吧！

在麵團和麵糊中加酸，原理和脂肪相似，能有軟化的作用。不論是什麼型態的酸，舉凡是發酵的乳製品、天然（沒有鹼化處理）的可可粉或是醋，酸性成分在麵團或是麵糊中會干擾筋度產生，而得到酥鬆的成品。相反的，如果你追求的是富有嚼勁的口感，那麼盡可能的拖延到最後才將酸性食材加入麵團中。

酸性食材對於肉類跟魚肉，一開始是發揮軟化作用，隨著接觸時間的加長，漸漸的反而會使得肉、魚變硬。將蛋白質想像是一把捲捲的電話線圈，當酸和蛋白質接觸後，線圈紛紛變得鬆散，不那麼捲了。這個現象稱為**變性**。變性後的一束束蛋白質，開始彼此碰觸黏結，形成一大片緊密的網子，稱為**凝結**。這過程與現象，和蛋白質遇熱後發生的作用一樣。因此我們常常會形容肉或魚，可以被酸煮熟。

蛋白質的行為

蛋白質束，沒有任何
酸或熱的情況下

蛋白質束，存在略為酸性
的環境下，狀態變得鬆散

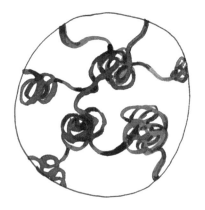

蛋白質束再次黏結，
也就是凝結作用

在一開始，凝結成的網子能同時保有原本肌肉纖維中的水分，因而有濕潤、柔軟的口感。但如果蛋白質持續處於造成變性的環境中（持續處在酸性環境下），整張網子會持續收縮、變緊，將水分擠壓出去，最後變成硬、乾，猶如煮過頭的牛排般難以入口。

一塊生魚片搭配上一點酸，會有清爽柔軟的口感，但泡在酸裡過久，反而變得硬韌，是同樣的道理。料理魚時，不該將魚肉浸泡在酸性食材中超過幾分鐘。厚厚多層的白魚肉適合沾裹白脫鮮奶後，拍上麵粉下鍋油炸；鱸魚肉塊則可以快速的和檸檬汁、咖哩粉翻拌後，串成串再燒烤。如此的做法，既能有濕潤的魚肉口感，又能嘗到酸味提鮮，一舉兩得。

酸也擁有軟化**膠原蛋白**的功能，而膠原蛋白是構成許多肉塊硬韌部位的主要結構。煎燉肉塊時，隨鍋加進葡萄酒或是番茄，內含的膠原蛋白越快軟爛，肉塊也就隨之更顯軟嫩多汁。

酸的產生方式

　　我們在介紹鹽和油脂時，是將兩個全然獨立的食材加到食物中。而酸，卻是我們在料理過程中能夠誘導生成的。我們可以使用兩個非常簡單的方法，其中一個快速，一個耗時。

　　哪個是快速的方法呢？就是將食物煎上色（browning）。在介紹鹽與脂肪的章節中，我解釋過當食材表面溫度爬升遠遠高於沸點後，會開始反應變成棕色。烤麵包機裡的麵包、烤箱中的餅乾跟蛋糕、烤肉架或是平底鍋上的肉塊、魚和蔬菜，都是受高溫後上色。這一系列的上色、糖化，背後的化學反應就是**焦糖化**（caramelization）。不論是肉塊、海鮮、蔬菜或是烘焙食物，幾乎可以說任何食材的受熱上色都是相似的化學反應。在科學家路易斯—卡米拉·梅納（Louis- Camille Maillard）的研究發現下，進一步證實了**梅納反應**（Maillard reaction）的存在。在熱的章節中，我們會對這個美味又迷幻的化學反應多加著墨。

　　雖說，焦糖化和梅納反應的發生過程完全不同，但兩者之間仍有不少的共通點。兩種反應在製造出多種風味物質之餘，也都會生成副產物：酸性分子。在焦糖化中，單糖分子會裂解成上百種其他的香氣分子，包括酸性分子。換句話說，等重量糖跟焦糖，甜度是不同的，更精確的說，焦糖是酸性的！差不多的原理，碳水化合物與蛋白質在進行梅納反應後，也會生成相似的酸性分子。

　　雖然我們將食物煎上色，主要目的並不在於追求酸性分子的生成，但是，深入的瞭解到在眾多生成的香氣中，包含了酸味，或許日後這項料理知識能發揮價值也說不定。想像看看，品嘗兩支含糖量相同的冰淇淋，其中一支冰淇淋的糖是直接加到乳製品中，而另一支冰淇淋，先行將部分的糖製成焦糖後才添加。使用焦糖做成的冰淇淋，不但甜度不減，其滋味還能更顯豐富多元，關鍵正是因為焦糖中的酸味，提供反差的效果。

　　另外一種在廚房中營造出酸味的做法，也是相對耗時的方法，就是**發酵**（fermentation）。發酵是利用酵母、菌種或是兩種同時作用，將食材中的碳水化合物轉化成二氧化碳、酸或酒精，作用過程同時會生成許多新的風味分子。葡萄酒、啤酒、蘋果酒都是發酵而來的。另外，天然酵母麵包、大多數的漬物、醃漬肉品、發酵過的乳製品，甚至連咖啡跟巧克力也都是發酵後的產物。

　　我吃過最美味的麵包，就是天然發酵製成的，靜待麵團緩慢的發酵、膨鬆。

據舊金山 Tartine 烘焙坊的創立人恰德‧羅伯森（Chad Robertson）的做法，他讓麵團緩慢發酵長達 30 個小時。「風味得以大大的提升。因為更高的含糖量，在烘烤時進行焦糖化，麵包表面上色更快，也更深。」恰德出爐的麵包，有股悠悠低調的酸味，飽含豐富多層次香氣。我每次品嚐他的麵包，都再次真心的認定，這絕對是世界上最美味的麵包！如果時間允許，非常建議試著使用這種天然的發酵方式，為自己烤份純天然的麵包。尤其是認真遵照恰德的做法，麵包表面同時進行焦糖化與梅納反應，而內部則是層層多元的酸甜香氣，出爐的成品絕對是令人眼睛一亮的美味。

酸的使用

在料理上學會妥善用酸,跟如何擁有一身好廚藝的最佳途徑如出一轍,就是不停的試吃、試吃,再試吃。用酸和用鹽的原則差不多:如果嘗起來有明顯的酸味,那八成就是下手太重了。如果食物嘗起來是乾淨、清爽的口感,那麼表示你已經完美駕馭了酸味平衡的拿捏。

酸的層次感

酸性食材入菜,首先要思考的是要使用哪種酸性食材?或是哪幾種食材的組合配對?添加的時間點是什麼時候?和鹽、油章節中所提到的相似,在一道料理中,若能善用多種不同型態的酸,會有風味加成之效:下廚時,隨時想著營造酸味的多層次。

酸性食材入菜

和用鹽一樣,試著學習用酸由食物內部調味。由於在很多的情況下,用酸調味是在一道料理完成前的最後幾秒才執行:最後擠上檸檬汁、灑上搓碎的羊奶起司,或是疊上漬物蔬菜。然而,有些情況下,酸性食材是在料理之初就參與,這也是我這裡要介紹的**酸性食材入菜**。舉例來說,像是義大利麵醬所使用到的番茄;**禽鳥肉醬**(Poultry Ragù)中使用的白葡萄酒;**辣肉醬**(chilli)需要添加的啤酒;**醋溜雞**(Chicken with

酸的來源

Vinegar）裡的醋；**五香脆皮烤雞**（Glazed Five-Spice Chicken）中的味醂（mirin，米酒）。

　　入菜的酸性食材，都有共通的特質：味道溫和，隨著長時間的烹調能緩慢漸進的改變食物的滋味。酸的使用可以超級清淡；雖然存在感極低，不過一旦缺少又會馬上被發現。我是透過親身慘痛的經驗才學會這一課的。我還在伊朗時，一位遠親請我幫忙料理紅酒燉牛肉（beef bourguignon），而紅酒在伊朗並不容易購得，於是我試著做了沒有紅酒的紅酒燉牛肉。想當然爾，不論我怎麼做，少了關鍵食材的（沒有紅酒的）紅酒燉牛肉，嘗起來總是不對勁。

　　當酸在漬軟紅蔥頭（macerating shallots）與洋蔥中無聲工作時，需要耐心的給與等待時間。**漬軟**這個詞，原文來自拉丁文的軟化，意思是將食材浸泡在任何形式的酸性液體（通常是醋或柑橘類果汁）中，藉以去除辛辣口感。其實不需浸泡，紅蔥頭或是洋蔥只要表面薄薄的裹上一層酸，也會有相似的效果。假設你的沙拉淋醬本來就要加進幾大匙的醋，先將醋事先與紅蔥頭拌勻，靜待 15-20 分鐘，隨後在同一個碗裡再倒入油，製成沙拉醬。小小步驟就足以預防生食洋蔥而留下的恐怖口氣。

　　燉肉料理往往一開始需要加入酸性食材，這個步驟非常重要且無法省略，而猶如煉金術般的神奇，這些酸性食材的滋味，隨著時間與熱源的注入，最後轉變得溫和。**辣醬燉豬肉**（Pork Braised with Chilies）裡嘗不到番茄與啤酒的存在，而是滿滿洋蔥與大蒜的甜香。食物加熱上色後產生的香甜滋味，同時也需要酸味的提襯才得以平衡並凸顯出來。義大利燉飯、煎豬排、魚排，或是熬煮更複雜的醬汁，在最後以葡萄酒將鍋中的精華去渣收汁（deglazing）的步驟，能防止食物嘗起來死甜。

酸性食材配菜

　　作為配菜的酸性食材，也就是最後為料理畫龍點睛、妝點之用。如果料理內部的鹹度不夠，是無法以桌上那罐鹽補救的。但是，最後時刻追加的酸，倒是能大大增進食物的風味，因此酸的運用在配菜點睛是非常重要的。正由於一般的香氣分子具有揮發性，會隨著時間遞減消逝。譬如柑橘類果汁，清爽明亮的味道會隨著時間而漸漸消失，使用上，現擠是最好的做法。熱，也會使得柑橘類果汁及醋的味道有所改變，前者受熱香氣打折，後者受熱則是酸度削弱。最後一刻才加酸，讓酸味維持在飽足的狀態。

　　一道料理中，你可以試著使用多種不同酸性食材，參與最後提味。沙拉料理光用巴薩米克醋，往往酸度不足，可以額外加點紅酒醋，凸顯酸味。或是使用醋時，搭配

柑橘類果汁，能增進明亮口感：製作**柑橘油醋醬**
（Citrus Vinaigrette）時，同時使用白酒醋及血
橙果汁，淋在**酪梨沙拉**（Avocado Salad）上
享用。醋的酸度能平衡酪梨的豐腴口感，接
著，鮮明的橙汁則會在後續釋出香氣。

　　在同一道料理中，盡可能使用同一種
酸性食材入菜及做為配菜。譬如使用番茄
一起燉豬肉，最後料理完成時，也使用番
茄當配菜；烹調義式燉飯時，去渣收汁這個
動作，以及完成後拌入些許的葡萄酒，兩個步
驟都使用同一瓶酒。這樣子做法可以讓單一種食材，
發揮出多層次風味的價值。

　　某些時候，也會出現僅靠單一形式的酸無法達到所需效果的情況。例如，希臘沙
拉得由菲塔起司、番茄、橄欖和紅葡萄酒醋，四大元素才得以成功架起該有的風味。
至於上述提到的豬肉料理，可以搭配墨西哥新鮮起司（*queso fresco*）、酸奶油以及拌入
醋與萊姆汁的**鮮味高麗菜絲**（Bright Cabbage Slaw），一起吃在嘴裡，有如耳裡聽著快
樂和諧的音符那般美好。

　　再回過頭，將經典的凱薩沙拉醬（美乃滋）解構分析，裡頭的帕瑪森起司和伍斯
特辣醬油（酸性食材），為沙拉醬提供了酸勁、鹹度和鮮味。添加的葡萄酒醋與檸檬
汁，平衡了沙拉醬汁的鹹度及濃厚感。使用以上四種不同形式的酸，一點一點的加，
邊嘗邊調整製作，直到沙拉醬逐漸濃稠，滋味恰好完美。

白酒蛤蜊義大利麵

（鋪陳出酸味的層次　）

↑
小圓蛤蜊
（較大）

1. 加熱橄欖油，
加入洋蔥根部、
巴西利及一層小圓蛤蜊。
倒入份量恰好能淹覆
鍋底的白酒。轉大火，

蓋上蓋子，蒸　煮 至蛤蜊開口。

櫻桃寶石簾蛤 &
馬尼拉蛤蜊
（較小）

洋蔥根部

將蛤蜊肉從殼中取出，
鍋中剩下的液體過濾

2. 用一鍋水加上
適量的鹽
煮義大利麵。

3.

開始準備
<u>白酒蛤蜊醬汁。</u>

熱一點油，
加入洋蔥丁，
一小撮鹽，
洋蔥炒軟後加入
一或兩瓣的切 片大蒜，
和乾燥辣椒片。

接著加入櫻桃寶石簾蛤或是
馬尼拉蛤蜊，轉最大火。倒進一些煮蛤蜊
湯汁。當小蛤蜊煮到開口後，將先前備好
的小圓蛤蜊肉也加進鍋裡，

一起加熱煮一分鐘，接著

4.
加入麵條 & **試吃。**
<u>調整酸度</u>　以白酒或檸檬汁。

試吃。

使用酸種麵包碎屑
和帕瑪森起司
調整酸度。

CHEAP BOTTLE
LEFT OVER from
A PARTY

再試吃。 然後 **開動。**

練習在料理中鋪陳出有層次的酸，就從**白酒蛤**

蜊義大利麵開始吧！我習慣使用兩

種品種不同的蛤蜊：小圓蛤

蜊（littlenecks），能為料理

注入強烈的鮮美滋味，和櫻

桃寶石簾蛤（cherrystones）

或馬尼拉蛤蜊（Manilas），

體積小小的，方便整顆帶

殼翻炒混著麵一起吃。首

先，準備一鍋加鹽的滾水。

清洗蛤蜊，並將洋蔥切丁，切

剩下的根部另外留下備用。大炒鍋

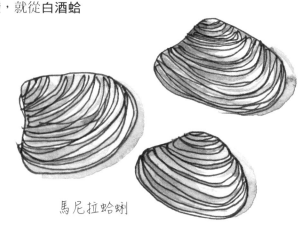

馬尼拉蛤蜊

裡加點油，以中火熱鍋。鍋中加入洋蔥根部、

幾根巴西利的梗，以及加入恰好鋪滿一整層鍋底的小圓蛤蜊份量，倒入足以淹覆鍋底
的白葡萄酒。轉大火，蓋上鍋蓋，蒸煮約 2 到 3 分鐘，直到蛤蜊煮熟打開。接著，使
用夾子將開口的蛤蜊一一從鍋中夾出，放到碗裡，有些沒打開的蛤蜊，為了避免加熱
過久，可以試著用夾子敲打看看，幫助開口。

　　同樣的做法，分批將小圓蛤蜊全數煮好，視需要隨時追加白葡萄酒，以維持鍋底
覆蓋一層酒的狀態。當所有的蛤蜊都煮好撈起，原鍋中的湯汁以細網眼的篩子或是棉
布過濾備用。這煮過蛤蜊的湯汁無比珍貴，而且身負此道料理的主要酸性食材重任。
小圓蛤蜊放涼後，以小刀一一的將蛤蜊肉從殼上取下，放回過濾好的蛤蜊湯汁中。

　　原鍋以清水稍微沖洗後，回到爐火上中火熱鍋，加入剛好薄薄一層覆蓋鍋面的油，
油熱後加入洋蔥丁及一小撮鹽，不時的翻攪，將洋蔥炒軟。留意不要炒焦了，些微的
上色倒是無妨，如果需要，可以加點水。同時，確認煮麵水的鹹度跟海水一樣鹹，加
入長條狀義大利麵（linguine）約煮 6 到 7 分鐘，熟度比麵心夾生
（al dente）的狀態再硬一點。

炒洋蔥的鍋中，加入一或兩瓣切片的大蒜，一些乾燥紅椒碎片，一起**炒香**，同樣留心不要上色太過，接著加入櫻桃寶石簾蛤或是馬尼拉蛤蜊，將爐火轉到最大。不手軟的倒進一些足以覆蓋鍋底的煮蛤蜊湯汁。當這些小顆蛤蜊煮到開口後，將先前備好的小圓蛤蜊肉也加進鍋裡，一起加熱煮一分鐘，試吃，以白酒或檸檬汁調整酸度。

將刻意煮不夠熟的義大利麵，瀝乾，並保留一杯煮麵水。將麵條直接加進鍋中，連同蛤蜊一起煮，邊轉動鍋子邊拌勻，直到麵條達到麵心稍硬的熟度。這樣的做法，能讓麵條吸收飽滿的蛤蜊湯頭。再次試吃，加鹽、酸及辣椒調味，如果麵條看起來有些乾，加一點預先保留的煮麵水。

接下來就是神奇的配菜（與油脂）妝點。拌進一點奶油，能使得滋味及濃郁度大增。後續再加入切碎的巴西利跟磨上一點帕瑪森起司。在海鮮義大利麵裡加起司？或許有些人會感到質疑，這是從一位我私心喜愛的托斯卡尼海鮮餐廳主廚那學來的撇步。那家餐廳的義大利麵美味至極，好吃到我都忘記自己是個厭惡蛤蜊的人啊！是起司中的鹹、油脂、酸味及鮮味，讓這道義大利麵那麼令人難以忘懷。最後臨門一腳，加一點酸種麵包碎屑，更添酸味和酥脆口感。吃下的第一口，麵包碎屑提供了硬脆口感，後續與義大利麵互相交融，麵包屑漸漸吸收蛤蜊湯汁，於是幻化成納含香氣的炸彈，在每一口品嘗中炸開。

小圓蛤蜊

調味料與鮮味

賽萬提斯（Cervantes，譯註：西班牙著名詩人與小說家）曾說過：飢餓是最好的醬汁。這一點我持不同意見，最好的醬汁就是醬汁。一道料理有了醬汁的參與才得以完整。醬汁，或者該說幾乎所有的調味料，都是酸味與鹹度的來源，用以確保提升料理風味。伴隨的附加價值是，它們也能提供豐富的鮮味。鮮味一詞源自日本，是人體能品嘗的甜、酸、鹹、苦四味之外的第五味。在英文裡比較接近的詞彙大概就是鮮美（deliciousness）或是開胃（savouriness）。

鮮味，其實是化學分子**麩胺酸**（glutamates）。最常見的麩胺酸，是白色粉末狀，在中國餐廳廣為使用，為料理提增風味的味精（monosodium glutamate 或是縮寫MSG）。而味精是化學提煉合成的產物，另外有許多天然食材也是飽含麩胺酸。帕瑪森起司和番茄醬，是兩大被遺忘在天然麩胺酸食材。有時，輕輕磨上一點帕瑪森起司，就足以讓一盤好的義大利麵，進階為好極了的義大利麵（**白酒蛤蜊義大利麵**也一樣）。而就像你、我，大多數的人都認為漢堡和薯條搭配番茄醬最對味，這不僅因為番茄醬的甜、鹹，更是其中的酸，讓人魂牽夢縈。一點點的番茄醬，添點鮮味，讓食物出乎意料的美味加成。

右頁列出許多飽含鮮味的食材，這些食材同時也是豐富的鹹度與酸度的來源，料理時，把握機會使用這類食材，一口氣提供了鮮、鹹、酸，不需太多額外的處理，就能大大強化料理的風味。

然而，就像卡爾·佩特濃，多年前往我那鍋玉米粥大把大把加鹽，嚇了我一大跳的那位主廚。他總喜歡說除了鮮味，還有一個稱為險味。在同一道菜裡千萬不要同時用了培根、番茄、魚露、起司和香菇。鮮味，一點點就很夠用了。

鮮味的來源

1. 番茄及其相關產品（越是料理過的，鮮味越濃縮） 2. 菇類 3. 肉和肉湯，特別是醃漬過的肉品和培根 4. 起司 5. 魚和魚湯，特別是小魚類，例如：鯷魚 6. 海帶 7. 酵母菌產品及抹醬，譬如：瑪麥醬（Marmite），天然酵母發酵產品，例如 8. 醬油 9. 魚露等。

酸味與甜度的平衡

想像一下咬下一口完美水蜜桃的滋味：香甜、多汁、果肉飽實，很是滿足。

但，這可不是全部，水蜜桃的完美滋味裡，還包含酸。少了這令人眉頭輕皺的酸勁，嘗起來可能就單單是甜味而已。

甜點廚師深知，做出好料理的最佳策略就是努力模仿自然界存在的完美，甜酸平衡的最好示範，就是天然果物本身。最適合做塔、派的蘋果，不是最甜的品種，反而是較酸的種類，像是富士蘋果（Fuji）、蜜翠果（honeycrisp）和席耶瑞美人（Sierra beauty）。如果只要夠甜就能稱為甜點，很遺憾的這類甜點就只會刺激口腔中接收甜味的味蕾。巧克力和咖啡飽含苦、酸、鮮味，很適合做為架構甜點的基底。一旦加入甜味元素，其他更多的風味也一同被提帶引出，進而刺激多種接收不同滋味的味蕾。焦糖的作用也是如此，加了鹽的糖，只需淺嘗一口，就能同時刺激我們口腔中接收五種不同風味的味蕾。因此，**鹽味焦糖醬**（Salted Caramel Sauce）也從不會退流行。

善用酸味平衡甜度，除了甜點，料理也是。譬如甜菜根，具有飽含糖分的特性，烘烤料理時加入一點紅葡萄酒醋，可以微妙的平衡掉對大多數人來說很不討喜的大地土壤氣味。接著再以橄欖油、鹽調味，忽然之間原本超痛恨甜菜根的人也會改觀。烤紅蘿蔔，白、綠花椰菜，所有上色後產生甜味的食材，都會因為額外擠上一點檸檬汁，或是灑入一點醋而加分不少。一點，就很夠了。

餐點裡的酸味平衡

偶爾我會跟著愛麗絲・華特斯四處旅行，為人料理特殊的餐點。一年的冬天，皚皚白雪堆得極高，我們在華盛頓特區，準備一場超級奢華的冬季饗宴時，那次的經驗，讓我對於料理中的酸味，有了極大的頓悟。當時最後一道鹹食是田園生菜沙拉，佐上口味細緻的油醋醬，以一大碗呈現、大家自助拿取的方式上菜。沙拉一上餐桌後，所有的廚師都呆站在廚房裡，以放空的方式手抓生菜往嘴裡送。經過漫長的一天，待在既乾又熱且擠的廚房裡，大家都直呼從沒吃過這麼美味食物。正當大家紛紛開始讚賞那油醋醬有多清爽，有多完美，配上生菜超恰好的時候，愛麗絲正巧走了進來，碎念著應該可以再酸一點。

我們無法理解！大家一致認為那沙拉完美無瑕，而她卻反而挑剔調味失準。我們群起抗議，硬要逼她承認說錯話了。

但愛麗絲非常堅持自己的意見。她解釋，我們沒有坐在餐桌上一起用餐。她為自己先裝了一小堆沙拉，再疊上炙烤羊肉和花豆，佐上令人難以抗拒的醬汁，隨後的菜色則是濃郁千層麵和蝦蟹濃湯。在這一餐中，生菜沙拉沒有發揮該有的功能：一份稱職的沙拉，應該能在許多重口味的主食中讓味蕾有機會感到清爽。這沙拉的確需要再更酸一點，才能在眾多重口味的料理中彰顯價值。

愛麗絲是對的（一直以來都是）。要做出一份好沙拉，必須先檢視同餐的其他料理，才能做出最好的調整與判斷。雖然，單單每一道料理本該做到鹽、油脂、酸味的平衡。此外，再跳遠一點，宏觀的看，一頓餐裡的料理也該彼此之間追求平衡。比如，焦糖洋蔥塔，滿是奶油香的塔皮和炒洋蔥，搭配的生菜沙拉要淋上酸一點、加有芥末的油醋醬，既嗆且酸才合味。南美燒烤重口味的燉煮豬肩五花肉，可以配上酸味生菜絲。泰式咖哩，有著椰奶的濃郁，配上清爽脆口的薄片黃瓜。在規劃每頓餐的同時，也把這些滋味平衡的考量放在心上，接著閱讀〈決定要煮什麼〉章節，能獲得更多關於設計菜單的撇步。

鹽、油與酸的即興發揮

說說看你最愛、永遠吃不膩的一道料理。或許是墨西哥玉米餅酸辣湯（tortilla soup）、凱撒沙拉、越南烤肉三明治（bang no sandwich）、瑪格麗特披薩（margherita pizza）或是簡單包有菲塔起司與黃瓜的亞美尼亞式薄餅。仔細分析之下，必定在鹽、油、酸這三大方面有著理想的平衡。由於人體無法自行合成某些鹽、油和酸的必需元素，因此出於天性，我們的味蕾會渴望、尋找追求這三大元素。正因為如此，料理上鹽、油、酸的平衡是不分種族、區域，具有全球共通性的。

靠著這三大元素，得以勾勒出一道料理甚至一餐的雛型。當我們在決定要煮什麼前，該先思考的是：採用何種型態的三大元素，以及何時使用。決定欲使用的元素清單（也算是另一種模式的食譜）後，先按兵等候。舉例來說好了，假設你打算把前一晚吃剩的烤雞，變身成雞肉沙拉三明治，首先要決定的是：想吃咖哩口味？西西里島口味？或是經典美國口味？一旦你做出決定後，參考 110 頁的**酸性食材地球村**圖表，找出適合使用的鹽、油及酸，幫助你往對的方向料理。要煮出印度咖哩的精髓，就必須使用濃郁、全脂的優格，香菜、洋蔥要泡過萊姆汁，鹽和適量的咖哩粉，更是不可少。要讓烤雞在一夜之間渾身散發出義大利西西里島的巴勒摩海岸風情，你可以使用檸檬汁和檸檬皮，浸過紅酒醋的洋蔥、蒜味蛋黃醬、茴香籽和海鹽。或是灑上大量的培根、藍黴起司、切片水煮蛋和酪梨，包進麵包前以紅酒醋油醋醬最後調味，變身為一份以科布沙拉（Cobb salad）為靈感的雞肉沙拉三明治。

如果即興料理一詞嚇到你，不妨慢慢來。先按部就班的照著書中收錄的食譜做做看，漸漸得心應手後，再一次變化一項元素，發揮創意。就說**鮮味高麗菜絲**好了，幾次之後當你可以記得製作方法與使用的食材，就試著隨自己喜好分別或同時改變油脂或酸的種類。如果以美乃滋取代橄欖油，會是南美風情，紅酒醋以米酒醋替用，則是亞洲口味。

對於料理風味的掌控，從駕馭這三大元素的能力著手：使用鹽能提升香味，油脂負責承載香味，酸則是幫忙平衡香味。現在，我們除了瞭解這些元素在食物上的作用，還要在對的時間點使用它們入菜，才能真正由內確實調味。煮豆子時，鹽要早早加，而醋要慢點才加。燉肉前就要事先調味，真正開始烹調時，則是需要酸的加入。最後臨門一腳，搭配帶有酸味的配菜，為飽含風味的料理注入清爽感。

鹽、油和酸三者搭配得宜，能大大增進食物的風味，不論是不是出自你的烹調。

出手救救餐廳那些乏善可陳的墨西哥玉米餅吧！請他們給一些酸奶油、酪梨莎莎醬、醃漬醬菜或是莎莎醬。平凡普通的沙拉吧裡，多多使用那些沙拉醬、起司、醃漬食材，就能為無趣的沙拉創造新價值。而優格、芝麻醬（tahini）、胡椒醬和酸漬洋蔥，能簡單快速拯救一份棄之可惜的無味三明治。

　　三大元素，猶如樂章裡的三個和諧音符，吃膩一成不變食物的味蕾，都輕輕的唱起歌了。

常常有立志要當廚師的人請我給些職涯建議。我給了以下的建議：多下廚，天天煮。食物務必徹底、認真的品嘗。多逛逛農夫市集，期許自己熟悉每個季節的農作物。閱讀寶拉‧沃佛特，詹姆士‧貝爾德，瑪契拉‧賀桑以及珍妮‧葛里森（Jane Grigson）對於食物所發表的任何文字。寫信給你深愛的餐廳，表達欽佩之意並祈求他們給你實習的機會。不要把錢花在廚藝學校上，把本來打算當學費的每一分每一毫全拿去環遊世界，多多旅行。

對於年輕的廚師來說，透過旅行可以學到太多事了：因為實際造訪各地，而能感同身受當地人對於風味的偏好，慢慢構築起味覺的記憶，也會漸漸的組織出屬於自己的風味目錄。吃吃西南法土魯斯（Toulouse）的燉煮料理，耶路撒冷（Jerusalem）的鷹嘴豆泥；京都的拉麵；祕魯首都利馬（Lima）的檸檬漬生魚（ceviche）。讓這些親身經歷的飲食經驗做為日後發揮的依據。當你重回自己的廚房，微調食譜時，心中能清楚知道是否偏離正宗口味太多。

此外，旅行還有著超棒的附加價值：能親眼看到、親身跟著世界各地的廚師學習，一窺好廚師、好廚藝的共通性。

我的廚師生涯起初四年，唯一的經歷就只有 Chez Panisse 一個地方。最後，我按捺不住自己好奇的心，我一定要飛去歐洲，歐洲的飲食啟發了教我最多的那位前輩廚師，我也想親自體驗一回。當我抵達托斯卡尼後，很驚訝的發現，在那裡和班尼德塔及達里歐一起下廚的感覺竟然如此熟悉。有些下廚的習慣，似乎共存在所有的好廚師身上。班尼德塔對於炒上色的洋蔥很是癡迷，烤肉前，一定先把大塊肉提前拿到室溫退冰，就跟我在美國受到的訓練一模一樣。油炸時，她不使用溫度計偵測油溫，而是丟進一塊老麵包，看著那塊麵包炸到金黃的速度來判斷油溫。這跟我在 Chez Panisse 第一次油炸新鮮鰻魚所學到的做法完全一樣。

出於好奇心使然，我開始觀察那些我愛吃的食物是怎麼煮的。恩佐（Enzo）是我在佛羅倫斯最喜歡的披薩師傅，他只做三種最經典的披薩：馬力那拉（Marinara）、瑪格麗特（Margherita）和拿坡里（Napoli）披薩。沒有華麗的品項，卻深受常客與遊客的喜愛，恩佐獨自一人做披薩，整晚擠在狹小的廚房。我從來沒看過恩佐使用任何溫度計在燒木頭的傳統烤窯測溫度，他靠的是對窯中披薩的完全專注。如果披薩餡料還沒熟，就直接焦了，表示烤窯溫度太高。如果烤出來的披薩顏色太白，他會添進一塊木材。他的這套方法完全成功：又脆又有嚼勁的麵皮，跟恰好程度融化的起司，我從沒吃過比他做的更好吃的披薩。

我離開義大利之後，到世界各地拜訪親友。在一個深夜，熙熙攘攘的街邊小吃攤上我吃到了超美味的烤肉（chapli kebabs，巴基斯坦漢堡排），肉團本身以辣椒、薑和香菜調味後壓扁，然後廚師把一份份肉排放進熱油鍋裡煎，根據肉排脂肪滋滋作響的程度，判斷是否在鐵架爐火下方還需要添加木炭。當肉排脂肪冒泡開始趨緩，表面顏色變得猶如杯中茶葉般的色澤時，把肉排從油鍋中撈起。他幫我以溫熱的南餅（naan）包起肉排，再淋上優格醬，我咬了一口：天堂啊！

我想起在 Chez Panisse 廚房工作的第一晚，佩服的看著負責煎牛排、講話總是輕聲細語的艾咪（Amy）主廚，在爐火前猶如跳舞般，行雲流水的料理上百份牛排。她教我如何觀察牛排表面：如果牛排放到烤架上的同時沒有發出滋滋的聲響，必須立即添加木炭。如果肉上色太快，就稍微翻弄木炭，稍待溫度降下來，才繼續烤肉。艾咪還進一步示範何謂適當的火力以及如何調整並保持，才能在將肉烤熟的過程中，表面也均勻上色。精準的料理出內部五分熟的牛排，外面也具有令人垂涎的炙烤痕跡，肋眼牛排外層的脂肪恰好融化的程度。木炭燒烤在她手裡，就像使用瓦斯爐大小火轉換似的駕輕就熟。

在我離開巴基斯坦後，我旅行前往祖父母位在伊朗裡海海岸的農場。祖母整天都待在廚房裡為家人打理三餐，儘管她熱愛下廚，但也常常叨念我們中東料理是世界上最費心費力的飲食種類。常見她剝了一座小山份量的香料，削皮、前置處理一堆蔬菜，打算燉一鍋伊朗燉菜（khoreshs，需要好幾個小時慢熬，複雜的肉菜燉煮料理）。祖母全程緊盯著，不時的攪著那鍋直冒泡泡的燉菜，爐火不能太弱，也不能太強不小心沸騰了。相反的，我的舅舅們是整天抽

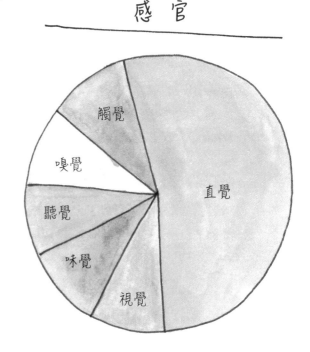

感官

觸覺

嗅覺

聽覺

味覺

視覺

直覺

著無濾嘴的煙草，四處串門子聊天，不到晚餐時刻不開爐火的那種個性。他們會做的料理是烤雞肉串料理這類的食物：以扁細的金屬叉串好雞肉，送入極燙甚至會燒到手毛的那種程度的烤肉架上。料理兩樣情，一種是整天，而另一種是幾分鐘。不論是哪一種，都美味至極！有燉到綿軟化開的燉菜料理，和肉汁滿滿的烤肉串，我的一餐因此完整了。

在旅途中，我發現一件事：不分國家、不論區域，居家料理也好、專業廚師也罷，燒炭、木材或是瓦斯爐都一樣，一位廚藝優越的料理人，從頭到尾看的都是食物，而不是火源。

我看到的是：他們在料理時全心仰賴直覺，而不是計時器或溫度計。煎香腸，聽從滋滋聲的變化；觀察燉菜料理冒泡煨煮與沸騰的一線之隔；仔細感受，在燉豬肩五花肉的幾個小時內，豬肉是如何先收縮變硬，後續才鬆弛軟爛。水煮義大利麵時，更是靠著試吃來判斷是否保有麵心稍稍夾生的完美程度。要靠直覺做菜，我必須懂得辨識這些食物釋放出的訊號。我得學習食物如何呼應第四大料理元素：熱。

何謂熱？

　　熱是促成變化的元素。不論熱源為何，熱，觸發改變，使得食物由生變熟，從流動的狀態變為凝固，鬆軟質感轉為強韌，扁平變得蓬鬆，顏色從蒼白變得金黃棕色。

　　和鹽、油脂或酸不同的是，熱，既無味也無形，儘管如此，它的影響力卻清楚可見。熱，釋放給感官的訊號包括了：滋滋的聲響、噴濺、裂痕、蒸氣、冒泡、香氣和上色，這些訊號遠遠比溫度計重要多了。你所有的感覺能力，包括直覺，都可用來衡量熱對食物的作用。

　　食物與熱接觸後造成的變化眾多，但也是可預期的。一旦認識了不同食物接觸熱的各種反應變化後，你會更清楚上市場該如何採購，菜單如何規劃，每道料理該怎麼著手。別把重點放在烤箱的溫度或是爐火的大小，將專注力全放在食物本身。留意以下的線索：食物是否上色了？變結實嗎？縮小了？變脆了？焦了？散開了？膨脹了？以及是否生熟不均？

　　這些線索比起使用電磁爐或瓦斯爐，還是露營用克難烤肉架或是豪華大理石材質的爐灶，以至於烤箱溫度該設定 180℃ 或 190℃，都遠遠重要得多了！

　　正如同我向世界各地的優秀廚師學習到的，不管煮什麼，或是哪種方式的熱源，唯一的目的都是相同的：使用適合的熱度，正確的供熱速率，為的就是將食物裡與外同時料理得當。

　　我們舉例烤起司三明治來解釋好了。使用適合的熱度（火力）以達到麵包呈現金黃酥脆的美味口感，並以相同的傳熱速度讓裡頭的起司恰好融化。加熱太快，外層的麵包焦了，但夾心起司不夠熟（也就是麵包焦了，起司尚未融化）。加熱太慢，三明治外層的麵包在成功上色前早已變得乾口。

　　任何料理都能想像成是烤起司三明治：烤全雞時，表皮呈現金黃棕色的同時雞肉是否同步熟了呢？炙烤蘆筍至烤紋烙出時，是否蘆筍也裡外皆熟透呢？成功的將羊排表皮煎成金黃上色時，脂肪是不是剛好融化，內部的熟度正是完美的五分熟呢？

　　和駕馭鹽、油及酸一樣，懂得用火，加熱的第一步，必須知道追求的是什麼。鏊

清想達到的效果，才能知道要達到這些效果，需要怎麼執行。在廚房裡，所謂食物的料理目標，指的是風味與口感。你希望料理出金黃、酥脆、細嫩、柔軟、具嚼勁、焦糖化、多層次、濕潤嗎？

下一步，反向操作。好好清楚計畫，自己該留心食物傳遞出那些具有代表性的訊息，讓這些訊息引導你達到預設的目標。假設你的目標是成就一盆風味佳、色澤雪白的馬鈴薯泥，那麼先想一想最後一個步驟：加入奶油和酸奶油一起搗成泥，試吃並加鹽調整滋味。在此之前，需要以鹽水將馬鈴薯煮軟。再之前，需要為馬鈴薯削皮跟切塊。這就是你需要的食譜。若是其他複雜一點的料理，譬如鍋煎脆口馬鈴薯好了，你所追求的則是表面金黃酥脆、內部鬆軟的最終成品。這道料理的最後一步，是讓馬鈴薯在熱油鍋裡煎酥煎脆。在這之前，要先用鹽水煮馬鈴薯，以確保內部鬆軟。再之前，要削皮、切塊。又完成了另一份食譜。

這是所謂的好廚藝，而且比你預設假想來得簡單許多。

剖析一份完美的烤起司三明治

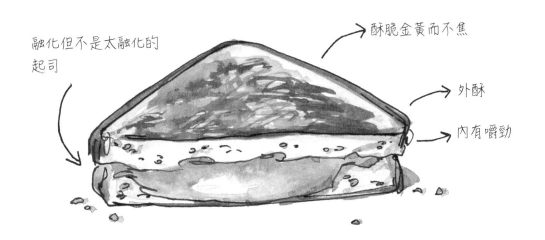

融化但不是太融化的起司

酥脆金黃而不焦

外酥

內有嚼勁

熱的運作機制

熱科學

　　簡單的說，熱就是能量。

　　食物主要是由四大基本分子所組成的：水、油、碳水化合物和蛋白質。當食物受熱後，這些組成的分子開始加速移動，在過程中分子間會彼此碰撞。

　　當分子獲得速度，同時也獲得能量，使得原子間的電力釋放重組。這過程稱為**化學反應**。

　　而這些由熱引起的化學反應會影響食物的風味與質地。

　　水、油、碳水化合物和蛋白質分子遇熱各自產生不同但可預測的反應。如果你覺得這看起來超出你能理解的範圍，別擔心———一點也不會。熱的科學，很幸運的，都可以用一般常識解釋。

化學反應

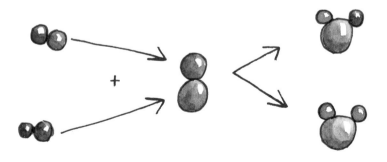

水與熱

　　水，幾乎是所有食物的必要元素。食材裡的水分一旦被煮掉，就有酥脆（或是乾柴）的口感。若是保有食材的水分，或是料理過程中額外加水，則會得到濕潤柔軟的食物。做炒蛋時，把水分炒乾，成品口感會乾、粗。料理米飯、玉米粥、馬鈴薯或是任何澱粉類食材時，添加適量的水分，能有柔軟的口感。蔬菜水分流失後，轉變為癱軟的口感。若是常年經歷豪雨季節，種植的水果含水度也會高。同理，如果番茄樹澆水的頻率太高，風味也會被稀釋。因此，食物在風味上顯得薄弱，常常被形容為沖淡（watered down）。要加強濃湯、高湯或是醬汁的風味，就盡量先行將食材的水分煮乾，透過熱度的控制，讓食物達到希望的口感與滋味。

　　水在結冰後，體積會膨脹。這解釋了為何要記得在裝高湯的玻璃瓶頂端預留空間；以及啤酒如果在冷凍庫裡結冰，往往會爆裂開來。在食物內部的水分，以非常非常迷你的尺度（細胞大小的規模），發生同樣的現象：冷凍食物時，細胞壁就像是裝水的容器，一旦冷凍後，也會因為食物中的水分體積膨脹而爆裂。造成食物凍傷及脫水，水分由食物的細胞內跑到細胞外，再次在食物表面結晶。

　　你有沒有在打開冷凍莓果或肉品時，驚訝的發現許多猶如鐘乳石的冰柱，卻總想不透這是怎麼回事的經驗呢？現在你知道怎麼回事了，那些水分來自食物內部。

　　食物冷凍後的脫水現象，很悲傷的完全解釋了被遺忘在冷凍庫三年的牛排，為何吃起來猶如皮革般難嚼。如果能知道哪些特定的食物在冷凍後品質會受損慘重，將可以幫助你做出凍或不凍的決定。換句話說，只冷凍那些稍微脫水也沒關係的食物，甚至是那些已經被補充過水分的食物，像是：燉肉、湯品、醬汁或是泡在水裡的熟豆子，就更適合冷凍了。

　　水，也是煮食時的媒介。低溫時，水是非常和緩的工具：水浴法適合製作卡士達；文火、燉煮、水煮等手法讓硬韌的食物在相對低溫的情況下，慢慢的柔軟。

　　持續的加熱水，在海平面高度環境下加熱到100℃，定義為沸騰。沸騰的水能更有效率（快速）的烹煮食物。煮水，是廚房裡最不需技術的技能，完全不需溫度計也能輕鬆判斷水是否沸騰，只要看鍋裡泡泡持續翻騰，就能肯定水滾了，100℃了。沸騰的水，可以殺菌，因此為了安全起見，重新加熱剩湯或是冷凍的雞高湯，請務必加熱到沸騰，以確保在這段期間不小心滋長的病菌徹底被煮沸消毒。

水蒸氣的威力

當水加熱超過 100℃ 之後，水分轉變為蒸氣的型態出現。蒸氣，是廚房裡另外一個超級珍貴、肉眼可見的訊號。讓蒸氣的出現，幫助你略估判斷：只要食物還是濕的，還在冒水蒸氣，表示其表面溫度還不夠高，還不足以上色。還記得讓食物上色的化學反應：焦糖化與梅納反應，食物溫度不夠高，這兩種反應是無法開始進行的。因此，食物表面有水分的話，就無法加熱上色。

學著判斷蒸氣的去或留，如果你想讓溫度更提高，好讓食物得以上色，就得想辦法讓蒸氣逸散。如果你想避免或是延遲食物上色，可以困住蒸氣，讓蒸氣在受限的空間內循環，利用營造出濕潤環境的方法蒸煮食物。

食物在鍋子裡層層相疊，在某種程度上像是鍋蓋的效果：將蒸氣困住。受困的蒸氣，凝結後又滴落回鍋中，可以讓食物保持濕潤，且讓溫度維持在 100℃ 左右。蒸氣將食物完全煮熟但不會煮上色的過程是這樣的：起初，蒸氣溫和的讓食材萎軟，接著開始出水、熟透。

蒸氣在一開始取代了蔬菜裡的部分空氣，導致蔬菜由原本的不透明，轉變為有些透明感，但在煮熟之後體積卻會變小，風味因而濃縮加成：原本多到滿出鍋子的菠菜，煮熟後變

成一小把出水的綠葉。滿滿一鍋的切片洋蔥，煮後風味濃縮，是**絲滑玉米濃湯**（Silky Sweet Corn Soup）的基底。

在鍋子內若蓬菜層層疊起到和鍋子一樣高，使用蒸氣的熱度蒸煮。如果你想蓋上鍋蓋也可以，記得三不五時打開以料理長夾翻動一下所有的葉子，在這綠葉迷宮裡，

就算是威力十足的蒸
氣也沒辦法絕對均勻。

鍋子底部較接近熱源，溫
度勢必比鍋子的頂端高。使用烤箱烘
烤食物時，控制蒸氣在煮食上的影響性也是差不多的道
理。烤盤中蔬菜的緊密紮實，直接影響了食物上色發生的
時間。櫛瓜、甜椒要烤出香甜氣息，請務必鋪散開來烘烤，讓
水分有處可散，上色盡早進行。質地紮實、需耗時才能煮透的蔬
菜，像是朝鮮薊或是洋蔥，為了避免在熟透之前就上色焦黑，在烤盤
中盡量緊密盛裝，以利烘烤時能困住蒸氣。

　　烹煮食物時，視需要蒸氣的去或留，來選擇料理的方法。鍋子的鍋口有朝外圓弧
設計或是有鍋嘴的，比起單純垂直鍋壁的容易流失蒸氣。而鍋壁越高，蒸氣就越難逸
散。深鍋適合用來炒軟洋蔥或是燉煮湯品，相對的，不適合用來料理有快速煎上色需
求的食物，例如：干貝或是牛排。

　　複習一下鹽與滲透的關係，再以這些常識為依據，幫助你決定烹煮時要蒸氣快快
散去？還是困住留下？讓鹽發功，鹽與食物接觸後會吸走水分，而與鍋子接觸時則是
瞬間轉化成蒸氣。因此，如果你的目標是快速的讓食材上色，那麼就慢一些，等到食
物的酥脆感出來了才加鹽。或是提早一點加鹽，讓滲透作用有時間進行，接著拍乾食
物表面的水分，才入鍋料理。製作白花椰菜濃湯所需的洋蔥，我們採用晚一點才加鹽
的手法。而燒烤或烘烤茄子及櫛瓜，則是使用後者，提早加鹽的策略。

油與熱

在油的章節中，我解釋過，熱和油脂如何彼此合作成就好料理。水和油脂皆為食物的基本組成元素，在料理時，兩者也同樣具有媒介的角色。但是，油脂和水，卻又是敵對的關係：他們彼此不互融，受熱後的反應也大不同。

油脂的特質是彈性很高，非常高！加熱可達超廣的溫度區間，這使得我們可以得到需要的口感：酥脆、多層次、鬆軟、滑順和輕盈，全靠油脂與熱之間的合作無間才能辦到。

油脂在低溫時質地會變硬，也就是由液態轉化成固態。固態的脂肪，像是奶油和豬油是甜點師的大功臣，可以揉進麵團，達到酥鬆多層次；或是打空氣進去，以追求輕盈口感。但是，如果蔬菜和培根一起料理，試著想想盤中留下一灘半凝結的油膩汁液，室溫下凝結的動物脂肪，這是我們最最不願見到的低劣料理畫面。

從另一個角度來看，小火（溫和的熱度）能讓固態的動物脂肪，像是豬、牛脂肪，轉化或融化成純粹的液體狀態。在慢燉肉品的料理中，譬如：**鼠尾草與蜂蜜燻雞**（Sage-and Honey-Smoked Chicken），由內部的脂肪融化向外浸潤表面發揮燉煮特色。這種受熱後食材的內部脂肪自我燉煮，也解釋了為何**慢烤鮭魚**（Slow-Roasted Salmon）能有如此驚人的濕潤口感。

同樣的溫和熱度，能融化奶油，破壞乳化狀態，而得到澄清奶油。

在中等的火力溫度之下，脂肪是一種絕佳的料理介質，最適合執行被稱為油封（confit）的料理手法。簡單的來說，猶如水煮，但是以油脂代水，將食物在油脂裡泡煮。後續的**油封番茄、鮪魚與雞肉**（Tomato, Tuna and Chicken Confit）食譜，就是油封技術的實際應用。

水加熱到 100℃ 時，開始沸騰並蒸發，而油脂可以加熱到遠比 100℃ 高上許多的溫度，後續才開始冒煙。由於油水不互融，於是含水分的食物（基本上所有的食物都含水）也不融於油脂。當食物表面接觸到很高溫的油脂時，溫度會爬升得很高，水分蒸發掉了，食物的酥脆口感也就達成了。

油脂降溫跟加熱的速度都很緩慢。換句話說，一個單位的油脂不論加熱或降溫個一兩度，都很耗能。這對於油炸初學者來說，是個利多的特質：油溫升降緩慢，不需閃電般敏捷的架勢，也能料理**啤酒麵衣炸魚**（Beer-Battered Fish），真的讓人大大的鬆一口氣啊！如果油溫飆得太高，只需將火轉小，或是小心的添進一點室溫的油。如果

油溫太低，把火轉大，靜待溫度上來才放入食物。相同的道理，脂肪含量高的肉排，像是牛肋肉或是豬里脊肉（以及泡在油裡，也就是上述提到的，油封料理的所有食材），也都具有相似升降溫緩慢的特質，即使熄火（移除熱源）後，餘溫仍依然持續作用著。

碳水化合物與熱

天然的植物食材中最主要的成分就是碳水化合物，不但是結構功能，更是風味來源。在酸的章節中，我提到了三種型態的碳水化合物：纖維素（cellulose）、糖與果膠。另外還有第四種型態：澱粉。纖維素使得植物類的食物，吃起來的口感就像是植物；糖，則是貢獻風味。加熱後，碳水化合物會吸收水分，而後分解。

一起來稍微認識點基礎的**植物解剖學**（144 頁），對於如何料理植物類的食材，助益很大。當你想到某些特定的水果或蔬菜時，腦海中很快的浮現高纖或纖維等字詞，那類食材含有大量的纖維素，而纖維素是屬於受熱不會分解的碳水化合物。烹煮高纖維素食材，像是羽衣甘藍（collard green）、蘆筍及朝鮮薊，需靜待它們吸飽水分變軟。蔬菜的葉子部分所含的纖維素比莖的部分少，因此羽衣甘藍及莙薘菜的莖與葉，熟的速度不同，應該要分開蒸或煮，而不是一股腦的全丟進同一鍋。

澱粉

來說說植物中澱粉含量最高的種類，包括塊莖類（tubers）植物，像是馬鈴薯，還有種子類，譬如乾燥後的豆子，要大量的水與長時間的燜煮，才能誘導出深藏的柔軟。澱粉在吸收水分後會膨脹或是分解。生硬的馬鈴薯，搖身一變為迷人的滑順綿密口感。硬的不得了的鷹嘴豆，幻化成如同一粒粒奶油般的豐腴。米粒從根本不可能被消化，變得蓬鬆且柔軟。

乾燥的種子、穀物與豆類，包括米、豆子、大麥、鷹嘴豆和小麥仁（wheatberries），都需要和水分與熱作用，才能轉變為可食用。在天然演變上，種子為了保護內含的生命，多具有堅硬的莢殼，除非做些處理，否則人類幾乎不可能消化種子的。有時，就是簡單的把殼剝除，像我們剝葵瓜子及南瓜子的殼。其他需要用煮來處理才能吃的種子，通則的料理法就是加水、煮軟。有些澱粉含量高的種子，像是乾燥的豆子、鷹嘴

豆和所有讓人有飽足感的穀物，譬如大麥，煮之前先泡水一夜，讓它們提前吸收水分，利於後續煮軟，可以說是把泡水的步驟當作是料理、備煮的一部分。

不同的穀物在精製的過程中，有時是脫落部分，有時則是移去全部的莢殼。由於去除莢殼有不同程度，因此，有了全麥或精製麵粉，以及糙米或白米。沒有了最外層的穀殼，精製過的穀物煮起來容易多了，保存期也比全穀物狀態長上許多。穀物**研磨**成粉末狀態後，得以和水結合，變成麵團或麵糊，加熱後會穩固定型。

要將澱粉類食材料理得當的關鍵在於：正確且適量的水與熱。水太少，或是煮不夠久，澱粉類食物口感會很乾，穀粒中心硬硬的夾生。蛋糕含麵包類的食物，如果水分太少則是會乾燥易碎。義大利麵、豆類、米飯，如果煮不夠熟，也是中心會口感堅硬，無法下嚥。反過來說，如果用太多水或是煮太久，澱粉類食物會變得黏黏糊糊的（想像一下糊掉的麵，濕黏的蛋糕跟米飯）。澱粉一旦煮過頭或是加熱太久，非常容易上色或焦掉。鍋子底部一不留意就燒焦黏鍋，或是烤箱裡正在烤酥的麵包粉，就僅僅遲了 90 秒取出，整盤早已焦黑。這些狀況，都讓我對自己生悶氣。

乾燥豆類的浸泡階段

1 小時　　　3 小時　　　6 小時　　　隔夜

糖

無色、無味的**果糖**（sucrose，通常是蔗糖）或糖，嘗起來是單純的甜，受熱就會融化。白砂糖加水，高溫加熱後會產生無數種的甜香氣息與質地：棉花糖、馬林糖（meringues）、乳脂糖（fudge）、牛軋糖、奶油糖（butterscotch）、堅果脆糖（brittle）、

太妃糖、果仁糖（pralines）和焦糖糖果。

　　煮糖是廚房中少數幾件必須追求溫度精確的工作，但沒有因此而特別困難。融化的糖漿大約加熱到 143℃，凝固後會是牛軋糖的硬度，如果加熱溫度再短短的上升10℃，則得到太妃糖。在我第一次製作焦糖糖果時，因為太小氣不願意買僅僅 12 美金的煮糖專用溫度計。我自以為溫度用肉眼看看就能判斷。下場就是，我做出的焦糖太黏了，省了溫度計的小錢，卻花上數百美金的大錢看牙醫。固執讓我上了一課，請務必入手一支煮糖專用（油炸時也能用）的溫度計，以方便監控糖（或油）的溫度。相信我，長遠下來，這項投資能為你省下不少錢。

　　當加熱到了 170℃，糖分子顏色開始變深，確切的過程細節，目前還沒被研究透徹，糖分子分解、重組成數百種新的分子，產生豐富多元的新滋味。這現象稱為**焦糖化**，也是熱影響食物風味的眾多作用之一。焦糖化除了產生酸性風味的分子外，焦糖更是具有一卡車的新特質與風味，包括：苦味、果香、焦糖香、堅果香、雪莉酒香和奶油糖香氣。

　　食物裡的澱粉成分可以分解成糖，除此之外，水果、蔬菜、乳製品，以及一些穀物，也同時含有天然單糖，這些都跟料理時添加的糖一樣可以參與許多化學反應，料理受熱後甜度更增，也能進行焦糖化作用。舉例來說，在水煮紅蘿蔔時，因為熱度的穿透，其中的澱粉開始分解為單糖，原本將糖封閉住的細胞壁也開始崩裂瓦解，糖分子沒有被包覆住，因此在品嘗時味蕾更容易接收甜味。這解釋了熟的紅蘿蔔比起生的紅蘿蔔甜度高上許多的原因。

　　大多數的蔬菜都含有少量的天然糖分，隨著蔬菜採收後，這些糖分會慢慢流逝，因此，現採的蔬菜也會比店裡架上的鮮甜。我聽過好多的中東老奶奶都是先備好一鍋滾水，才趕緊派小孩去院子摘玉米。她們總是再三強調，差那幾分鐘，甜度差很多。事實證明，奶奶是對的：澱粉含量高的蔬菜，像是玉米或豆子，採收後在室溫下只消幾個小時，糖分就會減半。馬鈴薯也是，剛採收時甜度最高。水煮新馬鈴薯，加上奶油，美味的程度簡直無法形容。雖然馬鈴薯可存放一整年，但內含的糖分也會漸漸轉化成澱粉。油炸剛挖出土、還飽含糖分的馬鈴薯，往往在炸熟之前就先焦了。製作薯片或薯條，反而應該使用澱粉含量高，存放了一陣子的馬鈴薯，切片切塊後，洗去多餘的澱粉，直到沖洗的水變得清澈不再白濁。唯有這樣方法，炸出來的薯條才會酥脆不焦。

植物，地面上與地面下

給食客的
碳水化合物指南

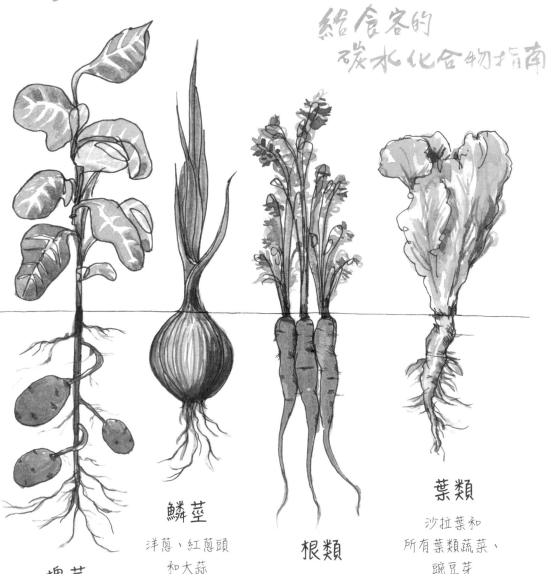

塊莖

馬鈴薯、
山藥和菊芋
（澱粉）

鱗莖

洋蔥、紅蔥頭
和大蒜
（糖分）

根類

地瓜、大頭菜、
蕪菁、蘿蔔
紅蘿蔔、塊根芹、
甜菜根和防風草根
（澱粉＆糖分）

葉類

沙拉葉和
所有葉類蔬菜、
豌豆芽
（纖維質＆新鮮時
糖分高）

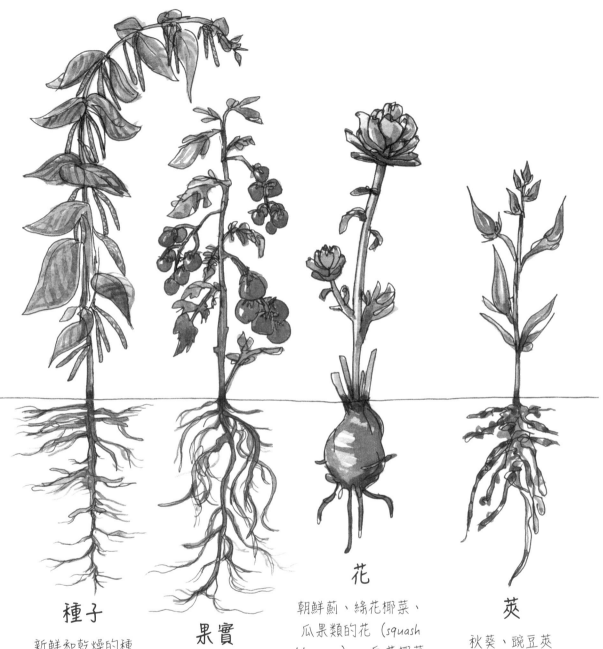

種子

新鮮和乾燥的種子、全穀類或是磨成粉的、堅果、豆子、玉米和各品種、粗或細的玉米粉、藜麥
（澱粉＆纖維質）

果實

櫛瓜、番茄、茄子、冬南瓜（winter squash）
（糖分）

花

朝鮮薊、綠花椰菜、瓜果類的花（squash blossoms）、白花椰菜
（纖維質＆非常新鮮時含糖分）

莢

秋葵、豌豆莢
（纖維質＆非常新鮮時含糖分）

果膠

果膠，也是碳水化合物的一種。人體無法消化果膠，我喜歡視它為水果及蔬菜中天然的吉利丁。主要存在於種子、柑橘類的果皮、有核水果和蘋果中，當果膠和糖、酸共存，遇熱後會有類似凝結劑的作用。

因為有了果膠的凝結力，才做得出果醬與西班牙榅桲甜糕（*membrillo*，一種果泥糕）。我向英國果醬傳統製法冠軍簡・泰勒（June Taylor）學習如何自柑橘類中萃取出果膠，應用於柳橙果醬（marmalade）。她教我在紗布包裡裝進柑橘水果的瓣膜及籽，一起和柳橙熬煮。當果醬煮到一半時，取出紗布包，放涼後揉捏按摩，就可以引出果膠。我第一次執行時，很驚訝的發現居然能親眼看到果膠本身：一種乳白色液體。經過幾個月，我打開柳橙果醬，果膠的作用非常明顯：柳橙果醬的流動性不大，成功的凝結，在塗了奶油的熱麵包上，非常滑順好塗抹。

蛋白質與熱

如果把蛋白質想像成螺旋狀的電話線、漂浮在水中，可以幫助你勾勒出蛋白質的

煮糖上色，各個階段的科學名詞

生的，　　　天使之翼　　傳說中天使　　珍貴的，困住　　啊……差不
透明無色　　　　　　　的髮色　　　蒼蠅的琥珀　　多可以了

模樣，尤其能將蛋白質受熱後的改變簡單的圖像化。和遇到酸後的反應一樣，蛋白質受熱後，螺旋線圈先是**變性**、鬆開，蛋白質分子間交錯、**凝結**得越來越緊，交錯的空隙處抓住水分子，這就是蛋白質熟了，食物的結構也定型了。

　　來思考一下，Q 彈飽含水分的生雞胸肉，透過適當的熱，完美的料理成紮實且柔軟、濕潤的口感。如果加熱過頭，交錯的蛋白質會持續收縮緊繃，因此將空隙中的水分排擠出去，雞肉就會變得乾柴、粗糙、硬韌。

　　炒蛋時也有同樣的現象，炒太久或是溫度太高，嫩蛋就會變老蛋，甚至盛到盤子上後，還能觀察到悲情的蛋白質還持續的把水分擠出來，盤中都出現小水窪了。要炒出綿密細緻的炒蛋，務必參考艾莉絲‧透克拉（Alice B. Toklas）的忠告，使用小火慢慢來。我推測她在她的第二家鄉，巴黎，應該學到不少好廚藝的必備技術。在碗中打入四顆蛋，一點鹽，數滴檸檬汁調味，接著徹底攪拌打散。使用最小、盡可能的超小火加熱平底鍋，並融化一點奶油，接著倒入蛋液。使用打蛋器或是叉子，持續攪拌。過程中，分四次加入奶油，每次的份量約一大匙或是拇指的大小，確定奶油都被蛋液吸收了才加下一次。耐下心來，不停的攪。一開始會花上好幾分鐘，蛋液才有凝聚的跡象，到這個程度時，離火，利用鍋子的餘溫完成炒蛋。最後，上菜！搭配什麼一起吃好呢？當然是塗上奶油的吐司啦！

恰恰好

莎敏覺得的
恰恰好

冒煙警報
預備備

等同有毒
的砲灰

一點點鹽的存在，可以幫助蛋白質保濕。請先複習一下，在鹽的章節裡提到過對肉類的各種助益。其中一個超級幸運的衍生優點就是：只要給與充足的時間，鹽就能鑲嵌進肉類的蛋白質結構中，增加孔洞保有水分的能力。提早加鹽處理的肉類，只要後續料理得當，就能有無比濕潤的口感，即使稍微煮過頭了也無大礙。

不同種類的蛋白質，其螺旋線圈結構也各異，因此各種蛋白質的凝結條件會有很大的差別。柔軟部位的肉類，要小心謹慎、快速的料理，一般的方法是使用超高溫烤肉架，或者是預熱的鍋子或烤箱料理。紅肉的柔軟部位，如果料理時內部溫度超過60°C，蛋白質就會凝結得很緊實，水分被排出，得到硬韌、耐嚼的牛排或是羊排。而雞胸肉或火雞胸肉，則是內部超過 70°C 才會開始出現乾柴的問題。

含有大量結締組織纖維的肉塊口感偏硬，需要使用微妙的料理手法，才能開啟它們柔軟的一面：小火、長時間，慢燉熬煮，誘導水分不知不覺的滲入肉塊中。熱，能將動物結締組織裡含量很高的**膠原蛋白**，轉變為膠質的型態。牛小排，由於內含硬韌蛋白質，如果煮不夠久，口感將會耐嚼無比，難以下嚥。透過水分、時間進一步的烹煮，就能轉化為膠質，滑順、軟嫩的質感，才是我們喜愛的牛胸烤肉、燉肉，及煮的成功的牛小排。而酸，可以再更進一步的促使膠原蛋白轉化為膠質，不妨在醃醬、抹醬或是燉汁裡加入酸性食材，幫助轉化過程的進行。

整個過程裡，最關鍵的就是小火加熱。本身就柔軟的肉塊部位，小心的用大火快速加熱；相反的，長時間及相對的小火，能將飽含結締組織的堅硬肉塊部位，舉凡肌肉間的脂肪結塊或是肉內的雜質，全部轉化成奢華的膠質口感。

上色與風味

　　蛋白質在與碳水化合物同時存在的狀況下持續加熱，就會發生神奇的事：梅納反應，這是熱對於食物風味產生最具代表性的貢獻。比較看看：麵包跟烤過的麵包；生的和香煎後的鮪魚；水煮與炙烤的肉類及蔬菜。不論是哪個，食物有上色的版本，風味總是比較豐腴、多層次，這都歸功於梅納反應。

　　經由梅納反應，食物中的香氣分子重新組合排列，呈現出全新風味。換句話說，同樣的食材，在上色的版本裡我們可以品嘗到的美好滋味，並不存在維持食材原色的對照組中。在酸的章節中，我解釋了梅納反應如何讓食物產生酸味。任何食物，例如：上色的肉、蔬菜、麵包，在發生了梅納反應後，除了焦糖香氣之外，也會產生其他許多引起食慾的香氣，像是：花香、洋蔥味、肉香、蔬菜清香、巧克力香、澱粉甜香，以及大地土壤芬芳。食物表面的上色，往往伴隨著脫水及酥脆，使得口感上有反差呼應，也是食物嘗起來比較美味的原因。我最喜愛的法式糕點：可麗露（canelé），正是將這種反差表現到極致的食物：內部是柔軟的卡士達，外面是薄薄一層深色、酥脆稍稍黏牙，焦糖化與梅納反應的產物。

　　上色反應，大約發生約 110℃ 左右，比水的沸點及蛋白質的凝結溫度都高。正因為需要這麼高的溫度，上色反應才會啟動，同時也要考量到蛋白質也可能因此有溫度太高而乾癟的風險。柔軟的肉塊部位，使用烈火讓表面上色，後續則是快速的將肉煮熟。而硬韌的部位，則是先採用高溫讓表面上色後，再改用小火燉煮，以避免乾柴口

莎敏到此一遊

感。或是反其道而行，先以小火煮透、軟爛後，再提高火力將表面煮上色。

　　雖然上色對於食物風味提升的貢獻很大，但務必要謹慎執行。受熱不均勻或是火力太旺，本該金黃上色的美味保證，可能會直接衝往焦黑碳化的命運。而軟嫩的牛排，如果炙燒的火力不足，卻又會落得牛排不小心熟過頭，但表面卻依然無法上色的窘境。

　　放大膽的追求食物上色最深（但不焦）的極端，因為上色越深，越是風味最飽和的狀態。試試以下的小實驗：製作兩組各為食譜一半份量的**鹽味焦糖醬**。其中一組，刻意縮短加熱時間，另外一份，則是照著平常的做法，做出顏色深幾階的焦糖醬。將兩份焦糖醬並排，並分別淋在香草冰淇淋上品嘗比較，你就會明白爐火上多停留的幾秒鐘，能多產生的風味如此龐大。或是下次你打算將牛小排或是雞腿加熱上色，試著一半放烤箱烘，另一半用熱鍋煎，就能清楚知道不同的熱源與加熱方式，分別會有什麼結果（小提示：閱讀食譜部分關於〈烘烤〉的章節）。

　　所有的美好事物，包括鹽，可不是越多越好。為食物上色也一樣。我想說說發生在同事身上的小故事，下次當你聲稱這是焦培根或是脆堅果時，可以引以為戒。他眼見愛麗絲・華特斯走進吧台，小心翼翼的將一顆顏色烤過深的開心果從沙拉中挑起。能為廚藝界的傳奇人物料理，是如此難得的機會，但這個挑起堅果的畫面，更是完全將她的不滿意展露無遺。那位同事默默的走進冷藏房裡，躺在地上大哭了一場。雖然我能很同情他的失落，但在我知道這件事之後，還是忍不住的大笑了。我鼓勵他從錯誤中學習。很多時候，我們不需要旁人幫忙判斷對錯，每個人都能當自己的愛麗絲・華特斯。

溫度對於食物風味的影響

　　點燃瓦斯爐，或是轉開烤箱的溫度設定，一般人認為這就是料理動作的開始。事實上並不是。料理動作，其實始於更早更早之前，食材的溫度就已開始運作。

　　首先，溫度是定量熱或是不熱的單位。食材的溫度狀況，連帶的影響到食物如何變熟。室溫食材與剛從冰箱取出的食材，料理的方式會不一樣。同一個食材，可以熟得均勻或不均勻，快熟或慢熟，關鍵全在於食材的起始溫度。尤其在肉類、蛋和乳製品食材上，更是明顯。這兩類食材所含的蛋白質及脂肪對溫度變化很敏感，受溫度浮動的影響很大。

　　假設你打算要烤一隻雞當晚餐好了，如果全雞才剛從冰箱取出，就直接放進烤箱裡烘烤，當累積足夠的熱度穿透雞腿，烤熟雞腿的時間，雞胸卻早已烤過頭，口感既硬又乾柴。如果提前將全雞取出，放在廚房桌上退冰回到室溫，那麼就能縮短雞隻待在烤箱的時間，也減低烤過頭的可能性。

　　由於雞肉的密度遠遠大於烤箱裡的空氣密度，差了 15℃ 的雞肉（大約就是室溫跟冰箱的溫差），在料理上所造成的影響，比起烤箱溫度差 15℃，還要嚴重許多。一隻回到室溫的全雞，以 200℃ 或 215℃ 烘烤，所需的烘烤時間及成品，其實差不了多少。但如果你直接烘烤一隻冷藏溫度的雞，烘烤時間卻會戲劇性的加長，而且雞胸肉一定是乾柴的。所有的肉類（除了薄切的部位），都需要事先回到室溫才進行烹煮。越大份的肉塊，需越早從冰箱取出回溫。肋排需要好幾個小時的退冰時間，而雞肉大概只要一兩個鐘頭。肉品的退冰原則是：不論退冰的時間長短，有退總比沒退好。養成下班回家的第一件事，就把晚餐預計的肉品從冰箱裡拿出來退冰（及加鹽，如果在這之前還沒調味的話）的習慣。你會發現，要做好料理，時間有時候比烤箱還管用。

　　料理不是始於點火的那一刻，當然也不止於熄火那瞬間。食物的化學反應，在加溫引導之下發展，但不會因為熄火就馬上停止。尤其是蛋白質，有很明顯的**留存效應**（carryover）：料理好的食物，內部的餘熱持續自煮。烘烤的大塊肉，在自烤箱取出之後，溫度仍會持續攀升個一兩度；有些蔬菜種類，譬如蘆筍，也是如此。魚類、甲殼類海鮮跟卡士達醬也都一樣。認識這些廚藝現象，在下廚時會是很有幫助的常識。

　　溫度除了影響食物變熟的過程，品嘗食物時的溫度條件也很重要。有些食物在溫熱的狀態下品嘗起來，能使得腦中浮現更多愉悅的感覺。

　　食物的香氣分子大多具**揮發性質**（volatile），也就是說香味能飄散在環境周圍。

在飲食經驗上，嗅到越多的香氣分子，味覺也會越深刻。熱度能促使細胞壁瓦解，原本被蒙蔽的風味分子因此解放，而更顯味。透過提高揮發性，熱度使得更大量的香氣分子獲得自由，在環境中的穿透力及散播力更旺盛。一盤剛出爐還溫熱的巧克力豆餅乾，能讓滿室生香，而同樣成分的餅乾麵團，香氣元素還緊緊依附在麵團上，聞起來及嘗起來都輸上一大截。

食物在溫度較高時，其中的甜、苦、鮮味傳送給大腦的訊號較強，因此嘗起來氣味鮮明。我想任何一個大學生都明確的知道，同一瓶啤酒，冰涼時喝起來很美味，但室溫時，啤酒的苦味就變的很明顯。或是，起司也是，剛從冰箱取出的起司，冰冰的嘗起來並沒太多風味。試著在室溫下退冰一陣子再享用，回溫的起司脂肪分子變的鬆弛，因此能釋放出原本被冷困住的風味，這個時候再品嘗看看，絕對能嘗出同一份起司不同的全新風貌。水果跟蔬菜也是如此，不同溫度能呈現不同的滋味。揮發性的香氣分子，在某些水果上有很微妙的特質。譬如番茄，在冷藏狀態下，揮發性香氣幾乎不存在，室溫才是最佳保存與享用番茄的條件。

溫熱或是等同室溫的食物，是最適合享用的溫度，而不是越熱燙越好。研究指出，過高的溫度會阻礙享受食物的感覺。除了燙口之外，熱燙的食物也難以嘗到味道。當食物超過 35℃ 時，味蕾對滋味的感受力開始遞減。這解釋了為何有些料理，像是義大利麵跟炸魚類的食物，煮好不馬上食用就沒那麼好吃；而有些食物卻能擺放好一陣子，晚點才吃也沒關係。

這麼多年下來，我一向偏好在聚會時提供微溫或是室溫的食物。建議你也試試看辦一場沒有熱燙食物的聚會。就準備些事先醃過的烘烤或炙烤的蔬菜，一些烤肉切片，穀米、麵或是豆類沙拉，蔬菜煎餅和水煮蛋。不但更美味，而且這樣的聚會飲食壓力也小很多。主人不再需要匆忙的端上舒芙蕾，然後逼著客人快快吃！

煙燻的風味

　　煙，是熱的一縷延伸，火藉著煙的傳遞，而開啟了食物的強大風味。大多數的時候，煙的風味就僅僅是香味，同時煙的出現總能讓人聯想到最原始的料理方式：火烤。

　　煙是經由燃燒的過程，由多種氣體、水氣、和一些細小分子所組成。煙，也是燃燒木材的副產物。我喜歡木材、炭火燒烤遠遠勝過使用瓦斯烤爐，即使炭火耗時又費工，仍樂此不疲。如果你只有瓦斯烤爐，又想為烤肉跟烤蔬菜添進煙燻風味，可以試著使用木屑。抓取數把的木屑（我鍾愛橡木、杏仁木跟果樹的木香）泡水後，倒入拋棄式鋁箔紙烤盤裡，並覆蓋一層鋁箔紙，頂端刺些小洞，以利煙燻氣體散出。點著幾個（不要全部）火源，把木屑盤放在沒有火源的角落，蓋上烤爐蓋子。當你第一次嗅到木質煙燻香氣時，就能開始烤肉了。燒烤的同時，記得關上蓋子，讓肉塊與蔬菜完全淹沒於煙霧之中，開始眾多化學反應（包括上色）進行。木屑本身的香氣，經由加熱，被轉化為不可思議的、類似香草及丁香味的縷縷煙霧。當食物置身於這煙霧裡，就會吸附其中的甜香、果香、焦糖香、花香和白蘭地⋯⋯等眾多分子物質。你一定會認同我，這天然的木質煙燻香氣，是無可替代的。

熱的使用

　　好廚藝，常常是指做出好決定的能力。而煮食最初步的基本決定，在於用熱：該小火慢煮，還是大火快炒。最簡單、幫助下決定的用火原則，是先思考食物的柔軟度。有些食物，我們的目標是創造柔軟，而有些食物，則是將重點放在維持原有的柔軟。原則上，如果本身就已經是柔軟的食物：某些肉類、蛋、細緻的蔬菜，烹煮的程度越低越好，才得以維持原本的軟嫩。若原是乾、硬，需要水分滋潤，或需要改造才能變身柔軟的食物：穀類和澱粉、韌硬的肉塊、密度高的蔬菜，則適合溫和、長時間的加熱。另外，不論食物本身是柔軟或硬韌，上色的步驟通常意味著烈火或高溫。也就是說，很多時候，需要交互搭配使用不同的方法，才能達到食物表面及內部，分別追求的結果。舉例來說，燉肉料理，我們需要先以大火將肉塊表面煎上色，然後採用小火將內部燉軟。或是先小火煮軟馬鈴薯，接著使用高溫烤上色，兼顧上色與柔軟度。

貼在烤箱上的紙條

　　烘焙，是廚房裡最需要步步精確的工作。然而，負責執行烘焙的工具，卻是最缺乏精確度，僅供應表面熱源：烤箱。人類從來沒有辦法真正的控制烤箱的溫度。不論是遠古的第一個烤箱（其實嚴格說來，只是地上挖個洞，燒木柴生火的土窯設備罷了），或是現今由瓦斯加熱的豪華烤箱型號。古今烤箱唯一的差別，在於以往的極簡易烤箱沒有任何溫度調控按鈕，人們深信烤箱溫度是不可控制的。事實上，真的沒人能真正控制烤溫，即使是現今，即使是有溫度旋轉鈕的烤箱，也都無能為力。

　　就以家用烤箱設溫 175°C 來說好了，烤箱加熱元件依舊會持續加熱到 185°C 才停止。後續，依各烤箱的感溫器敏感度而定，可能溫度降到 165°C 左右，加熱元件才會再次啟動。開門檢視餅乾的烘烤狀況，冷空氣灌入，熱空氣逸散，也會造成烤箱溫度驟降。一旦感溫器感應到烤箱降溫，才會再次啟動加熱至 185°C，烤箱就這麼降溫、

升溫，持續重複著，直到餅乾烘烤完成。

　　烤箱溫度真正維持在 175°C 的時間，根本微乎其微。再加上如果烤箱從沒校準過溫度（大多數的烤箱都沒有定期校溫），那麼設定 175°C，實際烤溫卻是落在 150°C 到 200°C 之間，更別提烤箱感溫器開開關關，所造成的溫度升降落差了。嚇死人的不精準。

　　無需讓烤箱的這些微不足道的小缺陷嚇到你。相反的，就豁出去吧！不用理會烤箱溫度轉鈕上表示的數字，只需把專注力放在自身的感官，接收食物傳遞出的訊息。照顧食材成為食物的料理過程，遠比轉動數字旋鈕重要的多了。我第一次在 Eccolo 餐廳以柴燒烤窯工作時，就將這個觀念內化在心。在我環遊義大利及其他多處國家，返回加州時，我仍是個年輕的廚師，持續的質疑自我能力，這也使得共事的廚師無法信任我。他們在烤窯前，未曾透露出一絲一毫的不安，但我完全嚇呆了。到底有什麼超級關鍵的事是他們知道，我卻不知道的？

　　幾乎每個晚上，我們都會使用橡木跟杏仁木生火，燒烤雞肉串。我有著滿腹的疑問：我怎麼知道哪裡適合生火？怎麼判斷該在什麼時候以及該加多少木材？我怎麼知道火是否過熱？還是不夠熱？還有，該怎麼確定雞肉串烤好了？為何他們會認為我可以駕馭這個瘋狂的設備？沒有任何控溫按鈕或是內建的感溫器？

　　主廚，克里斯·李感應到我即將崩潰的內心，他將我帶到一旁，耐心的向我解釋，儘管我從沒使用過烤窯，但我早就具備了用它的能力。難道我這幾年來，沒用烤箱烤過數百隻雞嗎？使用烤箱烤一隻雞，大約要耗時 70 分鐘左右，我不是早就清楚的嗎？我怎麼忘了，一直以來都是刺刺看雞大腿，如果流出清澈的湯汁，就是熟了呀！原來我一直都會的啊！他又進一步的向我展示，烤窯的火在烤肉店牆上的反射，就和瓦斯烤箱如出一轍。烤窯後方溫度較高，前方溫度較低，這也和烤箱一模一樣啊！使用烤窯烤雞，手法和我先前用的大大黑黑的箱子，並無二異，我早已駕輕就熟了，不是嗎？很快的，我總算了解，用烤窯烤東西，並不如想像的複雜，而且，沒多久，就變成我最熱愛的料理方式之一了。

莎敏到此一遊

看清烤箱讓人可以完全控制的假象，就像我在使用烤窯烹煮食物時，所領悟到的：把專注力放在食物在料理過程的變化上。是否膨脹升起？有上色嗎？凝固定形了？有沒有冒煙？冒泡？燒焦？輕搖會晃動的狀態？當照著食譜做菜時，請把溫度與時間，當作是建議就好，而非一定要完全遵照執行。計時器刻意設定的比食譜建議的時間短個幾分鐘，然後全憑自身的觀察力，判斷料理是否完成了。永遠記得你想追求的食物狀態與特質，然後，努力朝著次次的料理都能達到目標，且穩定呈現。這就是所謂的好廚藝該有的水準。

小火與烈火

使用小火料理各種食物的唯一目的就是：軟嫩。小火適合用於處理細緻的食材，像是：蛋、乳製品、魚和甲殼類海鮮，能讓這類食物保持濕潤及細嫩的口感。小火慢燉的手法，也能為乾柴、硬口的食物引入濕潤及柔軟。而選用烈火（水煮法算是獨特的烈火，不在此列），是追求食物上色。小心的使用烈火，料理柔嫩部位的肉品，能得到表面漂亮上色，內部依然柔嫩的結果。而料理堅硬的肉塊或是澱粉類食物時，使用烈火以追求上色的表層，並搭配溫和的小火，緩緩悠悠的往內部發揮影響力。

小火煮法

- 燉煮、煲（coddling）和微火泡煮
- 蒸
- 燉、煎燉
- 油封
- 炒軟出水
- 隔水加熱
- 低溫烘焙及脫水
- 慢烤、炙燒和煙燻

烈火煮法

- 川燙、滾煮、收汁
- 快炒、炒，和油煎、油炸
- 烙
- 炙烤
- 高溫烘焙
- 烤香
- 烘烤

料理方法與技術

燉煮（小火慢煮）、微滾

沸點，在廚房是個非常重要的指標。因此，我一向認為煮滾，是最直接了當的料理手法：只需將食材丟入正在冒泡的滾水中，熟了，撈起即可。直到我在廚房工作了近一年後的某天，當時正在製備第一百鍋沸騰的雞高湯，正要轉小火熬煮時，忽然想不透：要說到以液體煮食物，由持續滾沸一路激烈的煮到熟透，實在有違常理。

後來我終於想清楚了，持續沸騰的方式只適用於蔬菜、穀類和義大利麵；在醬汁收乾時；跟煮水煮蛋的時候。我可以將任何食材，任何都可以，加入滾水中，然後轉小火，木頭升的火也好，爐火上也罷，或是烤箱也一樣，都能慢慢將食材煮透煮熟。由於小火滾水比起持續沸騰的滾水溫和許多，對食物表面的衝撞力比較小，穿透力也沒那麼激烈。好處是食物在徹底熟了之前，表面不會過熟崩解坑坑巴巴的。

豆子，法式燉菜，西班牙海鮮飯，印度香米，雞肉酸辣咖哩（Vindaloo），墨西哥燉湯（Pozole），藜麥，燉菜，義式燉飯，燉辣肉醬，白醬，奶油烤馬鈴薯，番茄醬汁，雞高湯，玉米粥，麥片粥，泰式咖哩。不管哪一個，凡是所有泡在液體中煮熟都通用。我完全想通了。

或許你可能會想知道，小火慢煮時，水的溫度大約在 82°C 到 96°C 之間。仔細觀察鍋中的小火滾水，沒有激烈的大泡泡，只有類似氣泡水、啤酒或是香檳酒般的細小氣泡，如果你看到整鍋水呈現這樣的狀態，太好了！那就是小火微滾。

醬汁

將番茄醬汁、咖哩醬、牛奶肉汁醬（milk gravy）、巧克力辣椒醬⋯⋯等類的醬汁煮到滾後，轉小火慢燉至熟透。有些醬，例如義大利肉醬，需要花上一整天的時間慢燉。而有些，像是平底鍋快速醬汁，或是印度奶油雞咖哩，則是相對的快速，但是不論耗時與否，慢燉的過程都是一樣的。

理論上，含有鮮奶成分的醬汁，由於牛奶裡的某些蛋白質在超過 82°C 時容易發生凝聚，或是豆花狀的情況，因此這種醬汁適合使用小火慢燉。若是醬汁使用鮮奶油，

由於鮮奶油含有較少的蛋白質，因此凝聚成豆花狀的風險大大減低。

含鮮奶又含麵粉的醬汁，例如白醬或卡士達醬，則又不受限於小火處理的規範，因為麵粉能干擾蛋白質凝結。此外，還要留心的是鮮奶及鮮奶油中的天然糖分，加熱易焦，因此一旦醬汁煮沸後，馬上轉為小火，並不時攪拌，以免燒焦黏鍋底。

肉類

我曾經非常鄙視水煮肉，但當我在佛羅倫斯中央市場（Mercato Centrale）發現一家名為 Nerbone 的三明治攤販後，完全改變過去的刻版印象。當時因為注意到午餐時分，Nerbone 前的隊伍是全市場中最長的一列，激發了我一探究竟的好奇心。當我杵在隊伍中時，忍不住張大耳朵企圖竊聽解碼，排在我之前的人都點了些什麼。儘管午餐菜單上洋洋灑灑，列著各種義大利麵與多款主菜，但隊伍中所有的人都視而不見，全點了水煮牛肉義式三明治（*panini bolliti*），配上辣椒油與香草莎莎醬。

終於輪到我了，我小心翼翼的將腦海中的義大利字詞組合排列，說出了：「水煮牛肉三明治，兩種醬都加。」雖然當時我抵達義大利不到一週，但在出發前我密集的學習義大利文。顯然的，我對於自己的義大利文程度過於樂觀。櫃檯先生回了我幾句托斯卡尼方言，當下我傻住了，不想承認完全不知道他在說什麼，我慎重的點點頭，並且把錢付了。隨後我拿到了三明治，走到外面市場的階梯上坐著品嘗。我期待著，這將會是份軟嫩入味的牛胸肉片三明治，就像其他所有的顧客得到的三明治一樣。咬了一口，高度的期待馬上落空，甚至吐了出來，想不透我的三明治出了什麼問題。如果麵包裡真的是牛胸肉，那絕對是我吃過最詭異的牛胸肉了。這個口感怪異，滋味不明的東西，怎麼可能是大家乖乖排隊想入口的美食？在短暫震驚之餘，我勉強自己繼續咀嚼與吞嚥。後來，我繞回攤販附近，反覆打量招牌上的文字，才終於搞懂，原來當時那位先生試著跟我說牛胸肉賣完了，只剩下佛羅倫斯名產牛肚包（*lampredotto*）。而我慎重點了點頭的行為，正傳達了「沒關係牛肚包也行！」的訊息。我強迫自己把那個牛肚包吃光，那是我的第一次吃牛肚，也是最後一次了！雖然那滋味不對我的胃口，但老實說，卻是我吃過最柔軟的肉料理。隔了一陣子，我特地在午餐尖峰時段前再次造訪 Nerbone，他們的牛胸三明治是我嘗過最美味的第一名。所幸，我的義大利話進步了不少，我向櫃檯人員追問他們的肉類如此軟嫩多汁，是如何料理的？他看著我，一臉理所當然的說：

「很簡單啊！我每天早上六點上工，小火慢慢燉煮成的。」隨後，又加了一句，「水絕對不能沸騰。」

他真的說對了！還有什麼會比用鹽水小火慢煮肉塊還直接有效的做法呢？如此簡單的製做手法，讓出了絕大空間給予異國或是開胃配菜表現。這正是它的美好之處。就如同越南料理，**雞肉河粉**（*Pho Gà*）也是純粹料理的代表，最令人印象深刻的是一長串的配菜內容，包括青蔥、薄荷、香菜、辣椒和萊姆。

Nerbone 的水煮牛肉義式三明治

含有許多結締組織的肉類，例如：雞大腿肉、牛胸肉、豬肩五花肉，都是適合小火水煮的部位。小火長時間加熱，使得膠原蛋白轉化成膠質，肉塊外部因為水分環繞免於乾柴。要得到最具風味的肉塊，就將肉塊放進滾水中，水裡加鹽，轉小火，慢煮。要得到好吃的肉與清湯，也是從微滾的水開始，連同肉塊，加入一些香料食材：半顆洋蔥、數瓣大蒜、月桂葉，或是乾辣椒，先別擔心要做什麼料理。接著參考 194 頁的**香料地球村**圖表，就能讓那塊肉、那鍋湯，每晚都以不同的世界料理呈現。要怎麼知道肉煮好完成了呢？看它從骨頭上分離下來，就是煮透了。或是無骨的肉塊，達到令人口水直流的軟嫩度就是了。

澱粉

澱粉類食物表面堅硬的皮在小火燉煮時，受到震盪而緊縮，促使水分能往食材內部移動。馬鈴薯、豆類、米，以及所有的穀類，直到吸飽水分，變得柔軟。

和水煮肉類相似的手法，使用具有風味的高湯燉煮澱粉食材，也能提升澱粉食物的風味，增加亮點。譬如，泰國料理海南雞飯（*khao man gai*），就是使用雞高湯煮飯，最後成品是元素單純的米飯、蔬菜和雞蛋及肉類，但滋味卻深遠。我拜訪祖父母時，他們每天帶我前往環繞北伊朗鄉鎮的山上，我總是滿心期待那裡的穀麥肉粥（*haleem*）早餐：飽足、營養的燕麥粥，連同火雞肉一起使用高湯或是牛奶燉煮。讓我在山上冷冽的空氣裡，一下子溫暖了起來。

粥品，包括玉米粥、麥片粥，料理時依情況略有不同。可能是水、牛奶或是乳清（製作優格時，產生的淡白色清澈液體），小火燉煮直到軟爛。

微火泡煮

燉煮

滾煮、沸騰

因為滿滿的澱粉成分，切記要不時攪拌，以免黏鍋燒焦。

義大利燉飯、西班牙海鮮飯和西班牙短麵（*fideus*）料理，烹調過程也相似。製作義式燉飯時，請使用艾保利歐大米（arborio rice），是一種吸水力超強的米種，可吸收大量液體之餘，還能維持米粒形狀不會解體。使用脂肪炒香洋蔥，並將米粒炒上色後，加入具香氣的液體，例如酒、高湯或是番茄。隨著整鍋食材在小火慢煮之下，米粒吸收液體，同時也釋出澱粉。使用的液體越具風味，最後的料理成品也就越美味。西班牙短麵料理，也是同樣的精神，只是改為將小短麵炒上色，而不是大米。西班牙海鮮飯也是一樣，概念是：飢渴的澱粉喝進大量的美味高湯。傳統做法的西班牙海鮮飯，是不能翻攪的，因此鍋子底部的米粒會產生脆脆的焦香鍋巴。

義大利麵也能吸收充滿香氣的湯汁。如同我在**白酒蛤蜊義大利麵**的步驟教學中提到的，我的小祕訣是，提前一或兩分鐘將義大利麵從滾水中撈起，移到正在燉煮的醬汁中一起煮。這樣的做法提供了麵條與醬汁融為一體的機會：麵條會釋出澱粉，並同時吸收醬汁；而醬汁因為有了麵條釋出的澱粉，而變得濃稠，濃稠的醬汁，也因此更容易裹上麵條。還有什麼比這個更好的加成作用嗎？

蔬菜

小火水煮纖維質高或是較硬的蔬菜（這類蔬菜大多是纖維素含量高的），往往需要延長煮的時間，才能達到軟化好入口的程度。別讓球狀茴香和朝鮮薊（或是它們的近親菜薊〔cardoons〕）承受持續沸騰的衝擊，以免鬆散解體。取而代之的是使用差不多等體積的水量，加點酒、橄欖油、醋及香料，以小火慢煮直到熟透但仍具清脆口感。

微火泡煮

如果將小火慢煮的鍋裡冒泡狀況,形容為香檳酒氣泡的話,那麼微火泡煮的泡泡,大概就是前一晚倒了卻忘記喝(怎麼會?!)的香檳酒。這種比小火再更溫和的**煲和微火泡煮**,很適合用於處理細緻的蛋白質:蛋、魚、甲殼類海鮮和柔軟部位的肉塊。魚類,若以水、酒、橄欖油,或是以上三者的任何組合模式微火泡煮,能達到無與倫比的柔軟口感,及純淨的風味。以微火泡煮烹調的蛋,配上烤吐司、沙拉或是湯,就是一餐好料理。使用香料番茄醬汁,微火泡煮雞蛋,即是知名料理北非蛋(*shakshuka*)。剩下的義大利紅醬(marinara)可以用來搭配帕瑪森起司或是佩克里諾綿羊起司,做成煉獄雞蛋(*uova al purgatorio*),義大利血腥命名版本的燉蛋料理。不論是哪種微火泡煮雞蛋料理,都是能隨時製作享用的餐點。

隔水加熱,水浴法

英文稱 water bath,法文稱 bain-marie,在製作酪類食物(curds)、卡士達、麵包布丁和舒芙蕾,以及融化巧克力之類的微妙工作內容時,能縮小失誤的可能性。這類對溫度變化敏感的食物,很可能在短暫數秒之內一不留意,就由滑順變成結塊有顆粒感。使用隔水加熱(水浴法),能提供解決之道。

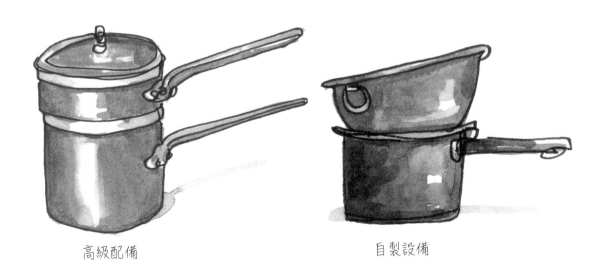

高級配備　　　　　　　　　自製設備

隔水加熱，一開始是應用於烤箱中調節溫度的技巧；可能烤溫設定 175°C，如果搭配使用水浴法，那麼就能將溫度控制在不超過沸點 100°C。卡士達醬如果加熱過久或是對於熱度傳遞判斷錯誤，會得到顆粒結塊的法式烤奶油布丁（*pot de crème*），太硬的奶油焦糖（*crème caramel*），或是裂頂的起司蛋糕。從烤箱中取出卡士達類的甜點，要留心水浴盤裡的餘溫，在蛋白質放涼的過程中仍持續的對蛋白質加熱。我曾經從烤箱中取出一顆熟度恰好、還會輕輕晃動的起司蛋糕，我將那顆蛋糕留在桌面上放涼。那顆蛋糕簡直就像教科書般形容的完美，我甚至忍不住一直找藉口編理由，路過看看它。就在我第二十次探望它，大約是出爐四個鐘頭後，忽然一道巨大的裂痕硬生生的出現在頂端，像是敲鑼打鼓的昭告世人，我把蛋糕烤過頭了。我低估了餘溫的威力，那顆起司蛋糕，其實還需要再晃動得更厲害一點才對啊！

以烤箱裡進行水浴法，先在準備卡士達為基底時，煮一壺熱水。如果你有網狀的架子，將網架放在烤盤裡（金屬材質為佳），然後將空的烤杯或是蛋糕烤模放在網架上，最後才將卡士達倒入杯、模中。如果你沒有網架也沒關係，只是需要花點功夫檢視卡士達的熟度狀態。接著，小心的端著整個烤盤，快速俐落的打開烤箱門，將烤盤卡進軌道上，在烤盤中倒入熱水，高度約是烤具的 1/3 高。將烤盤完全推入烤箱中，關上門，設好計時器。判斷卡士達類的烘焙品是否熟度恰好，只要輕輕拍點烤盤邊緣，出現陣陣波動而中央不再是液體狀態就好了。確認好後，小心的從水浴裡將烤模取出。

火爐上的水浴法和烤箱裡的稍有不同，使用的是蒸氣的熱度而非熱水。不需要入手特製給水浴專用的高級配備，只需將一個大碗容器，架放在裝有微滾熱水的鍋子上，就能溫和的將蛋或乳製品加熱回到室溫，融化巧克力，製作含有蛋的醬汁，像是伯納西蛋黃醬（*béarnaise*）、荷蘭醬（*hollandaise*）或是沙巴雍（*sabayon*），等經典的爐火上以卡士達為基底的醬汁。隔水加熱的方式，不但在烤箱中，在爐火上也同樣能保護卡士達，避免受熱過度。

澱粉類或是容易受溫度影響的食物，像是馬鈴薯泥、滑順口感的濃湯、熱巧克力、淋醬，也適合使用溫和的隔水加熱法保溫，以防在再次加熱時不小心燒焦了。

燉煮與煎

二十世紀詩人，馬克‧斯特蘭德（Mark Strand）在「燉肉」（Pot Roast）一詩中，言簡意賅的形容了時間永續不斷的為熬燉中的肉品調了味。看著盤中飽含肉汁的薄切燉肉片，滿口生津、食慾高漲，他表示「對於時間的流逝，我第一次絲毫不感到遺憾。」

讀著他的詩句，我完全能感同身受，急切不耐的花上數個鐘頭，在烤箱前等待肉塊幻化成柔軟的口感。非常同意啊！一道好的熬燉料理，關鍵就在於靜待時間的流逝。雖說在料理（或是任何事物）上，投資大把的時間，或許會因為太過無趣而令人裹足不前。但燉煮料理，只需少少的人力付出，就能得到大大的回報。

就像是我的祖母在熬燉伊朗燉菜時，熬燉的過程靠的全是時間、水，以及小到不能再小的文火，就得以讓堅韌部位肉塊的結締組織轉化為膠質，而肉塊本身變得柔軟、豐腴奢華且飽含水分。燉與熬，兩者不同之處很微：「燉」通常是指（帶骨）大塊肉，在少量的液體中烹煮。而熬（stews）則是小一點的肉塊，伴隨著大塊蔬菜，一般搭配著大量的湯汁一起食用。綠色、密度高的蔬菜，帶核水果和豆腐，也是適合燉煮的食材。

在 Chez Panisse，我見識過廚師們總是買進整隻的動物，很具創意的徹底肢解後，極盡所能的善用各種硬的、韌性十足的部位。有些拿來鹽漬熟成，有些絞成肉泥做香腸，剩下的則是燉或熬。足足有好幾個月的時間，我驚奇的看著廚師們一字排開數個鑄鐵鍋，以中火熱鍋後，倒入一些中性沒特殊氣味的橄欖油，然後放進大塊大塊的牛、羊、豬肉，煎上色。目瞪口呆的看著他們對著鍋中大大小小不同種類的肉塊，為什麼要按呀按個不停？也驚訝的發現，他們竟然可以背對著六個正煎著肉的大鍋，轉過頭去為洋蔥、大蒜、紅蘿蔔和西洋芹剝皮、切丁，準備後續的香料基底蔬菜，一心多用究竟是怎麼辦到的？好奇他們怎麼判斷烤箱要設定多高的溫度？又怎麼決定要烤多久？以及，我什麼時候可以試吃看看？

就這麼遠遠看著學著，我很確定的知道，燉煮料理最大的優點在於很難搞砸失敗。如果能回到過去，我想跟當時十九歲的我說聲：「放輕鬆！」我真的想這麼跟自己說。然後我會向年輕的自己從頭描述一遍，關於熬、燉煮食的幾個重要指標性的關鍵現象。

世界各種不同的料理中，都有著不同的設計，能將軟骨、小骨多或是筋膜多的肉塊部位，透過燉熬而進化成美食的方式。譬如：義大利的燉牛膝（osso buco），日本的馬鈴薯燉肉（nikujaga），印度的羊肉咖哩，法國的紅酒燉牛肉（boeuf bourguignon），墨西哥的醬燒豬肉（pork adobo）和詩人馬克‧斯特蘭德的「燉肉」，都是相同理念的料理。從基底香料蔬菜地球村圖表中選出欲使用的蔬菜與香料，再對照香料地球村圖表，找出喜愛的風味。

把這種長時間烹煮的料理手法，視為層疊風味的絕佳機會。在執行每一個步驟時，都深入思考要如何在料理中滲入最濃郁的風味，以及要如何從每一款食材裡萃煉出最

深沉的滋味。熬燉料理方式的原則，可通用於所有硬韌的肉塊部位。想保留肉品風味，肉塊盡量切大塊，如果能帶骨又更好。並且，切記！提前加鹽，讓鹽有足夠的時間滲入肉塊內部調味。

當料理時，先以中火熱鍋，隨後在熱鍋裡倒上薄薄一層無特殊香氣的中性油，接著，小心的將肉塊排放入鍋。留意別讓肉塊彼此擠在一起，留有適當的距離，讓水氣能快速的逸散，加速上色的效率。下一步，是我曾經覺得最難做到的步驟：暫時離開，將鍋上肉塊放著不理。要得到完美煎上色的肉塊，訣竅在於穩定的熱源，以及耐心。如果太頻繁的移動、翻動肉塊，或是夾起查看熟度，都會使得上色的時間變得離奇的冗長。壓抑那股一直想查看的心情，不如轉過身去準備香料基底蔬菜吧！

另取一個鍋子，或是使用後續打算用來燉熬的鑄鐵鍋，炒軟一些蔬菜，如果不特別喜歡薑或香菜的話，使用一顆洋蔥或數瓣大蒜也行，慢慢的在鍋中架構起香氣風味。當蔬菜在另一鍋中炒時，回過頭照料肉塊，為它們翻翻面，鍋子稍微移動點位置，以確保鍋面受熱均勻。如果肉塊融出太多脂肪，以至於肉淹泡在脂肪裡不再是煎，而是油炸效果，那麼先將肉塊移出鍋中，倒出部分脂肪，保留在金屬容器內，日後可另做他用。隨後，將肉塊再放回鍋中，將每一面都煎上色。這個過程執行完善到位的話，很可能要耗上十五分鐘的時間。我們非常渴望肉塊表面在歷經梅納反應後，能有開胃上色的效果，因此這個步驟千萬不要倉促行事。

當你處理完肉塊，全數都煎上色後，倒掉鍋中的油脂，加入任何選用的液體（高湯或水），將煎肉塊的焦黏精華由鍋面洗下。我想提醒你，這個步驟是為料理導入酸性元素的大好機會，建議使用酒或啤酒，是很不錯的選項。使用木杓，將煎肉過程產生的棕色黏膩物質從鍋面刮下，之後一起加入燉煮。在燉鍋底部，先放入蔬菜與香草，接著將肉塊疊放上去，這個時候，重點已經不在將肉塊煎上色，因此如果肉塊彼此接觸並沒有大礙，只要注意不要堆疊多層就好。接著，加入從煎鍋上刮洗下的精華液體。然後再加入更多的水或高湯，液體的量大約是將肉塊淹沒三分之一至一半的高度，再多的話就失去燉煮的意義，而是單純的水煮罷了。

蓋上鍋蓋，或是以烘焙紙、鋁箔紙覆蓋著，先煮到滾後，再轉小火燉煮。在爐火上的操作，就是簡單的大小火轉換，若是使用烤箱，則是先使用最高烤溫（220℃以上），接著轉成中烤溫（140℃～180℃）。使用越低的烤溫，燉煮料理需要越長的時間才能完成，但好處是大大減少肉塊乾柴的機率。如果燉煮液體控制不住的滾沸，那麼可以稍微開蓋，或是撕開一點鋁箔紙的邊緣，可以幫助降溫。

再次強調，耐心是唯一關鍵，什麼都不用做，就這麼被動等著的料理時間，也是樂得輕鬆呀！只需不時回到鍋邊檢視鍋裡水分液體仍夠，也持續維持著小火微滾的狀態，你可以同時進行任何其他的生活瑣事。燉煮料理的唯一繁瑣步驟，就僅僅只有備好全部的食材，送進烤箱（或是調整出穩定、微弱的爐火），如此而已。一旦送進烤箱，你就能鬆一口氣了！

　　怎麼知道燉好了？當時十九歲的我，站在 Chez Panisse 廚房裡，也思考著相同的問題。很快的我知道了：帶骨的肉塊，輕輕一碰就骨肉分離；無骨的肉塊，則是叉子一叉就幾乎鬆散開來的程度，就能將燉煮料理取出烤箱或是離火，整鍋放涼後，才瀝掉多餘的湯汁。取出固體食材，以食物研磨器碾壓過濾成濃稠的醬汁，試吃看看，視需要決定是否再進一步加熱收乾，好讓風味更濃郁，最後才加鹽調味。

　　這樣的料理方式，很適合，也必須，提前多時準備。時間揭開了熬燉料理的潛在美好風味，一兩天之後，風味還能更上層樓。這類料理完全免去最後一分鐘的慌張烹煮，因此非常適合在宴請賓客時提供。如果有剩餘的燉煮料理，後續可變化出多種吃法，或是直接冷凍保存也沒問題。燉煮料理是很基本的廚藝技巧，可說是最不費勁，通往食物深厚風味的途徑。

燉煮料理

1. 鹽　也就是，提前調味

（理論上，最好）昨天開始 ✽

鹽 →

大器的在每一面都抹上鹽，靜置一夜

✽ 或是，至少提前三十分鐘至三個小時。

時間越充裕越好

今天

2. 煎上色　中火熱鍋

2A. 肉的部分

每一面都煎上色。肉塊之間距離越大，上色越容易。

將肉取出，一旁備用，倒掉鍋中油脂。

加入（酸性）的液體，將煎肉塊的焦黏精華由鍋面洗下。（參見「酸性食材地球村」）然後，洗下煎肉鍋的液體，備用。

2B. 香料的部分

也就是，增進風味的小傢伙

洋蔥　　蔬菜和香料　　番茄

參考香料 & 基底香料蔬菜地球村可以得到一些點子
（別在意，它們是否漂亮，只有你看得到）

炒上色，煮透。

3. 架構

在鍋中層層堆疊食材

{
液體 ✽✽
肉
香料們
香草
}

使用煎肉塊後，鍋裡洗下的焦黏精華液體，視需要可再加水或高湯。

請見 2A

請見 2B

所有你喜歡而且想避免燒焦的香草植物。

← 假裝這是一個鍋子，或是烤盤

✽✽ 液體的量，必須淹過肉塊的 1/3 高。

4. 煮沸

放進烤箱，烤溫調到最高。

如果是小肉塊，不要覆蓋任何蓋子，
若是大肉塊，加上蓋子。

5.

然後……

小火加熱

調降烤溫，做好漫長等待的心理準備。

(耐心會得到回報的)

```
      250°      325°      350°
  <----+---------+---------+---------->

  一整天 ------------------  最快煮好
                            的溫度
```

然後……

當肉塊輕輕一碰就骨肉分離，
或是指尖一碰就鬆散開來，

準備醬汁。

完全用不上！

6.上菜，享用

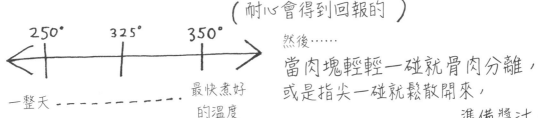

川燙與水煮

川燙與水煮（boiling），兩個詞其實指的都是同一件事，而共同關鍵就是讓水維持在沸騰的狀態。在鹽的章節中，我描述過要如何讓食物在滾滾鹽水中，均勻煮熟。

水太少，食材太多，整鍋的水溫會急遽下降，原本沸騰冒泡的滾水，一下子平靜不動了。於是，義大利麵全部沾黏在一起；用於煮波斯風味飯（Persian-ish Rice）的印度香米，也黏成一團；細瘦的蘆筍沉落在鍋子底部，疊在一塊，受熱不均；善待正在水煮的食物，請將認為應該足夠的水量乘上兩倍，並讓水維持在冒泡沸騰的狀態。

蔬菜

水煮蔬菜，是超級有效率，且能讓新鮮蔬菜的滋味達到保鮮的料理方式。足夠的水煮時間，熱度能傳進蔬菜，使得細胞壁崩解，因此釋放出內含的糖分，而且蔬菜裡的澱粉也能進一步轉化成糖，營造出甜度。但也要留意，若是蔬菜煮的過久，本該鮮豔的顏色會變得暗沉，而且細胞壁徹底崩壞，就會導致軟爛的口感。沒時間，或是追求清爽的滋味時，就用燙煮的方式料理蔬菜。水煮那些常常上桌的蔬菜種類，像是：蕪菁、馬鈴薯、紅蘿蔔和綠花椰菜，再佐以品質好的橄欖油及片狀鹽，那簡單質樸的滋味，肯定會大大的讓你驚豔。

有許多廚師很是堅持，水煮蔬菜後續一定要以冰水降溫冰鎮。我個人是持相反意見的。蔬菜在水裡的時間越短，礦物質及養分流失的機率就越低。與其這麼麻煩，還要泡冰水，倒不如刻意的縮短一點點燙煮的時間，考慮即使蔬菜從滾水中撈出後，餘溫仍會繼續作用的因素就好了呀！

多年來的經驗，我發現含水度高的蔬菜，像是蘆筍及可愛的小青豆，比起那些密度較高，水分較少的蔬菜，前者餘溫持續作用的後座力更強，因此必須在它們完全熟之前，就提早撈出瀝乾。而根莖類蔬菜，例如紅蘿蔔和甜菜根，餘溫完全起不了作用，因此，這類蔬菜必須完全煮到熟透才撈起。控制餘溫後座力的小祕訣，可以將燙煮過的蔬菜裝在盤中，整盤放進冰箱，快速降溫。

判斷燙煮蔬菜熟度的唯一方法，就是試吃，而且要快。在蔬菜下鍋燙煮前，一旁就先準備好撈杓或濾網，以及蔬菜撈起後預計擺放的容器。與其慌亂的將撈起的蔬菜全數疊在碗公裡，不如提早準備鋪有烘焙紙的大面積烤盤，將它們分散擺放，也能預防餘溫持續作用。

在廚房裡要節省時間，可以結合燙煮及其他的料理方式。堅硬質感的蔬菜，像是

羽衣甘藍，可以先水煮到軟，擰乾水分後，切一切才炒。在義大利，食材小店裡大多販售有一團團燙過的蔬菜，方便各位媽媽買回家加點大蒜跟甜椒一起炒著吃。密度高的蔬菜，例如：白花椰菜、紅蘿蔔和球狀茴香，可以在悠閒的週末先燙煮到半熟，以便週間使用，不論再次加熱、煎炒，或烘烤都很便利。

　　對於脫除蔬菜的皮膜，譬如：蠶豆、番茄、甜椒和水蜜桃，川燙也能幫上忙。只要短暫的川燙個三十秒，或是能讓皮膜鬆脫的時間，然後快速的丟進冰水裡，阻止餘溫持續作用，蔬果的皮膜就會自行剝離。

麵類與穀類

　　凡是以小麥麵粉製成的麵，不管是義大利麵、拉麵、印尼麵、烏龍麵或是通心麵，都必須使用沸騰的水煮透才能食用。

　　滾水的流動，讓麵條也跟著移動，可以避免在煮的過程，因為澱粉釋出而彼此沾黏。想必大家能舉一反三，在煮全穀類食材，例如：大麥、米、法羅小麥和藜麥也是和煮義大利麵一樣的原則：滾水煮透。瀝乾作為配菜，或是鋪開散熱後，淋上橄欖油，加在湯裡、沙拉裡，或是冷凍起來，可保存近兩個月，日後變化使用。

　　當你慢慢熟悉各種不同食材分別所需的水煮時間後，就可以試著在同一鍋滾水裡燙煮多種食材，省時又省掉洗鍋子的數目。當義大利麵再過幾分鐘就可以起鍋時，加進一口大小的綠、白花椰菜、切小塊的羽衣甘藍或是蕪菁一起煮。小青豆及切片的蘆筍或是豌豆，只需要九十秒就能燙熟，因此在瀝去滾水的前一分鐘加入，最後試吃熟度即可。

濃縮、收汁

　　經由持續滾煮的方式，可以讓醬汁、高湯和湯品的風味更濃郁，質地更濃稠。我必須再次提醒：沸騰時水分會蒸發減少，但是鹽分跟調味料並不會，因此收汁的過程中千萬要留意調味的輕重。調味下手盡量保守，為自己留好錯估的後路。記得，滿意醬汁的濃稠度後，隨時可以再追加鹽的用量。

　　長時間激烈滾煮，同時也會誘發還有多餘油脂的清澈醬汁或是湯品發生乳化現象。因此，在加熱醬汁或高湯前，記得要悉心的把表面油脂撇開撈除。

　　或是最簡單的做法，直接在爐火上將整個鍋子稍微傾斜一邊，鍋子的一側會因此降低溫度，而依然滾沸冒出的泡泡，會將所有的脂肪及雜質全趕到鍋子的同一邊，使

用湯匙或是湯杓把這些刮撈起來，就能再次將鍋子在爐火上放正，繼續滾煮。

最後，再次提醒大家，使用濃縮方法製作的食物，即使熄火後，餘溫仍默默的繼續作用，持續讓食物更濃郁，風味也依然改變著。增加表面積，使用寬大面積的淺鍋，能夠加速濃縮收汁的速度。如果要濃縮的湯汁倒進鍋裡，高度超過八公分，可將液體分成多個鍋子加熱處理，除了能大大加速蒸氣釋出之外，也能避免醬汁走味。分鍋處理，能省下不少的時間，最近正巧遇上一位朋友的媽媽在聖誕節晚餐上菜不及，我就教了她這個訣竅。她為了製作醬汁，花了超級長的時間在濃縮牛肉高湯上頭，以致於其他的菜都涼了。在她花了大把時間才完成濃縮高湯的步驟後，才忽然驚覺，居然還需要加入 450ml（2 杯）的鮮奶油，再進行一次濃縮過程。她煮到都快哭出來了。正好我經過廚房，探頭看看是否需要任何幫忙，聽了她的困境後，我請她不要擔心。我拿了兩個更淺更寬的鍋子，其中一個鍋子倒進一半份量的濃縮牛高湯，另一個鍋倒入鮮奶油，兩鍋開最大火滾煮。十分鐘後，醬汁完成了，大家可以坐下來吃飯了。

蒸

蒸是將蒸氣困在鍋裡或是袋子中的方式，能很有效率的煮熟食物，並且保留食物最輕透的原味。儘管烤箱中的蒸氣功能，必須在設定烤溫 230℃ 以上才得以啟動，但由於水蒸氣的循環使用，內部管子的溫度仍然低於 100℃。蒸氣的形成需要比沸騰消耗更多的能量，因此使用蒸氣烹煮食物的表面，速度會非常快。但是，我依然把蒸氣歸類為溫和的料理方式，比起滾水對食物的衝撞，蒸氣反而能保護細緻的食物。

烤箱蒸煮小顆馬鈴薯的做法是，將馬鈴薯單層分散放在烤盤中，加點鹽，及任何香草：一小株迷迭香、幾瓣大蒜調味。在烤盤裡倒入恰好能淹住底部面積的水量，上方以鋁箔紙緊密包好。蒸烤到小刀能不花任何力氣就能刺入馬鈴薯的熟度，搭配片狀鹽、奶油或蒜味蛋黃醬，以及水煮蛋或烤魚。

我最愛的蒸煮料理是烘焙紙包魚、蔬菜、馬鈴薯或水果。在桌邊打開這食物小包裹（義大利文成為 *cartoccio*，法文稱為 *papillote*），賓客們能一起體驗那香味撲鼻的熱氣。

我曾經和一群非常有才華的廚師們，共同準備一場特別的晚宴。當時由我負責甜點的部分。我嚴重的懷疑之所以會這樣分配工作，全因為我是所有廚師裡唯一的女生，絕對不是因為我擅長糕點，而是刻版印象女生比較能一板一眼的完全遵照食譜執行（現在，你可以猜想我當時的感覺吧）。當其中一個廚師正忙著跟另一位廚師專注於他們的複雜廚藝技術時，我看了眼廚房裡那台巨大的烤箱，當下決定換個方式做。

那陣子，我最喜歡的果園，正大量盛產布倫海姆杏桃（Blenheim apricots）。紅橘色的果皮，絲綢般的果肉，這批杏桃讓人感受到剛甦醒的春天以及即將到來的活力夏天。滋味上，則是完美的平衡甜度與酸度，美味極了！如果你有機會在農夫市集裡看到它們的身影，提得動多少，就買多少！

晚宴當天，我將這些杏桃一一對切、去核，在每半顆杏桃中間放上杏仁膏（marzipan）、杏仁，和一小塊義式杏仁小圓餅（amaretti）。接著，我把杏桃放在烘焙紙上，淋上幾滴甜點酒，灑了點糖，包成一份份的小包裹。將包裹們送進烤箱，以最高溫，大約烤十分鐘，直到包裹裡充滿蒸氣而膨脹，然後連同一盆打發的法式鮮奶油，趕忙送到賓客桌前。在多道精緻料理之後，撕開小包裹馬上聞到杏桃撲鼻香氣傳出，甜酸平衡的滋味嘗在嘴裡，徹底收服了所有賓客的心。在多年後的現在，我再次遇到那場晚宴上的賓客，他們依然如痴如夢的描述著那杏桃小包裹有多美好。簡單至極的前置作業，端出的成品也能大大的令人驚豔。

在爐火上進行蒸煮的方式，在一鍋滾水上方簡單架一個篩網，或是放上專用於蒸煮，很多孔洞的夾層，裡頭裝入單層的蔬菜、蛋、米、玉米粉蒸肉（tamales）或魚，蓋上鍋蓋，以留住蒸氣循環，蒸煮到食材熟透。傳統的摩洛哥庫斯庫斯米，就是使用蒸煮的方式料理的，滾水裡參雜著香草、蔬菜、香料，冒起陣陣悠香的蒸氣，將美味傳遞。

爐火上的蒸煮方式，也適用於料理帶殼海鮮，例如：蛤蜊或淡菜，我在**白酒蛤蜊義大利麵**的步驟說明裡有詳盡的介紹。

蒸煮結合使用烈火將食物煎上色的料理方式，我喜歡稱為**蒸炒**（steamy sauté）。對於料理紮實的蔬菜，例如：球狀茴香或紅蘿蔔，是絕佳的做法。在鍋裡加入約一公分高的水、一點鹽、足量的橄欖油或是挖一塊奶油、一些香草或香料，鋪上一層蔬菜，蓋上鍋蓋，並留個縫。小火蒸煮，直到蔬菜熟透變軟後，移開蓋子，倒掉剩餘的水，轉大火，呼叫梅納反應，來吧！

料理與油脂

油封

　　法文原文 Confit，意思是指食物在脂肪裡，以盡量低的溫度烹煮，避免食物上色。是少數雖以脂肪為料理媒介的烹煮方式，卻完全不追求上色的料理方式之一。

　　最廣為所知的油封料理，大概就是美味的油封鴨莫屬了。源自法國西南地區，山坡地勢的加斯柯尼（Gascony），為了長時間保存鴨腿以便日後食用所演變出的料理。製作的過程實在簡單，而最後的成品也無比美味。鴨腿事先調味，淹沒在融化的鴨油裡，以小火溫和的加熱，直到肉質軟嫩仍留在骨上。在加熱時，每幾秒鐘可看到鴨油冒起一兩顆泡泡，就表示你使用的火力大小恰恰好。完成後的鴨腿，留在油脂中，放進冰箱可以保存數個月，隨手變化成法式鴨肉抹醬（rillettes），或是卡舒萊（cassouket）：由鴨肉、白豆和香腸製成的傳統法式料理，又稱為法式白豆燜肉；或是不消幾分鐘時間就能煎烤酥脆，配上水煮馬鈴薯、清脆的蔬菜，隨餐再來杯紅酒。

　　如果手邊沒有鴨肉，油封技術用在其他肉品上，例如：豬肉、鵝肉和雞肉，也都可行。若是作為佳節難得豐盛一下的料理，復活節的火雞腿或是聖誕節的鵝腿，可先另外取下油封處理，雞、鵝胸肉部分則是以烘烤的方式料理，賓客就能有奢華的雞鵝兩吃可以享用。夏天的話，試試以橄欖油加一兩瓣大蒜，油封新鮮鮪魚，做成尼斯沙拉（Niçoise salad）。蔬菜類也能油封：**油封朝鮮薊**（Artichoke Confit），加上隨手撕幾片的羅勒葉，一起拌炒義大利麵，就是快速的一頓餐點。還有，**油封櫻桃番茄**（cherry tomato Confit）佐上新鮮豆類或水波蛋。油封使用的橄欖油，跟油封好的食物一樣珍貴，小心過濾後放冰箱保存，可以製成油醋醬或是日後料理用油。

炒軟（出水）

　　以最少量的脂肪或油，將蔬菜**炒軟**、透明度變高，沒有棕褐上色，這樣的料理過程，往往蔬菜會釋出水分，因此英文用字為 sweating（出水、流汗）。法式料理中常使用的基礎香料蔬菜（Mirepoix），包括洋蔥、紅蘿蔔和西洋芹，在料理時也是刻意耐心炒軟，而非快炒或炒上色。炒軟的洋蔥用在打算保有白色的義式燉飯（risotto bianco）上，加在白花椰菜泥裡，在任何象牙白的料理中，如果使用炒成棕色的洋蔥，那實在會大大影響品相呀！

炒軟的洋蔥，是所有單一蔬菜濃湯好喝的祕密武器，像是英國豌豆濃湯、紅蘿蔔濃湯，以及絲滑玉米濃湯。這些湯品的做法全都一樣：炒軟洋蔥，加入選用的蔬菜，加水蓋過，加鹽調味，煮到滾後轉小火慢煮，當蔬菜熟了，或是把餘溫後座力考量進去，提早一點離火。提起整個鍋子，泡進冰水浴中降溫，打成泥，攪拌，試吃，調味，再搭配適合的配菜，確認酸度與脂肪足夠，譬如香草莎莎醬或是法式酸奶油。

仔細留意鍋內情況，以確保溫度維持在將蔬菜炒軟的範圍內。加鹽，引出蔬菜裡的水分。使用邊緣高聳的鍋子，讓蒸氣不會太快逸散。需要的話，覆蓋一層烘焙紙或是鍋蓋，也能有助於蒸氣回流。如果發現蔬菜有開始上色的趨勢，別猶豫太多，三不五時可以往鍋裡加點水。

關於攪拌的忠告：攪拌使得熱度消散。如果不希望食物上色，就時常攪拌。如果食物上色是追求的目標，那麼攪拌頻率要低。建議使用兼具硬度與柔軟度的木質鍋鏟攪拌，可以避免炒軟洋蔥、白醬、玉米粥的過程中，糖分與澱粉黏在鍋底而產生焦糖化。別被該多攪拌或少攪拌搞瘋了，只要記著重點：攪拌的頻繁度，能促進或避免食物上色。

煎炸的一致性

在脂肪章節中，我解釋過一系列關於煎、炸的油脂使用手法，不同的方法主要是因為油脂的量而異，不論是油炸、煎炸、煎或是炒、快炒，概念都是一樣的：先熱鍋跟油，預熱夠的話，食物一入鍋就馬上會上色，但是必須要調節出一個最適當的溫度，好讓食材裡外同時熟透。切記！切記！鍋裡不要裝太滿，也不要太快或一直翻動食物。尤其是蛋白質類的食物，在料理的一開始往往會黏鍋，給魚肉、雞肉和其他肉品一點時間，一旦上色、熟了，就自然不再緊黏在鍋上了。

快炒，在法文裡使用 sauté 一詞，有跳躍的意思，指的是手腕晃動，使鍋中食物跳起翻面（譯註：也是中文裡所說的甩鍋）。盡可能的少油，勉強可以覆蓋鍋面（大約 2mm 的厚度）的油量，以免甩鍋時油花濺到自己。使用快炒的方式，小小的食材，例如：蝦子、熟的穀類，蔬菜丁，或是肉丁，都能在熟透的同時，表面也完美上色。

快炒，既省時又省廚房用具，而且能確保食材面面上色均勻，是種值得練練的技術。別擔心自己不會甩鍋，我花了好幾年才駕馭甩鍋的動作。在客廳鋪上報紙，練習就是了：在圓弧鍋邊的平底鍋中放進一把米或乾燥的豆子，鍋面稍微向下傾斜，手肘抬高，大無懼的翻、甩，練習到自然順手。同時，另一隻手持金屬長夾或是木質鍋鏟，

一邊移動鍋中正在快炒的食物吧！

至於**煎**，使用剛好能滿滿覆蓋住鍋面（約 5mm 深度）的油量。煎魚片、牛排、豬排，或是**吮指香煎雞**，這類大型的食材，需要較長時間才會熟透。油鍋預熱要充分，熱度要足以讓任何食物一接觸鍋面，馬上滋滋作響。但，也不要一味的使用最大火：食物表面上色與內部熟透的速度要同步調才行。像是，雞胸肉和魚片，比起一口大小的肉塊或蝦子，需要較長的時間才會熟透，因此溫度、火力要小一點。

煎炸和**油炸**，這兩種料理手法猶如雙胞胎，適合用來處理澱粉含量高的蔬菜，或是裹粉、麵糊的食物。不明說，這兩個方法還真的是看不出差別。食物超過一半高度泡在油裡，是煎炸。食物完全淹沒在油裡，則是油炸。

不論是煎炸或是油炸，油溫都必須達到 185°C（拿支不掉色的馬克筆，直接在溫度計上記下來）。油溫太低，酥脆的外層形成得太慢，就會導致油膩濕軟的口感。油溫如果太高，在內部食物熟透之前，麵衣就提前焦黑了。唯一的例外：密度高、質硬的肉類，譬如雞腿肉，需要較長時間才能熟透，時間可能長達十五分鐘。在油溫 185°C 時，將雞腿肉放進鍋炸出表面的酥脆口感，隨後將油溫降至 160°C，以煮熟內部且避免表面燒焦。

油炸的重點就如同我在巴基斯坦的街邊小吃攤上，從販售巴基斯坦漢堡排的老闆身上學到的一樣，留心觀察食物所釋出的任何訊息，最終你將不再需要溫度計，也能輕鬆做到完美。蒸氣、泡泡、食物浮到油鍋表面，還有上色呈棕色，都是值得注意的

線索。溫度夠高，整鍋食物會發出滋滋聲（但不是激烈巨響）並且上色（但不是馬上變色）。當油鍋裡冒泡狀態消停，蒸氣也逐漸減少，表示裹在外層的麵糊炸好了，外表金黃酥脆的食物即將可以起鍋了。

加入油鍋裡的食物份量，左右著油溫的變化。加入的食物越多、大、冷和紮實，油溫驟降的程度就越大。如果油溫花了太長的時間才爬升回到185℃，那麼在炸酥表面之前，食物內部很可能就過熟了。刻意將油溫加熱超過需要的溫度，以及一次不要下太多食物，把食物入鍋油溫會因此下降這一點納入預先考量，食物分批油炸時，批與批之間要再次確認，油溫已重新回到正確的溫度。

　　因為適合油炸食物的溫度，已經遠遠超過100℃了，麵糊裡或是食物表面的水分，一入油鍋的瞬間就馬上汽化，也就是油炸時會產生許多泡泡的原因。食物要炸得金黃酥脆關鍵就在於促使受熱汽化的水蒸氣越快逸散越好。

　　換句話說，鍋裡食物不要裝太擠。裹了麵糊的食物，在油炸時絕對不能彼此沾黏，或是排放超過一層，否則最後的成品將會是黏成一大塊濕軟的失敗品。沒有裹麵糊的炸物，像是馬鈴薯、羽衣甘藍或是甜菜根薯片，在油鍋中則是可以彼此堆疊，但仍需要時時翻動，以避免沾黏，及幫助每一面都上色均勻。

　　細緻易碎的食物，例如：螃蟹、魚肉炸餅、小份的莙蓬菜炸餅或是炸沾麵包粉的綠番茄，如果採用油鍋油炸的方式料理，可能會因為泡泡的衝撞而碎裂，因此適合採用少油、煎炸的做法。油炸適用於薯條、麵糊類，以及實在需要完全淹沒在油裡才能熟度均勻的食物，譬如：軟殼蟹。

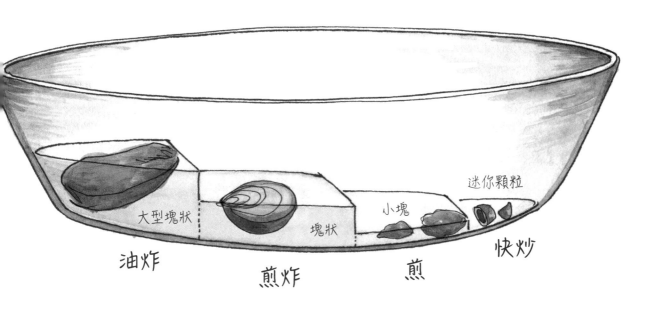

烙

　　不論是用烤肉爐炙烤，或是鑄鐵鍋炙煎，或是放在烤盤上使用預熱過的烤箱，**烙**的重點在於是炙烈高溫的（工具）表面。先將工具表面預熱到高溫（譯註：鑄鐵鍋熱鍋，預熱烤箱），接著加入脂肪，在油脂瀕臨發煙點前才加入肉塊。當 Eccolo 打烊後，我在自家下廚的頻率越來越高。用慣了餐廳廚房裡的超強力爐火後，就很難適應家裡弱弱的火力。一開始的問題是，不論我的鑄鐵鍋熱鍋多久，依然不夠熱。無法只炙煎牛排表面，總是不小心煮過熟。在幾塊硬韌的失敗牛排之後，我轉向使用超高溫的烤箱，將鑄鐵鍋放進烤箱中熱鍋二十分鐘後，才拿到爐火上，以烈火炙煎牛排。這一招，非常有用。

　　在烙、炙食物時，接觸鍋子的第一面，永遠是上色最美的一面，因此食物最後端上桌，要用來呈現的正面，在炙燒的時候應該要首先朝下。以禽鳥類食物來說，肉塊的皮面朝下，魚類則是皮面朝上，其他的肉類請自行判斷，挑選最漂亮的一面朝下。

　　雖說烙炙食物的目的不在於煮熟，而是促使肉塊或海鮮發生梅納反應，以達到增進風味的效果。但，烙炙熱度的穿透，也足以讓肉類柔軟部位及魚類略熟，用以料理鮪魚、干貝或是菲力牛排這類可以生食或是不該全熟的食物最為剛好。除此之外，烙炙的用意在於上色，而不是煮熟。大塊的肉，先炙燒誘發產生梅納反應，得到香氣後，才接續進行小火慢燉。羊排、烤豬里肌肉或是豬排，先直火烙炙後才轉用溫和的小火（可以是爐火、烤肉爐或是烤箱）煮軟。

料理與空氣

炙烤與燒烤

關於**炙烤**的第一守則：永遠不要直接接觸火焰。火焰直接接觸食物會留下煤灰、怪味，並且容易產生致癌物質。相反的，讓火焰消退一點，靠著木碳和餘燼的熱度燜燒烤煮食物。

像是為了做「還要還要棉花糖夾心餅乾」（s'mores，譯註，兩片餅乾夾有巧克力與棉花糖餡，讓人吃了欲罷不能，喊著還要，因此而命名），燒烤一顆完美的棉花糖，你得很有耐心的轉動炭火架上的烤肉軸，才能有顆上色均勻的棉花糖。若是離炭火太近，棉花糖的外皮會燒焦，內部卻沒烤透，還會產生瓦斯味。任何食物太接近火焰，都會如此。

不同的燃料，果樹木、硬木、木炭或瓦斯，燃燒後可以達到的溫度也有所不同。橡木或是杏仁木，這類質地較硬的木材，容易點燃，而且燒得慢，是當需要熱源持續力佳時的好選擇。水果樹的木材，像是葡萄藤、無花果以及櫻桃木，燒得又快又急，能很快的讓爐火達到高溫。質地偏軟的松木、雲杉木、冷杉木，燃燒時會產生刺鼻的氣味，對於食物的風味一點幫助都沒有，不適合用於燒烤。

使用木炭起爐火的好處是，木炭燒得緩慢，又能達到很高的溫度，用於燒烤食物能增添煙燻風味。另外，使用烤肉爐火燒烤的食物，其風味是瓦斯控制的爐火無法比擬的。方便的瓦斯烤肉爐，在料理成品上是受限的，因為不是燃燒木頭，所以無法讓食物帶有煙燻香氣（也不是說完全不能，可以參考153頁的說明，加點木屑補救不足）。另外，因為瓦斯不像木材或木炭那樣可以燃燒到極高的溫度，因此為食物烤上色的效率也就差了一截。

烤肉時，別放著不管。燒烤時隨著肉塊的脂肪融化，當油脂滴落的木炭上，會刺激火勢，食物一旦直接和火焰接觸後，就會產生不好的氣味。燒烤時，盡量將油脂豐厚部分遠離燒紅的木炭，並且隨時移動食物，以免激發忽然冒起的火焰。在我學習廚藝之前，認為烤肉上一定要有網狀烙印，才是一份好的燒烤。但，我有次在愛麗絲家後院看她烤了整疊的小春雞跟香腸，以及幾年後開始在 Chez Panisse 工作，我才忽然發現，沒有一位廚師在乎烤肉上是否有烤網留下的烙印。愛麗絲嬌小的身材，移動快速猶如蜂鳥，沒有一刻停歇的照顧著烤肉架上的食物，一旦雞肉或是香腸開始上色，

或是脂肪有一點融化的趨勢，可能會激起火焰，就馬上被移動位置。

因為她如此頻繁的移動肉塊，造就了均勻的金黃棕色。這樣的燒烤策略，使得每一口都能享受到梅納反應所造就的香氣美好，而不是憑運氣的飲食，有烙印的部分才好吃。

不論你是用瓦斯或是木材、木炭生火的烤肉設備，在烤肉爐面營造出數個不同溫度的區域，像是爐灶上有大小火般，非常重要且實用。最炙熱的木炭堆附近，往往直接有火焰，**直火區**（direct heat）用來燒烤柔軟的食物，像是薄牛排、小隻的禽鳥，例如小春雞、切片的蔬菜、薄片吐司、雞胸肉和不想烤太熟的漢堡肉排。往外圍延伸，保留一個熱度較低的區域，負責燒烤帶骨的肉塊、大塊的肉、需要長時間才能熟透的雞肉部位。這個相對低溫的區域，也適合烤香腸，以及脂肪含量高、受熱會滴油的肉，或是用於保溫食物。

非直火區（indirect heat）的溫和熱度烤肉，是美國南方常見的烤肉方法，也能同時有煙燻肉品的作用，像是**鼠尾草與蜂蜜燻雞**就是使用這樣的方法料理而成的。不論直火或非直火的燒烤方式，如果以烤箱來說，大約是烤溫 95°C ～ 150°C 之間。溫和並伴隨著煙燻效果，緩慢的燒烤，如果使用自然火焰，在調控火力上實在很具挑戰性。探針式電子溫度計能幫上大忙，隨時監控烤爐溫度是否升降過大。

探針式電子溫度計曾經真的幫了我個大忙。在某個夏日，Eccolo 打烊後，我的新聞學老師和料理課的學生，麥可·波倫，不小心訂購了三倍份量的豬肩肉。驚嚇之餘，他打了電話叫我過去。他教我怎麼烤豬肩肉，我們在他的院子裡「緊急」的開了一堂關於「慢烤」的料理課。很矛盾，我知道，但是這堂課的內容可是豎起大拇指的好吃啊！他事先在肉塊上抹鹽跟糖，接著使用瓦斯烤肉爐，搭配木屑營造煙燻效果，在爐上非直火區足足烤了六個鐘頭。烤出來的成品，煙燻氣息十足，叉子一碰肉塊就鬆散，是我吃過最軟嫩的豬肩烤肉，我甚至覺得他上輩子一定是位燒烤大師。因為烤肉本身沒有太多需要做的事，我們在等待的這段時間，又做了**小火煮豆**（Simmered Beans）、**鮮味高麗菜絲**（Bright Cabbage Slaw）和**苦甜巧克力布丁**（Bittersweet Chocolate Pudding），然後配上烤肉，當晚直接開了場派對。

沒有烤肉架設備？住在公寓大廈中？把有上火熱源的烤箱當做是上下顛倒的室內烤肉設備吧！一般的烤肉是室外舉行，熱源在食物的下方，而使用有上火的烤箱，則是在箱子內，熱源在上的差別而已。因為食物十分接近熱源的緣故，這類的烤箱，溫度可以達到非常非常高（遠高於一般的烤爐）。可以用於燒烤薄牛排、肉排或是將食

物加熱上色，記得嚴密監控，短短二十秒的時間差，可能是美味或碳黑，天差地遠截然不同的結果。應用有上火熱源的烤箱，加熱融化吐司上的起司，烤酥麵包丁，撒在白醬通心麵上，將剩下的**五香脆皮烤雞**的皮烤脆。

　　不論是烤肉爐、上火熱源烤箱或是烤箱，烤好的肉記得在分切前要靜置休息一下。除了讓食物中的餘溫有足夠的時間繼續作用之外，靜置的休息時間，也能讓肉塊的蛋白質有鬆弛的機會。休息過的烤肉，即使在切開後保水度依然較高。牛排可能只需要五到十分鐘的休息時間，大塊的肉則可能需要休息近一個鐘頭。要得到最軟嫩的口感，切肉片時要**逆著肉的纖維紋路切**，選對方向切，讓刀子縮短肉的纖維長度，能大大增進軟嫩感，咀嚼時也會更輕鬆、更享受。

中低　　　中高

低

可　　　高

← 破表的高

烘焙

　　烤箱的溫度設定可以分為四個層級：**低溫**（80°C 到 135°C），**中低溫**（135°C 到 180°C），**中高溫**（180°C 到 220°C），**高溫**（220°C 以上），在同一個層級的溫度下，食物被加熱到熟的過程與結果差異不大。如果你弄丟食譜，或是完全沒有概念要使用什麼溫度，就從 180°C（號稱烘焙界的常用溫度）著手。180°C 的溫度，熱度足以讓食物表面上色，同時也夠溫和，足以讓食物內部熟透。

　　低溫（80°C 到 135°C），熱度能膨鬆食物以及烤乾**棉花糖口感馬林糖**（Marshmallowy Meringues），同時也很溫和，不會讓食物變棕上色。我認識的一位超固執的甜點廚師，非常堅持而且只願意使用她家裡那台古董級的瓦斯烤箱，花上一夜的時間烤馬林糖。在睡前，她將烤箱預熱至 95°C，將馬林糖蛋白霜送入烤箱後，馬上熄火，烤箱中就只剩下靠母火延緩冷卻的微弱熱度。隔天早上，雪白酥脆絕不過乾的完美馬林糖就完成了。

　　大多數的烘焙品，採用**中低溫**（135°C 到 180°C）烘烤。這個溫度層級，很是微妙。蛋白質得以凝固，麵團和麵糊可被烤乾，而且有（些許的）上色效果。蛋糕、餅乾和

布朗尼類的糕點在這個溫層，能烘烤得宜。另外，很多種類的塔派，以及奶油酥餅與其他類似的餅乾柔軟的麵團，也都適合採用這個溫層烘焙。把160℃當作是180℃留一點後路，烘烤出有嚼勁（而非酥脆）的餅乾，以及金黃色（而不是黃棕色）的蛋糕。

簡單的說，高溫能引起食物上色。先使用**中低溫**烘製料理，隨後將烤溫調高至**中高溫**（180℃到220℃），藉以達到食物表面的金黃棕色效果，人人都愛起司焗烤菜、千層麵、酥皮派及燉烤料理的表面有著動人的金黃色澤啊！

烤箱的**高溫**（220℃以上），能快速（雖然有時是不均勻的）讓食物上色。刺激烘焙品結構的架起，譬如加熱讓泡芙膨起，或是烤出具有層次感的酥皮，使用高溫是很重要的關鍵。在高溫的烤箱環境下，麵團裡的水分受熱而汽化成蒸氣，產生的**烘焙膨脹力**（oven spring）是麵團體積增加的起點。釋放出的蒸氣，將麵團推出層層酥脆口感，例如：**阿朗的塔派麵團**（Aaron's Tart Dough）。有些烘焙品，像是舒芙蕾、美式約克夏布丁（popovers）全仰賴烘焙膨脹力成形。而**蘿瑞的午夜巧克力蛋糕**（Lori's Chocolate Midnight Cake）則是除此之外，還透過化學膨鬆劑的幫助。不論烘焙品是透過哪一種途徑達成膨脹，烘焙的起始是最重要的關鍵。要營造烤箱裡最強大的烘焙膨脹力，在一開始的十五至二十分鐘，烤箱門要維持關閉，不可隨意打開，等到麵團中的蛋白質凝固，整體結構架接穩當後，才將溫度稍微調降，以避免烤焦，並確保裡外熟透。

脫水、乾燥（95℃以下）

脫水、乾燥，可以想成是盡可能的低溫環境中進行的烘焙。字面上的意思，就是將食物中的水分移除。通常是在不讓食物上色的烤溫前提下，脫去水分以保存食物。肉乾、魚乾，乾燥甜椒、水果皮革糖，番茄糊、水果乾和番茄乾，都是脫水食物。市面上有專門的食物乾燥機，但是透過烤箱最低溫的設定，或是只使用瓦斯烤箱的微弱母火烘烤一夜，也是可行的做法。我在Eccolo工作時，每年夏天最熱、最乾燥的那幾天，我會將甜椒跟扁豆在網架上平鋪一層，放到屋頂上風乾。我累積出的心得是，晚上要記得收回室內，以免夜間出沒的小動物，或是清晨的露水干擾我的工作進度。每一批，都得悉心照料，並且重複進行好幾天才能完成。到了冬天，我總感激自己夏天時的辛勤備糧。

使用烤箱製作濕潤多汁的乾燥番茄，建議採用例如少女蕃茄這種香氣豐足的品種，切小塊後，切面朝上，塊塊緊密排放在鋪有烘焙紙的烤盤上。在表面灑點鹽和糖

調味，送入預熱 95℃（或是以下）的烤箱中，長時間烘烤十二個小時，途中記得查看一兩次。當番茄表面看起來變乾，沒有湯汁，就是烘烤完成了。裝進玻璃罐中，再倒滿橄欖油，冰箱冷藏保存。或是以夾鏈袋裝好放冷凍庫，可保存六個月。

烤香（180℃ 到 230℃）

在我的理想標準中，烤香後的食物表面是脆脆的，顏色是金黃棕色，而且具有滿滿因梅納反應而釋出的香氣。當你在烤貝果、麵包丁和椰子條時，這三個特質可視為**烤香**的目標。堅果類食物，也是透過烘烤大大增進風味與香氣。為了不要像我在 Eccolo 共事的一位年輕廚師一樣，把烤過頭硬凹成焦糖化，記得設好計時器，時不時回到烤箱前查看狀況。而且，食物永遠鋪放單層、時常挪動，提早烤好的，就提早取出。

塗抹雞肝醬或是蠶豆泥的薄切麵包，適合使用中低溫（大約 180℃）烤香，這樣的烘烤條件可免於麵包燒焦或乾硬，品嘗起來才不會刺口。搭配水波蛋、蔬菜、番茄或是瑞可達起司的麵包往往比較厚，適合使用高溫（最高至 230℃）或是烤箱上火烤，能將表面上色而內部口感依然保有嚼勁。

至於 230℃ 或是以上的烤溫，可用於烤香椰子片、松子和麵包丁，但需要注意的是很可能在眨眼之間烘烤狀態就從完美敗壞成燒焦了！可以把烤溫調降個 25 到 40℃，為自己換取珍貴的緩衝時間。即使不小心忘了查看，正在烘香的食物也能暫時安全過關。當你完成烤香食材，從烤箱取出食物時，同時也記得將食物從烤盤上取下（如果不馬上移走的話，因為餘溫的持續作用，可能你一轉身，原本完美上色的食材，馬上變得焦黑）。

慢烤，燒烤和煙燻（95℃ 到 150℃）

脂肪含量高的肉塊或魚類，適合使用烤箱慢烤或是低溫燒烤的方式，讓本身內含的脂肪慢慢融化，轉化成自身內部的濕潤。我超愛**慢烤鮭魚**，使用的料理方式不但適合單份操作，也能大量上菜。魚塊兩面簡單灑點鹽調味，皮面朝下，疊在香料堆上，淋上一咪咪品質良好的橄欖油，再以雙手按摩一下讓油被吸收進去，放進預熱 110℃ 的烤箱中。烘烤時間依魚塊大小而異，可能是十分鐘，也可能是五十分鐘，以刀尖或指頭輕碰魚塊最厚的部分，如果層層鬆散，就是烤熟了。由於這種料理方式非常溫和，熟透的魚肉依然保持透明度。**慢烤鮭魚**甜美多汁，不論是溫熱、常溫或是冰涼後製成

沙拉享用都很美味（詳細的食譜以及份量建議，請見 310 頁）。

烘烤，烤熟（180˚C 到 230˚C）

烤熟與烤香最大的不同點在於，烤香是將食物表面烤上色，而烤熟除了上色之外，還同時將食物內部烤熟。英文 roasting 原意是指肉品在炭火上方或是周圍燒烤。而今日我們說到烤肉，常常是指在乾、熱的烤箱中執行，跟兩百多年前大家認為的烘焙手法一樣。

我們在 Eccolo 使用炭火烤雞（以及其他所有食物），因為不斷翻動的手法，食物的熟度及上色都非常均勻一致。我在家裡使用烤箱烤食物，因為熱源不同，最後的結果也會不一樣。烤箱加熱器所釋放出的**輻射熱**（radiant），在烤熟食物的同時也會讓食物表面變得乾燥，因而產生乾爽酥脆的雞皮，或是皺皺皮革般的小馬鈴薯皮。內建一或兩扇風扇的**對流烤箱**（convection oven），能幫助熱氣循環，因此食物上色、乾燥、烤熟的速度較普通烤箱快。使用有風扇的烤箱時，烤溫約調降 15˚C，或是查看的頻率要更勤快些。

另一方面，食物表面因為和炙熱金屬接觸，經由**熱傳導**（conduction）讓食物烙印上色。工作時，爐火上使用鍋子煮食的原則是：爐火加熱鍋子，經由鍋子的熱度加熱油脂，熱熱的油脂於是能加熱、烹煮食物。在烤箱中的情形也是一樣：烤箱加熱鍋子，經由鍋子的熱度加熱油脂，熱熱的油脂於是能加熱、烹煮食物。將切片、抹油的地瓜鋪放在鍋子裡，然後送進烤箱烘烤，可以發現：雖然每一片的兩面都會上色，但由於地瓜片的兩面接受到不同形式的熱，熟度與上色狀態也就大不相同。暴露在上的一面，會有些乾燥，枯萎類似皮革的感覺，而底部與鍋子接觸的一面則會呈金黃色而且濕潤，正如同爐火上煎出來的樣子。任何透過烘烤的食物，都會有這種整體不均勻的問題。除非食物架在網架上，而且有風扇幫助熱氣循環到網架下方。烘烤食物的過程，記得不時的要翻、轉、移動食物。烤箱讓食物上色的能力很強勢，因此若食物需要快速上色，先以高溫烘烤，一旦食物開始變色後，調降溫度以免烤過熟。

薄薄的食物，在烤上色前有很高的風險會烤過頭。建議前置作業：將欲使用的烤盤提前放進烤箱中預熱，之後才擺入抹油灑鹽處理過的櫛瓜切片。或是，準備**哈里薩辣醬**（Harissa）需要的蝦子時，鑄鐵鍋可以先在爐火上燒熱，後續再放入烤箱烤。使用溫和一點的烤溫，料理預計要在烤箱中長時間烘烤的食物。完成後試吃看看，摸摸質地，聞聞味道，聽聽料理發出的訊號。

如果你發現食物上色的速度太快了，馬上調降烤溫，在烤盤上方鬆鬆的蓋張烘焙紙或是鋁箔紙，並盡量擺在遠離發熱器的地方。相反的，如果你覺得上色速度太慢了，調高烤溫，並且將食物移放到烤箱裡最接近加熱器，溫度最高的地方（通常是烤箱後方的角落）。

　　使用淺淺的鍋子、烤盤烘烤食物，可以更進一步促進蒸氣逸散，誘導食物上色。通常，有蓋的烤盤或是鑄鐵鍋就很適用了。如果料理的肉塊含有大量的脂肪（譬如：鵝肉、鴨肉、烤肋排或是豬里肌肉），建議使用網架把肉懸空架高，才不會烤到最後，所有的肉全泡在油裡。

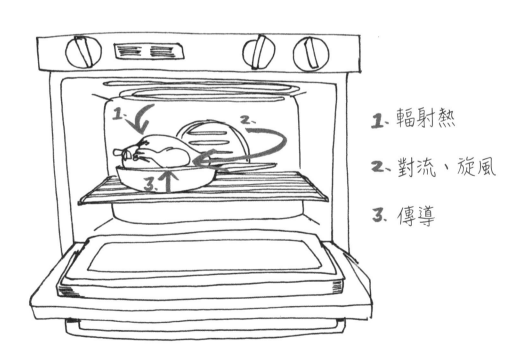

1. 輻射熱

2. 對流、旋風

3. 傳導

蔬菜

適時加鹽、結合梅納反應，就能得到完美的烤蔬菜：外皮棕黃鮮甜，內部柔嫩美味（參考 40 頁的**加鹽行事曆**，回顧一下加鹽的時機）。將 200℃ 定為烤蔬菜的預設溫度，同時心裡記著，隨著蔬菜的大小、分子密度、烤盤的深度及材質、一盤裡份量的多寡，以及烤箱裡是不是同時有其他食物，需要微調出最適合的烤溫。

在 Chez Panisse 工作時，我曾經很糟糕的數錯了需要烘烤的櫛瓜數量。當時烤箱裡只夠放進兩盤的櫛瓜，我實在太趕著完成這項任務了，索性把所有的櫛瓜全擠在兩個烤盤上一起烤。猶如拼圖似的，我的第一盤放滿了櫛瓜，根根緊緊依靠著彼此，送進烤箱後，我打算對剩下的櫛瓜如法炮製。我絲毫沒有察覺到不對勁，也完全沒想過，為什麼從沒看過其他的廚師，在一個烤盤裡放了這麼多蔬菜。我就只一心想把這項工作搞定。

當我把剩下來的櫛瓜排進第二盤時，很顯然的我知錯了！櫛瓜所剩無幾，第二盤裡空蕩蕩的。因為第一盤櫛瓜已經在烤箱裡烤了，我的待辦事項還有一長串，實在抽不出時間挽救些什麼，就這麼的，我把第二盤櫛瓜也送入烤箱裡。

很快的，我後悔了！當我回去為烤盤轉向時發現，裝緊裝滿的那盤櫛瓜，全漂浮在自己溢出的湯汁中。而鬆散的第二盤則是呈現美麗的棕褐色。櫛瓜加了鹽，滲透作用的關係導致後續滲水，加上沒有足夠的空間讓蒸氣散去，我的第一盤烤櫛瓜又濕又糊，一團糟，不知情的人還以為我做了鍋櫛瓜湯呢！那次經驗後，我就再也不敢將烤盤裡的蔬菜裝太滿了，或許也算是學到教訓吧！

蔬菜要烤得均勻，就不能裝太滿。蔬菜塊之間留點空隙，好讓蒸氣能夠逸散，烤溫一開始要高，讓蔬菜能快點烤上色。好好照顧你的烤蔬菜，翻動它們、轉動它們、調動烤盤方向、上下移動調整在層架的位置。

含糖量、澱粉量或是含水比例懸殊的不同蔬菜，要避免混在一起烤。混著烤時熟度無法一致均勻，有的出水、有的燒焦，沒有一個是能吃的。參考 144 頁的「**植物，地面上 & 地面下**」，哪些蔬菜具有相似的成分，料理方式也會相似。如果你只擁有一個烤盤，是時候前往二手店再多入手幾個了！在多添購烤盤之前，可以在唯一的烤盤一邊烤馬鈴薯，另一邊烤綠花椰菜，方便哪個熟了先取出來。

肉類

均勻大理石紋路，肉質軟嫩的肉類，例如肋眼牛排和豬里肌肉，因為含有足夠的

油脂，禁得起烤箱裡的乾燥炙熱，是適合烘烤的首選部位。正如同我先前解釋過的，煮肉的過程，本身的脂肪成分因加熱而融化，內部得以保留多汁濕潤。肉品的脂肪，就像是柔嫩口感的保障，即使肉質偏硬的豬肩五花肉及豬頰肉，因為脂肪含量高，也很適合用於烘烤。

如果你打算要烘烤脂肪含量低的瘦肉，像是火雞胸肉，可以先**浸泡鹽水**（brining）或是利用**脂肪包製**，或是**脂肪餡填充**的技巧，防範於未然的前置處理，以保烤肉濕潤不乾柴。

要達到均勻的烘烤，記得提前加鹽調味肉塊，讓鹽分有充分的時間滲透進內部，干擾蛋白質在受熱的過程中會排擠水分的現象。提前將肉品從冰箱取出回到室溫（大塊肉品，可能需要數個鐘頭的時間）。一開始使用高溫烘烤（200°C 到 220°C），待肉表面開始上色後，以一次 15°C、多次慢慢調降溫度，直到完成烘烤。

或許你有想過，利用高於 200°C 的烤溫讓肉品上色或是料理培根，貪圖節省時間，不過請記得以下的警世故事。幾年前，我在我的小公寓廚房裡進行著一個晚宴的前置作業，因為進度落後許多，我一口氣把烤箱溫度開到最高，把牛肋排放進去烘烤上色。在早些時候，我有發現那批肋排脂肪含量偏高，但當時我也沒空多想。超戲劇化的事情發生了！所有的脂肪都火速融化，而且冒起了大煙，我一下子還反應不過來該怎麼處理時，一部分融化的油已經噴濺到烤箱上方的加熱器，著火了！我急忙的打開櫥櫃，隨手抓了第一眼看到的東西滅火：一袋五磅重的麵粉。直接說結論好了，那晚菜單上沒有牛肋排，由別的廚房支援菜色。很多時候，慢慢按部就班來，反而是最快、唯一的路。

請記得我的慘痛經驗，一旦肉塊脂肪開始融化了，馬上把溫度調整到 190°C 以下（大多數動物脂肪的發煙點），才不會驚動煙霧警報器，或是發生任何更糟的事。

探針式偵測肉塊溫度的數位溫度計，是很值得投資的工具，煙燻肉品時也可使用。測量大塊肉類內部的溫度時，要採取多點（處）的方式，越大塊的肉，越有可能發生一部分熟了，另一部分卻還是沒熟的狀況。而且肉塊內部的溫度，儘管只是少少幾度的差異，往往就是濕潤與乾柴的巨大差別。我的烤大塊肉守則第一條，當內部溫度達到 37°C 時，後續的內部溫度大概會以每分鐘 0.6°C 的速度攀升。也就是說，如果你預計要烤出三分熟的肉塊，內部溫度大約在 48 到 49°C，估算一下，大概知道再過 15 分鐘左右就可以再次查看出爐了。大塊肉後續餘溫持續作用，大約會再使得肉塊上升個 8°C，小一點的牛排或豬排，則是 3°C 左右。以上這些概略的數字，能有助於判斷烤肉

出爐的時間。

如果你偏愛肉品表面有一層**酥脆**外皮的口感，一開始可以先以熱鍋煎過。這樣的做法也能加快煮熟的速度，適用於料理忙碌的週間晚餐。我一向是這麼料理**超級酥脆去脊骨展平烤雞**（Crispiest Spatchcocked Chicken）：一開始先使用鑄鐵鍋將雞胸面煎上色，翻面後再送入烤箱，跟直接用烤箱烤全雞比起來，可以省下一半的烘烤時間。先煎後烤的做法，同樣也適用於豬、羊、牛腰肉和沙朗牛排，或是想要奢華一下的菲力牛排。

多層次用熱

如同使用鹽、油和酸一樣的道理，有些時候需要使用一種以上的熱源、熱度，以達到想要的結果。我稱為多層次用熱。

烤麵包，就是個很適合解釋多層次用熱的例子。所有的澱粉類食物都一樣，要讓小麥（粉）變熟，需要水和熱一起作用。以麵包來說，就是小麥麵粉加水揉成麵團，麵團送入烤箱烘烤到熟（第一次用熱）。而我們真正享用麵包前，會再烘烤一次（第二次用熱）。

學習將料理食物的過程分解成數個小階段，這麼一來能確保精緻的食物在上桌時的熟度是恰恰好的，也該避免再次加熱食物造成的煮過頭。這也是餐廳供餐的思維與做法，食物的事前準備以及接受點菜後的料理流程，都是有計畫性的拆解成多個步驟，兼顧上菜的速度與品質。需要長時間暴露在溫和熱源下的食物，像是硬韌的肉品、紮實的蔬菜和硬梆梆的穀類，都是事先煮熟或半熟，客人點了才再次加熱。很快就熟了或是不堪重複加熱的食材，例如炸物、質地軟嫩的肉品、魚、甲殼類海鮮和迷你蔬菜，則是收到點菜需求後才著手料理。

花上一晚的時間慢燉豬肩肉，隔天再次以炭火或烤箱燒烤，才夾進墨西哥玉米餅裡享用。要追求有深度的食物風味，任何質感堅硬的蔬菜，譬如：綠、白花椰菜、蕪菁或是冬南瓜，都可以先燙或烤後再炒。先以小火慢煮雞大腿肉直到骨肉分離，然後撕成絲，再加在鹹派中一起烘烤。

學著搭配使用兩種料理方式，以追求味蕾喜愛的強烈對比風味與口感，像是硬脆、金黃的外表以及柔嫩、細緻的內部。

拿捏熱度：感官信號

誠如美國詩人瑪麗‧奧利佛（Mary Oliver）曾寫過的字句：「多留心、多注意，這是我們一直以來最重要的工作。」（To pay attention, this is our endless and proper work.）她一定是個好廚師！真的是這樣，我認識的所有優秀的廚師（不論是自家掌廚或是專業廚房裡的），都非常善於觀察。

前面章節提到的鹽、油和酸，可以靠著舌頭的試吃品嘗，引領我們下廚。而關於熱、溫度的拿捏，味覺以外的其他感官的接收信號能力，就相對重要多了。畢竟，等到我們可以試吃判斷的時候，也都是煮好了（用熱完畢）的時候了。使用以下感官所接收到的信號，來判斷食物煮好了，或是快好了。

看

- 蛋糕和快烤麵包出現金黃棕色的表面色澤，而且蛋糕或麵包體與烤模有些微的空隙產生。以牙籤刺入中心，取出後只會帶出一點點細碎的糕點或是完全乾淨，依蛋糕種類而定。
- 魚肉由透明轉變為不透明。帶骨的魚肉，開始與魚骨分離。多層結構的魚肉，像是鮭魚或是鱒魚，開始有層層分離的傾向。
- 帶殼類海鮮，例如：蛤蜊和淡菜，一旦熟了就會打開蚌殼。熟了的龍蝦與蟹肉，就不再緊黏著殼。干貝的內部，應該是維持些許透明度。蝦子會變色並且捲曲起來。

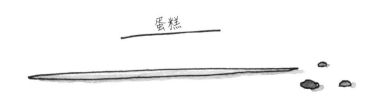

蛋糕

藜麥　　　　　　　小麥仁

生　　　熟　　　　生　　　熟

- 熟透的藜麥，原本在中心的核會外露，看起來像是根小尾巴。穀麥和小麥仁全熟透了，會開始從中裂成兩半。新鮮的義大利麵，燙熟後會下沉，顏色也變淡。乾燥的義大利麵，煮熟後顏色也會變淡，對折後麵體的中心應該有一點白白的，表示仍維持刻意夾生的口感。

- 判斷油炸食物是否煮熟，除了觀察表面的顏色之外，也要參考食物排出泡泡的速度。隨著油炸時間越長，食物內部水分會慢慢變少，因此變成蒸氣離開食物產生泡泡的速度，也就跟著漸漸變慢。

- 料理得當的雞肉，會由粉紅色轉變為不透明，但依然濕潤多汁。雞、豬、牛、魚肉，在料理時都能隨時透過刺刺、切切看，窺見熟度變化。挑選最厚的部位切開檢查是否熟透。烤全雞時，在雞大腿處刺一下，流出的湯汁清澈，就表示熟了。

- 輕晃以熟度恰好的卡士達基底甜點，中心會些許搖動，但周圍不會。蛋白不再黏稠滑膩，就是熟了。

嗅

- 料理的同時所聞到的食物香味，可能才是感官接受到的最大享受，嘗起來的滋味，或許反而是第二享受。試著記住：炒洋蔥時在焦糖化不同程度所散發出的氣息。同樣的，煮焦糖過程中的不同香氣，也嗅進記憶裡。這樣的訓練，有助於當你在廚房以外的地方忙碌時，也能同時監控烤箱中蔬菜的料理狀態，鼻子會最先知道。

- 炒香料時會先散發香氣，然後過一陣子才開始變色。方便我們聞到香氣後就熄火，讓餘溫繼續作用即可。

- 對於焦味永遠提高警覺，並追溯到傳出焦味的源頭。

聽

- 幾乎所有的情況下，食物放到鍋中時，應該發出滋滋聲響，這聲音傳達的是鍋子與油脂都有足夠的預熱。

- 然而，滋滋作響有很多種……滋滋聲頻率變慢，音量變大，有衝擊感，表示油脂噴濺。常常發生於熱油過多的狀況下，這時代表……要將油脂倒出一點、雞胸肉該翻面了、或是烤成棕色的牛肋排差不多可以出爐了。

- 仔細聆聽煮沸的聲音。尤其是煮滾一鍋水，準備轉小火要慢煮食物之用。如果真的仔細聽，一鍋滾水即使包蓋著鋁箔紙，你也能聽出它滾了。省下偷偷打開蓋子確認水滾的時間。

感覺

- 柔軟的肉品，煮的過程中會變得結實。

- 硬韌的肉，在煮的過程中也會變得結實；繼續煮，會開始鬆弛，輕碰就崩解或是骨肉分離。

- 烤好的蛋糕，輕壓會彈回來。

- 澱粉類食物，開始沾黏在鍋子底部，越來越難攪，在鍋底形成的那層黏黏糊糊的物質，有燒焦的傾向。刮下底部那層，或是換個鍋子，避免真的燒焦黏鍋。

- 豆類、穀物和澱粉類食物，由裡至外都呈現柔軟的口感，才是煮熟了。

- 義大利麵該是有嚼勁、中心點留著一咪咪硬脆口感。

- 煮熟的蔬菜，在最厚粗的部分會是柔軟的。

鹽、油、酸與熱的即興發揮

現在可以開始有趣的部分了：運用鹽、油、酸與熱創造出美好的料理與菜單。回答以下關於四大元素的基本問題，有助於料理點子的執行。鹽、油、酸，用量多少？何時？以及，該用什麼型態？料理使用溫和或是激烈的熱源，效果會最好？把這些問題的答案一一列下，料理的主題也會跟著浮現，接著就能開始創作了。

舉例來說，下個感恩節，依著對鹽、油、酸和熱所學到的一切，料理一隻你所嘗過最鮮美多汁的烤火雞吧！提前加鹽或是泡鹽水，是調味，也是為了讓肉質柔嫩。在火雞胸肉的皮下塞進切片的香草奶油，以保護低脂的火雞胸肉。送進烤箱前，將整隻雞的表面拍擦乾燥，可以幫助上色，也不會冒出大量蒸氣。料理前，拿到室溫下回溫，並且移去背脊（稱為**去脊骨展平**，參考 317 頁），就能攤平均勻且在烤箱中快速受熱。還有，務必要讓火雞休息 25 分鐘，肉質鬆弛後才上桌切片。最後，每一口都搭配著甜香清酸的蔓越莓醬一起享用。

或是，當家人央求你今天做牛肋排當晚餐，故意拒絕，讓他們失望。最後當晚餐桌上端出**慢烤鮭魚**或是**吮指香煎雞**，證明自己可以在無預警的狀況下煮出一桌好菜。然後才應允他們，耐心等待就有牛肋排享用。當做牛肋排的時機到了，前一晚先以足量的鹽提前調味。隔天煎上色後再以小火慢烤，等待的時間，同時準備軟香的蔬菜配料。小心烹調以紅酒和番茄為基底的醬料。送入烤箱，小火慢烤，等待更濃郁、更柔嫩與更多的風味。研磨一些你精心選擇的香草，做成莎莎醬提襯牛肋排，當你將食物端上桌，等著看他們撐大不可置信的雙眼。他們會蜂擁而上，開始享用。然後，紛紛問你怎麼辦到的？而你則會回答：「很簡單，就只要鹽、油、酸和熱。」

決定要煮什麼

現在你知道料理的方法了，接下來只需決定：要煮什麼。規劃菜單，是我很享受的料理環節之一，我視為簡單的拼圖：首先，決定好一個小小的部分，剩下的所有選擇都依附這個決定打轉。

錨定

選定一個元素，作為一道料理的重點，以此為基礎架構起一頓餐點。我稱為**錨定**（anchoring）。這是創造出風味與概念都合諧的最佳做法。

有時，錨定的是一種特定的食材，譬如兩天前抹鹽調味過的全雞；或者是，錨定一種料理的方式：可能是，夏日天氣正好，心頭癢癢非得生個火，烤點什麼。或是，發現一道特別的食譜，一定要試試不可。有的時候，就是簡單不想出門做任何採買，這時，料理的錨定點就是使用家裡現有的隨手食材（俗稱的清冰箱料理）。

還有些時候，料理的錨定元素是受限的時間、空間、物資來源或是爐灶、烤箱的繁忙程度。復活節當天，烤箱裡的空間彌足珍貴，這時烤箱的使用就是錨定的要點。思索評估，整頓料理有哪些食物是非用烤箱不可的，其他的就改用爐火或烤爐，或是提前製備，放涼後在室溫狀態下享用。週間的晚餐，料理的錨定重點，可能是有限的下廚時間，以沒時間為關鍵要點，挑選快熟易煮的肉類，架構起一盤料理。相反的，有大把時間的悠閒週日午後，料理的規劃可以擴大到一整天，試試花時間的慢煮料理。

當你想吃墨西哥、印度、韓國或是泰式料理，這些特定的異國風味就是料理的錨定點。思量一下，印象中哪些特殊的食材是這些異國料理的必要元素，然後以此為基礎，架構出一道料理。參考食譜書，回憶你的童年或是旅行的時光，打電話給你的祖母或是阿姨，問問她們的意見。決定是要遵循傳統做法，照著祖母的建議做，還是參考**香料地球村**（The world of Flavour，194 頁），以一道你本來就熟悉的料理為出發點，

自行融入你記憶中的異地風情。

如果你對於在地的農夫市集過分熱愛（像我就是），每次逛完市集回家總是提著超多煮不完的食材，那麼就讓食材本身作為錨定的重點。倒杯咖啡，在餐桌前坐下，從書架上取下你最喜愛的食譜書，或是翻到本書後面的食譜章節，尋找靈感。

我在 Chez Panisse 任職時的第一份工作內容是食材守衛（*garde-manger*）。每天早上六點上工，第一件事就是巡視四大間走入式冰箱裡的所有食材，並列出清單。才開始工作沒幾天我就記得要在廚師袍裡加件毛衣，巡逛這幾間冰箱，簡直是冷到骨子裡了。我也深刻的瞭解，這項工作對於廚師們設計菜單的內容影響甚大。只有清楚的知道手邊有哪些材料可用，農場、牧場跟漁夫分別送來什麼食材，一切清楚之後，他們才有辦法設計出一份可行的菜單。如果我不夠盡職，他們也無法做好份內工作。

後來，我愛上了每天早晨悠遊於四間冰箱的工作，在其他廚師還沒進廚房開始忙碌紛擾，洗碗機也尚未啟動發出噪音前的那段靜謐時光。很快的，我也瞭解了，事事隨時做筆記，是決定煮什麼的第一步，無論在專業的餐廳廚房或是自家廚房都一樣。而且，遵循這樣的料理風格，才能將食材品質淋漓盡致的發揮。任何食材一開始嚐起來不對勁，再如何善用鹽、油、酸和熱，都無法改變食材的本質。在自己的所能範圍內，購買品質最佳的食材。

原則上，越新鮮的農作物、肉類、乳製品或魚，滋味就越美好。一般來說，當地、當季的食材是最新鮮的，嚐起來也最美味。先採買食材，然後才決定煮什麼，是最能保障食材新鮮度與料理美味度的做法。而非決定好特定食譜，然後才用力祈禱能在市集裡尋獲完美熟度的無花果，或是細緻的迷你生菜。

如果你無法前往農夫市集，在超市架櫃上，盡量尋找看起來新鮮的食材。在店裡買菜和在廚房煮菜，都是一樣的，讓感官感受引領你判斷。如果綠色蔬菜看起來萎靡枯黃，番茄聞起來沒什麼番茄味，轉頭走向冷凍區，找出你要的食材。冷凍蔬果的選項，常常被人們遺忘，它們往往是在最盛產，最熟成、新鮮的時刻，收成後冷凍保存的。在嚴冬期間，或是某些時候，所有蔬果看起來都不太稱頭：冷凍豌豆和玉米，可以為餐桌注入一股春夏的風情。

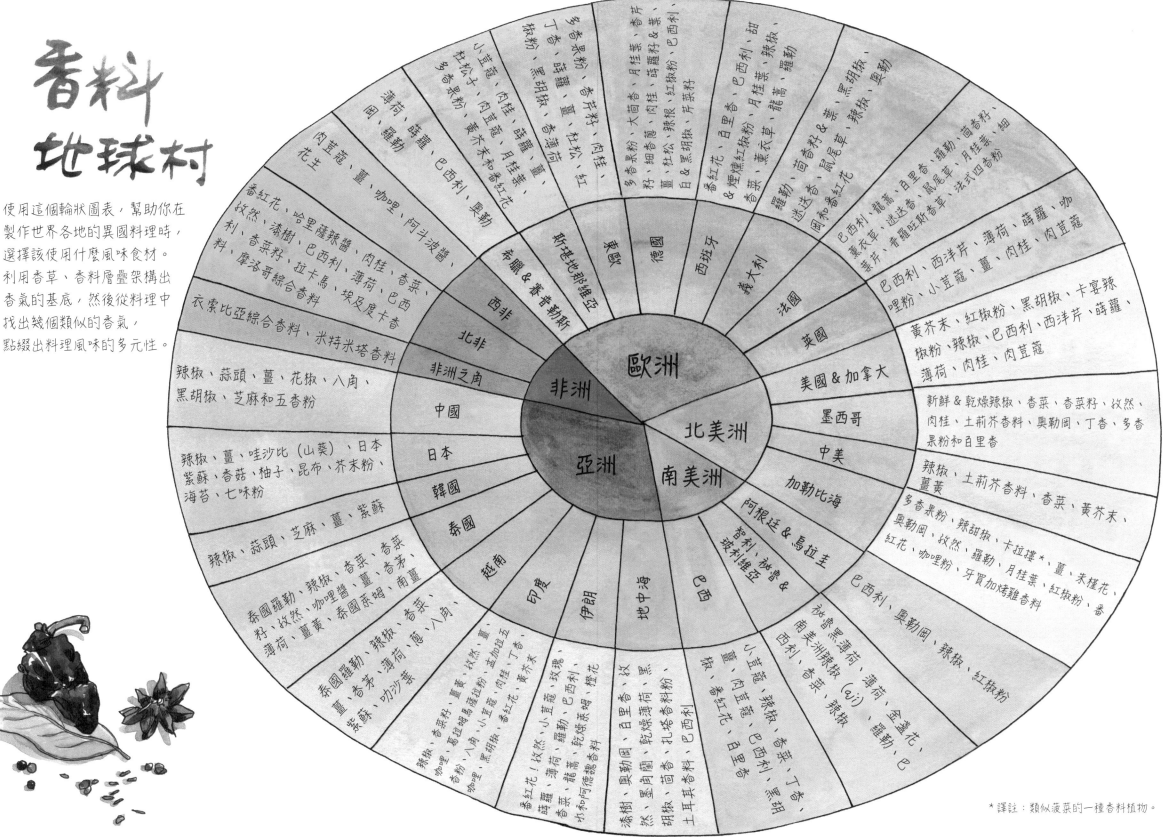

香料地球村

使用這個輪狀圖表，幫助你在製作世界各地的異國料理時，選擇該使用什麼風味食材。利用香草、香料層疊架構出香氣的基底，然後從料理中找出幾個類似的香氣，點綴出料理風味的多元性。

*譯註：類似菠菜的一種香料植物。

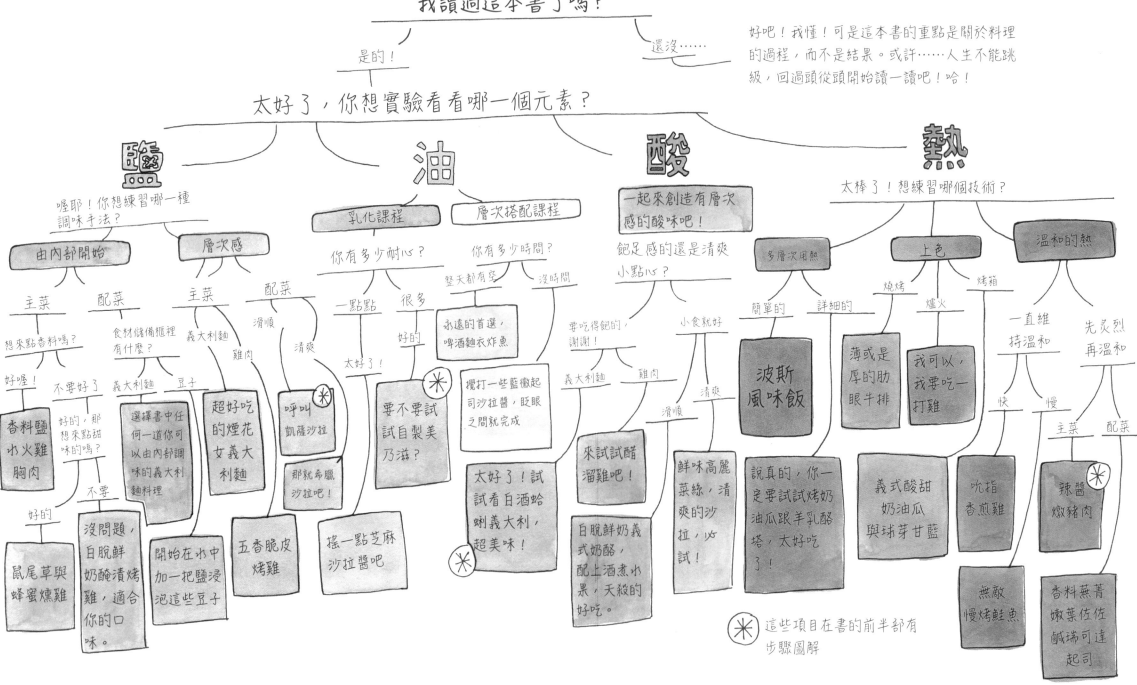

我該煮什麼？

我讀過這本書了嗎？

是的！   還沒……

好吧！我懂！可是這本書的重點是關於料理的過程，而不是結果。或許……人生不能跳級，回過頭從頭開始讀一讀吧！哈！

太好了，你想實驗看看哪一個元素？

鹽

喔耶！你想練習哪一種調味手法？

由內部開始   層次感

主菜   配菜   主菜   配菜

想來點香料嗎？

食材儲備櫃裡有什麼？

滑順

好喔！   不要好了

義大利麵   雞肉   清爽

好的，那想來點甜味的嗎？

義大利麵   豆子

香料鹽小火雞胸肉

不要

好的

鼠尾草與蜂蜜燻雞

沒問題，白脫鮮奶醃漬烤雞，適合你的口味。

選擇書中任何一道你可以由內部調味的義大利麵料理

開始在水中加一把鹽浸泡這些豆子

超好吃的煙花女義大利麵

五香脆皮烤雞

呼叫凱薩沙拉

那就希臘沙拉吧！

油

乳化課程   層次搭配課程

你有多少耐心？   你有多少時間？

一點點   很多   整天都有空   沒時間

好的   太好了！

永遠的首選，啤酒麵衣炸魚

要不要試試自製美乃滋？

搖一點芝麻沙拉醬吧

太好了！試試看白酒蛤蜊義大利，超美味！

攪打一些藍黴起司沙拉醬，眨眼之間就完成

酸

一起來創造有層次感的酸味吧！

飽足感的還是清爽小點心？

要吃得飽的，謝謝！   小食就好

義大利麵   雞肉   清爽

滑順

來試試醋溜雞吧！

白脫鮮奶義式奶酪，配上酒煮水果，天殺的好吃。

鮮味高麗菜絲，清爽的沙拉，必試！

熱

太棒了！想練習哪個技術？

多層次用熱   上色   溫和的熱

簡單的   詳細的   燒烤   爐火   烤箱

波斯風味飯

薄或是厚的肋眼牛排

我可以，我要吃一打雞

一直維持溫和   先爆烈再溫和

說真的，你一定要試試烤奶油瓜跟羊乳酪塔，太好吃了！

義式酸甜奶油瓜與球芽甘藍

快   慢   主菜   配菜

吮指香煎雞

辣醬燉豬肉

無敵慢烤鮭魚

香料蕪菁嫩葉佐佐鹹瑞可達起司

✳ 這些項目在書的前半部有步驟圖解

平衡，層次化和節制

　　當你選好錨定點後，就能開始調整料理的平衡。為長時間燉煮、口味豐厚的料理，搭配上清新爽口的配菜。如果你預計要做麵包感重的前菜，可能是**冬日托斯卡尼麵包沙拉**（Winter Panzanella）或是**番茄與瑞可達起司烤麵包**（Tomato and Ricotta Toasts），那麼接下來的餐點就該避開澱粉類的食物：不要義大利麵，不要蛋糕，也不要麵包布丁。如果打算以卡士達基底的**巧克力布丁派**（Chocolate Pudding Pie）作為飯後甜點，在這之前的主菜不要採用**起司奶油白醬義大利麵**（Pasta Alfredo），牛排也避免搭配白醬。

　　整合規劃料理的口感與風味之外，食材的選用也要避免重複性太高，除非你的計畫是慶祝某個當季盛產的食材，譬如番茄湯、沙拉、冰沙。口感柔軟，撫慰人心的料理，如果搭配酥脆烤香的堅果，或是脆香的培根脆片，會使得料理更豐富有趣。滋味飽滿的肉品，配上清爽具有酸度的醬汁，以及滋味簡單、川燙過或是生的蔬菜。乾口的澱粉類食物，應該搭配生津的醬汁互補，像是淋醬到位的多汁沙拉，這個時候就能同時扮演稱職的配菜與醬汁。換句話說，使用簡單方法料理的肉品，像是煎牛排或是燙雞肉，搭配上烤、煎、炒的蔬菜，蔬菜起鍋後，加入液體洗下梅納反應產生的棕黑物質，收乾當醬汁。

　　讓季節替換賦予你靈感；同一時期盛產的農作物，在餐桌上也能夠彼此提襯。舉例來說，玉米、豆子和瓜果類在同一季節一起收成，因此結合了這蔬果三姊妹，而有了豆煮玉米（succotash）這道料理。番茄、茄子、櫛瓜和羅勒，烹煮成為法式燉菜（依照地中海沿岸地區的不同而有不同的稱呼：*ratatouille*、*tian* 或是 *caponata*）。鼠尾草，是冬季安撫身心的香草，因為它的葉狀及香氣，和冬季瓜果類食物一起經歷了嚴寒的考驗。珍貴稀有，滋味力道強大的食材，適合用乾淨、清爽的風味搭配，像是：清湯、溫和的香草，最後再擠淋一點柑橘類果汁，可以預防氧化變色，例如：春天的豌豆和蘆筍，細緻的鮭魚或是比目魚，或是夏季水果沙拉。很多時候，天氣、季節或是環境場合影響著風味的深度：勇敢的將香料蔬菜及肉類煎上色後加入濃厚的高湯燉煮，配

上起司、香菇、鯷魚或是其他鮮味飽足的開胃食材。原則上，就是鎖定在單純清爽與濃厚深度兩者之間，碰撞出火花。

一頓餐點中的某些或是特定料理，刻意的烹調成香料十足的重口味，其餘的則是維持中性清淡。如果你想要，也能少量使用相同的香料作為呼應，避免味蕾負擔過重。配菜可以採用簡單的紅蘿蔔濃湯，佐點印度優格生菜料理，與香料澄清奶油。煮米飯或豆子時，孜然籽只需要幾顆即可，但是用於醃入味要包進墨西哥玉米餅裡的牛肉，就需要大量的辣椒、蒜與孜然籽。

如果煮出的食物嘗起來不對勁，回過頭再看一次鹽、油、酸的部分，檢視這三個元素是不是有平衡搭配。往往這麼一檢視，就足以找到並解決問題。如果，還是覺得少了什麼，那麼將檢查焦點移到鮮味元素上。滋味過於平淡嗎？加點醬油、一些磨碎的鯷魚或是帕瑪森起司，能有大大的改善。最後，來說說食物的質地。有特殊原因，非要食物無聊的維持只有一種口感嗎？加點酥脆麵包丁，烤香的堅果或是酸味的漬物，提供有趣的反差。

科學研究顯示，人們喜歡吃的食物常常在感官體驗上，讓人有對比感受的共同特質。包括淺色與深色，甜與鹹，酥脆跟綿密，熱和冰，還有，想當然爾的，甜與酸。

再聊到香草與香料，擁有喚醒最平淡無味食物的能力。香草莎莎醬、黑胡椒醬、灑點切碎的新鮮巴西利，黎巴嫩的扎塔香料（za'atar，中東綜合香料粉）或是日本的七味粉，可喚醒任何料理。

料理的風味，倚靠著品嘗與嗅覺，層次交錯而傳遞。使用單一食材，搭配不同的部位或手法，能為料理添增立體感：檸檬皮與汁；香菜籽與葉；球狀茴香的籽、針葉和球狀的部分；新鮮甜椒跟乾燥辣椒；烤香的榛果和榛果油。

如果菜單的設計讓你壓力很大，感到苦惱，只要記住：終其一生，你都得吃飯，隨時都在試著創造出完美平衡的菜單。

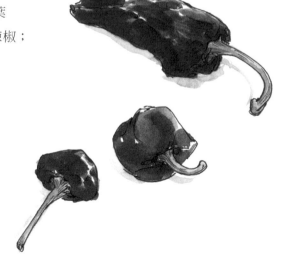

就算是在餐廳用餐，多道菜的抉擇也是一種練習。每次當你點了沙拉，就忍不住把一半份量的義大利麵、主菜和甜點分給同桌吃飯的朋友，這也是你直覺式的在設計（對你來說）平衡的一餐。

雖然知道吃不完，但仍常常不受控制的同時點凱撒沙拉、肉丸子、義大利麵、炸雞和冰淇淋，然後才本能的發現，這些菜完全不搭，錢白花了。

在廚房裡所做出的每個決定，都要有個清楚的原因支持它。很奇怪的是，那些每個人都能想到的普通料理，嘗起來卻不盡相同。決定什麼食材要搭配什麼食材，好好考慮才做決定，就能把食材最好的一面提帶出來。

使用食譜的方法

　　廚師茱蒂‧羅傑斯（Judy Rodgers）曾說過：「食譜不會使食物變得美味，但人會。」我實在太同意她這句話了。通往美味的道路，大多數的時候是很簡單的：「只需鹽、油、酸使用得當，選用對的熱源種類，加熱時間長短對了，也就可以了。」有一些時候，就需要參考食譜。不論是找尋靈感，或是一步步引導做法，一份好的食譜是無價的。

　　然而，食譜卻往往讓我們誤以為料理的過程是一步接著一步，錯覺整個流程是線性的。事實上，美味食物的料理流程卻往往是呈現環狀發展；像張蜘蛛網，輕碰其中的一角，整張網都會跟著顫動。在本書的最開始，我解釋過了完美的凱撒沙拉醬猶如煉金術般的魔力。這裡再提一次，例如：鯷魚的使用量，連帶著會影響用鹽量，然後就牽連到起司的添加量，這又關係到需要加多少醋，以及是否需要擠點檸檬汁。每一個小決定，做的對，就是把整體的滋味往上推一把，達到最有深度的風味，是終極追求的目標。

　　把食譜視為一道料理的照片。越好的食譜，細節呈現的越多，對焦點也準，照片也越生動引人入勝。但是，再美麗的照片，也比不上真正身歷其境，親身聞著香味、嘗著滋味，聽著聲響。照片無法完全滿足感官上的體驗，食譜當然也無法顛覆這樣的邏輯。

　　一份好的食譜，就像一張好照片，娓娓生動的道出故事。不完善的食譜，故事說得片段不明，讓人無法連貫。造成這樣失誤的原因有很多，可能是文字的編輯能力不好，或是食譜試做員回饋的意見不夠精確，又或者是根本沒有試做人員的存在。原因其實已經不重要了，簡單的說，沒有任何食譜能做到萬無一失。實際下廚的人，是你！把料理端上桌的人，也是你！因此，你更該使用感受與觀察力（尤其是常識判斷力），引導自己料理出期望的結果。多年以來，我很驚訝的發現，很多善用料理的廚師們，在照著食譜做菜時，放棄了自己原本的獨立判斷能力。

　　相反的，當你選定食譜後，別讓食譜綁架了自己對食材、廚房設備的既有知識，以及最重要的，本身的口味喜好。對現有的條件務實，把持住已有的知識。攪拌、試

吃、調整。

　　某些特定的食譜，尤其是甜點食譜，務必要逐字逐句的照做。但是我真心的認為，料理食譜比較像是給人指引的概念，有些指引明確，有些就很模糊。試著解碼食譜中暗藏的密碼，參透它要引領的方向。

　　當你瞭解了，其實熬煮、燉煮，和製作義式肉醬（ragù）或是美式燉辣肉醬（beef chilli），做法上是同一件事，我希望你能感到舒心解放。不管食譜上怎麼說，就倚靠自己的判斷力，選用適合的鍋子，決定溫度高低，抉擇脂肪種類將食材炒上色，判斷熟度。

　　很多時候，食物包裝上附的食譜是最不會出錯的。我吃過最美味的南瓜派，就是照著 Libby's 南瓜泥罐頭上的食譜，再把其中的煉乳改成重鮮奶油（是的，就是收錄在後半部食譜的版本）。我在 Chez Panisse 工作時製作玉米麵包（corn bread）的首選食譜，則是參考 Alber's 玉米粉包裝盒後方的食譜，改用來自卡羅萊納州南方的現磨玉米粉。還有，我一直以來最喜愛的巧克力豆餅乾食譜，有小小參考餅乾品牌 Toll House 的做法！

　　當你第一次要做某道特定料理時，閱讀幾分不同的食譜，彼此比較並做筆記。留意有哪些食材、技術跟調味品是每道食譜都使用到的，差異在哪裡。如此一來，你就能找到這道料理中不可妥協的特色，以及哪些地方有改良的空間。經過一陣子的閱讀與試做，你會慢慢清楚哪些廚師或是食譜作家是傳統派，哪些是創新自由派，你將擁有更萬全的準備，能夠決定要使用哪個食譜，以及該採用什麼樣的料理風格。

　　如果你要做（沒親身造訪過的）某個遙遠國度料理，好奇心會是這類料理的最重要的食材。不管是否親身造訪過當地，烹煮或享用異國料理是最佳拓展視野的方法，並且能感受到世界之大、之美，充滿著魔法與驚奇。就讓好奇心引領你走向一本新書、雜誌、網站和餐廳、料理課，當然還有城市、國家和每一洲。

　　一直在改變，是料理的天性。即使是同一排的豌豆在不同一天食用，因為內含的糖分轉化為澱粉，嘗起來也就不盡相同。於是必須以不同的料理方式，才能發揮出這些豆子最好的狀態。換句話說，你必須留心觀察，然後問問自己，今天這一些食材該怎麼做最好。

將以上這一切，以及在 PART ONE 我所教給你的全部，全都放在心上，在 PART TWO 我要再給你最必需、變化度最高、最推薦的食譜。這些食譜在編排與架構，和一般食譜不太一樣，它們呼應著我解釋過的鹽、油、酸和熱在料理上的模式與課程。參考圖表跟資料圖安排自學。這些資源有點像是腳踏車的輔助輪：持續的使用它們，直到你覺得駕輕就熟為止。然後，捨棄一切，就只以料理四大元素為唯一遵循的法則，這也是你唯一需要的。

● ● ●

　　有天晚上，當我正在看第不知道幾次的《真善美》（*The Soune of Music*）電影時，跟著哼起了主題曲 Do-Re-Mi（請自行幻想我五音不全的歌聲）。「一旦你們學會了這些音符，你們就能唱幾乎所有的歌。」頓時這首歌有了全新的意義：「一旦你們認識了基礎的鹽、油、酸與熱，你們就能煮出幾乎所有的料理，而且煮得很好。」

　　格局上，這是料理的四個基本音符，學習時繞著它們為主軸。期許自己先精通經典的料理，然後開始變化，像是爵士音樂一樣，在中規中矩之餘放進自己的個人色彩。

　　每次下廚前，都要想想鹽、油、酸與熱。選擇正確的熱的種類與強度。邊煮邊試吃、微調鹽、油和酸的用量。多思考一點，感官知覺全開。做個千百次的料理，也一樣要以這四個元素考量下手，在第一次做異國料理時，也以這四大元素為主軸。它們，不會讓你失望的！

現在，
你懂得做菜了……

PART TWO

食譜與建議

廚房裡的
基本常識

選擇工具

利用以下清單，幫助你針對不同的工作，選擇正確的工具。

鋸齒刀和主廚長刀和小刀

鋸齒刀只有在以下幾個情況非用不可：麵包、番茄切片和為蛋糕切分層。其他的時候，用主廚長刀就好（越利越好）。任何需要精準的工作項目，則是使用小刀。

木匙和金屬湯匙和橡皮刮刀

邊煮邊攪拌的情況，使用木匙。木匙質地柔軟可以避免刮傷鍋子，同時又夠給力，足以刮起可能黏在鍋子底部的焦糖化物質。在將辣肉醬或是義大利肉醬炒上色時，適合使用金屬湯匙，可以利用湯匙邊緣將結塊切散。當你需要將碗或鍋中的食物徹底刮撈取出、一滴不剩時，使用橡皮刮刀就對了。

炒鍋與鑄鐵燉鍋

煎、炒或是任何需要快速將食物加熱上色的情況，使用炒鍋。鑄鐵鍋邊緣比較高，可以困住蒸氣，幫助堅韌的食物久煮變軟。因為鑄鐵鍋邊緣高聳，當做油炸鍋熱油不易溢出，也很適合。

烤盤跟料理盆

鋪有烘焙紙的烤盤是燙過的蔬菜、煎上色的肉、煮熟的穀物，或是任何需要快速冷卻，以免餘溫持續作用而煮過頭的食物的絕佳暫放之處。烤蔬菜、麵包丁或其他食物，先在料理盆裡加鹽、油，以確保調味均勻，之後才移到烤盤上。

挑選食材

關於鹽的筆記

　　我有好多關於鹽的事要說明，內容實在太多了，所以我整整寫了一章。我強烈建議大家務必要先讀完鹽的章節，才進廚房實作，但我也知道很多人實在就是忍不住。

　　如果食譜上沒有特定說明該使用哪種鹽，那麼就使用手邊現有的鹽（含碘的精緻鹽除外。如果你手邊只有這種鹽，你應該把它丟掉，趕快出門買盒猶太鹽或是海鹽）。在料理調味過程的一開始，先從加一或兩小撮鹽開始試味道，一路不時的試味道，直到滿意為止。

　　參考43頁的**基礎用鹽指南**，了解一大匙各種不同的鹽，約略的重量與鹹度。提示：差異很大。因此，非常建議大家以我提供的用量作為一開始的基準，再慢慢培養出自己的一套調味標準。以下的食譜，我分別針對鑽石牌猶太鹽（紅色盒子）和超市常見的細海鹽，都有實際使用測試過。在美國，鑽石牌猶太鹽可從網路商店購得，而莫頓猶太鹽可以在亞馬遜網路商店購買。莫頓猶太鹽（藍色盒子）幾乎是鑽石牌的兩倍鹹度，如果你用的是莫頓鹽，只需要使用食譜註明用量的一半即可。

千萬別將就

　　書裡食譜所使用的食材，大多數在一般生鮮超市就可以買到。但是，我在某幾項食材上特別講究，很建議大家也跟進。好料理，建立在好食材的基礎上，當你坐下來好好享受一頓出自於自己的美味晚餐時，你絕對會感謝我請你在這些食材上堅持一下的建議。

購買負擔得起的最佳的食材
- 前一個年度生產的初榨橄欖油
- 來自義大利，整大塊的帕瑪森起司
- 巧克力與可可粉

買食材原形，自行處理使用
- 摘、切**新鮮香草**（永遠使用義大利或是平葉的巴西利）
- **檸檬**與**萊姆**汁
- **大蒜**剝皮、切碎、拍扁
- 研磨**香料**
- **鹽漬鯷魚**，泡水、沖洗、切碎
- 有機會的話，自製**雞高湯**（參考 271 頁）。或是向熟悉的雞肉攤購買新鮮、冷凍的雞高湯，如果都沒有，就用清水，避免使用盒裝或罐裝的（這類的高湯風味差多了）

　　詳細的常備食材清單，請參考扉頁列出的項目。更多關於挑選食材的建議，可以往前翻幾頁到〈決定要煮什麼〉有篇幅介紹。

幾項基本技術

洋蔥切絲與切丁

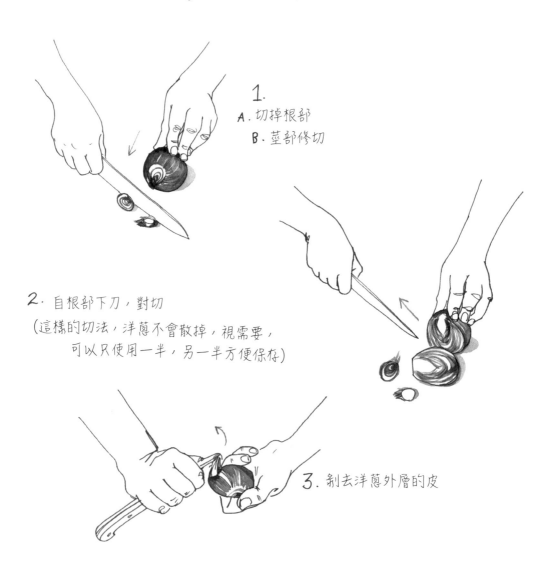

1.
A. 切掉根部
B. 莖部修切

2. 自根部下刀，對切
（這樣的切法，洋蔥不會散掉，視需要，
可以只使用一半，另一半方便保存）

3. 剝去洋蔥外層的皮

洋蔥切絲

延續步驟 1-3：

4.
刀子以 45°角，
將根部切除

刀子呈 45°角

5. 刀子以相同的角
度，將洋蔥切片，
圖示如箭頭處

留意刀子切的角度

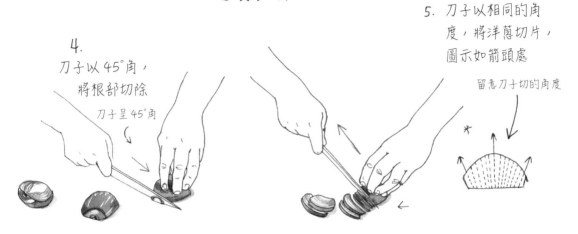

洋蔥切丁

延續步驟 1-3：

4. 刀子由洋蔥的莖端往根部水平的切，
留住根部不要全切斷。

由下往上移動，
重複數次的水平切

5. 垂直的切片，
保留根部，
不要切斷

6.
轉 90°切出洋蔥丁

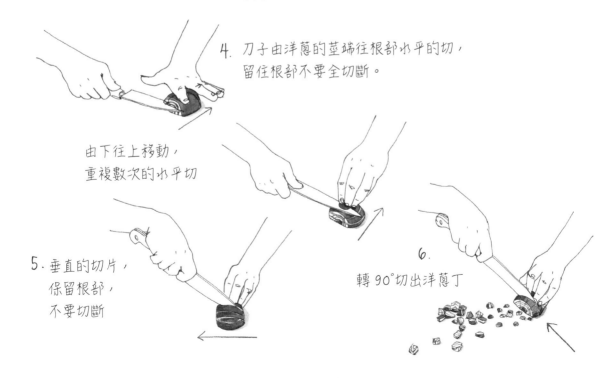

大蒜變身大蒜泥

1. 取一或兩瓣大蒜，剝皮後，切去中心的綠莖

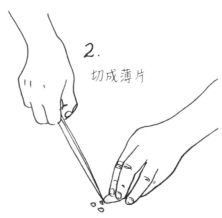

2. 切成薄片

3. 切碎

4. 加入一小撮鹽，增加摩擦力

5. 使用刀鋒就著砧板將碎碎的蒜磨成滑順細緻的泥

6. 如果沒有要馬上使用，將蒜泥裝進小碗，倒點橄欖油隔絕與空氣接觸，以預防氧化變色

切碎巴西利

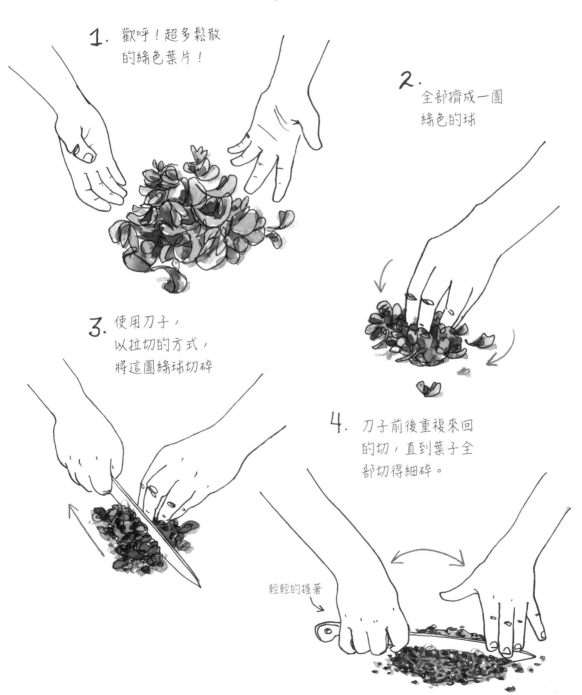

1. 歡呼！超多鬆散的綠色葉片！

2. 全部擠成一團綠色的球

3. 使用刀子，以拉切的方式，將這團綠球切碎

4. 刀子前後重複來回的切，直到葉子全部切得細碎。

輕輕的握著

各種切塊的 大小

圖示真實尺寸

莎敏到此一遊 →

切丁

大丁　　　小丁　　　沒丁

削片

切碎

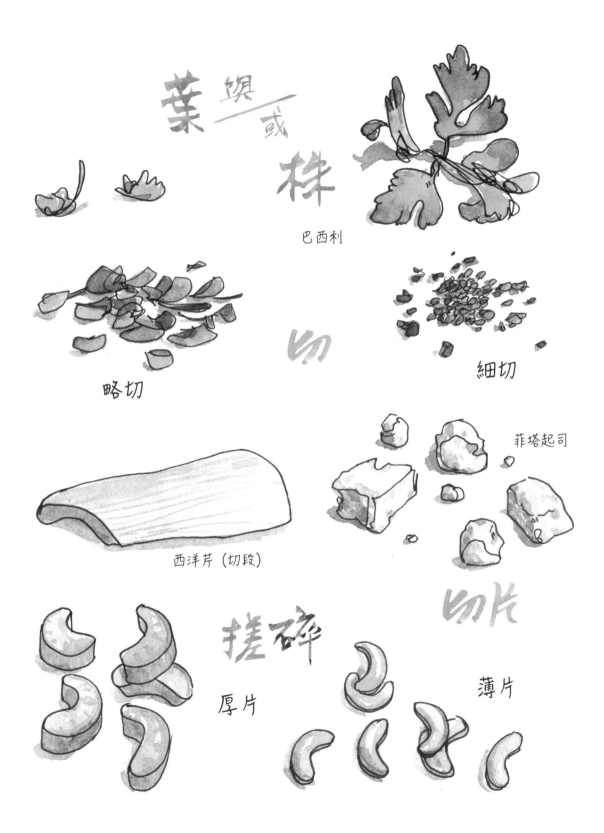

葉與或株

巴西利

略切

細切

西洋芹（切段）

菲塔起司

搓碎

厚片

切片

薄片

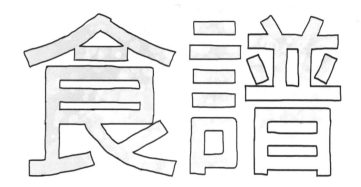

食譜

沙拉

　　我有個廚藝非常精湛的母親。舉凡從軟嫩入味的小羊腿，到加有玫瑰花水的甜點，我的母親能料理許多種類，以及各式風味的食物。但是，說到沙拉，一直以來我們的餐桌上就只會出現以下兩種：波斯大黃瓜、番茄和洋蔥，也就是**希拉吉沙拉**（*Shirazi salad*，230頁），以及蘿美生菜—佩克里諾綿羊起司—日曬番茄夏季沙拉。在我小時候，很快的就對沙拉料理感到厭倦。一直到我離家上大學之前，我是完全不碰沙拉的。

　　後來，我進了Chez Panisse工作，那裡也被稱為愛麗絲的沙拉之家（Alice's House of salads），如果世界上有間以沙拉稱霸的餐廳，非Chez Panisse莫屬。我曾經聽到雅克·貝潘（Jacques Pépin）宣稱，光看一位廚師怎麼料理雞蛋，他就能判斷這位廚師的廚藝程度。對於愛麗絲來說，延伸至她門下的所有工作人員們，經由沙拉能看透一位廚師的程度。

　　我在Chez Panisse學會了使用各式各樣的食材：蔬菜、水果、香草、豆類、穀物、魚、肉、蛋或堅果創造出一道道沙拉，傑出美味的那種！如同一般其他的料理一樣，在沙拉料理中，只要鹽、油、酸三個元素對了，就會很美味。另外，可以加入質地酥脆的食材增加口感豐富度，或是鮮味滿滿的食材更進一步提味，是為沙拉額外加分的訣竅。參考下頁的塊狀楔型生菜沙拉（Wedge）、凱薩沙拉、柯布沙拉（Cobb），這些都是具有完美平衡滋味與口感的經典沙拉，可以從中得到更多關於沙拉創作的靈感。

　　盡可能的讓自己熟悉、上手後續介紹的基礎沙拉食譜，然後在心中衍生出自己的一套理想沙拉必備清單，以作為日後即興創作的依據。決定風味的走向，善用脂肪、酸與香草的搭配，找出個人所追尋的理想組合。

　　不論是當季生鮮食材，或是新鮮香草和油醋醬，沙拉料理中的任何一個食材都能是美味可口的。學著如何使用雙手拌勻一盆沙拉，雙手遠比料理夾或是木杓都來得實用。讓雙手感受沙拉裡每個葉片均勻被醬汁包覆的感覺，然後試吃看看，再斟酌調味。

　　由多種元素組合而成的沙拉，譬如217頁的**酪梨佐祖傳番茄和黃瓜沙拉**（avocado with heirloom tomato and cucumber），將沒那麼嬌嫩的黃瓜片在小碗中先行以鹽、醋調

味。在盤中先一一將豐富多色的番茄片排列開來，上頭再疊放一匙匙挖下的酪梨肉，然後以鹽、油醋醬調味後，才將事先調味過的黃瓜片散落擺放四周。最後，擺上最細緻脆弱的一小叢香草或是以鹽及醬調味過的一小撮芝麻葉，作為這道沙拉的完成步驟，其實任何沙拉都是如此的做法。

理想的沙拉

一起來解構	塊狀楔型生菜沙拉	凱薩沙拉	柯布沙拉	希臘沙拉
鹽	培根和藍黴起司	鯷魚、帕瑪森起司和伍斯特辣醬油	培根和藍黴起司	菲塔起司和橄欖
油	培根、藍黴起司和橄欖油	蛋、橄欖油和帕瑪森起司	酪梨、蛋、藍黴起司和橄欖油	橄欖油和菲塔起司
酸	藍黴起司和醋	檸檬、醋、伍斯特辣醬油和帕瑪森起司	醋、黃芥末醬和藍黴起司	醋或檸檬、醋漬洋蔥絲、菲塔起司和番茄
酥脆	包心生菜和培根	蘿美生菜和麵包丁	蘿美生菜、小田芥和培根	黃瓜
鮮味	培根和藍黴起司	帕瑪森起司、鯷魚和伍斯特辣醬油	藍黴起司、培根、番茄和雞肉	番茄、菲塔起司和橄欖

酪梨沙拉矩陣

　　豐腴、滑順的酪梨，是我深愛的幾個負擔得起的奢華食材之一。只需一顆熟透的酪梨，就能輕而易舉的架構出一道雅緻的沙拉。而且，既然酪梨跟所有酥脆、具酸度的水果及蔬菜都能合拍搭配，與其給一道特定的酪梨沙拉食譜，不如傳授大家一批我整理出來的酪梨沙拉的多種可能性矩陣。

　　有一回，我在瑜伽分享課程時，帶上酪梨、血橙、鹽和品質優良的橄欖油，完全印證了我一向認為的酪梨沙拉能讓任何一餐變得獨特的論點。在課堂中途午休時，我們為班上一位同學規劃了一場一人一菜的生日驚喜餐會。我準備了一道簡單的沙拉：將柑橘水果切片後，鋪放在盤上，接著擺上一匙匙挖取出來的酪梨果肉，然後以橄欖油及鹽，調味這兩種食材。在健身房後方舉行的餐會上，這道沙拉顯得格外清爽，我完全沒有料想到在數十年後，聚餐上的每一個人依然不斷跟我說起那道沙拉是他們這輩子所嘗過最美味的沙拉。

　　要製作四人份，可以由一顆（隨時可依個人喜好加倍份量）熟透的酪梨開始著手。對照 222 頁的圖表，挑選喜歡的食材及淋醬一起加入沙拉中。讓一餐裡的其他料理幫助你決定沙拉的走向，該是摩洛哥、墨西哥或是泰國料理路線。不論你的決定如何，每一個版本的沙拉最後再佐上一叢香草，一些薄切的球狀茴香，或是一把芝麻葉，都是合拍對味的加分手法。

酪梨

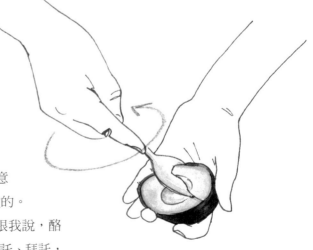

　　哈斯酪梨（Hass avocado）是最普遍又容易取得的酪梨品種，具有絲綢般的質地，豐腴、堅果香氣濃厚，也正好是我最喜愛的品種。你也可以選用自己偏愛的品種，只需留意要恰好熟透即可：熟度剛好的酪梨，輕碰是柔軟的。

　　一位當了手部外科醫生近四十年的朋友曾跟我說，酪梨和貝果是造成手部外傷的兩大原因。因此，拜託、拜託，在取中間的籽時，絕對要將酪梨放在砧板上，才用刀取下籽。

使用一顆酪梨製作這款沙拉，由於酪梨與空氣接觸後會快速的氧化造成變色及變味，因此，留到最後一刻才切塊加入。

當酪梨對切並移除中間的籽後，使用湯匙隨性的挖取果肉，擺入盤中。每一塊酪梨果肉都悉心的加點片狀鹽及油醋醬，如果你手邊正好有溫和的辣椒片，像是：阿勒頗辣椒（Aleppo），也建議灑上少許，除了加進一點香辣提味，同時在色澤上能有紅綠鮮豔對比的效果。

甜菜根

使用 2 到 3 顆小型的甜菜根，頭尾切除後清洗乾淨。我的經驗是，紅色的甜菜根能有一致水準的美味，而金黃色及具有螺紋的基奧賈（Chioggia）甜菜根，則是讓料理在呈現時增添不少驚豔。美豔的程度，讓即使是一心只注重食物風味如我，也能偶爾為了這些美麗的蔬菜開特例。

預熱烤箱至 220℃。將甜菜根以不重疊、單層的方式排放在烤盤中，在烤盤裡注入約 5mm 高度的水，為的是在烘烤時產生蒸氣，而不是要水煮甜菜根。在烤盤上方放一張烘焙紙，接著再以一層鋁箔紙緊緊包裹起整個烤盤。烘烤一個鐘頭，或是直到熟透，以小刀能輕鬆刺入。請務必要將甜菜根烤熟，比不熟的甜菜根還倒人胃口的食物，實在不多。注意從烤箱飄出來的陣陣香氣，如果聞到了一陣焦糖甜香，那表示烤盤中所有的水分都煮乾了，必須再添一些水，以免甜菜根烤焦。

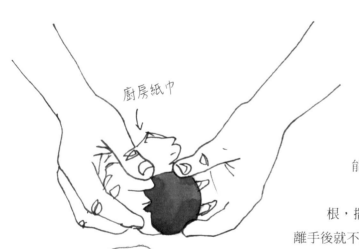

廚房紙巾

烤好的甜菜根，放涼後，以廚房紙巾摩擦的方式，外皮就能輕鬆脫去。切成一口大小後，倒入在盆中，加入 1½ 小匙的葡萄酒醋及 1 大匙的初榨橄欖油和鹽，翻攪均勻，靜置 10 分鐘後，試吃後再斟酌的調味。記著，適量的酸與鹽，能將甜菜根本身的甜度加成釋放。

上菜了！在盤中擺放好一塊塊的甜菜根，擺放甜菜根的原則如下：有信心的放好離手後就不要再移動了，以免盤上留下甜菜根的汁液痕跡，而顯得髒髒亂亂的。

柑橘類

使用 2 到 3 顆的任何柑橘類水果，可以是葡萄柚、柚子、柳橙、血橙，甚至是橘子也行。挑選一兩種不同的柑橘搭配使用，增進風味豐富度，以及提升視覺上的美感。

將柑橘的頭尾略切，放在砧板上，使用利刀一條一條的方式切去外圍的皮。脫皮完成的柳橙或是橘子，轉 90° 後切成厚度約 5mm 的圓片，同時剔除中心的籽。葡萄柚和柚子，脫皮後則是再進一步處理成一瓣瓣（supreme 或是 segment）。一隻手握住水果，懸在盆子上方，另一手小心的拿把利薄的刀子，沿著果肉的瓣膜間切下，取下果肉瓣。依序將整顆柑橘果肉瓣都取下，完成後將手中的殘渣擠乾，以另外的小碗裝盛果汁，可用於製作 244 頁的**柑橘油醋醬**、404 頁的**義式冰沙**（Granita），或是直接喝掉它！將果肉片、瓣擺入盤中的同時，加點鹽調味。

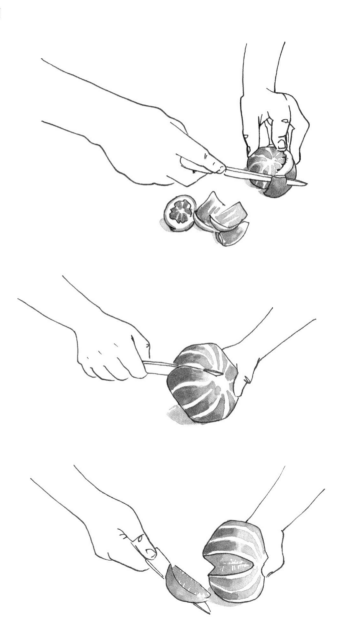

番茄

使用 2 到 3 顆熟透當季（夏季月份）的番茄，參雜使用幾片和祖傳番茄滋味對比的品種，例如：綠紋斑馬（Green Zebra）、白番茄（Great White），以及黃色品種，像是：驚奇條紋（marvel stripe）或是夏威夷鳳梨番茄（Hawaiian Pineapple），粉色番茄，例如白蘭地番茄（Brandywine），還有深色品種的番茄，譬如切諾基番茄（Cherokee Purple）。都能為沙拉的風味與視覺呈現上加分許多。

使用小刀將番茄的中心部分切除後，水平橫切成 5mm 厚的薄片。擺放到盤子上的同時，加鹽調味。番茄搭配著甜菜根或是柑橘類水果，多色蔬果優美的擺盤成就出一盤沙拉。

黃瓜

這道沙拉料理中，幾乎使用到的食材都是質地柔軟、風味飽足的食材，因此需要清爽、脆口的黃瓜參與，提升口感豐富度。建議使用 225 克左右的任何品種或風味的薄皮黃瓜。大概就是兩根波斯、日本黃瓜或檸檬黃瓜，或是一根美國黃瓜。採用留下間隔的手法將黃瓜削皮，我個人將這樣的削皮方式稱為**條紋式削皮**（stripey peel），凡是只想削去食材的部分果皮時，就使用這個技巧（刻意保留蔬果的部分果皮，能幫助食材在烹煮時維持結構，是很實用且重要的廚藝手法。尤其像是茄子和蘆筍這類質地較細緻的蔬菜，若沒有果皮的支撐，往往煮著煮著就崩散瓦解了）。隨後沿著黃瓜的長度縱切，如果內部的黃瓜籽大小比胡椒粒大的話，以小湯匙挖除。接著，以斜刀的方式切出瘦長半月形狀的黃瓜片。加鹽、油醋醬，拌勻後才與沙拉的其他食材會合。

醋漬洋蔥

取半顆紅洋蔥放在砧板上，刀鋒與洋蔥的根部平行，再對切一半。一隻手將這兩份 ¼ 顆洋蔥靠攏後，再切出約 ¼ 顆份量的洋蔥絲。將洋蔥絲放進攪拌盆裡，加入 2 大匙的葡萄酒醋或是柑橘類水果汁，翻拌均勻裹上，就讓洋蔥絲泡在酸裡，靜置 15 分鐘後才使用。這樣的步驟能減低洋蔥的辛辣滋味，同時洋蔥絲也會吸收酸度，使用於沙拉中時，能提供酸味以及洋蔥絲本身宜人的脆度。漬洋蔥最後留下的酸性液體，也能用來製作成油醋醬。

選擇性的項目

- 將**慢烤鮭魚**（310 頁）或是**油封鮪魚**（Tuna Confit，314 頁），輕輕撥散為約兩口大小，排放在沙拉的最上頭。淋上油醋醬並灑點片狀鹽。

- 將兩顆**八分鐘水煮蛋**（Eight-Minute Eggs，304 頁），對半切後灑上片狀鹽及現磨黑胡椒。依喜好淋點初榨橄欖油，每半顆蛋上分別放一片鯷魚片，最後將雞蛋放在沙拉的最上面。

酪梨沙拉矩陣

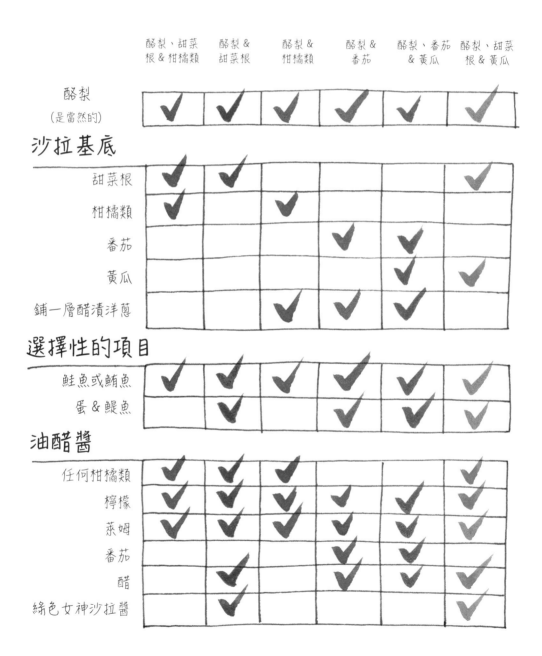

	酪梨、甜菜根 & 柑橘類	酪梨 & 甜菜根	酪梨 & 柑橘類	酪梨 & 番茄	酪梨、番茄 & 黃瓜	酪梨、甜菜根 & 黃瓜
酪梨（是當然的）	✔	✔	✔	✔	✔	✔
沙拉基底						
甜菜根	✔	✔				✔
柑橘類	✔		✔			
番茄				✔	✔	
黃瓜					✔	✔
鋪一層醋漬洋蔥			✔	✔	✔	
選擇性的項目						
鮭魚或鮪魚	✔	✔	✔	✔	✔	✔
蛋 & 鰻魚		✔		✔	✔	✔
油醋醬						
任何柑橘類	✔	✔	✔			✔
檸檬	✔	✔	✔			✔
萊姆	✔	✔	✔			✔
番茄				✔	✔	
醋		✔		✔	✔	✔
綠色女神沙拉醬		✔				✔

酪梨、甜菜根和柑橘類沙拉

1. 排放柑橘類水果

2. 排放甜菜根

3. 排放洋蔥

4. 疊放上酪梨

5. 疊放穿插綠色蔬菜

6. 吃光光

鮮味高麗菜絲 Bright Cabbage Slaw

飽足的 4 人份

. . . .

　　我知道！很多人都厭惡高麗菜沙拉（coleslaw），但這裡收錄的是我大改造過的版本，和一般人從小吃到大、甜到發膩的那一味絕對不同，是眾多高麗菜沙拉中最富饒趣的一款。輕盈、爽口，能為任何搭配的料理帶入明亮、清脆的口感。製成墨西哥版本，可搭配**啤酒麵衣炸魚**（Beer-Battered Fish，312 頁）和魚肉口味的墨西哥玉米餅。變化成**經典南美口味高麗菜絲**（Classic Southern Slaw），很適合作為**香料炸雞**（Spicy Fried Chicken，320 頁）的配菜。記得一點，越是濃郁厚重的料理，搭配的高麗菜絲酸度就該越高。

½ 顆中型的紅或綠高麗菜（約 700 克）

½ 顆紅洋蔥，薄切

55ml（¼ 杯）檸檬汁

鹽

15g（½ 杯）巴西利葉，略切

3 大匙紅酒醋

6 大匙初榨橄欖油

　　半顆高麗菜從中心的菜梗對切成 ¼ 顆，接著以利刀傾斜角度將菜心切除。沿著短邊將高麗菜薄切成絲，裝入濾水盆裡並架入沙拉盆中。灑入 2 大把鹽，幫助菜絲排出水分，再輕輕翻撥瀝出水分，備用。

　　另一個小碗裡，將洋蔥絲和檸檬汁拌勻，靜置 20 分鐘，進行酸漬的步驟（參考 118 頁），備用。

　　20 分鐘後，瀝乾高麗菜絲再度滲出的水分（如果沒有任何水分可以瀝也沒關係，有時候高麗菜的含水度沒那麼高）。將高麗菜絲放入大碗中，加入巴西利和酸漬洋蔥（醃漬的檸檬汁先保留，還不要加入）。加醋和橄欖油調味，徹底翻拌調味均勻。

　　試吃、微調，加入先前保留下來醃洋蔥絲的檸檬汁，視需要加鹽。過程中，同時不斷試吃，直到嘗到滿意的滋味，就是完成了。可以冰涼或是常溫食用。剩下的高麗菜絲沙拉，密閉容器中裝妥，放冰箱可保存兩天。

變化版本

- 如果手邊剛好沒有高麗菜，或者就只是想試試看新的做法，可以使用**替代菜絲**（Alterna-slaw）。改用一大把的羽衣甘藍（kale），675g 的球芽甘藍，或是 675g 的大頭菜取代製作。

- 要製成**墨西哥菜絲**（Mexi-Slaw），將其中的橄欖油改成其他無特殊氣味的油脂，萊姆汁取代原本的檸檬汁，再將巴西利替換成香菜。在醋漬洋蔥裡加入一片的墨西哥哈辣皮扭辣椒（jalapeño）。試吃後，使用醃洋蔥的萊姆汁和鹽調整味道。

- 要變身成為**亞洲菜絲**（Asian Slaw），撒在高麗菜絲上的鹽，用量改成一大把，及 2 小匙的醬油。檸檬汁換成萊姆汁。不加巴西利，而是換用一小瓣搗碎或是拍扁的大蒜，2 根細切的青蔥，以及 1 小匙薑泥。除了醋漬洋蔥，再加入 25g 烤或炒香的切碎花生。不用紅酒醋或橄欖油，而是改用**米酒醋油醋醬**（Rice Wine Vinaigrette，246 頁）。試吃後，使用醃洋蔥的萊姆汁和鹽調整味道。

- 要變化成**經典南美口味高麗菜絲**，將食譜中的橄欖油和醋，改為質地硬挺的**經典三明治美乃滋**（Classic Sandwich Mayo，375 頁），在高麗菜絲和醋漬洋蔥絲之外，再加入 1 小匙的糖，135g 切成火柴棒粗細的紅蘿蔔絲及偏酸的蘋果絲，譬如蜜翠果或是富士蘋果。

三款經典的薄削沙拉

　　對於這種薄削沙拉的喜愛是透過我的一位朋友，卡爾・佩特濃，也正是我早期在 Chez Panisse 工作，那位教我玉米粥該加多少鹽調味才夠（提示：要很多！）的廚師。只要我去卡爾家吃飯，吃到的沙拉，有三分之一的機會是薄削沙拉。我想不透他究竟為何對薄削沙拉如此情有獨鍾，而我自己喜歡這款沙拉的原因非常簡單：容易做，能為一頓料理輕易的注入爽口明亮。

越南風味黃瓜沙拉 Vietnamese Cucumber Salad　　　4 到 6 人份

900g（大約是 8 根）的波斯或日本黃瓜，**條紋式削皮**（見 220 頁）

1 大根墨西哥哈辣皮扭辣椒，依喜好移去中心的籽及梗，切薄片

3 根青蔥，細切

1 瓣大蒜，加點鹽磨或搗成泥

15g（½ 杯）的香菜，略切

16 片大片的薄荷葉，略切

50g（½ 杯）烤或炒香的花生，略切

55ml（¼ 杯）無特殊香氣的中性油脂

4 或 5 大匙的萊姆汁

4 小匙的米酒醋

1 大匙魚露

1 小匙的糖

1 小撮鹽

　　使用日式刨刀（Japanese mandoline）或是銳利的刀子，將黃瓜切成一片片圓形的薄片，兩頭的部分不用。在一個大碗裡將黃瓜、辣椒、青蔥、大蒜、香菜，一起拌勻。取另一小碗，將油、4 大匙的萊姆汁、醋、魚露、糖和一小撮鹽，一起攪拌均勻。將拌勻的油醋醬加入沙拉裡，撥拌均勻，試吃後，加鹽或是依需要加萊姆汁調整口味。即刻上菜。

薄削紅蘿蔔沙拉，佐薑與萊姆
Shaved Carrot Salad with Ginger and Lime

210g（1¼ 杯）金黃或黑葡萄乾

1 大匙孜然籽

900g 紅蘿蔔

4 小匙薑泥

1 瓣大蒜，加點鹽磨或搗成泥

1 至 2 根墨西哥哈辣皮扭辣椒，依喜好移去中心的籽及梗，切碎

60g（2 杯）香菜葉跟軟梗的部分，略切。及額外的幾株香菜，最後裝飾用

鹽

萊姆油醋醬（參考 243 頁）

取一個小碗，倒入滾水浸泡葡萄乾，靜待約 15 分鐘，讓葡萄乾吸飽水分膨脹起來，瀝乾後備用。

在小平底鍋中倒入孜然籽，中火加熱同時搖晃鍋子，均勻炒香孜然籽，約 3 分鐘後，鍋中的孜然籽開始因受熱而爆開，並釋放出開胃的香甜氣息。這時馬上離火，將孜然籽倒入研缽或研磨機中，加一小撮鹽一起磨成粉，置一旁備用。

準備紅蘿蔔。使用日式刨刀或是銳利的刀子，沿著紅蘿蔔長邊切薄片，再用刀子將蘿蔔薄片切成火柴棒大小。如果這個步驟實在太惱人了，也可以直接使用蔬果的削皮刀，削出一條條緞帶般的長薄片，或者是削成一片片的圓形即可。

在大碗裡加入蘿蔔片、薑、大蒜、辣椒、香菜、孜然和葡萄乾，拌勻。加入 3 大撮的鹽及萊姆油醋醬調味。試吃後，依喜好再加鹽或萊姆汁調整味道。放入冰箱冷藏30 分鐘，讓沙拉中的食材滋味有足夠的時間釋放與融合。食用時，再次翻拌讓調味均勻，在大盤子上盛上一落沙拉，最後加上幾株香菜作為裝飾。

薄削球狀茴香與櫻桃蘿蔔沙拉
Shaved Fennel and Radishes Salad

. . . .

3 顆中型大小的球狀茴香（約 675g）

一叢櫻桃蘿蔔，洗淨修切好（約 8 顆櫻桃蘿蔔）

30g（1 杯）巴西利葉

選擇性使用：一塊約 30g 帕瑪森起司

鹽

現磨黑胡椒

約 75ml（⅓ 杯）的**檸檬油醋醬**（參考 242 頁）

　　處理球狀茴香，將頂端的部分完全切去，底部也修切整齊，只留下中間完整的球狀部分。從根部往頂端的方向，對切一半後，撥除最外面纖維粗糙的一層。使用日式刨刀或是銳利的刀子，以與茴香頭尾兩端平行的方式，削、切成薄片，中間的心不用，可留作他用或是偷偷使用於**托斯卡尼豆子與羽衣甘藍濃湯**（Tuscan Bean and Kale Soup，274 頁）。超薄切櫻桃蘿蔔（只略比髮絲粗）約 3mm 的厚度，尾端不用。

　　在一個大碗裡，加入切好的茴香、櫻桃蘿蔔和巴西利葉，拌勻。如果使用帕瑪森起司的話，直接使用蔬果削皮刀，削成一片片入碗中。食用前才加入 2 大撮的鹽和一小撮的黑胡椒，並淋上油醋醬。試吃後，依喜好再加鹽或油醋醬調整味道，擺入盤中，上菜。

夏日番茄與香草沙拉 Summer Tomato and Herb Salad　4到6人份

‥‥‥‥‥‥‥‥‥‥‥‥‥‥‥‥‥‥‥‥‥‥‥‥‥‥‥‥‥‥‥‥‥‥‥‥‥‥

有什麼是比享用一盤完美番茄沙拉，並撒上一堆香草還令人神清氣爽的事呢？有嗎？我想不出來。將這道沙拉收編為你的夏日定番菜單，隨著每月盛產的當季番茄與香草不同而加以變化。如果吃膩了綠羅勒，就改投向農夫市集裡較不普遍的茴藿香（anise hyssop）、甘草薄荷（licorice mint）、紫紅羅勒（opal）或是希臘羅勒（*piccolo fino*）的懷抱。印度、墨西哥和亞洲食材商店，也是尋找特殊香料的好去處，能尋獲各式的薄荷、紫蘇、泰國羅勒和越南香菜，以上的任何香草都適用於這道沙拉中。

2 到 3 顆祖傳番茄（Heirloom tomato），譬如：驚奇條紋、切諾基番茄或是白蘭地番茄，去心後，切片成 5mm 的厚度。

片狀鹽

現磨黑胡椒

225ml（1 杯）**番茄油醋醬**（Tomato Vinaigrette，245 頁），提示：多多利用去下來的心以及切剩的頭尾兩端部分。

400g 櫻桃番茄，洗淨、摘掉蒂頭後切半

60g（2 杯）以下任何種類與比例的香草：羅勒、巴西利、茴藿香、細葉芹、龍蒿或是 2.5 公分的細香蔥

　　食用前才將切片的祖傳番茄不重疊的一一擺放上盤，加鹽、黑胡椒調味，再灑上少許的油醋醬。在另一個碗裡，加入櫻桃番茄，不手軟的加鹽、黑胡椒調味。再加油醋醬，試吃後加鹽調整滋味，接著，小心的將櫻桃番茄堆疊在番茄片上。

　　在沙拉盆中，加入新鮮的香草，淋上少許的油醋醬、鹽和黑胡椒，試吃看看。最後將香草仔細的放到番茄上頭，開動。

變化版本

● 做成義大利三色**卡布里沙拉**（Caprese Salad），將切片的祖傳番茄與切成 1 公分厚度的新鮮莫札瑞拉起司或布拉塔起司交錯排放，然後才調味。上述提到的香草省略不用。另取個小碗，加入櫻桃番茄單獨先調味，加入 12 片隨手撕揉過的羅勒葉。接著將櫻桃番茄直接堆在番茄片上頭，搭配溫熱的脆麵包享用。

- 做成**瑞可達起司與番茄沙拉烤土司**（Ricotta and Tomato Salad Toasts），325g（1 ½ 杯）的新鮮瑞可達起司連同初榨橄欖油、片狀鹽和現磨的黑胡椒一起攪拌均勻，製成起司糊。取四片厚度約 2.5 公分的脆皮麵包，用刷子刷上薄薄一層初榨橄欖油，以 200℃ 烘烤約 10 分鐘，直到麵包呈現金黃棕色。出爐後，以大蒜瓣在每片麵包的一面上摩擦。在抹有大蒜的那一面麵包上，塗上 5 大匙份量的瑞可達起司糊，接著疊上一片片的祖傳番茄片，再灑上 30 克食譜中提到的香草，完成後立即享用。

- 製作**波斯希拉吉沙拉**（Persian *Shirazi* salad），在小碗中加入 ½ 顆切細絲的紅洋蔥與 3 大匙的紅酒醋，翻拌均勻後靜置 15 分鐘。以條紋式削皮處理 4 根波斯黃瓜後，切成 1 公分厚度，放入大碗中。再加入櫻桃番茄、一瓣磨或搗成泥的大蒜，及洋蔥（醃漬的醋先保留不加）。加鹽、黑胡椒調味，並淋上**萊姆油醋醬**（243 頁）。整體試吃看看，依口味需求再添加醃漬洋蔥的醋，接下來重複上述的做法，將完成的混合蔬菜疊放在番茄片上頭。再放上由蒔蘿、香菜、巴西利和薄荷組成的新鮮綜合香草，並淋上萊姆油醋醬。

- 做成**希臘沙拉**（Greek Salad），在小碗中加入 ½ 顆切細絲的紅洋蔥與 3 大匙的紅酒醋，翻拌均勻後靜置 15 分鐘。條紋式削皮處理 4 根波斯黃瓜後，切片成 1 公分厚度，放入大碗中。再加入櫻桃番茄、一瓣磨或搗成泥的大蒜，125 克（1 杯）清洗瀝乾並去核的黑橄欖，115 克瀝乾剁碎的菲塔起司。接著加入洋蔥（醃漬的醋先保留不加）。加鹽、黑胡椒調味，並淋上**紅酒醋油醋醬**（240 頁）。整體試吃看看，依口味需求再添加醃漬洋蔥的醋，接下來重複上述的做法，將完成的混合蔬菜疊放在番茄片上頭。新鮮綜合香草省略不用。

四季托斯卡尼麵包沙拉

　　托斯卡尼麵包沙拉（*Panzanella*）證明了托斯卡尼的廚師可以讓美味料理無中生有。傳統上，使用稍微久放的麵包、番茄、洋蔥和羅勒，這道托斯卡尼麵包沙拉兼具了多種口感與滋味。如果使用的麵包丁浸泡油醋醬的時間不夠充分，入口後會刮傷口腔上顎。相反的，如果麵包浸泡的太久，少了口感，這道沙拉就顯得無趣。麵包丁的參與，目標在於營造多種不同程度的酥脆愉悅口感。

　　一份令人難以忘懷的夏日托斯卡尼麵包沙拉，需要品質好的麵包與番茄，依照時令，調整使用的食材組合，一整年都能享受這道麵包沙拉。

夏日：番茄、羅勒和黃瓜　　　　　　　　　　　　　　　　飽足的 4 人份
Summer: Tomato, Basil, and Cucumber

½ 顆中型洋蔥，薄切成絲

1 大匙紅酒醋

225 克（4 杯）**手撕麵包丁**（236 頁）

2 倍食譜份量的**番茄油醋醬**（245 頁）

450 克的櫻桃番茄，去梗後切半

675 克少女番茄或其他風味濃厚的小型番茄（約 8 顆），去籽後切瓣成一口大小

4 根波斯黃瓜，**條紋式削皮**（220 頁）並切成 1 公分厚度

16 片羅勒葉

片狀海鹽

　　取一小碗加入洋蔥絲與醋，抓拌均勻後靜置 20 分鐘進行酸漬（118 頁），備用。

　　在大盆裡倒入一半份量的麵包丁，並加入 125ml（½ 杯）的油醋醬，隨後加入櫻桃番茄及切瓣的其他番茄，加鹽調味，同時靜待番茄出水，靜置約 10 分鐘。

　　開始組合沙拉：加入另一半份量的麵包丁、黃瓜和酸漬洋蔥（醃漬的醋先保留不加），羅勒葉隨性撕成大片也加入。再淋上剩下的 125ml（½ 杯）的油醋醬，試吃看看。依需要加鹽、油醋醬或是鹽漬洋蔥的醋，調整口味。再次抓拌均勻，試吃，上菜。

　　吃剩下的沙拉，包蓋完善可放冰箱冷藏保存一晚。

變化版本

- 做成中東版本含有番茄及麵包的**阿拉伯蔬食沙拉**（*Fattoush*），將其中的手撕麵包置換成 5 片烤過並撕碎的披塔麵包（pita bread），羅勒葉換成 10 克（¼ 杯）的巴西利，番茄油醋醬則是改為**紅酒醋油醋醬**（240 頁）。

- 變化成穀物或是**豆類沙拉**，使用 400 克（3 杯）任何當季的法羅（farro，或稱二粒小麥）、小麥仁、大麥或豆類取代麵包丁。

秋日：烘烤瓜果、鼠尾草與榛果　　　　　　　　　　　　　飽足的 4 人份
Autumn: Roasted Squash, Sage, and Hazelnut

. . . .

1 大把羽衣甘藍，拉齊納多（Lacinato）、義大利甘藍（Cavolo Nero）或托斯卡尼甘藍（Tuscan）品種尤佳。

1 大顆奶油瓜（約 900 克），去皮

初榨橄欖油

½ 顆紅洋蔥，切絲

1 大匙紅酒醋

2 倍食譜份量的**焦化奶油油醋醬**（241 頁）

225 克（4 杯）**手撕麵包丁**（236 頁）

約 450ml（2 杯）無特殊風味油脂

16 片鼠尾草

100 克（¾ 杯）榛果，煎、烘烤香，略切

預熱烤箱至 220°C，烤盤上鋪好廚房紙巾。

　　將甘藍菜做去梗處理。一手抓住甘藍菜的梗底部，另一隻手捏抓住菜梗，往上剝撕。拔除的梗可以直接丟棄，或是留作他用，例如應用與於**托斯卡尼豆子與羽衣甘藍濃湯**（274 頁）。接著將葉菜的部分全切成 1 公分寬的條狀，一旁備用。

　　奶油瓜對切，去籽後切片，備用，可參考 263 頁的詳細說明。

　　取一個小碗，加入洋蔥絲與醋，抓拌均勻後，靜置約 20 分鐘進行酸漬，備用。

　　在大沙拉盆中，加入一半份量的麵包丁、甘藍菜，倒入 75ml（⅓ 杯）的油醋醬，抓拌均勻後，靜置 10 分鐘。

等待的時間，可以炸鼠尾草。在厚底的小鍋裡，倒入約 2.5 公分高度的無特殊氣味油脂，中大火加熱至 180˚C。如果你手邊沒有溫度計，可以在幾分鐘之後試著放進一片鼠尾草看看，如果馬上發出滋滋聲響，表示油溫夠了。

　　分批將鼠尾草放入油鍋中，一開始油鍋會冒起大量的泡泡，等泡泡稍微消退後才攪拌鼠尾草。約 30 秒後，油鍋泡泡完全消失後，將鼠尾草從油鍋中撈起，移放到準備好的烤盤上單層排列，灑點鹽調味，靜待鼠尾草乾燥後即會變得酥脆。

　　將剩下的麵包丁、奶油瓜、榛果和酸漬洋蔥（醃漬的醋先保留不加）全數加入沙拉盆中。把油炸鼠尾草捏碎後撒在上頭，加入剩下的油醋醬，抓拌均勻後，試吃看看。依喜好加鹽、油炸鼠尾草的油和醃漬洋蔥的醋，抓拌均勻後再試吃，完成上菜。

　　吃剩下的沙拉，包蓋完善可放冰箱冷藏保存一晚。

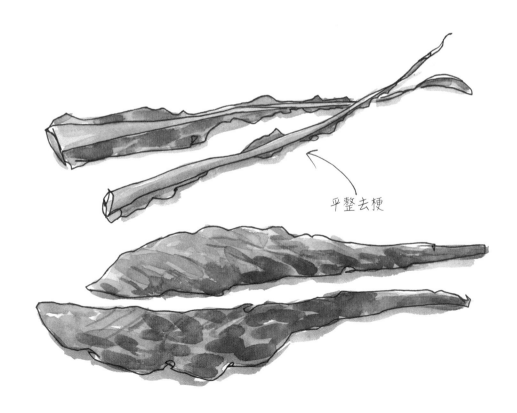

平整去梗

．．．

2 棵菊苣

初榨橄欖油

鹽

2 顆中型洋蔥，剝皮

225 克（4 杯）**手撕麵包丁**（236 頁）

2 倍食譜份量的**焦化奶油油醋醬**（241 頁）

10 克（¼ 杯）巴西利

140 克（1 杯）烘烤過的核桃

粗磨黑胡椒粉

115 克洛克福綿羊藍黴起司

紅酒醋，依需要微調酸度之用

　　預熱烤箱至 220˚C。由根部將兩棵菊苣縱切成半，每一半菊苣再對切一次成 ¼ 棵。淋上足以完全裹住表面的大量橄欖油，小心的將一份份菊苣單層排放到烤盤上，彼此直接保留適當的間隔，再次淋上橄欖油，並灑鹽調味。

　　處理 2 顆洋蔥，由根部對切一半後，再對切一次，得到八份 ¼ 顆的洋蔥。淋上足以完全裹住表面的大量橄欖油，小心的將一份份的洋蔥單層排放到烤盤上，彼此直接保留適當的間隔，再次淋上橄欖油，並灑鹽調味。

　　將處理好的蔬菜送進預熱好的烤箱中，烘烤到熟軟上色。菊苣約需 22 分鐘，洋蔥則約需 28 分鐘。在烘烤 12 分鐘後，查看蔬菜的狀態，將烤盤轉個方向，或是交換一下蔬菜的位置，以確保烘烤上色均勻。

　　在大沙拉盆中加入一半份量的麵包丁，並倒入 75ml（⅓ 杯）的油醋醬，抓拌均勻後，靜置 10 分鐘。

　　倒入剩下的麵包丁、菊苣、洋蔥、核桃和黑胡椒。

　　把起司捏碎成大塊後撒在上頭，加入剩下的油醋醬，抓拌均勻後，試吃看看。依喜好加鹽，以及少量的紅酒醋，抓拌均勻後再試吃，常溫狀態下享用。

　　吃剩下的沙拉，包蓋完善可放冰箱冷藏保存一晚。

春日：蘆筍與菲塔起司及薄荷
Spring: Asparagus and Feta with Mint

· ·

鹽

½ 顆中型紅洋蔥，薄切成絲

1 大匙紅酒醋

675 克蘆筍（大約是兩大把），切除較硬的根部

225 克（4 杯）**手撕麵包丁**（236 頁）

24 片大型薄荷葉

85 克菲塔起司

2 倍食譜份量的**紅酒醋油醋醬**（240 頁）

以大火煮滾一大鍋水、加鹽，使得整鍋水嘗起來猶如夏日海洋的鹹度。準備兩張鋪有烘焙紙的烤盤，備用。

小碗裡加入洋蔥絲與醋，抓拌均勻後靜置 20 分鐘進行酸漬（118 頁），備用。

如果你手邊的蘆筍粗細比鉛筆粗，採用條紋式削皮，以蔬果削皮刀在離蘆筍頭部約 2.5 公分處稍微施力削去外皮。接著將蘆筍切小段，長度約 4 公分。倒入滾水中川燙直到蘆筍熟透（大約需要燙煮三分半，蘆筍越細所需的時間越短）。試吃一小根，確認蘆筍軟硬適中：蘆筍的中心應該依然維持著些許的脆度。瀝去水分後，單層排放在準備好的烤盤上散熱。

大沙拉盆中，加入一半份量的麵包丁並倒入 75ml（⅓ 杯）的油醋醬，抓拌均勻後，靜置 10 分鐘。

倒入剩下的麵包丁、蘆筍、酸漬洋蔥（醃漬的醋先保留不加），薄荷葉隨性撕成小片也加入。把菲塔起司捏碎成大塊後撒在上頭再淋上剩下的 75ml（⅓ 杯）的油醋醬，加鹽後試吃看看。依需要加鹽、油醋醬或是鹽漬洋蔥的醋，調整口味。再次抓拌均勻，試吃，常溫下享用這份沙拉。

吃剩下的沙拉，包蓋完善可放冰箱冷藏保存一晚。。

手撕麵包丁 Torn Croutons 製備 450 克（8 杯）

· ·

　　自製的麵包丁的美好風味，絕對是市售現成的麵包丁無法比擬的。打從最基本所使用的食材，品質就遠比市售的好上許多，想當然爾美味程度也就更高。再加上，手撕麵包，刻意製造的粗糙表面，更為沙拉增添多重的口感，沙拉淋醬也附著的更好，而且視覺上也賞心悅目許多。更別說，自製麵包丁刮傷口腔上顎的機率極低。如果以上的許多優點，還無法說服你動手自製麵包丁的話，這麼說好了！請來我家嘗嘗看凱薩沙拉就能瞭解。

450 克隔夜的鄉村或酸種麵包
75ml（⅓ 杯）初榨橄欖油

　　烤箱預熱 200℃。為了食用方便，切除麵包外層的硬脆表皮，接著切成約 2.5 公分厚的片狀。隨後再將麵包片切成 2.5 公分寬的條狀，徒手將麵包條撕成約 2.5 公分大小的塊狀，蒐集入大盆中。另外的替代方案，也能直接徒手將一整條麵包撥成大小相似的塊狀。只是我的經驗上，先切片、條後再撥，能加快速度，麵包丁大小也一致，而且又能保有粗糙的外表，是我個人偏好的方式。

　　在大盆中加入橄欖油，抓拌均勻後再將麵包丁單層排放到準備好的烤盤上。視情況，可能需要分開成兩盤，避免將麵包丁排放的太擠，若是蒸氣逸散不易，會妨礙上色的程度。

　　烘烤 18 到 22 分鐘，途中約 8 分鐘時，檢查一下烘烤的情況，旋轉烤盤的方向，或是調整上下的位置，使用金屬耐熱工具為麵包丁翻面，幫助上色均勻。一旦開始上色了，每隔幾分鐘查看一次，持續的翻面，調整位置。有些麵包丁可能早幾分鐘烤好，可事先夾取出來，讓剩下需要再多烤幾分鐘的麵包丁繼續待在烤箱裡。完成後的麵包丁，表面是金黃棕色，口感酥脆，內部有些許的嚼勁。

　　試吃看看，依喜好加一點鹽調味。

　　完成後的麵包丁，單層不重疊的鋪放在烤盤上，自然放涼後可以馬上使用，或是收進密閉容器內，可保存 2 天。下次使用前，再以 200℃ 短暫回烤 3 到 4 分鐘即可。

　　剩下來的的麵包丁可冷凍保存近 2 個月，日後用於**托斯卡尼麵包、豆子及羽衣甘藍濃湯**（*Ribollita*，275 頁）。

變化版本

- 製作**經典手撕麵包丁**（Classic Torn Croutons），在橄欖油裡拌入 2 瓣的磨碎蒜泥，然後才加入麵包丁裡，烘烤前再加入一大匙的乾燥奧勒岡及 ½ 小匙的乾燥紅椒片。

- 製作**起司手撕麵包丁**（Cheesy Torn Croutons），麵包丁和橄欖油翻拌均勻後，加入 85 克（約 1 杯）磨成粉狀的帕瑪森起司與大量的粗磨黑胡椒粉，再次抓拌均勻後，依照上述方式烘烤完成。

- 製作 450 克（6 杯）**粗麵包粉**（Sprinkling Crumbs），不用麻煩還要先手撕麵包了，直接將數塊 5 公分大小的麵包塊，丟進食物調理機，攪碎成豆子般大小的麵包屑。橄欖油加量至 125ml（½ 杯）拌入麵包屑裡，單層鋪放在烤盤上，烘烤 16 到 18 分鐘。

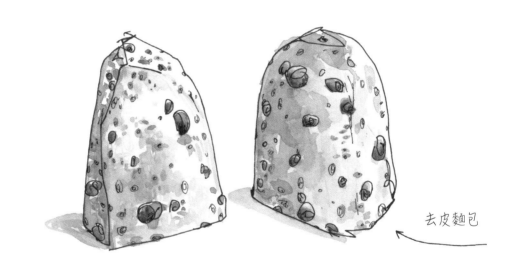

去皮麵包

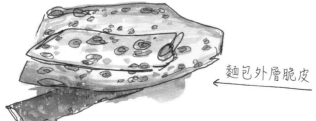

麵包外層脆皮

手撕感的邊緣

麵包丁

沙拉淋醬

　　製作沙拉淋醬最重要的一點就是找出鹽、油與酸度，三者的最佳平衡口感。如果做到這一點，就能讓所有的沙拉嘗起來都很美味。

　　給予紅蔥頭（以及洋蔥）足夠的酸漬時間，就能擺脫其辛辣滋味。簡單的說，就是將紅蔥頭與醋或是柑橘類果汁抓拌均勻後浸泡一陣子，後續才加入油脂與其他食材。

　　沙拉與料理的配對，猶如和挑選適合的葡萄酒搭配餐點一樣重要。有些食物需要搭配厚重感的沙拉，而有些則是適合清爽口感的，參考下一頁圖表的指引，幫助你獲得靈感。

　　抓拌或是翻拌沙拉的手法，將蔬菜放在大的沙拉盆中，加一點鹽調味後，保守用量的先加入小量的沙拉淋醬，徒手輕輕抓起蔬菜翻拌均勻，使得每片葉菜都裹上淋醬，試吃一片葉菜，依需要再追加鹽或醬汁。

　　在創作沙拉料理時，永遠切記每一個組成的元素都有妥善的加鹽與淋醬調味。甜菜根在盛盤淋上**綠色女神沙拉醬**（Green Goddess）前，必須要先行醃漬調味。在淋上**巴薩米克油醋醬**（Balsamic Vinaigrette）前，每一片番茄與新鮮莫札瑞拉起司都需先行加鹽調味。**慢烤鮭魚**（參考 310 頁）與薄削球狀茴香，都需分別事先加鹽調味，後續才淋上由血橙製成的**任何柑橘油醋醬**（Any-Other-Citrus Vinaigrette）。這樣的做法，能讓任何沙拉的任何一口都無比美味。從此之後，你會開始對那些沒什麼好期待的沙拉，變得有所期待。

沙拉風味座標軸

沙拉與淋醬的配對

清爽

豆薯
搭配萊姆油醋醬 ●

香草沙拉
搭配初榨橄欖新油 &
現擠檸檬汁

田園生菜
佐以米酒醋油醋醬

● 紅蘿蔔 & 白蘿蔔
搭配米酒醋油醋醬

芝麻葉 ●
搭配檸檬鯷魚油醋醬

薄削紅蘿蔔 ●
搭配萊姆油醋醬

新鮮花豆、孜然 &
菲塔起司
搭配紅酒醋油醋醬

● 烤甜菜根
搭配柑橘油醋醬

田園生菜
配上紅蔥頭紅酒
醋油醋醬

● 蘿美生菜
搭配檸檬鯷魚油醋醬

8 分鐘水煮蛋
搭配檸檬鯷魚
油醋醬

● 冬日托斯卡尼麵包沙拉
配上焦化奶油油醋醬

野生芝麻葉
搭配帕瑪森油醋醬

切切蔬菜沙拉 ●
搭配帕瑪森油醋醬

櫻桃番茄 & 法羅小麥
搭配番茄油醋醬

夏日托斯卡尼麵包沙拉
搭配番茄油醋醬

柔軟 ←

→ 酥脆

● 蒸熟的朝鮮薊
搭配蜂蜜芥末油醋醬

田園生菜
搭配味噌芥末油醋醬

切片高麗菜 & 紅蘿蔔 ●
搭配味噌芥末油醋醬

蘿美生菜 ●
配上滑順香草沙拉醬

烤蔬菜
搭配印度芝
麻沙拉醬 ●

黃瓜 ●
搭配香菜 & 印度芝麻沙拉醬

● 菊苣，蘿美生菜或是小株的田園生菜
搭配凱薩沙拉醬

切片番茄 ●
搭配滑順香草沙拉醬

熟菠菜 ●
搭配日式芝麻沙拉醬

塊狀楔型生菜沙拉 ●
搭配培根 & 藍黴起司沙拉醬

生食羽衣甘藍沙拉
搭配日式芝麻沙拉
醬

日式蕎麥麵 ●
搭配花生萊姆淋醬

● 甜菜根 & 黃瓜
搭配綠色女神沙拉醬

滑順

清爽

紅酒醋油醋醬 Red Wine Vinaigrette　　　　　製備約 125ml（½ 杯）

. . . .

　　1 大匙切碎紅蔥頭

　　2 大匙紅酒醋

　　6 大匙初榨橄欖油

　　鹽

　　現磨黑胡椒

　　在一個小碗或是瓶子裡，加入紅蔥頭與紅酒醋，酸漬約 15 分鐘（參考 118 頁）。接著加入橄欖油、一大把的鹽及一小撮的黑胡椒粉。攪拌或是搖晃均勻，以一片生菜舀起一點醬汁，試吃看看，依需要加鹽或酸調整滋味。

　　妥善蓋好，放冰箱冷藏可以保存約 3 天。

　　適合搭配田園生菜、芝麻葉、菊苣、小株萵苣和蘿美生菜、甜菜根、番茄，燙、燒烤或烘烤的任何蔬菜。可以用來搭配**鮮味高麗菜絲**、**阿拉伯蔬食沙拉**或是**豆類沙拉**、**希臘沙拉**與**春日托斯卡尼麵包沙拉**。

變化版本

● 製成**蜂蜜芥末油醋醬**（Honey-Mustard Vinaigrette），添加 1 大匙第戎芥末醬與 1½ 小匙蜂蜜，依照上述做法製作。

巴薩米克油醋醬 Balsamic Vinaigrette

. . . .

1 大匙切碎紅蔥頭

1 大匙陳年巴薩米克醋

1 大匙紅酒醋

4 大匙初榨橄欖油

鹽

現磨黑胡椒

在一小碗或是瓶子裡，加入紅蔥頭與兩種醋，酸漬約 15 分鐘（參考 118 頁）。接著加入橄欖油，一大把的鹽及一小撮的黑胡椒粉。攪拌或是搖晃均勻，以一片生菜舀起一點醬汁，試吃看看，依需要加鹽或酸調整滋味。

妥善蓋好，放冰箱冷藏可以保存約 3 天。

適合搭配芝麻葉、田園生菜、菊苣、蘿美生菜和小株萵苣，燙、燒烤或烘烤的任何蔬菜。可以用來搭配**穀物**或**豆類沙拉**及**冬日托斯卡尼麵包沙拉**。

變化版本

- 照上述做法再額外添加 40 克（約 ½ 杯）的帕瑪森起司細粉，就能變化成超級適合搭配菊苣與穀物沙拉的**帕瑪森油醋醬**。
- 製成**焦化奶油油醋醬**，用來搭配麵包沙拉或是烘烤的蔬菜。將其中的橄欖油以 4 大匙的焦化奶油取代，一樣依照上述方法製作即可。冰箱冷藏保存，先行於室溫下回溫才使用。

檸檬油醋醬 Lemon Vinaigrette

製備約 125ml（½ 杯）

½ 小匙磨細的檸檬皮（大約是半顆檸檬的量）

2 大匙現擠檸檬汁

1½ 小匙白酒醋

5 大匙初榨橄欖油

1 瓣大蒜

鹽

現磨黑胡椒

在一個小碗或是瓶子裡，加入檸檬皮、汁、白酒醋與橄欖油並加入一瓣以手掌拍扁的大蒜。以足量的鹽調味，再加進一小撮黑胡椒粉。攪拌或是搖晃均勻，以一片生菜舀起一點醬汁，試吃看看，依需要加鹽或酸調整滋味。靜置至少 10 分鐘，隨後將大蒜瓣取出丟棄。

妥善蓋好，放冰箱冷藏可以保存約 2 天。

適用於香草沙拉、芝麻葉、田園生菜、蘿美生菜和小株萵苣、黃瓜、燙煮的蔬菜。可應用與**酪梨沙拉、薄削球狀茴香與櫻桃蘿蔔沙拉**及**慢烤鮭魚**搭配。

變化版本

● 製作**檸檬鯷魚油醋醬**（Lemon-Anchovy Vinaigrette）。2 尾（或 4 片）鹽漬的鯷魚片，略切後使用研缽磨成鯷魚泥，磨得越細緻綿密，製成的醬汁風味也會越足。將鯷魚泥與額外增加的半瓣大蒜泥加入依照上述製成的油醋醬裡。配上芝麻葉、菊苣、任何的水煮蔬菜，或是薄削的冬季蔬菜，例如：紅蘿蔔、蕪菁和球狀芹塊根。

萊姆油醋醬 Lime Vinaigrette

製備約 125ml（½ 杯）

. . . .

2 大匙現擠萊姆汁（約兩顆萊姆）

5 大匙初榨橄欖油

1 瓣大蒜

鹽

在一個小碗或是瓶子裡，加入萊姆汁與橄欖油，並加入一瓣以手掌拍扁的大蒜，再以足量的鹽調味。攪拌或是搖晃均勻，以一片生菜舀起一點醬汁，試吃看看，依需要加鹽或酸調整滋味。靜置至少 10 分鐘，隨後將大蒜瓣取出丟棄。

妥善蓋好，放冰箱冷藏可以保存約 3 天。

適合搭配田園蔬菜、小株萵苣和蘿美生菜，切片黃瓜以及**酪梨沙拉、薄削紅蘿蔔沙拉、希拉吉沙拉、慢烤鮭魚**。

變化版本

● 添加 1 小匙切碎的墨西哥哈辣皮扭辣椒，增添一點熱辣感。

任何柑橘油醋醬 Any-Other-Citrus Vinaigrette　　製備約 150ml（⅔ 杯）

. . . .

1 大匙切碎的紅蔥頭

4 小匙白酒醋

55ml（¼ 杯）柑橘果汁

55ml（¼ 杯）初榨橄欖油

½ 小匙磨細柑橘皮

鹽

在一個小碗或是瓶子裡，加入紅蔥頭與醋，酸漬約 15 分鐘（參考 118 頁）。接著加入柑橘果汁、橄欖油、柑橘皮，一大把的鹽。攪拌或是搖晃均勻，以一片生菜舀起一點醬汁，試吃看看，依需要加鹽或酸調整滋味。

妥善蓋好，放冰箱冷藏可以保存約 3 天。

適合搭配田園生菜、蘿美生菜和小株萵苣，燙煮的蘆筍和**酪梨沙拉、慢烤鮭魚**，與**炙烤朝鮮薊**（參考 266 頁）。

變化版本

變化為甜酸的**金桔油醋醬**（Kumquat Vinaigrette），紅蔥頭連同 3 大匙切碎的金桔一起加入醋裡，後續依照上述說明製作即可。

番茄油醋醬 Tomato Vinaigrette

採用熟透或是料理中挖取下的番茄籽、心或是頭尾兩端的果肉，製成的一款沙拉淋醬。判斷番茄熟度：當番茄聞起來帶有木質氣味，莖梗的部分有香甜氣息，輕壓果肉有紮實感，就表示已經熟透了。

2 大匙切碎的紅蔥頭

2 大匙紅酒醋

1 大匙陳年巴薩米克醋

1 顆大型或 2 顆小型熟透的番茄（約 225 克）

4 片羅勒葉，手撕成大塊

55ml（¼ 杯）初榨橄欖油

1 瓣大蒜

鹽

在一個小碗或是瓶子裡，加入紅蔥頭與醋，酸漬約 15 分鐘（參考 118 頁）。

將番茄橫切一半，使用刨絲器磨切番茄，磨到最後剩下的番茄皮丟棄不用，原則上會得到約 100 克（½ 杯）的番茄果肉，加到紅蔥頭與醋裡。隨後加入羅勒葉、橄欖油與一大撮的鹽與一瓣以手掌拍扁的大蒜。攪拌或是搖晃均勻，以一小塊麵包丁或是一片番茄舀起一點醬汁，試吃看看，依需要加鹽或酸調整滋味。靜置至少 10 分鐘，隨後將大蒜瓣取出丟棄。

妥善蓋好，放冰箱冷藏可以保存約 2 天。

適合搭配番茄片和**酪梨沙拉**、義大利三色**卡布里沙拉**、**夏日托斯卡尼麵包沙拉**、**瑞可達起司與番茄沙拉烤土司**、**夏季番茄與香草沙拉**。

米酒醋油醋醬 Rice Wine Vinaigrette

. . . .

2 大匙加鹽的米酒醋

4 大匙無特殊風味的油脂

1 瓣大蒜

鹽

在一個小碗或是瓶子裡，加入醋與橄欖油，並加入一瓣以手掌拍扁的大蒜。攪拌或是搖晃均勻，以一片生菜舀起一點醬汁，試吃看看，依需要加鹽或酸調整滋味。靜置至少 10 分鐘，隨後將大蒜瓣取出丟棄。

妥善蓋好，放冰箱冷藏可以保存約 3 天。

適合搭配田園生菜、蘿美生菜和小株萵苣，薄削的白蘿蔔、紅蘿蔔或是黃瓜，以及任何的**酪梨沙拉**。

變化版本

🔴 添加 1 小匙切碎的墨西哥哈辣皮扭辣椒，增添一點熱辣感。

🔵 夾帶一點日式或是韓式風情，可以滴入數滴芝麻油。

凱薩沙拉醬 Caesar Dressing

製備 350ml（1½ 杯）

. . . .

4 尾（或 8 片）鹽漬鯷魚片

175ml（¾ 杯）硬挺的**基礎美乃滋**（Basic Mayonnaise，參考 375 頁）

1 瓣大蒜，加點鹽磨成蒜泥

3 到 4 大匙檸檬汁

1 小匙白酒醋

85 克塊狀帕瑪森起司，磨成細粉（約 1 杯），額外另備食用前欲使用的份量

¾ 小匙的伍斯特辣醬油

現磨黑胡椒

鹽

鯷魚片略切後，使用研缽磨成泥，磨的越細緻綿密，製成的醬汁風味也會越足。

取一個中型碗，將鯷魚泥、美乃滋、蒜泥、檸檬汁、醋、帕瑪森起司粉、伍斯特辣醬油和黑胡椒粉攪拌均勻。以一片生菜舀起一點醬汁，試吃看看，依需要加鹽或酸調整滋味。或是將各種具鹹度的食材，少量多次的加進美乃滋裡，藉以練習關於**鹽的層次感**。調整酸度，試吃，然後調整鹹度，直到你找出最喜愛的鹽、油與酸的平衡。就你所讀的任何書籍中，有遇過這麼美味的練習題嗎？我想一定沒有過吧！

製作沙拉時，將蔬菜與**手撕麵包丁**，連同大量的沙拉醬一起放入大盆中，徒手抓拌均勻使得蔬菜均勻裹上沙拉醬。最後再磨上帕瑪森起司與黑胡椒粉，立即享用。

剩下的沙拉醬，妥善蓋好，放冰箱冷藏可以保存約 3 天。

適合搭配蘿美生菜和小株萵苣、菊苣，生或是燙熟的羽衣甘藍，薄削的球狀甘藍。

滑順香草沙拉醬 Creamy Herb Dressing 製備 275ml（1¼ 杯）

1 大匙切碎的紅蔥頭

2 大匙紅酒醋

100ml（½ 杯）**法式酸奶油**（113 頁）、重鮮奶油、酸味
　　鮮奶油或是原味優格

3 大匙初榨橄欖油

1 小瓣大蒜，加點鹽磨成泥

1 株蔥，蔥白與青蔥的部分皆細切

10 克（¼ 杯）任何比例的軟葉香草，依喜好選擇：巴
　　西利、香菜、蒔蘿、細香蔥、羅勒和龍蒿。

½ 小匙糖

鹽

現磨黑胡椒

在一個小碗裡，加入紅蔥頭與醋，酸漬約 15 分鐘（參
考 118 頁）。另取一個大碗，將紅蔥頭、酸漬的醋及法式酸奶
油、橄欖油、大蒜泥、蔥、香草、糖，以及一大撮的鹽與一小撮
的黑胡椒粉，攪拌均勻。以一片生菜舀起一點醬汁，試吃看看，依
需要加鹽或酸調整滋味。

剩下的沙拉醬，妥善蓋好，放冰箱冷藏可以保存約 3 天。

適合搭配蘿美生菜、包心生菜、小株萵苣、甜菜根、黃瓜、
菊苣，以及烤魚或烤雞，作為棒狀生菜沙拉的沾醬，或是佐以炸物，
都很適宜。

藍黴起司沙拉醬 Blue Cheese Dressing

140 克藍黴起司，捏碎，例如：洛克福綿羊藍黴起司、奧佛涅藍黴起司（Bleu d'Auvergne）或是梅泰戈藍黴起司（Maytag Blue）。

100ml（½ 杯）**法式酸奶油**（113 頁）、酸味鮮奶油或是高脂鮮奶油

55ml（¼ 杯）初榨橄欖油

1 大匙紅酒醋

1 小瓣大蒜，加點鹽磨成泥

鹽

另取一個中型的碗，將起司、及法式酸奶油、橄欖油、醋和大蒜泥，攪拌均勻。或是將所有材料加入罐子裡，蓋好瓶蓋，劇烈搖晃直到均勻。以一片生菜舀起一點醬汁，試吃看看，依需要加鹽或酸調整滋味。

剩下的沙拉醬，妥善蓋好，放冰箱冷藏可以保存約 3 天。

適用於菊苣，包心生菜、小株萵苣和蘿美生菜。這道沙拉醬同時也適合搭配牛排或是以紅蘿蔔、黃瓜沾著吃。

綠色女神沙拉醬 Green Goddess Dressing

3 尾（或 6 片）鹽漬鯷魚肉片

1 顆熟透的中型酪梨，剖半去籽

1 瓣大蒜，切片

4 小匙紅酒醋

2 大匙加 2 小匙檸檬汁

2 大匙切碎的巴西利

2 大匙切碎的香菜

1 大匙切碎的細香蔥

1 大匙切碎的細葉芹

1 小匙切碎的龍蒿

125ml（½ 杯）硬挺的**基礎美乃滋**（參考 375 頁）

鹽

鯷魚片略切後，使用研缽磨成泥，磨的越細緻綿密，製成的醬汁風味也會越足。

將鯷魚泥、酪梨、大蒜、醋、檸檬汁、香草和美乃滋加入食物調理機裡，連同一大撮的鹽一起攪拌至均勻、濃稠、滑順。試吃後視情況加鹽或酸。濃稠狀的綠色女神可以作為沾醬，或是加點水調稀後可以作為沙拉淋醬。

剩下的沙拉醬，妥善蓋好，放冰箱冷藏可以保存約 3 天。

適合搭配蘿美生菜、包心生菜、小株萵苣、甜菜根、黃瓜、菊苣，或是烤魚及烤雞，以棒狀蔬菜沾取，以及配著**酪梨沙拉**享用。

印度芝麻沙拉醬 Tahini Dressing

½ 小匙孜然籽或是孜然粉

鹽

225 克（½ 杯）印度芝麻醬

55 克（¼ 杯）現擠檸檬汁

2 大匙初榨橄欖油

1 瓣大蒜，加點鹽磨成泥

¼ 小匙卡宴辣椒粉

2 到 4 大匙冰水

在小平底鍋中倒入孜然籽，中火加熱同時搖晃鍋子，均勻炒香孜然籽，約 3 分鐘後，鍋中的孜然籽開始因受熱而爆開，並釋放出開胃的香甜氣息。這時馬上離火，將孜然籽倒入研缽或研磨機中，加一小撮鹽一起磨成粉，放一旁備用。

取一個中型碗，加入孜然、印度芝麻醬、檸檬汁、油、大蒜泥、卡宴辣椒粉、2 大匙的冰水與一大撮的鹽，攪拌均勻。也可以使用食物調理機，將上述所有食材攪打均勻。一開始會看似油水分離，但隨著持續攪拌，最終會成為質地均勻、滑順的乳化物。依需要可以增加水量，調整最後的濃稠狀態：若要當沾醬，保留其濃稠度。加水稀釋，則能作為沙拉、蔬菜或肉類料理的淋醬。以一片生菜舀起一點醬汁，試吃看看，依需要加鹽或酸調整滋味。

剩下的沙拉醬，妥善蓋好，放冰箱冷藏可以保存約 3 天。

變化版本

- 要製作日式胡麻醬（*Goma*, Japanese sesame seed dressing），則將 55ml（¼ 杯）的檸檬汁以加鹽米酒醋替換。孜然、鹽、橄欖油及卡宴辣椒粉，全部省略不用，改以 2 小匙的醬油，及數滴的芝麻油，1 小匙的味醂替代。連同蒜泥，依照上述方法攪拌均勻，試吃後依需要加鹽和酸，調整滋味。

適合淋在烘烤的蔬菜上、烤魚或烤雞，拌進燙熟的綠花椰菜、羽衣甘藍、青豆或菠菜裡，也能當作黃瓜或是紅蘿蔔的沾醬。

味噌芥末醬 Miso-Mustard Dressing

製備 175ml（¾ 杯）

. . . .

4 大匙白或黃味噌

2 大匙蜂蜜

2 大匙第戎芥末醬

4 大匙米酒醋

1 小匙薑泥

　將所有材料加入一個中型碗裡，使用打蛋器徹底攪拌均勻。或是將所有材料加入罐子裡，蓋好瓶蓋，劇烈搖晃直到均勻。以一片生菜舀起一點醬汁，試吃看看，依需要加鹽或酸調整滋味。

　適合拌入切絲的生高麗菜或是羽衣甘藍、田園生菜、蘿美生菜和小株萵苣、菊苣中。也能搭配烤魚，烤雞碎肉或是烘烤的蔬菜食用。

· **鹽油酸熱**

花生萊姆沙拉醬 Peanut-Lime Dressing

製備約 400ml（1¾ 杯）

. . . .

55ml（¼ 杯）現擠的萊姆汁

1 大匙魚露

1 大匙米酒醋

1 小匙醬油

55 克（¼ 杯）花生醬

½ 根墨西哥哈辣皮扭辣椒，去梗後切片

3 大匙無特殊風味的油脂

1 瓣大蒜，切片

選擇性使用：10 克（¼ 杯）略切的香菜葉

將所有的材料放進食物調理機，攪打至均勻滑順。依使用需要可額外加水：若要當沾醬，保留其濃稠度。加水稀釋，則能作為沙拉、蔬菜或肉類料理的淋醬。以一片生菜舀起一點醬汁，試吃看看，依需要加鹽或酸調整滋味。

剩下的沙拉醬，妥善蓋好，放冰箱冷藏可以保約 3 天。

適合搭配黃瓜、米飯或日式蕎麥麵、蘿美生菜，或是與烤雞、牛排或豬肉料理搭配食用。

蔬菜

料理洋蔥

　　烹煮洋蔥時，花越久的時間，風味就越益深沉。但，這並不表示每次料理洋蔥時，都需要煮到焦糖化的程度。一般來說，不論用途為何，在料理所有的洋蔥時，都至少要煮到洋蔥失去脆脆口感。唯有當洋蔥跨過這個關鍵階段後，其甜度才能傳遞出來貢獻於料理之中。

　　金黃階段（Blond），是指將洋蔥煮到柔軟，仍保有透明度，過程中採用中低火加熱，以避免上色。如果你注意到鍋裡的洋蔥開始黏鍋，可以試著在鍋裡加一點水，能有效防止棕化上色。金黃階段的洋蔥，可以應用於**絲滑玉米濃湯**（參考 276 頁）或是任何希望保有清淡顏色的料理之中。

　　棕色階段（Browned），是指受熱的洋蔥開始轉變成棕色，此時的洋蔥滋味也正開始變得濃郁深沉。常用於製作義大利麵的醬汁，**雞肉佐扁豆與香米**（參考 334 頁），以及許多數不清的燉煮料理與濃湯基底。

　　焦糖化階段（Caramelized），是洋蔥轉變為最深棕色的巔峰，此時具有最濃郁厚實的風味。用來製作**焦糖化洋蔥塔**（參考 399–400 頁），拌入水煮綠花椰菜、豆子裡，加在漢堡、牛排三明治裡，或是切碎後與法式酸奶油拌勻，製成美味無比的沾醬。

　　嚴格說來，焦糖化洋蔥不是最正確的說法，（但是，梅納化洋蔥聽起來也怪怪的！）就從眾稱呼焦糖洋蔥吧！因為它們要耗上大把的時間製作，也因為滋味實在太美好，非常建議大家刻意過量製作焦糖洋蔥，完成後可以保存四到五天，可以應用為基底，為眾多料理注入最沉郁的洋蔥風味。

　　開始於最少 8 片薄切的洋蔥片，拿出你擁有的最大炒鍋或是鑄鐵燉鍋，以中大火加熱。使用奶油、橄欖油或是兩種油各一些，用量需足以覆蓋住鍋底面積。油熱後加

料理洋蔥

金黃階段
(約 15 分鐘)

棕色階段
(約 25 分鐘)

焦糖化階段
(約 45 分鐘)

入洋蔥,及一點鹽調味。雖然在一開始就加鹽,會促使洋蔥釋出水分,延遲上色的時間,但,鹽具有軟化洋蔥的作用,長遠來看還能幫助上色的發生。調整為中火,一邊翻動炒洋蔥,同時提高警覺查看是否鍋中的某個角落的洋蔥因受熱不均而燒焦或上色過快的情形。整個炒透焦糖化的過程,需要耗費好一段時間:至少 45 分鐘起跳,甚至需要一個鐘頭左右。

完成後的焦糖化洋蔥,試吃並加鹽調味,灑一點紅酒醋平衡其濃厚的甜味。

油封櫻桃番茄 Cherry Tomato Confit　　　　　　製備約 1 公斤（4 杯）

在盛夏時節，隨著番茄的盛產，每週製作一次油封櫻桃番茄，日後可以變化成快速的義大利麵醬汁，舀一匙配上烤魚、烤雞，或是搭配新鮮瑞可達起司與抹過大蒜的麵包丁享用。盡量使用你能找到最具風味與甜度的番茄：番茄風味會在舌尖噴發。

油封所使用的油脂過濾之後保存下來，可於第二批油封番茄時再次使用，或是用來製作**番茄油醋醬**（參考 245 頁）。

675 克（4 杯）櫻桃番茄，去梗
1 小把羅勒葉或梗（梗的風味不輸葉片！）
4 瓣大蒜，剝皮
鹽
450ml（2 杯）初榨橄欖油

預熱烤箱至 150℃。

深度淺淺的烤盤中，先鋪上羅勒葉、梗，以及大蒜瓣，接著將櫻桃番茄單層排放在上頭。倒入 450ml（2 杯）的橄欖油，番茄不需要完全淹沒在油中，但每一顆都需要接觸到油。加鹽調味，約略攪拌一下後，送入烤箱烘烤約 35 到 40 分鐘。過程中，頂多冒點小泡泡，留意不要讓它們沸騰。

當以尖銳針狀工具輕刺，可以輕易刺穿熟軟的番茄，或是整盤番茄開始有一顆破裂，就是油封完成了。由烤箱中取出，靜置一會放涼後，將羅勒夾取出來丟棄。

完成的油封番茄，可以溫熱或是常溫下食用。連同油封的油，於冰箱中冷藏可保存 5 天。

變化版本

- **油封大型番茄**，需要先行剝皮。使用尖銳的小刀將 12 顆少女番茄或是相似大小的番茄品種去梗，在底部切劃一個小小的十字。放入滾水川燙約 30 秒，或是直到皮膜翻起鬆脫。從滾水中撈起，移入冰水浴中，以免餘溫持續作用，隨後將番茄皮剝除。依照前述的做法，在烤盤中單層排放，倒入可淹覆番茄約三分之二高度的油脂，烘烤時間調整為約 45 分鐘，或是整顆番茄煮透柔軟。

- 製作**油封朝鮮薊**，準備 6 份一般大小或 12 份小型的朝鮮薊，剝去外層堅韌的硬葉。使用小利刀或是削皮刀，修掉底部及莖的部位，及外層深綠色的粗纖維表皮。對切後，使用湯匙挖掉中心的毛毛狀物質（參考 267 頁的圖示，預先處理朝鮮薊）。依照前述做法，在烤盤中單層排放，倒入可淹覆朝鮮薊約三分之二高度的油脂，烘烤時間調整為約 40 分鐘，或是直到朝鮮薊煮透柔軟，以小刀或是叉子能輕易刺入的程度。和義大利麵、檸檬皮及佩克里諾綿羊起司拌勻享用。切幾片薄荷葉、磨數瓣大蒜泥，再擠點檸檬汁，連同油封朝鮮薊，配著烤脆的薄片麵包食用。或是常溫下，佐以煙燻肉品與各式起司，作為開胃小點。

六種料理蔬菜的方法 *

　　每一回當我坐下，要整理、精簡這章節食譜時，心頭的那道裂痕都會加深一些。我很熱衷於享用及料理蔬菜。譬如說，綠色花椰菜（broccoli）、蕪菁嫩葉（broccoli rabe）和羅馬花椰菜（Romanesco broccoli）在我心中受喜愛的程度是不相上下的。但是受限於書本的篇幅，我實在無法為每一個種類都安排一款食譜。然而取捨食譜的困難程度，對我來說有如只能挑選一張專輯，餘生就只聽這張專輯渡過：絕無可能啊！

　　癥結點在於：究竟該怎麼做？才能將我對蔬菜的無限摯愛，安排進有限的篇幅頁數中，呈現給大家。就在我一一列出最愛的蔬菜食譜之後，再次檢視完成的清單，發現了幾乎所有的食譜都涉及至少一項以下所提到的六大料理方式。這裡為大家提出最簡單、實用，每位廚師都需要熟稔的蔬菜料理法則。一旦你駕馭了這些方法，就能毫無所畏的往市集邁進，因為你將知道，自己已具有「任何蔬菜料理，都能料理得很美味」的能力。

　　蔬菜：煮法與產季（268 頁）可以幫助你選擇當令蔬菜並以最適當的方式備料。參考**油脂地球村、酸性食材地球村、香料地球村等地圖**（見 72、110 及 194 頁），變化你調味與搭配蔬菜料理的方式。但適當的烹煮方法將讓蔬菜變得世界級的好吃，無論你的靈感是來自什麼地方的料理。

川燙：綠色蔬菜

　　當你對手邊擁有的綠色蔬菜感到不知所措時，先以大火煮滾一鍋水就對了！水滾後，再決定你打算將這些蔬菜料理成**波斯香草蔬菜烘蛋**（參考 306 頁）、**白酒蛤蜊義大利麵**（參考 300 頁）、**托斯卡尼麵包、豆子及羽衣甘藍濃湯**（參考 275 頁），還是其他完全不一樣的料理。準備好一或兩個鋪有烘焙紙的烤盤在一旁備用（如果欲料理的蔬菜含有硬韌的莖梗，參照 232 頁的說明撕下葉片。保留下羽衣甘藍、甘藍菜、菾蓬菜的梗，在燙好葉菜部分後，再分別燙熟）。

　　當鍋內的水達到沸騰時，加鹽調味，使得整鍋水的鹹度嘗起來猶如夏天的海水般，然後才加入蔬菜，任何種類都可以。學習義大利人的煮食手法：綠色蔬菜先行煮軟後，菾蓬菜大概需要 3 分鐘，而甘藍類的蔬菜則是需要花上約 15 分鐘的時間。蔬菜水煮後撈起，試吃看看，如果咬起來柔軟，就表示完成。使用濾杓或是篩網，將蔬菜從水中

＊ 和菇類

撈起，不彼此重疊的平均鋪放在準備好的烤盤上，放涼後，徒手抓起蔬菜，擠掉多餘的水分，大略的切碎。

接著將川燙過的莙蓬菜葉片及莖梗，連同預先炒好的**棕色洋蔥**、番紅花、松子和黑醋栗，一起大火快炒，就是一道以西西里島海鮮料理為靈感發想的配菜。川燙過的菠菜、莙蓬菜、羽衣甘藍（或綠色豆類、蘆筍），拌入**日式胡麻醬**（251 頁），料理出自己的一套結合壽司風情的蔬菜料理，很適合搭配**五香脆皮烤雞**（338 頁）。把甜菜根或是蕪菁的枝葉部分，當作是**印度風味青豆**（261 頁）般等同處理，就是一道適合搭配**印度香料鮭魚**（311 頁）的蔬菜料理。

如果手邊有任何多餘的綠色蔬菜，可以捏成一大球，冰箱冷藏保存約 2 到 3 天，等你想清楚要如何進一步料理，才取出使用。捏成一大球的綠色蔬菜，也能冷凍一夜後，再移到夾鏈袋裡，可冷凍保存長達 2 個月，直到忽然想吃波斯香草蔬菜烘蛋，或是任何蔬食料理的時機到來。只需退冰，然後繼續上述提到的料理步驟即可。

一大球莙蓬菜

快炒：青豌豆與辣椒及薄荷
Sauté: Snap Peas with Chilies and Mint

飽足的 4 人份

或許大家還記得，之前我提到快炒一詞時，同時提到關於甩鍋的技巧，以利食物在鍋中彈跳的手法。如果你還沒練好甩鍋技巧，再練！（翻回 173 頁，再次複習一下快炒的部分。）在練成之前，就使用料理夾翻炒吧！蔬菜使用快炒的方式，只需要數分鐘就能完成，而且能大大避免蔬菜在口感、顏色或是風味上不小心煮過頭。

約使用 2 大匙的初榨橄欖油

675 克的甜碗豆

鹽

12 片薄荷葉，切成細絲

1 小顆磨細的檸檬皮（約是 1 小匙）

½ 小匙乾燥辣椒片

大型的炒鍋，以大火加熱。待鍋熱後加入橄欖油，使用足以在鍋底薄薄覆蓋上一層的油量。當油加熱到微微發亮之際，加入豌豆，並加鹽調味。全程使用大火，將豌豆炒到即將開始上色，帶出甜味，且保留脆勁，約需 5 到 6 分鐘。將鍋子離火，加入薄荷葉、檸檬皮和乾燥的辣椒片，翻拌均勻。試吃，加鹽調味，上菜。

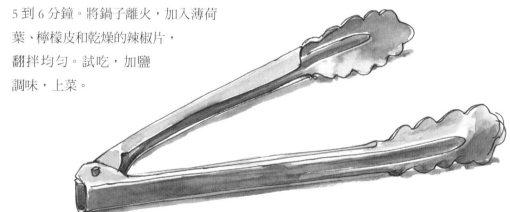

蒸炒：蒜味青豆
Steamy Sauté: Garlicky Green Beans

．．

蒸炒的方式，適用於那些密度紮實、無法直接快炒熟透的蔬菜種類。料理時，先水煮數分鐘後，才將火力調高，煎炒上色。這樣的做法，能確保蔬菜自裡而外熟透。

900 克的綠色豆類蔬菜，像是黃刀豆（yellow wax beans）、羅馬豆（Romano beans）或是四季豆（haricots vert），摘掉硬口的頭尾

2 大匙初榨橄欖油

3 瓣大蒜，切成末

大型的炒鍋，注入約 125ml（½ 杯）的水，以中大火加熱，直到水滾後轉小火。加入豆莢，及 1 至 2 大撮的鹽調味，蓋上鍋蓋悶煮，每幾分鐘打開攪拌一下。當豆莢差不多煮軟了：四季豆約需 4 分鐘，其他種類的豆子則需約 7 到 10 分鐘，以鍋蓋的抵住豆莢避免溜出鍋外，倒掉多餘的水分。原鍋回到爐火上，調高火力，在鍋子的中間撥出一個凹槽，在凹槽處倒入橄欖油及蒜末，靜待約 30 秒，蒜末受熱發出滋滋聲響，及飄出香味。立即開始炒拌豆莢，以免靜置太久過度上色。離火，試吃加鹽調味後，立即上菜享用。

變化版本

- 變化成**經典法式風味**（classic Franch flavors）青豆，將橄欖油換成無鹽奶油，蒜頭省略不用，而改用 1 小匙切碎的新鮮龍蒿。

- 應用成**印度風味**（Indian flavors）青豆，將橄欖油換成無水澄清奶油或是無鹽奶油，不用蒜頭，而是改為 1 大匙切碎的薑末。

烘烤：義式酸甜奶油瓜與球芽甘藍與義式甜酸醬　　4 到 6 人份
Roast: Butternut Squash and Brussels Sprouts in *Agrodolce*

. . . .

　　以烘烤的方式料理蔬菜，藉由焦糖化與梅納反應，能使得蔬菜內部與外部的甜度同時被誘發出來，以及釋放內部所含的糖分。換句話說，烘烤是引誘出蔬菜甜度的最佳方法。

　　記著這個特性，我會將料理重點放在使用具酸度的調味醬，以平衡蔬菜烘烤後的甜度。可能是使用**香草莎莎醬**（359 頁）、**優格醬**、（370 頁）或是以油醋醬為基底製成的義式甜酸醬。每年感恩節餐桌上，一道道豐腴、高澱粉感的飲食，這道蔬菜料理，是我家的常年必備款。

1 顆大型的奶油瓜（900 克），去皮後，對半縱切，挖除中心的籽

初榨橄欖油

鹽

450 克球芽甘藍，剝去最外面的幾片菜葉

½ 顆紅洋蔥，切絲

6 大匙紅酒醋

1 大匙糖

¾ 小匙乾燥辣椒片

1 瓣大蒜，加點鹽磨成泥

16 片新鮮薄荷葉

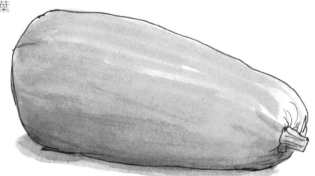

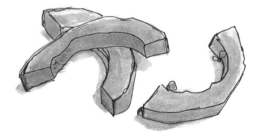

烤箱預熱 220°C。

將對切去籽後的奶油瓜，切成約 1 公分厚度的片狀，放入大碗裡，加入足量的橄欖油（約 3 大匙），抓拌至表面都均勻裹上油脂。加鹽調味後，將一片片的奶油瓜單層排放於烤盤上。

將一顆顆的球芽甘藍自根部對切成一半，加入先前使用的同一個大盆子，再追加點橄欖油，抓拌至表面都均勻裹上油脂。加鹽調味後，將切半的球芽甘藍單層排放於另一個烤盤上。

將奶油瓜與球芽甘藍，送入預熱過的烤箱，約烘烤 26 到 30 分鐘，直到柔軟熟透，表面焦糖化上色。開始烘烤的 12 分鐘後，檢視一下，轉動烤盤方向，或是調整位置，以確保受熱均勻。

等待烘烤時，取一個小碗，加入洋蔥絲和醋，靜置約 20 分鐘，讓酸漬作用進行（參考 118 頁）。再另取一個小碗，將 6 大匙的橄欖油、糖、辣椒片、大蒜及一小撮的鹽攪拌均勻。

當蔬菜烘烤至外表呈現棕色，內部軟熟，以小刀可輕鬆刺入的程度，即可出爐。經驗上，球芽甘藍會比奶油瓜熟得快一些。將烤好的蔬菜倒入一個大盆中。酸漬洋蔥絲及其醃泡的醋倒入橄欖油混合液的小碗中，拌勻後，將一半的份量加入蔬菜盆中。抓拌均勻後，試吃，加鹽調味，依需要再追加甜酸醬汁。最後擺上隨手撕碎的薄荷葉裝飾，溫熱或是常溫下享用。

以紅酒醋酸漬過
的紅洋蔥

久煮：香料蕪菁嫩葉佐鹹瑞可達起司

Long Cook: Spicy Broccoli Rabe with Ricotta Salata

. . . .

　　久煮跟煮過頭，可是截然不同的兩件事。後者，煮過頭，指的是，蔬菜被遺忘在川燙的滾水中或是快炒的鍋裡，這不小心的幾分鐘，使得蔬菜口感過於軟爛、色澤暗沉，可憐兮兮的慘狀。相反的，前者，久煮，是指刻意長時間的料理，以追求蔬菜的甜美柔軟口感。久煮，也是我很偏好的料理方式，常常用來處理那些被遺忘的生鮮蔬菜部位。

2 叢（約 900 克）蕪菁頂端嫩葉，清洗乾淨

初榨橄欖油

1 顆中型洋蔥，切絲

鹽

1 大撮乾燥辣椒片

3 瓣大蒜，切片

1 顆檸檬

55 克鹹瑞可達起司，磨碎

　　將蕪菁頂端枝葉較老硬的部位切除丟棄。嫩莖的部分，切成 1 公分長度，葉子部分則是切成 2.5 公分大小。

　　取用一個大型的鑄鐵鍋，或是類似功能的厚底鍋，中火加熱。鍋熱後加入 2 大匙足以在鍋底薄薄覆蓋上一層的橄欖油量。當油加熱到微微發亮之際，加入洋蔥絲，及一小撮鹽調味。持續加熱並不時攪拌，直到洋蔥變軟，開始要變成棕色，約需 15 分鐘。

　　隨後，調高火力至中大火，再加入 1 大匙左右的油脂，加入蕪菁嫩葉和洋蔥絲一起翻炒均勻。加鹽與辣椒片調味。可能需要稍微將蕪菁嫩葉以按壓的方式擠進鍋裡，或是分批加入，待前一批軟化體積變小後，才再加入剩下的部分。蓋上鍋蓋燉煮，不時打開蓋子翻炒，約 20 分鐘後，蕪菁嫩葉變得入口即化的程度。

　　接著，掀開鍋蓋，轉大火，蕪菁嫩葉會開始上色，同時一邊使用木杓翻炒移動。持續炒煮約 10 分鐘，直到蕪菁嫩葉均勻的變成棕色。然後將葉菜往鍋子內部圓周撥散成一圈。在中心處加入橄欖油、大蒜片，靜置 20 秒讓大蒜香氣釋出。在大蒜開始上色

前，把周圍的蕪菁嫩葉往中間翻炒。試吃，依需要加鹽、辣椒片調味。整鍋離火後，擠進半顆份量的檸檬汁。

攪拌、試吃，依喜好再追加檸檬汁。裝盤後，磨上鹹瑞可達起司，馬上享用。

變化版本

- 若是手邊沒有鹹瑞可達起司，可改用帕瑪森起司、佩克里諾綿羊起司、曼徹格起司（Manchego）、阿希亞格起司（Asiago）或是新鮮瑞可達起司。
- 加入些許的肉味，可使得這道蔬菜料理的滋味更顯圓潤。減少橄欖油用量至 1 大匙，並在洋蔥裡加入 115 克的切成火柴棒大小的培根或義式煙燻培根。
- 要進一步的提帶出鮮味，可在洋蔥裡加入 4 片搗碎的鯷魚，這樣的做法，人人都會驚豔於這道蔬菜料理散發的特殊鮮甜，和一般的蔬菜有大大的不同，但又說不出哪裡不同。

炙烤：朝鮮薊 Grill: Artichokes　　　　　　　　6 人份

回想一下，木質香氣透過與熱發生作用，能轉化為迷人的煙燻氣息，你就能瞭解蔬菜在烤肉架上的料理時間，絕對有助於增添風味。然而，只有少數幾款的蔬菜可以由完全的生菜狀態，直接被炙烤到熟透。把炙烤的做法，視為是高澱粉含量及密度紮實蔬菜種類最後一道加分的收尾料理方式。像是：朝鮮薊、切塊的球狀茴香或是小顆馬鈴薯。正確的做法是，在爐火上或是烤箱裡，先煮到柔軟、半熟，接著才串起來，以炙烤的方式為食材引入迷人的煙燻香氣。

6 棵朝鮮薊（或是 12 棵小型朝鮮薊）
初榨橄欖油
1 大匙紅酒醋
鹽

取一個大鍋子，以大火煮滾一鍋水。使用木炭生火，或是預熱瓦斯烤肉架。準備一個鋪有烘焙紙的烤盤。

將朝鮮薊外圍深色、粗硬的葉子拔除，直到外圍僅剩下半黃半淡綠的葉片。切去木質感的莖部，及其頂端約 4 公分的部分。如果內部有任何的紫色葉子，也切除丟棄。可能需要清除掉許多，才能將纖維狀的部分全清乾淨。整個處理的過程，看似切、丟掉超多的部分，但是，本來就該如此，移除丟棄的部分會遠比你預期的還多，這些都是你不會樂於入口咀嚼的粗、苦纖維質。使用銳利的小刀或是蔬果專用的削皮刀，一層層的削去球狀朝鮮薊根部及底部外皮，直到看見淡黃色的內部。清理完畢的朝鮮薊，浸泡在加有醋的清水中，可以預防氧化變色。

將修切好的朝鮮薊縱切一半，使用小湯匙小心的將中間毛毛的部分挖取出來丟棄後，再放回到含醋的清水中。

當一大鍋水沸騰後，加入足量的鹽，使得整鍋水的鹹度彷若海水。將處理好的朝鮮薊放入滾水中，調弱火力，讓水保持在小火微滾的狀態。煮透的朝鮮薊是可輕鬆以小刀刺入的柔軟程度，大型的朝鮮薊約需 14 分鐘，小型的則約需 5 分鐘。接著，使用有孔濾水杓或是篩網，將朝鮮薊自滾水中撈起，放在事先準備好的烤盤上。

淋點橄欖油，並灑點鹽調味。在烤肉架上，朝鮮薊切面朝下，使用中大火燒烤。

在上色前不要隨便移動，大約 3 到 4 分鐘後，朝下的切面烤上色了，才轉動串在中間的竹籤（或金屬烤肉叉），一面一面的烤，直到每一面都均勻上色。

完成後從烤肉架上取下，淋點**薄荷莎莎綠醬**（361 頁），或是依喜好搭配**阿優里醬**（376 頁），或是**蜂蜜芥末油醋醬**（240 頁）。熱熱的吃或是常溫享用都適宜。

如何抓住朝鮮薊的心 （處理手法）

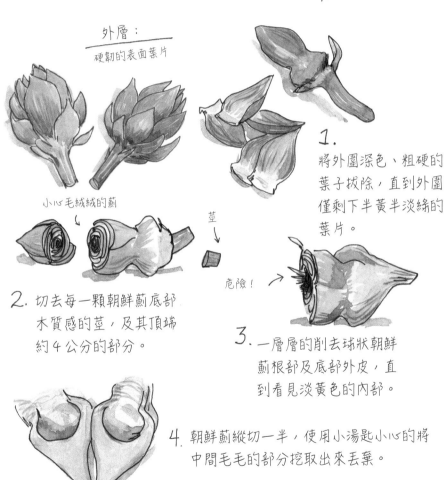

外層：硬韌的表面葉片

小心毛絨絨的薊

莖

危險！

1. 將外圍深色、粗硬的葉子拔除，直到外圍僅剩下半黃半淡綠的葉片。

2. 切去每一顆朝鮮薊底部木質感的莖，及其頂端約 4 公分的部分。

3. 一層層的削去球狀朝鮮薊根部及底部外皮，直到看見淡黃色的內部。

4. 朝鮮薊縱切一半，使用小湯匙小心的將中間毛毛的部分挖取出來丟棄。

內部： 完美、細緻的朝鮮薊心。

蔬菜：煮法與產季

	川燙	快炒	蒸炒	烘烤	久煮	炙烤
朝鮮薊*	▨		▨	▨	▨	▨
蘆筍	▨	▨				
甜菜根	▨		▨	▨		
綠花椰菜*	▨		▨	▨	▨	▨
蕪菁嫩葉*	▨	▨	▨	▨	▨	▨
球芽甘藍*	▨	▨	▨	▨	▨	▨
高麗菜	▨		▨	▨	▨	
紅蘿蔔	▨		▨	▨		
白花椰菜*	▨		▨	▨	▨	▨
塊狀根芹	▨		▨	▨		
苦蓬菜	▨		▨	▨	▨	
芥藍菜葉	▨		▨		▨	
玉米						
茄子		▨				▨
豌豆	▨	▨	▨		▨	
球狀茴香*	▨	▨	▨	▨		
綠豆莢	▨	▨	▨		▨	

	川燙	快炒	蒸炒	烘烤	久煮	灸烤
羽衣甘藍						
大蔥 *						
菇類						
洋蔥						
防風草根						
碗豆						
甜椒						
馬鈴薯 *						
羅馬花椰菜 *						
蔥						
甜豌豆						
菠菜						
夏南瓜						
地瓜 *						
番茄						
蕪菁 *						
冬南瓜 *						

春　　　夏　　　秋　　　冬　　　全年度

✳ 水煮半熟後才改用灸烤

高湯與湯品

高湯

　　手邊隨時有備用高湯，晚餐垂手可得。一頓美味、簡單、快速的晚餐，可以有很多種型態。第一個想起的簡易料理，當然就是濃湯，由豐富的高湯製成，可以加入餡料與麵包烤出脆皮。或是以高湯料理的穀類食物，風味足，而且不需加入任何肉類就飽含豐富蛋白質。又或者是一顆水波蛋，搭配一把以高湯燙軟的菠菜。除此之外，還有一大堆熬、燉、濃湯料理，都是透過高湯的加持完成。

　　每當你為烤雞料理做前置作業時，切下來的脖子、雞頭和雞翅末端（甚至是在**去脊骨展平**全雞時的脊椎背骨），全在加鹽調味前都先切下，以塑膠袋裝妥放在冷凍庫裡保存蒐集。餐後的雞骨架也裝進袋裡，冷凍保存。要燉出一鍋好高湯，只靠一隻雞的骨架實在不太足夠，最好累積個三到四隻的量，每一兩個月準備一批。洋蔥的根部、用到最後幾根枯老的西洋芹、巴西利的莖梗、紅蘿蔔末端，也能丟進塑膠袋裡冷凍蒐集。直到冷凍庫沒空間了，再全數取出倒入大鍋中，製備高湯。

　　如果你就只有烤過的骨頭，那麼很建議特地前往肉舖購買幾公斤的雞頭、腳或雞翅末節。這些飽含膠質的部位，能讓高湯更濃郁香醇。

雞高湯 Chicken Stock

3.2 公斤雞骨頭（至少一半以上是生骨頭）

8.5 公升水

2 顆洋蔥，不剝皮，一顆對切兩次成 4 大塊

2 根紅蘿蔔，削皮，切成兩段

2 根西洋芹，切成兩段

1 小匙黑胡椒粒

2 片月桂葉

4 株百里香

5 株巴西利莖與葉或是 10 根巴西利莖梗

1 小匙白酒醋

將除了白酒醋外的所有材料放進大鍋裡，以大火煮滾後轉小火慢燉，並將浮到表面的泡泡殘渣撈掉。然後，加入白酒醋，可以幫助萃取出骨頭裡的礦物質及營養素。

不蓋鍋蓋，小火慢煮 6 到 8 個鐘頭。途中不時留意高湯維持在微滾的狀態。高湯一旦沸騰了，泡泡會不斷的將脂肪循環推到高湯的表面，這樣持續的加熱及翻滾，會造成乳化高湯的效果。在料理上，這是少數幾個必須要避免乳化的情況。乳化的高湯，除了看起來渾濁不清之外，嘗起來的也不清爽，更會在舌頭上留下不舒服的感覺，一鍋好的高湯，飽含豐厚風味之餘，還必須要清澈。

以細網目的篩網過濾後，放涼。撇掉浮到表面的油脂，可以另行冷藏或冷凍保存，以便日後做**油封雞**（326 頁）時使用。

完成的高湯，可冷藏保存 5 天，或是冷凍保存 3 個月。我個人喜歡利用回收的優格盒子，上面有容量刻度，裝高湯放冷凍庫保存，很方便。

變化版本

製備**牛高湯**（Beef Stock）的煮法和上述相同，只需將雞骨頭換成 2.7 公斤的帶肉牛骨（譬如關節處的骨頭），以及 450 克的牛骨髓骨。將骨頭單層鋪放入厚重的黑烤盤裡，以 200℃ 烘烤 45 分鐘。在湯鍋裡，先以幾大匙的橄欖油炒香上述的材料後，才加入骨頭和 3 大匙的番茄糊及水。將烤肉的黑烤盤移到爐火上，倒入 225ml（1 杯）的

不甜紅酒後使用小火加熱。一邊加熱一邊使用木杓或是橡皮刮刀，將烤盤上的焦糖化物質刮下，然後連同酒一起加入牛高湯中。加熱到沸騰後轉小火燉至少 5 個鐘頭，然後過濾高湯。如果要製備**超濃郁牛高湯**（Super-Rich Beef Stock），那麼一開始就以雞高湯取代清水熬製。

湯品

　　貝多芬曾說過：「唯有心靈純淨，才能做出好的湯品。」

　　天啊！這傢伙也太浪漫了！但是，很顯然的，他絕對不懂料理。我同意他所說的心靈純淨，這是所有廚師的理想性情，但心靈純淨絕非料理湯品時的必須條件（頭腦清楚倒是比較有幫助）。

　　燉煮湯品其實出奇的簡單易做，而且很符合經濟原則。但是很常見的情況是，做一份湯，只是淪落成為了清冰箱。如果要做出一份美味的湯，每個使用的食材都必須有原因及目的。試著練習以種類最少、風味最強的各種可能食材製作湯品。你將會發現這樣的湯，美味的程度的確有淨化心靈之效。

　　湯品可以分類成三種：**清湯**（brothy）、**有料濃湯**（chunky）以及**滑順濃湯**（smooth）。不論哪一款，都能撫慰到不同的胃。雖然三款湯品分別使用不同的元素入菜，但共通點在於都起始於香氣飽滿的液體，可能是高湯、椰奶或是煮豆子的水。三個種類的湯品，先各挑選一個練習上手，然後順著自己的味覺喜好，或是突發的點子，引領著清晰的思緒及純淨的心靈，做出美味的湯吧！

　　清湯是一款清澈細緻的湯品，適合搭配清爽的餐點或是做為前菜，生病胃口不好時，更能有開胃之效。如果只靠三到四種食材製做清湯，味蕾是無法感受出其美味與品質的，先準備好高湯基底，才著手料理這款湯品。

　　有料濃湯恰好相反，擁有著粗獷、濃郁的特色。備上一鍋燉辣肉醬或是托斯卡尼豆子濃湯，可讓接下來整整一週溫暖又飽足。需要的食材項目較多，料理時間也較長，透過許多不同的手法，可以架構起這類濃湯的風味，因此如果手邊沒有高湯可用，可以使用清水製作有料濃湯。

　　滑順濃湯，介於**清湯**與**有料濃湯**之間。而口味的清爽或厚重，則因主要食材而異。不論使用什麼蔬菜或是根莖類，最後的成品都會是滑順雅緻。這類滑順、泥狀的湯品，

適合作為晚餐聚會的第一道料理，或是炎夏午後的輕食晚餐。

　　製作泥狀濃湯的公式很簡單。選用新鮮、風味足的食材是個很好的開始。先將一些洋蔥煮透，然後加進選用的食材，接著，全部食材一起熬燉數分鐘。隨後加入剛好能淹覆所有食材的液體量，煮到滾後，轉小火慢燉，直到食材軟爛。（預期的情況是，綠色蔬菜會褪色或是刻意煮過頭轉變成棕色；英式豌豆湯、蘆筍濃湯或是菠菜濃湯，記得提前幾分鐘離火，考量餘溫後續依然持續作用；最後加入幾顆冰塊，有助於濃湯快速降溫。）離火後，打成泥，加鹽及酸調味。然後，選用配菜。盡可能採用雋永的簡單搭配，泥狀濃湯和酥脆、滑順、酸味及豐腴等食材很合拍。參考 278 頁列出的變化版本，獲得更多靈感。

清湯：義式蛋花湯　　　　　製備 2.25 公升（10 杯，4 到 6 人份）
Stracciatella，Roman Egg Drop Soup

. . . .

2 公升（9 杯）的雞高湯（271 頁）

鹽

6 顆大型雞蛋

現磨黑胡椒

20 克塊狀帕瑪森起司，磨成細粉（約 ¾ 杯），並準備食用前才添加的額外份量

1 大匙細切的巴西利

　　高湯倒入中型的鍋裡，小火加熱後，加鹽調味。另外取一個有嘴量杯（或是中型的碗），加入蛋、一大撮的鹽、黑胡椒、帕瑪森起司粉和巴西利，攪拌均勻。

　　將混合好的蛋液慢慢的倒入加熱至微滾的高湯中，並同時以叉子一邊攪拌高湯。這個步驟為的是使得蛋液形成猶如布料片狀，也正是此款湯品的命名由來，要小心避免過度攪拌，蛋花若是過於細碎，口感不佳。蛋液全數倒入後，煮個 30 秒後，就能裝盛進碗中。最後再加入一點帕瑪森起司粉，立即享用，

　　剩下的湯，以密閉容器裝妥，可冷藏保存三天左右。下次享用時，只要再次以小火加熱即可。

變化版本

● 製作**經典蛋花湯**（Classic Egg Drop Soup），在 2 公升（9 杯）高湯裡加入 2 大匙醬油，3 瓣切片大蒜，一塊約拇指大小的薑，幾株香菜，及 1 小匙黑胡椒粒，小火加熱 20 分鐘後，過濾到另一個鍋子裡。嘗嘗味道，依需要加鹽調味。清湯再次回到爐火上小火加熱。另取一個中型碗，加入一大匙玉米粉（cornflour，或太白粉），以及 2 大匙高湯。使用打蛋器攪拌均勻後，加入 6 顆蛋及一小撮鹽，再次攪拌均勻。將完成的蛋液慢慢加入小火加熱的高湯中。完成後，灑上切片的蔥，立即享用。

有料濃湯：托斯卡尼豆子與羽衣甘藍濃湯
Tuscan Bean and Kale Soup

製備約 2.25 公升
（10 杯，6 到 8 人份）

初榨橄欖油

選擇性使用：55 克義式培根（pancetta）或是普通培根，切丁

1 顆中型洋蔥，切丁（約 1½ 杯）

2 根西洋芹，切丁（約 ⅔ 杯）

3 根中型的紅蘿蔔，削皮後切丁（1 杯）

2 片月桂葉

鹽

現磨黑胡椒

2 瓣大蒜，切薄片

400 克（2 杯）切碎的罐頭或是新鮮番茄，果肉及果汁

400 克（3 杯）煮熟的豆子，例如：白腰豆（cannellini）、可樂娜豆（corona beans）或是蔓越莓豆（cranberry beans），煮豆水另外保留下來備用（大約使用 175 克〔1 杯〕生豆；為了方便也能使用罐裝的熟豆！）

25 克現磨的帕瑪森起司（約 ⅓ 杯），外層的硬皮保留備用。

675-900ml（3-4 杯）**雞高湯**（271 頁）或是清水

2 大把羽衣甘藍，切成細絲

½ 顆綠色高麗菜（green cabbage）或是皺葉甘藍（Savoy cabbage），中間硬心切除後，切成細絲（約 3 杯）

取一個大型的鑄鐵鍋，或是高湯鍋，加入 1 大匙的橄欖油，以中大火加熱。當鍋

中的油加熱至閃閃發光時，加入義式培根（如果使用的話），煎炒約1分鐘，直到上色。加入洋蔥、西洋芹、紅蘿蔔和月桂葉，足量的鹽和黑胡椒調味。爐火調降為中火，偶爾翻拌將食材炒到熟透柔軟，將近要轉變成棕色之際，大約15分鐘。在食材中間撥出一個小洞，再加入1大匙的橄欖油。加入大蒜，加熱約30秒直到滋滋作響，飄出香氣。

在大蒜上色之前加入番茄，攪拌，試吃，視情況加鹽調味。約煮8分鐘左右，收乾到類似果醬的黏稠程度。接著加入豆子及煮豆水，一半份量的帕瑪森起司粉，以及起司外層的硬皮，再倒入足夠淹沒所有食材的高湯或清水。倒入足量（約55ml或¼杯）的橄欖油，燉煮並不時的翻攪，直到整鍋湯品微微冒泡沸騰。隨後加入羽衣甘藍和高麗菜，再次加熱到微微冒泡沸騰，依情況加入更多的高湯或水，以覆蓋住食材。

燉煮20分鐘以上，直到所有食材風味釋出融合，蔬菜也軟化了。試吃，加鹽調整滋味。我喜歡將這款湯品煮的非常濃稠，如果你喜歡稀釋一些的口感，可依自己的喜好增加液體。湯燉好後，撈起帕瑪森起司的硬皮以及月桂葉，丟棄。

食用時，加一點手邊擁有最好品質的橄欖油，以及現磨的帕瑪森起司粉。

剩下的湯，保存於密閉容器，可冷藏5天。這款湯品也極適合冷凍保存，可長達2個月。再次食用時，煮沸即可享用。

變化版本

● 製作**托斯卡尼義大利麵與豆子濃湯**（*Pasta e Fagioli*，Tuscan Pasta and Bean Soup），將75克（¾杯）生的小型義大利麵，例如：各式短管義大利麵（*ditalini, tubetti*），在加入豆子的同時一起加入湯中。時常攪拌，以免義大利麵釋出的澱粉沉積在鍋子底部，黏鍋燒焦。約煮20分鐘，直到義大利麵熟軟。依情況添加高湯，調整到個人喜好的濃稠度。上桌前，依照上述的方式處理後，享用。

● 製作**托斯卡尼麵包、豆子及羽衣甘藍濃湯**（*Ribollita*，Tuscan Bread, Bean, and Kale Soup），在加入羽衣甘藍及高麗菜，回到爐火上再次煮到滾之後，額外加入225克（4杯）的**手撕麵包丁**（236頁）。時常攪拌，以免麵包丁釋出的澱粉沉積在鍋子底部，黏鍋燒焦。約煮25分鐘，直到麵包丁吸滿高湯，開始融化。最後的成品，應該是嘗不出麵包塊狀的存在，而是美味柔潤的糊狀湯品。這款湯品，應該是非常非常非常的濃稠，在 Da Delfina，一家位於托斯卡尼山坡上，我私心很喜愛的餐廳，是將這道湯裝在盤子裡上菜的。

滑順濃湯：絲滑玉米濃湯
Silky Sweet Corn Soup

我十分堅信，所謂好的料理，絕不是靠花俏的廚藝或是昂貴食材。很多時候，最微不足道、最經濟實惠的東西，也能造成最關鍵性的影響。這份湯品，正是最佳例子。說起絲滑玉米濃湯的祕密關鍵食材，其實就是使用玉米芯及水，製作快速高湯。只需使用你能找到最新鮮、甜美的夏季盛產玉米，就能一窺五項簡單食材能加總成為多麼美味的濃湯。

8 到 10 株玉米，去皮、梗及絲
115 克（8 大匙）奶油
2 顆中型洋蔥，切絲
鹽

廚房紙巾對折兩次成四方形，放進金屬材質的廣口大型盆中。一隻手握住玉米株的一端，另一端頂著盆中的紙巾，讓玉米保持直立狀態。另一隻手持著鋸齒刀或是鋒利的主廚長刀，由上而下一次自玉米芯切 2 到 3 排的玉米粒。刀鋒越接近芯越好，不要貪心想一次切下更多排的玉米，這樣只會造成玉米粒的殘留與浪費。保留剩下的玉米芯，備用。

取一個湯鍋，開始製作快速的玉米芯高湯：放入玉米芯後，倒入 2 公升（9 杯）的水，加熱至沸騰後，轉小火，以微滾的狀態燉煮 10 分鐘，隨後取出玉米芯，高湯置一旁備用。

取一個湯鍋於爐火上，並以中火加熱。加入奶油，待奶油融化後，加入洋蔥，接著轉成中小火邊煮邊攪拌，直到洋蔥變得柔軟透明或是**金黃色階段**，約需 20 分鐘。如果你發現洋蔥上色太多直逼棕色階段，可以灑點水進鍋裡降溫，並且攪拌得更頻繁也更留意上色的情況，以避免上色過深。

當洋蔥煮到柔軟後加入玉米粒，並將火力轉到大火，約炒 3 到 4 分鐘，直到玉米粒轉變成為亮度較高的黃色。倒入剛好可以覆蓋住所有食材的高湯，火力轉到最大。剩下的高湯，暫時保留備用，視情況最後用來調整湯的濃稠度。加鹽，試吃，再微調。煮到沸騰後，轉小火微滾 15 分鐘。

如果有手持式攪拌機，小心的將整鍋湯攪打至滑順。

如果沒有手持式攪拌機，小心使用果汁機或是食物調理機，分多次倒入湯品，再分批打成泥。為了追求絲綢般的口感，在攪打完成後，使用細網目的篩子過濾濃湯。

試喝，感受湯裡的鹹、甜、酸度的平衡。如果喝起來甜膩感過重，可以加入一點白酒醋或是萊姆汁平衡一下。

完成後，可以是冰涼的濃湯，再外加一匙莎莎醬搭配食用。或是快速的加熱至沸騰，熱熱的濃湯，搭配任何具有酸度的配菜，譬如：**墨西哥風味香草莎莎醬**（363 頁），或是**印度椰子─香菜甜酸醬**（368 頁）享用。

變化版本

● 依照上述的方法以及食譜公式，使用約 1.2 公斤的蔬菜或是煮熟的豆類，2 顆洋蔥，和足夠覆蓋所有食材的高湯或水，就能製成各式的蔬菜絲綢濃湯。這裡使用到的玉米芯高湯，是特別為玉米濃湯設計的，製作其他款蔬菜絲綢濃湯時並不適用。像是，紅蘿蔔皮高湯，對於紅蘿蔔濃湯的風味助益不大！

● 另外，**黃瓜與優格冷湯**（Chilled Cucumber and Yogurt Soup），更是沒有任何「煮」的步驟，只需要將去籽去皮的黃瓜，連同優格一起打成泥，再額外添加水調整到喜歡的濃稠度即可。

● 翻開下一頁，參考湯品與配菜的搭配建議，以獲得更多的製湯靈感。

滑順濃湯的一些建議

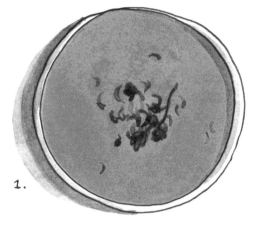

1.

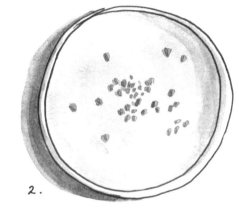

2.

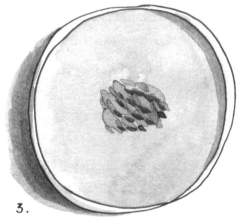

3.

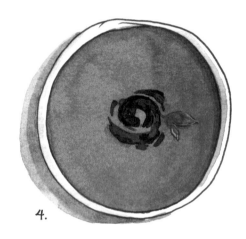

4.

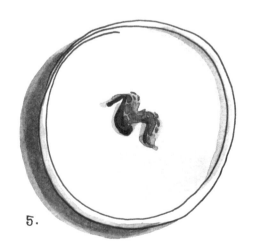

5.

1. 奶油瓜與綠咖哩濃湯佐油蔥酥及香菜

2. 黃瓜與優格冷湯佐香烤芝麻

3. 英式豌豆濃湯佐薄荷莎莎醬

4. 番茄濃湯佐羅勒青醬

5. 防風草根湯佐防風草葉青醬

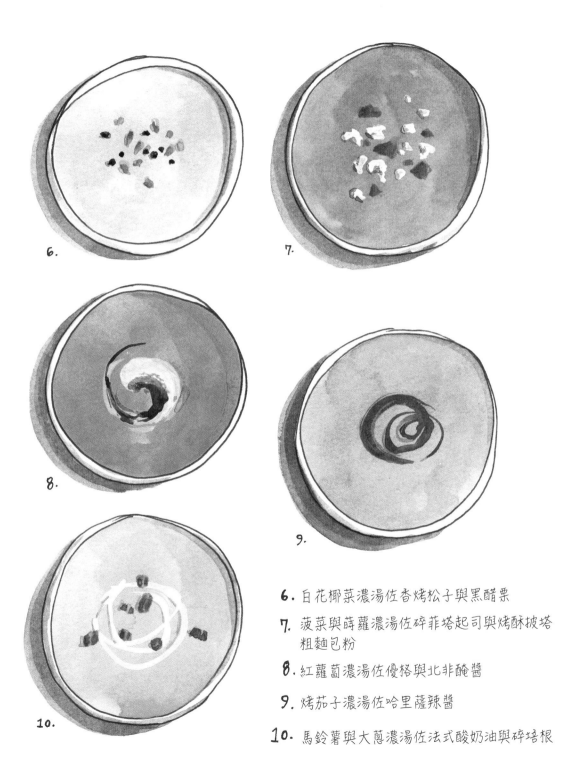

6. 白花椰菜濃湯佐香烤松子與黑醋栗

7. 菠菜與蒔蘿濃湯佐碎菲塔起司與烤酥披塔
   粗麵包粉

8. 紅蘿蔔濃湯佐優格與北非醃醬

9. 烤茄子濃湯佐哈里薩辣醬

10. 馬鈴薯與大蔥濃湯佐法式酸奶油與碎培根

豆類、穀物與義大利麵

　　不論是料理乾燥，或是新鮮帶有莢殼的豆子，是再簡單不過的事。其實啊！**小火煮豆**的基礎食譜，可以總結成簡短精要的一句話：以水淹覆，小火滾煮至熟透柔軟。

　　新鮮去莢的豆子只需要 30 分鐘就能煮熟，但是乾燥的豆子，則可能需要煮上數個鐘頭，才能達到該有的最佳柔軟度。要縮短滾煮的時間，可以提前一晚浸泡過夜。

　　對於提前浸泡乾燥豆子這件事，我非常不厭其煩。尤其是澱粉類食材料理的柔軟、好壞與否，端看食材是否吸收足夠的水分，因此也就更需要將浸泡步驟提前規劃考慮進來。這個步驟，也是廚房裡最簡單的料理步驟。

　　在浸泡豆子時，心裡記著：大約 175 克（1 杯）的乾燥豆子，在料理完成後，體積大多會膨脹三倍，差不多是六人份。滾煮時，加入一把鹽以及一大撮烘焙用小蘇打粉，可以幫助煮豆水偏鹼，讓豆膜或莢殼更容易煮軟。浸泡時直接使用接下來要用來加熱滾煮的鍋子，可以讓你少洗一個容器。提前一天（若是鷹嘴豆或是大型飽滿的豆類，例如：吉甘特豆〔gigantes〕，則是提前兩天），浸泡時擺放在陰涼或是冰箱冷藏室中。

　　視煮好的豆子為空白的風味載體，準備好盛裝任何你喜歡的滋味。乾燥的豆子好好的煮熟、煮透，調味得當，再澆上足量的初榨橄欖油，絕對足以扭轉那些堅稱自己多恨吃豆子的既有成見。再進階一點，和大多數的食物一樣，灑上一堆切碎的香草或是**香草莎莎醬**（359 頁）是有利無害的。

　　豆子和蛋，是經典好組合。在裝滿豆子與湯汁的平底鍋中打入一顆蛋，然後整鍋送入烤箱裡，烘烤至蛋白的部分恰恰好凝固的程度，再灑上些剁碎的菲塔起司以及**哈里薩辣醬**（380 頁），隨餐附上溫暖酥脆的烤麵包。

豆類食物（其他的澱粉食物也有相似的特質），可以和第二種的澱粉食物有很良好的呼應。米飯和豆類在許多不同的飲食文化中很常搭配出現，特別值得一提的是在薩爾瓦多（El Salvadoran），將它們結合製成具有酥脆口感的結婚蛋糕加莎緬多（casamiento）。在古巴（Cuban）料理中，他們在基督教節日享用這類食物，稱為摩爾人和基督徒飯（Moros y Cristianos）；波斯料理中則有米飯與扁豆製成**扁豆香米**（Adas Polo，334 頁）；當然，還有知名的墨西哥捲餅（burrito），正是將米飯與豆子包捲起來的食物。在義大利，由豆子與麵包製成的濃湯，稱為**托斯卡尼麵包、豆子及羽衣甘藍濃湯**（Ribollita，275 頁），或是豆子搭配義大利麵製成的濃湯，則稱為**托斯卡尼義大利麵與豆子濃湯**（Pasta e Fagioli，275 頁）。在世界各地，任何一間廚房裡，豐腴綿密的豆子料理，除了跟酥脆金黃的**粗麵包粉**（237 頁），找不到更好的搭配了！

我曾經在一場向素食料理界有著舉足輕重地位的主廚黛博拉．麥迪遜（Deborah Madison）致意的午餐聚會中，帶了一道由蔓越莓豆拌上酸漬洋蔥、烤香的孜然籽、菲塔起司和香菜株製成的沙拉。儘管那場聚會的餐桌上擺滿了其他廚師製備更令人驚豔的料理，我的那道沙拉依然頻頻得到：「神奇的豆子沙拉」的評價，整整一年之間，一直不斷的有人向我詢問食譜與做法。

不僅僅只有鷹嘴豆能做成鷹嘴豆泥（hummus），只要將熟透的任何豆子加入大量的橄欖油、蒜、香草、辣椒片、檸檬汁以及喜歡的話再加上印度芝麻沙拉醬，任何豆子，都能做成類似鷹嘴豆泥的豆類抹醬。最後，使用鹽、酸調味，搭配鹹餅乾、麵包或是像我一樣，直接一匙匙挖起來品嘗。

將煮熟的豆子連同一些事先煮軟的洋蔥、香草、一顆蛋、帕瑪森起司粉，以及米飯或是藜麥足以幫助黏結成團的量，捏成小小份後油炸。配上**優格醬**（370 頁）、**哈里薩辣醬**（380 頁），**北非醃醬**（367 頁）或是任何的**香草莎莎醬**（359 頁）。再疊上一顆煎蛋，就是完美的一頓早餐了。

多餘的煮熟豆子，加入足量的水後，一起冷凍起來。日後解凍後，就能快速的製成湯品。

最後，雖說罐裝豆子的風味遠遠不如親自滾煮的豆子，但是罐裝豆子的方便度實在難以割捨。我習慣手邊隨時有幾罐鷹嘴豆和黑豆，以備不時之需。

三種料理穀物（和藜麥 *）的方式

*一種偽穀物 **

蒸

每當我在亞洲超市裡看見一字排開眾多樣式精美、功能齊全的電子鍋，我都不禁被催眠了：我真的需要一個。我真的很常吃米飯，而且這些機器造型真的超可愛啊！但是，我很快的就醒了。因為我的廚房裡擺不下任何機器了，而且，我也早就知道怎麼煮飯了呀！

我有一套理論，那就是：世界各地推廣電子鍋的行銷高手，早已將人人都渴望擁有一個電子鍋這個念頭深植人心。想想看：稻米是世界上最古老的農作物之一。如果古代廚師還沒參透要如何烹煮米飯，我相信人類應該也不會存活至今了。

煮飯，真的沒那麼難。以蒸的方法煮飯，既快又簡單，而且穀物能充分吸收蒸煮液體的風味，是我在週間晚餐時最喜歡的料理方式。

先找出你喜歡的米飯種類，一而再再而三的煮，信心自然會漸漸累積增長。我喜歡的米飯種類分別是：巴斯瑪蒂印度香米（basmati）、茉莉泰國香米（jasmine）和一款名為發芽糙米（haiga）的日本米，這是一款研磨時保留胚芽營養，同時又能很快煮熟的一種米。世上所有的事都是如此，越常烹煮米飯，煮飯的技術也就越精進。烹煮米飯時最重要的變化，大概就是掌握穀物與水的比例了。

巴斯瑪蒂印度香米、茉莉泰國香米，傳統的料理方式是清洗數次直到洗米水變得清澈，但我在週間晚餐時的做法，完全懶得這麼作，把洗米的時間省下來，好好享用用餐時光才是王道啊！

關於穀物與水分比例，可以參考隔頁的圖表。同時記著這個很實用的原則：**200克（1 杯）的生米，煮熟後大約是 2 到 3 人份**。很簡單的步驟，只要將所選用的煮米液體（水、高湯、椰奶都很適合）加熱至沸騰後，大手筆的加鹽調味，接著加入米（或是藜麥，我習慣用同一種方式烹煮）。

調降火力至維持小火滾煮的程度，蓋上鍋蓋，煮到水分全部吸收，穀物柔軟即可。熄火後，蓋著鍋蓋，靜置休息 10 分鐘。除了義大利燉飯料理（這又是另一個完全不同的故事了）之外，煮米飯的過程中，千萬、絕對不要攪拌。煮好上桌前，只需要用叉子稍微翻鬆就好。

** 不騙你，它真的是假的！

穀物：水
完美比例

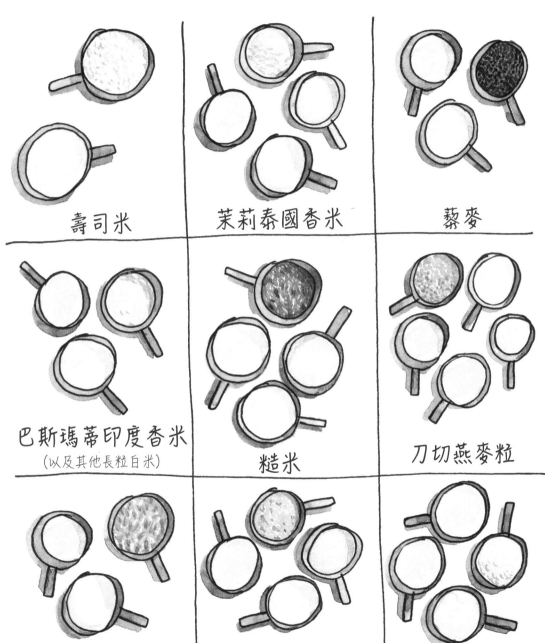

壽司米	茉莉泰國香米	藜麥
巴斯瑪蒂印度香米 （以及其他長粒白米）	糙米	刀切燕麥粒
傳統燕麥片	粗粒玉米＆碎玉米	義大利艾保利歐大米

小火滾煮並且攪拌，直到柔軟

刀切燕麥粒（Steel-cut oats）與**傳統燕麥片**（rolled oats）：將淡淡調味過的液體加熱至沸騰，加入燕麥後，轉小火，持續滾煮並不時攪拌，直到燕麥粥軟綿。

粗粒玉米粉和碎玉米：在沸騰且調味過的熱水中，將粗粒玉米粉或碎玉米，少量、慢慢的加入，同時並一邊使用打蛋器攪拌。持續的加熱約一個鐘頭，期間不時攪拌，直到整鍋粥細緻柔潤，最後依需要再額外加水。食用前加鹽調味，並拌入奶油以及起司粉。

義大利燉飯用的艾保利歐大米（Arborio rice for risotto）：首先，每一杯的米，使用 ½ 顆的切丁洋蔥的比例，以奶油將洋蔥炒軟變成透明的程度，然後加入米，翻炒至金黃棕色，隨後加入 125ml（½ 杯）的白酒，將黏在鍋面的黏稠精華洗下。持續攪拌，高湯以一次 125ml（½ 杯）的量，分多次加入，每次都等到米粒吸飽高湯，才再加一些。煮到米飯柔軟，米心還保留嚼勁的狀態。完成後的義式燉飯，濃稠度或是流動性，應該和稀稀的燕麥粥相似，依喜好可再用高湯或是一點白酒稀釋。加鹽調整口味，再現磨進一點帕瑪森起司，即可享用。

滾煮

義大利麵、**法羅二粒小麥**、**小麥**或是**裸麥**、**大麥**、**莧籽**或是**野米**，料理方式都是以足量加了鹽的水，滾煮到柔軟。這個方法也能使用於煮**藜麥**、**糙米**或是**印度香米**。

波斯風味飯 Persian-ish Rice

. . . .

　　每個波斯人對米飯都懷抱著一股特別的情愫，尤其是每一鍋米飯所伴隨的金黃鍋巴，可說是每位伊朗媽媽廚藝精湛度的展現。憑著是否均勻的呈現棕色，完美的脆度，以及倒扣出的米飯，是否完美呈現如同鍋子造型的蛋糕形狀。當然，還有嘗起來的滋味，能產生好的鍋巴是很值得驕傲的廚藝。由於傳統版本的波斯飯（Persian rice），需要好幾年的廚藝累積，以及數個小時的料理時間才得以製作完成。於是，我特別收錄這道波斯風味飯的食譜，是源自某晚我煮了太多巴斯瑪蒂印度香米，不小心研發出來的版本。

400 克（2 杯）巴斯瑪蒂印度香米

鹽

3 大匙的原味優格

3 大匙的奶油

3 大匙無特殊風味的料理油脂

　　在大型的高湯鍋子裡注入 4 公升的水，大火煮滾水。

　　等待水滾的同時，將米倒入碗中，加入冷水，一邊以指尖畫圓攪拌清洗，隨後倒掉水，至少重複五次，直到洗米水變得清澈，最後瀝乾水分。

　　當爐上的大鍋水沸騰後，加入大量的鹽，精準的用鹽量隨著使用的鹽種類而有所不同，理論上大概是 6 大匙的精鹽或是 75 克（½ 杯）的猶太鹽。調味過的水，鹹度應該是比起你嘗過的任何汗都鹹才對。這個步驟，是唯一由內調味米飯的機會，而且米粒只會在這鍋鹹水中停留數分鐘。所以，別擔心會把飯煮的太鹹。接著，加入米，攪拌。

　　在流理臺裡準備一個細網目的篩網。爐火上的米，持續加熱並不時攪拌，約煮 6 到 8 分鐘。倒入篩網，濾掉水分後，馬上沖冷水，以阻止餘溫持續作用。再次瀝乾。

　　取出 125 克（1 杯）的米飯和優格攪拌均勻。

　　使用養鍋良好直徑 25 公分的大型鑄鐵鍋，或是不沾鍋，中火熱鍋後加入油與奶油。當奶油融化後，將事先與優格攪拌的米飯倒入鍋中，撥散攤平。接著再倒入剩下的米飯，盡量將飯粒集中在鍋子的中央。使用木匙握柄的尾端，在米飯上刺透到底部

的方式，刺出五到六個洞，可以聽到這幾個洞發出滋滋聲響。這幾個洞的目的是為了讓底部的蒸氣逸散，以助於鍋巴的形成。使用的油量應該是足夠的，從鍋邊可以看到冒出許多泡泡，如果沒看到泡泡，那麼就再多追加一些油。

持續使用中火煮飯，每 3 到 4 分鐘，將鍋子往同一個方向旋轉 90 度，以助底部均勻受熱。大約加熱 15 至 20 分鐘之後，開始在鍋邊產生金黃酥脆的鍋巴。一旦看見鍋邊的白色米飯轉為金黃，馬上調降成小火，再持續加熱 15 到 20 分鐘。最後的成品邊緣是金黃色的，米飯則是完全的熟透。至此，我們還無法知道底部的鍋巴情形如何，一切要等到翻面，才能見真章。所以，我習慣故意加熱到鍋邊的米飯呈現過度上色的棕色，如果這樣的做法讓你感到慌張，那麼就在總加熱約 35 分鐘時，將米飯自鍋中取出吧！

將米飯自鍋中脫模，先使用扁平的抹刀沿著鍋邊劃一圈，確定米飯底部的鍋巴沒有沾黏在鍋面。接著倒掉多餘的油脂，然後深吸一口氣，小心果決的將鍋子倒扣在大盤或是砧板上。此時，這鍋脫模的米飯，應該有著膨鬆酥脆的口感，整體則是猶如一顆蛋糕的形狀。

如果你的這鍋飯無法順利的完美脫模，那麼請參考每一位波斯奶奶公認的最佳解救之道：上面的米飯用湯匙挖取，底部的鍋巴用扁平抹刀鏟起，然後假裝這道料理本來就該長這樣。老奶奶的無敵智慧啊！

享用時可搭配**慢烤鮭魚**（310 頁）、**烤羊肉串**（356 頁）、**波斯烤雞**（341 頁）或是**波斯蔬菜庫庫**（306 頁）。

變化版本

- 製作**麵餅鍋巴**（Bread *Tahdig*），將亞美尼亞薄餅切成一個直徑約 25 公分的圓，或是直接使用 25 公分直徑的圓形麵粉製玉米餅（tortilla）。食譜中的優格與全部煮到半熟的米飯攪拌均勻。依照上述說明，熱鍋，隨後加入奶油與其中油脂，接著將圓形薄餅或是玉米餅擺入鍋中。再將米飯照著上面的說明一匙匙舀進鍋中，疊在麵餅／玉米餅上。麵餅鍋巴比單純米飯鍋巴上色速度快上許多，因此務必小心觀察，大約只需 12 分鐘左右就得調降成小火，而不是 15 至 20 分鐘。

- 製作**番紅花飯**（Saffron Rice），一開始先取一大撮的番紅花，連同一小撮的鹽，使用研缽磨成粉狀，接著加入 2 大匙的滾水，靜置 5 分鐘，製作**番紅花茶**（saffron tea）。將茶汁淋在煮半熟、瀝乾的米飯上頭，接著，依照上述做法，將米飯加入鍋裡加熱煎煮。適合搭配烤羊肉串（356 頁）。

- 製作**香草飯**（Herbed Rice），在煮半熟、瀝乾的米飯裡加入 6 大匙隨性比例的細切巴西利、香菜和蒔蘿。接著，依照上述做法執行。完成後，適合搭配**慢烤鮭魚**（310 頁）和**香草優格醬**（370 頁）。

- 製作**蠶豆蒔蘿飯**（Fava Bean and Dill Rice），在煮半熟、瀝乾的米飯裡加入細切的蒔蘿以及新鮮或是退冰去皮的蠶豆。依照上述做法執行，適合搭配**波斯烤雞**（341 頁）。

番紅花

五款經典義大利麵

我和義大利麵有很深遠的淵源。說來，我幾乎每一天都製作、食用義大利麵，時間長達十多年，其中的兩年，還是在義大利當地呢！在寫書進行到要做出決定，究竟要收錄哪幾種義大利麵食譜時，我幾乎瀕臨崩潰。要我將關於義大利麵的所有資料，都濃縮在幾份食譜中，這怎麼可能辦得到啊？

後來我想通了，在做出最後決定之前，必須清楚知道有哪些選項。於是我將自己最喜愛的義大利麵與醬汁的各種組合，全部仔細條列出來。當清單開始失控，綿綿衍生之際，食譜模式於是浮現。我發現，清單上的每一道義大利麵醬汁，都能被歸類為下列五個種類的其中之一：起司、番茄、蔬菜、肉類和海鮮。

每一個種類裡，只要駕馭一道醬汁，上手後，自然能應用成無數的其他變化版本。最終，將能隨著自我喜好即興創作。記著一個重點，料理中每一個食材的加入，都必須有其必要性。胡亂用料製成的義大利麵料理，只有災難二字可以期待。一般來說，如果你打算利用手邊現有的食材創作義大利料理，除了麵、橄欖油和鹽之外，其他的食材不要超過六樣。還有，上菜前務必再次確認鹽、油和酸，三者達到平衡。

最後再提醒兩件事：除了**青醬**（383 頁，使用壓碎的大蒜、松子、帕瑪森起司和羅勒、鹽和橄欖油的一種傳統義大利麵醬），為了避免熱度讓青醬變色，所以不加熱青醬，直接和煮好的麵攪拌即可。除此之外，其他的義大利麵醬，都必須是在熱熱的情況下才與麵攪拌。另外，義大利麵料理，麵和醬是等同重要的。好好的把麵煮好，煮麵水的鹹度要到位。煮麵水嘗起來應該要像夏天的海水那麼鹹，每公升的水大概需要加入尖尖的 2 大匙猶太鹽，或是 4 小匙的精鹽。

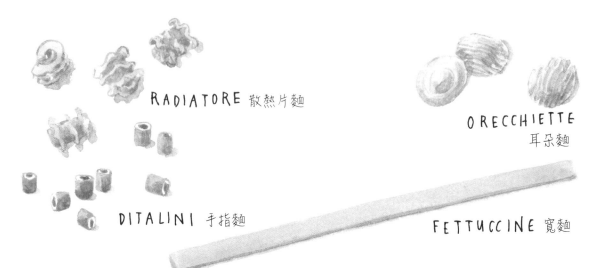

RADIATORE 散熱片麵

ORECCHIETTE 耳朵麵

DITALINI 手指麵

FETTUCCINE 寬麵

義大利麵家族

五大家族的聯姻

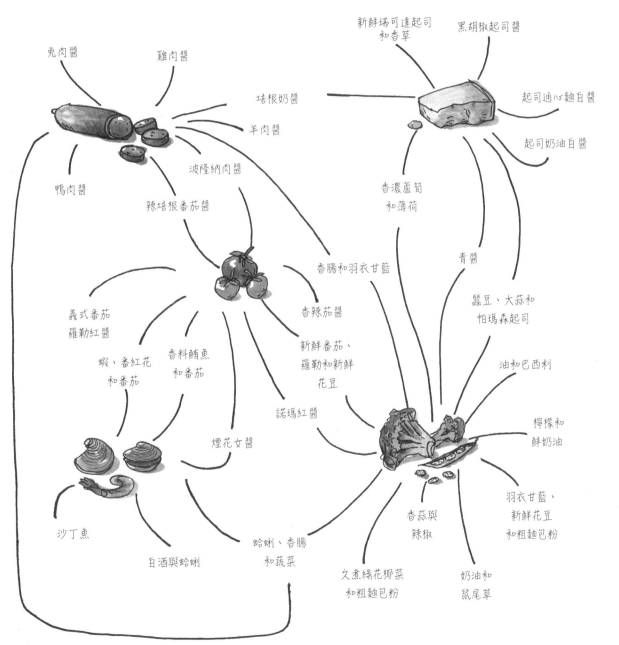

兔肉醬
雞肉醬
鴨肉醬
波隆納肉醬
辣培根番茄醬

培根奶醬
羊肉醬

新鮮瑞可達起司和香草
黑胡椒起司醬
起司通心麵白醬
起司奶油白醬

香濃蘆筍和薄荷

香腸和羽衣甘藍
青醬

蠶豆、大蒜和帕瑪森起司

義式番茄羅勒紅醬
蝦、番紅花和番茄
香料鮪魚和番茄
香辣茄醬
新鮮番茄、羅勒和新鮮花豆
諾瑪紅醬
煙花女醬

油和巴西利
檸檬和鮮奶油

羽衣甘藍、新鮮花豆和粗麵包粉

沙丁魚
白酒與蛤蜊
蛤蜊、香腸和蔬菜
香蒜與辣椒
久煮綠花椰菜和粗麵包粉
奶油和鼠尾草

起司：黑胡椒起司義大利麵 *Pasta Cacio e Pepe* 4-6 人份

黑胡椒起司義大利麵算是呼應起司通心麵的更優秀版本。（天啊！我說出來了！）傳統上，食譜使用了佩克里諾綿羊鹹味起司以及大量的黑胡椒。留意以下幾點，可以避免醬汁結塊：首先，使用可以將起司磨的很細緻的研磨器，這樣一來，起司才能快速的融化、變得滑順。再來，盡力攪拌，讓鍋中的黑胡椒、油跟含有澱粉的煮麵水，發生乳化作用，彼此融合。最後，如果使用的鍋子沒有足夠的空間，可以直接把麵倒進大碗、盆中，使用料理夾翻拌，不時補點煮麵水進去，直到醬汁質地融合為一。

鹽

450 克的義大利麵，麵條（spaghetti）、吸管麵（bucatini）或是方直麵（tonnarelli）

初榨橄欖油

1 大匙，粗磨的黑胡椒粉

115 克的佩克里諾綿羊起司，磨成細粉狀（約 2 杯）

大火煮滾一大鍋水後，加入足量的鹽，鹽水嘗起來應該像是夏天海水的鹹度。加入義大利麵，滾煮，不時攪拌一下，直到麵體柔軟，麵心保有嚼勁的狀態。瀝乾，保留約 450ml（2 杯）的煮麵水。

等待煮麵的同時，以中火加熱一只大型的平底鍋，加入份量足以覆蓋住鍋面的橄欖油。當油加熱至閃閃發光時，加入黑胡椒，約炒 20 秒，黑胡椒散發出香氣。平底鍋中，加入 175ml（¾ 杯）的煮麵水，加熱至沸騰。這個步驟能有效促進乳化作用發生。

先前瀝乾的義大利麵也加到平底鍋中，翻拌讓麵條均勻裹上醬汁，接著加入起司粉（額外保留一小把，最後才使用）。使用料理夾，激烈的翻動義大利麵，視情況需要，隨時添加煮麵水，讓麵條裹上醬汁，避免沾黏成團。試吃，加鹽調整味道。灑上剩下的一大把起司粉再磨上更多的黑胡椒粉，就能立即享用了。

變化版本

- 製作**起司奶油白醬義大利麵**（Pasta Alfredo），以小火滾煮的方式，約加熱 30 分鐘，將 900ml（4 杯）的鮮奶油加熱濃縮成 450ml（2 杯）。取一個大型的平底炒鍋，中火熱鍋，隨後加入 3 大匙的奶油。當奶油融化後，加入 3 瓣蒜泥，大約煎炒 20 秒，將香氣炒出。在蒜泥上色前，倒入濃縮的鮮奶油，煮到滾後，再轉小火燉煮。另外煮 450 克的義大利寬麵，直到麵體柔軟，麵心保有嚼勁的狀態。瀝乾，保留約 225ml（1 杯）的煮麵水。將瀝乾水分的麵加入鍋中，翻拌均勻後，加入 115 克的帕瑪森起司粉，以及大量的現磨黑胡椒。視情況需要，隨時添加煮麵水，以追求醬汁的濃稠質地。試吃，加鹽調整滋味後，立即享用。

- 製作**香濃蘆筍和薄荷義大利麵**（Creamy Asparagus and Mint Pasta），取一個大型的平底炒鍋，中火熱鍋，加入份量足以覆蓋住鍋面的橄欖油。當油加熱至閃閃發光時，加入 1 顆細切的洋蔥（或是 2 根蔥），以及一大撮的鹽。火力調降至中小火，不時翻炒，約加熱 12 分鐘，慢慢的將洋蔥丁炒軟。接著加入 3 瓣蒜泥，大約煎炒 20 秒，將香氣炒出。在蒜泥上色前，倒入 450ml（2 杯）的高脂鮮奶油，煮到滾後，再轉小火燉煮，直到體積減半，約需 25 分鐘。

　　等待的同時，將 675 克的蘆筍根部較硬的部分削切丟棄，剩下來的部分，以滾刀的方式，切成 5 公釐寬的小塊狀。在鮮奶油即將完成濃縮前，開始煮義大利寬麵條或是筆管麵（penne），直到麵體柔軟，麵心保有嚼勁的狀態。在義大利麵準備起鍋前一分鐘，將蘆筍小塊，加進去一起煮。當義大利麵煮好了，蘆筍這時還不全熟，一起瀝乾，保留約 225ml（1 杯）的煮麵水。接著將麵及蘆筍，加入濃縮好的鮮奶油裡，連同 85 克（約 1 杯）細緻的帕瑪森起司粉，10 克（¼ 杯）的切碎薄荷葉，和現磨黑胡椒，一起翻拌均勻。視情況需要，隨時添加煮麵水，稀釋醬汁以保有滑順的質地。試吃，加鹽調整滋味後，立即享用。

番茄：托斯卡尼番茄義大利麵
Pasta alla Pomarola

約製備 1.8 公升（8 杯）的醬汁
約 4 人份的義大利麵食譜

．．．．．．．．．．．．．．．．．．．．．．．．．．．．．．．．．．．．．．．

　　自從 Chez Panisse 舉辦的那場醬汁大賽後，我學到了超多不同製作番茄醬汁的方法。這許許多多的版本，其實差異就只在：有沒有使用洋蔥，香草是使用羅勒還是奧勒岡，機器打成泥，還是追求手工感用特殊工具研磨而成的。可依照個人喜好，隨意挑選喜歡的做法；最重要的是番茄跟橄欖油，務必使用品質好、美味的，還有，用鹽調味要精準。只要做到這兩點，就能自製出絕妙萬用的番茄醬汁，可應用在義大利麵和披薩，以及一些延伸的料理，例如：北非蛋（*shakshuka*）、摩洛哥燉羊肉、墨西哥飯或是普羅旺斯魚湯（Provençal fish stew）。

初榨橄欖油

2 顆中型洋蔥，切絲

鹽

4 瓣大蒜

1.8 公斤新鮮、熟透番茄，去梗、葉。或是 4 罐（400 克／罐）的原粒番茄罐頭，
　　聖瑪扎諾（San Marzano）或是羅馬（Roma）品種的番茄，果肉、果汁都使用。

16 片新鮮羅勒葉或是 1 大匙的乾燥奧勒岡

350 克義大利麵麵條（spaghetti），吸管麵（bucatini）、筆管麵或是螺紋水管麵
　　（rigatoni）

帕瑪森起司、佩克里諾綿羊起司、瑞可達起司，食用前添加

　　取一個材質不會和酸性食材起反應的大型、厚底湯鍋，以中大火熱鍋，鍋熱後，加入剛好能在鍋底薄薄覆蓋一層的橄欖油量，油加熱至閃閃發亮後，加入洋蔥。

　　加鹽調味，並調降成中火，不時攪拌，以避免洋蔥燒焦。約炒 15 分鐘，直到洋蔥絲軟化，轉變為透明或是金黃色。稍微上色成棕色是無妨，只要小心不要燒焦了。如果洋蔥上色過快，變成棕色，可以調降火力，並在鍋裡灑一些水降溫。

　　在等待炒洋蔥的同時，可以進行大蒜切片，以及如果使用新鮮番茄的話，將番茄對切兩次成四等份。如果使用罐頭番茄，將番茄倒進深、大的盆中，徒手捏碎。在罐子裡裝入 50ml 的水，晃動洗下番茄汁，再倒入下一個罐子裡，晃動，然後倒入裝番茄

的大盆中。一旁備用。

　　當洋蔥煮軟後，將洋蔥往鍋邊推開，在鍋子中心空出一個圓，在這個空間裡加進1大匙的橄欖油，再放進大蒜大約煎炒20秒，將香氣炒出。在蒜片上色前，倒入番茄。如果使用新鮮番茄，一邊利用木製的湯匙將果肉壓碎，讓裡頭的汁液流出來。持續加熱至沸騰後，轉小火燉煮。加鹽，並以撕碎的羅勒葉或是乾燥奧勒岡調味。

　　以小火慢慢煮，偶爾使用木質湯匙攪拌一下，攪拌時順便刮刮鍋底，確保沒有燒焦沾黏。如果不小心，鍋底發生沾黏的現象，那麼相反的，馬上停止攪拌！以免燒焦的部分被刮起混入醬汁中。正確的做法是，把醬汁馬上倒入另一個鍋子裡，原來的鍋子，連同底部燒焦的部分，放到洗碗槽裡泡水。再次小心看顧燉煮新的這一鍋吧！

　　燉煮的同時，另外以大火煮滾一大鍋水，蓋上鍋蓋以免水蒸氣太多。

　　約燉煮25分鐘左右，醬汁的味道由生鮮轉變成溫潤，就是煮好了。以湯匙沾一點醬汁嘗嘗看，不再只有新鮮番茄氣味，除了給人的田園或農夫市集記憶連結之外，更多的是聯想到一盤撫慰人心的義大利麵。如果使用罐頭番茄，很微妙的是，熬煮的時間長度必須延長至40分鐘左右，才能將罐頭的味道煮掉。當醬汁煮熟後，再次加熱到急速冒泡，立即倒入175ml（¾杯）的橄欖油，攪拌均勻後，再以小火微滾數分鐘。這個步驟能使得托斯卡尼番茄醬汁產生乳化作用，而提升豐腴口感。完成後離火。

　　使用手持式攪拌機、果汁機或是食物調理機，將醬汁打成泥，試吃並調味。置於密閉容器中，可冷藏保存五天，或是可冷凍保存三個月。若要保存更長時間，可將裝滿醬汁的玻璃罐，水浴煮20分鐘，就能保存一年。

　　製作四人份的托斯卡尼番茄醬汁義大利麵，先煮一鍋水，加鹽調味，煮麵水必須有如夏天海水的鹹度。加入義大利麵，稍微攪拌一下，煮到麵軟且麵心有嚼勁的程度。等待煮麵的時間，取一個大型的煎鍋，加熱450ml（2杯）的番茄醬汁至微滾冒泡。將煮好的麵瀝乾，並額外保留225ml（1杯）的煮麵水，備用。將麵條加進鍋裡，和番茄醬汁翻拌均勻，視情況加煮麵水或是橄欖油，調整黏稠程度。試吃，加鹽調整滋味。完成後，撒上帕瑪森起司、佩克里諾綿羊起司或是瑞可達起司，立即享用。

變化版本

- 為義大利麵增添滑順口感，可在 450ml（2 杯）的番茄醬汁中加入 125ml（½ 杯）的**法式酸奶油**（113 頁），一起加熱到微滾冒泡後，才加入煮熟的義大利麵。或是義大利麵與番茄醬汁拌勻後，加入一大球，約 115 克（½ 杯）的瑞可達起司。

- 製作**煙花女義大利麵**（*Pasta alla Puttanesca*），中火加熱一個大型的炒鍋，鍋熱後，加入剛好能淹蓋鍋底的橄欖油量。當橄欖油加熱到閃閃發光時，加入 2 瓣切碎的大蒜，以及 10 片切碎的鯷魚，大約煎炒 20 秒，將香氣炒出。在大蒜上色前，倒入 450ml（2 杯）的番茄醬汁、55 克（½ 杯）沖洗過的去核黑橄欖（選用油漬的最好）、1 大匙沖洗過鹽漬的酸豆。試吃看看，加入乾燥紅辣椒片、鹽調味，不時攪拌，小火燉煮約 10 分鐘。同時，將 350 克的義大利麵條煮軟，麵心保持嚼勁的狀態。煮好的麵條瀝乾，並額外保留 225ml（1 杯）的煮麵水備用。將麵條加進鍋裡，和醬汁翻拌均勻，視情況加煮麵水，調整黏稠程度。再試吃，加鹽調味。盛盤，撒上切碎的巴西利，立即享用。

- 製作**辣培根番茄義大利麵**（*Pasta all'Amatriciana*），中火加熱一個大型的炒鍋，鍋熱後，加入剛好能淹蓋鍋底的橄欖油量。當橄欖油加熱到閃閃發光時，加入 1 顆切成細碎的洋蔥，以及一大撮鹽，偶爾翻炒約炒 15 分鐘，將洋蔥炒軟、上色成棕色。將 175 克的豬頰醃肉（*guanciale*）、義式培根或是普通培根，切薄片後再切成火柴棒狀，加入炒好的洋蔥裡。以中火加熱，翻炒到肉類酥脆，接著加入 2 瓣切碎的大蒜，大約煎炒 20 秒，將香氣炒出。在大蒜上色前，倒入 450ml（2 杯）的番茄醬汁，加鹽以及乾燥紅辣椒片調味，以小火滾煮約 10 分鐘。同時，將 350 克的義大利麵條煮軟，麵心保持嚼勁的狀態。煮好的麵條瀝乾，並額外保留 225ml（1 杯）的煮麵水，備用。將麵條加進鍋裡，和醬汁翻拌均勻，視情況加煮麵水，調整黏稠程度。再試吃，加鹽調味。盛盤，撒上大量的佩克里諾綿羊起司或帕瑪森起司粉，立即享用。

蔬菜：綠花椰菜與粗麵包粉義大利麵
Pasta with Broccoli and Bread Crumbs

4 到 6 人份

. . . .

　　這一道料理被我歸類為：忙碌了一天，沒體力下廚的最佳選擇。我喜歡想像成這是一碗裹滿綠花椰菜醬汁的義大利麵，大口吃下這滿滿的蔬菜，自我感覺非常良好。事實上，也是真心覺得美味。焦糖化洋蔥的深沉濃郁，豪氣大把的帕瑪森起司營造出鮮味，柔軟鮮甜的綠花椰菜，讓人有出乎意料的奢華口感。歷史上記載，托斯卡尼的農民會在義大利麵上灑粗麵包粉，佯裝是節約版的起司，我深信也是這為了口感以及風味。還有啊！別捨棄了綠花椰菜的莖梗，這可是植物裡甜度最高的部分呢！只需要削去老硬的部分，然後切片，就能跟著其他部分一起烹煮。

鹽

900 克的綠花椰菜，包括莖梗部位

初榨橄欖油

1 顆大型洋蔥，切成細丁

1 到 2 小匙乾燥辣椒片

3 瓣大蒜，切碎

450 克義大利麵：耳朵麵、筆管麵、扁麵條（linguine）、吸管麵或是圓麵條

40 克（½ 杯）的**粗麵包粉**（Sprinkling Crumbs，237 頁）

現磨的帕瑪森起司粉，食用前灑上

　　大火煮滾一大鍋水，加入足量的鹽，鹽水嘗起來應該像是夏天海水的鹹度。

　　將綠花椰菜的花葉部分切成 1 公分左右的大小，莖梗部分則是切成 5 公釐的細小片狀。

　　中大火加熱一個大型的鑄鐵鍋（或是有類似功能的厚底鍋）。鍋熱後，加入剛好能淹蓋鍋底的橄欖油量。當橄欖油加熱到閃閃發光時，加入洋蔥以及一大撮鹽，及 1 小匙的乾燥辣椒片。當洋蔥炒軟並開始上色時，翻炒一下並調降成中火。一邊加熱，偶爾翻炒，約炒 15 分鐘，直到洋蔥軟化，轉變為金黃色。隨後，將洋蔥撥到鍋子邊緣，讓鍋子的中心空出來。在鍋子中心加入 1 大匙左右的橄欖油及切碎的大蒜，約煎炒 20 秒，將香氣炒出。在大蒜上色前，和周圍的洋蔥炒在一起，調降成小火翻炒，以免大

蒜焦掉。

切好的綠花椰菜放進滾水中川燙約 4 到 5 分鐘，直到軟、熟。使用有孔洞的撈杓，從滾水中撈出瀝去水分後，直接加到炒洋蔥的鍋中。川燙綠花椰菜的滾水，蓋上鍋蓋以免水分蒸發流失，原鍋後續用來煮義大利麵。蔬菜鍋，將火力調成中火，邊加熱邊不時攪拌，大約 20 分鐘後，綠花椰菜崩解成細碎的狀態並且和鍋中的洋蔥、橄欖油，混合成醬汁感。如果蔬菜們看起來乾乾的，沒有泥狀或是醬汁感，可以添加 1、2 匙的煮麵水，幫助回復濕潤度。

將義大利麵加進先前燙花椰菜的滾水中，攪拌一下。等待煮麵的同時，繼續照料翻炒綠花椰菜。關鍵點在於，隨時確保水分足夠，綠花椰菜、油與水得以進行乳化作用，就能炒成類似醬汁的糊狀，並且產生甜味。持續的煮、攪，依需要添加煮麵水。

當義大利麵煮軟，麵心仍保有嚼勁的程度，瀝乾，並額外保留 450ml（2 杯）的煮麵水備用。將熱麵加進蔬菜鍋裡，和綠花椰菜翻拌均勻。再加入最後一次的橄欖油和煮麵水，讓義大利麵保持濕潤，且均勻裹上醬汁。試吃，加鹽、乾燥辣椒片調味。

完成後，撒上麵包屑及大量如雪花般的帕瑪森起司，立即享用。

變化版本

- 加入強烈鮮味：在炒洋蔥丁時，切碎 6 片鯷魚連同大蒜一起加入拌炒。
- 製作**豆子與綠花椰菜義大利麵**（Pasta with Beans and Broccoli），等待煮麵時，在綠花椰菜與洋蔥鍋裡，加入約 150 克（1 杯）的熟豆子（任何種類皆可！）一起炒。
- 製作**香腸絞肉與綠花椰菜義大利麵**（Pasta with Sausage and Broccoli），將約 225 克的義式淡味或香料口味的香腸絞肉，捏碎成核桃大小，加入炒軟的洋蔥裡，然後轉大火，一起炒上色。
- 導入額外的酸和甜味。炒好的洋蔥，先倒入 225ml（1 杯）的**托斯卡尼番茄醬汁**（292 頁），然後才加入綠花椰菜一起炒。
- 增添一點多元的鹹度，在蔬菜鍋裡加入約 55 克（½ 杯）切碎無籽的黑或綠橄欖。
- 也可將綠花椰菜置換成羽衣甘藍、白花椰菜、蕪菁嫩葉或是羅馬花椰菜。或是免去川燙的步驟，改用久煮熟透的朝鮮薊、球狀茴香或是夏南瓜（264 頁），再依照上述的方法料理。

肉類：肉醬義大利麵
Pasta al Ragù

　　在我二十二歲時，一位佛羅倫斯主廚：班尼德塔・維達李，不但教會我製作肉醬（meat sauce，*ragù*），還給了我機會進入她的廚房，更是熱情的接納我，如同她的家庭一員。在她經營的小酒館餐廳裡，我們每隔幾天就必須製作一鍋肉醬。如同許多其他的義大利料理，肉醬的製作也是開始於數種香芬滿滿的基底蔬菜糊（大多指紅蘿蔔、西洋芹與洋蔥），細切後炒上色。我從班尼德塔學到如何善待基底蔬菜。首先，以一把我從沒見識過的大刀切碎蔬菜，然後再以驚人份量的橄欖油炒香到上色。製作肉醬，沒有其他步驟比將食材炒上色還重要的了。所以，好好耐下心將基底蔬菜及絞肉煎炒上色吧！過了這個步驟，在托斯卡尼的午後陽光下，享用一盤美味無比的肉醬義大利麵，就只需靜待時間醞釀。

　　如果，純手工切碎基底蔬菜，對你而言太過費力，那麼就派出食物調理機吧！每種蔬菜分開處理，不時的暫停機器，使用橡皮刮刀將蔬菜往下推，以助均勻切碎。因為食物調理機，是以刀片轉動的方式切碎蔬菜，比起拿刀以手工切，機器會打碎更多的細胞，因此蔬菜會流出許多水分。將打碎的西洋芹及洋蔥放進細網目的篩子中，用力壓擠出水分，然後再和切碎的紅蘿蔔丁混合，效果和手切的完全沒兩樣，聰明吧！

初榨橄欖油

450 克牛絞肉（粗絞）

450 克豬肩絞肉（粗絞）

2 顆中型洋蔥，切碎

1 根大型紅蘿蔔，切碎

2 根大型西洋芹，切碎

350ml（1 ½ 杯）不甜紅酒

450ml（2 杯）**雞或牛高湯**（271 頁）或水

450ml（2 杯）全脂牛奶

2 片月桂葉

檸檬皮

柳橙皮

1 公分長的肉桂棒

5 大匙番茄糊

選擇性使用：帕瑪森起司塊外圍的
　　硬皮

整顆肉荳蔻

鹽

現磨黑胡椒

450 克扁麵條、筆管麵或是螺紋水
　　管麵

4 大匙奶油

現磨帕瑪森起司粉，食用前添加

大火加熱一個大型的鑄鐵鍋（或是有類似功能的厚底鍋），鍋熱後，加入剛好能淹蓋鍋底的橄欖油量。將牛絞肉，捏碎成核桃大小，加入鍋裡翻攪，一邊利用有孔洞的鍋鏟將絞肉撥散，大約翻炒 6 到 7 分鐘，直到絞肉滋滋作響，炒上色。先不要做任何調味，這時加鹽會使得肉汁流出，拖延肉被煎上色的時間。利用有孔洞的鍋鏟將上色的肉移到另外準備的大碗裡，煎牛肉流出的脂肪留在原鍋中，沿用同一個鍋子，以相同的方式將豬絞肉煎炒上色後取出備用。

同一個鍋子裡，加入基底蔬菜：洋蔥、紅蘿蔔和西洋芹，以中大火炒香。理論上沿用煎炒牛和豬絞肉所留下的脂肪，會幾乎淹覆基底蔬菜，視情況再額外添加橄欖油，至少再追加 175ml（¾ 杯）。持續加熱翻炒約 25 到 30 分鐘，直到蔬菜柔軟且上色。（如果希望將肉醬的製作過程分解成多天執行，以減輕繁複步驟的壓力。可以提前一或兩天先用橄欖油將基底蔬菜炒香上色，完成後能冷凍保存近兩個月！）

先前炒好的肉類，回到鍋中與炒香上色的基底蔬菜集合，轉大火，加入紅酒。熬燉時，一邊使用木製鍋鏟或湯匙，將鍋子底部的棕色黏稠物質刮起，攪拌進醬汁中。加入高湯或水或牛奶，以及月桂葉、柑橘果皮、肉桂、番茄糊和帕瑪森起司塊外圍的硬皮（選擇性使用）。整粒的肉豆蔻，以細緻的研磨工具，現磨十下入醬汁中，加鹽、現磨黑胡椒調味並試吃。整鍋煮到滾後，轉小火慢燉。

靜待醬汁熬燉，偶爾攪拌一下。以小火大約燉煮 30 到 40 分鐘，當鮮奶煮透融入醬汁，整鍋肉醬看起來很開胃，試吃看看，再次調整鹹、酸、甜，以及豐腴、厚重度。如果需要酸一點，再偷偷加一點酒。如果嘗起來有點平淡無味，再加一點番茄糊，可以增加甜味，並且讓風味更立體分明。如果覺得該豐腴飽滿才是，那麼就再加點鮮奶。如果肉醬看起來稀稀的不夠濃稠，就豪邁的加一大杓高湯。隨著繼續燉煮，高湯的水分會收乾，留下膠質，使得肉醬濃稠度提高。

盡可能的使用越小火燉煮越好，不時的撇撈浮上表面的油脂，並常常攪拌，直到絞肉柔軟，風味變得溫潤融化，約需一個半至兩個小時。當你滿意整鍋肉醬的質地與風味後，使用湯勺將浮上表面的脂肪撇撈掉，並且將帕瑪森起司塊外圍的硬皮、月桂葉、柑橘皮和肉桂取出丟棄。再次加鹽、黑胡椒，調整風味。

準備四人份的肉醬義大利麵，使用 450ml（2 杯）肉醬與 450g 義大利麵，煮軟麵心維持嚼勁，加上 4 大匙奶油一起翻拌均勻。食用前加上大量的現磨帕瑪森起司粉。

剩下的肉醬，以密閉容器裝妥，冰箱可冷藏約一週，或是冷凍可長達三個月。使用前，再次加熱至沸騰即可。

變化版本

- 製作**禽鳥類肉醬**（Poultry *Ragù*），採用約 1.8 公斤的禽鳥整支腿。熬煮後，只要將肉撕成絲，移除骨頭及軟骨。這樣的做法適用於鴨、火雞或雞肉。避免鍋裡太擠，以分批入鍋的方式，將肉煎上色，隨後依照上述方式，將基底蔬菜炒香上色。當蔬菜炒軟成深棕色時，加入 4 瓣切片的大蒜，約炒 20 秒，釋出大蒜香氣，並留意不要炒焦了。不用紅酒而是改用白酒，鍋裡同時放入香草包：一株迷迭香、一大匙的杜松子（juniper berries），以及 10 克乾燥的牛肝菌菇（porcini mushrooms）。提供高湯用量至 657ml（3 杯），不用鮮奶、肉荳蔻、柳橙皮和肉桂，但是保留原食譜的月桂葉、檸檬皮、番茄糊、鹽、黑胡椒和帕瑪森起司塊外圍的硬皮。燉煮約 90 分鐘，直到肉質軟嫩。依照前一頁的敘述，撇除浮到表面的油脂，移去香草。加鹽、黑胡椒調味，依照前頁指示，享用。

- 製作**香腸肉醬**（Sausage *Ragù*），使用 900 克淡味或是義大利香料香腸肉，取代牛、豬絞肉。依照上述將香腸肉與基底蔬菜煎上色。當蔬菜炒軟成深棕色時，加入 4 瓣切片的大蒜，約炒 20 秒，釋出大蒜香氣，並留意不要炒焦了。紅酒改成白酒，不用番茄糊，而是改為 400 克（2 杯）切丁的罐頭番茄及湯汁。不用鮮奶、肉荳蔻、柳橙皮和肉桂，但是保留原食譜的月桂葉、檸檬皮、番茄糊、鹽、黑胡椒和帕瑪森起司塊外圍的硬皮。額外再添加 1 大匙的乾燥奧勒岡和 1 小匙的乾燥紅椒片。小火燉煮約一個小時，直到肉質軟嫩。撇除浮到表面的油脂，移去香草。加鹽、黑胡椒調味，依照前頁指示，享用。

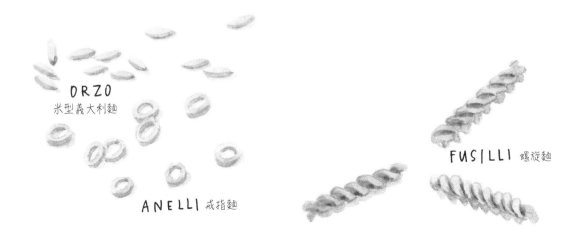

ORZO 米型義大利麵

ANELLI 戒指麵

FUSILLI 螺旋麵

海鮮：白酒蛤蜊義大利麵
Pasta alle Vongole, Pasta with Clams

在我二十歲之前，從沒吃過蛤蜊或是淡菜。一直到現在，如果有其他選擇，我也不太會吃上一大份的甲殼類海鮮。但是，蛤蜊義大利麵，就另當別論了！白酒蛤蜊義大利麵正是所謂的神奇料理之一，由少數的食材及烹調步驟，就能煉出如此具有深度的美味。義大利麵與蛤蜊的搭配，猶如是在風和日麗的氣候下衝浪：鹹度與飽滿，鮮美與明亮，一次滿足。詳細的圖解說明，可翻回到 120 頁。

我習慣使用兩種品種不同的蛤蜊：體積較大的小圓蛤蜊，能為料理注入強烈的鮮美滋味，和體積較小的櫻桃寶石簾蛤或馬尼拉蛤蜊，方便整顆帶殼翻炒混著麵，在餐桌上配著麵時才剝殼一起吃，很是有趣。如果你無法找到這兩種蛤蜊，也別緊張，可以使用 1.8 公斤任何種類的蛤蜊，料理時視為小圓蛤蜊即可。

鹽

初榨橄欖油

1 顆中型洋蔥，切碎丁，根部留下備用

2 或 3 株巴西利，以及 10 克細切的巴西利葉片

900 克小圓蛤蜊（littlenecks），仔細刷洗乾淨

225ml（1 杯）不甜的白酒

2 瓣大蒜，切碎

1 小匙乾燥紅椒片

450 克扁或圓的義大利麵條

900 克櫻桃寶石簾蛤或馬尼拉蛤蜊，仔細刷洗乾淨

1 顆檸檬汁

4 大匙奶油

25 克（約 ¼ 杯）帕瑪森起司，磨成細粉

準備一鍋加鹽的滾水。

中大火加熱一只大型的炒鍋，鍋熱後加入 1 大匙的油。加入洋蔥根部、巴西利及在鍋中鋪滿一層小圓蛤蜊，倒入 175ml（¾ 杯）的白酒。

轉大火，蓋上蓋子，蒸煮 3 到 4 分鐘，至蛤蜊開口。打開鍋蓋，使用料理夾將開口的小圓蛤蜊夾起，放到另外的碗中。

有些固執不打開的蛤蜊，可以試著用夾子敲打看看，幫助開口。加熱超過 6 分鐘仍不打開的蛤蜊就丟棄不用。同樣的做法，分批將小圓蛤蜊全數煮好，視需要隨時追加白酒，以維持鍋底覆蓋一層酒的狀態。

當所有的小圓蛤蜊都煮好撈起，原鍋中的湯汁以細網眼篩子或棉布過濾備用。

小圓蛤蜊放涼後，將蛤蜊肉從殼上取下，大略切碎。收放在小碗中，倒進恰好能淹覆蛤肉的煮蛤蜊湯汁。蛤蜊殼丟棄。

原鍋以清水稍微沖洗後，回到爐火上中火熱鍋，加入剛好薄薄一層覆蓋鍋面的油，油熱後加入洋蔥丁及一小撮鹽，不時的翻攪約 12 分鐘，將洋蔥炒軟。留意不要炒焦，些微的上色倒是無妨，如果需要，可以灑點水。

同時，確認正在滾煮的義大利麵條，熟度比麵心夾生的狀態再硬一點。

在炒軟的洋蔥裡加入切片的大蒜，和 ½ 小匙的乾燥辣椒片，一起翻炒。在大蒜開始轉變成棕色之前，接著加入櫻桃寶石簾蛤或是馬尼拉蛤蜊，轉最大火。不手軟的倒進一些足以覆蓋鍋底的煮蛤蜊湯汁或是白酒。當這些小顆蛤蜊煮到開口後，將先前備好略切碎的小圓蛤蜊肉也加進鍋裡，一起加熱煮一分鐘，試吃，以白酒或檸檬汁調整酸度。

將刻意煮不夠熟的義大利麵，瀝乾，並保留 225ml（1 杯）的煮麵水。將麵條直接加進鍋中，連同蛤蜊一起煮，邊轉動鍋子邊拌勻，直到麵條達到麵心仍有嚼勁的熟度。這樣的做法，能讓麵條吸收飽滿的蛤蜊湯頭。

再次試吃，加鹽、酸及辣椒調味，此時麵條應該是濕潤狀態，如果麵條看起來有些乾，加一點預先保留的煮麵水、白酒或是煮蛤蜊的湯汁。

拌進一點奶油、帕瑪森起司，稍等融化後，再次翻拌麵條，幫助醬汁均勻沾裹，後續再加入切碎的巴西利，隨後裝盤。

馬上食用，搭配烤得酥脆的麵包，可以沾著湯汁，徹底享受。

變化版本

● 製作**淡菜義大利麵**（Pasta with Mussels），使用 1.8 公斤洗刷乾淨，鬚鬚也處理乾淨的淡菜，取代食譜中的蛤蜊。料理方式視同小圓蛤蜊，依照前頁敘述。在炒洋蔥、加鹽的同時加入一大撮的番紅花。除了省略不用帕瑪森起司之外，其餘的做法皆

和上述相同。

- 製作**蛤蜊與香腸義大利麵**（Pasta with Clams and Sausage），將 225 克的淡味或是義式香料香腸肉，捏碎成核桃大小，加入炒軟的洋蔥裡，轉成大火，將香腸肉炒上色。隨後加入馬尼拉蛤蜊，如同上述說明繼續料理與完成後依照上面的說明方式食用。

- 製作**蛤蜊白醬**（White Clam Sauce），在炒軟的洋蔥中，加入大蒜炒香約 20 秒，接著倒入 225ml（1 杯）的鮮奶油。小火燉煮約 10 分鐘後才加入蛤肉，後續依照前頁說明繼續烹調。

- 製作**蛤蜊紅醬**（Red Clam Sauce），在炒軟的洋蔥中，加入大蒜炒香約 20 秒，接著倒入 400 克（2 杯）切碎的新鮮或罐頭番茄。小火燉煮約 10 分鐘後才加入蛤肉，後續依照前頁說明繼續烹調。

- 試著在這道料理中加入額外的蔬菜。將切碎約 200 克，捏成球狀的**川燙綠色蔬菜**（258 頁），羽衣甘藍、蕪菁嫩葉非常適合，在加進大蒜前，先行加入炒軟的洋蔥中一起翻炒。

- 營造口感的豐富度，上面提到的每一道義大利麵料理，上桌食用前，都能灑上**粗麵包粉**（237 頁）。

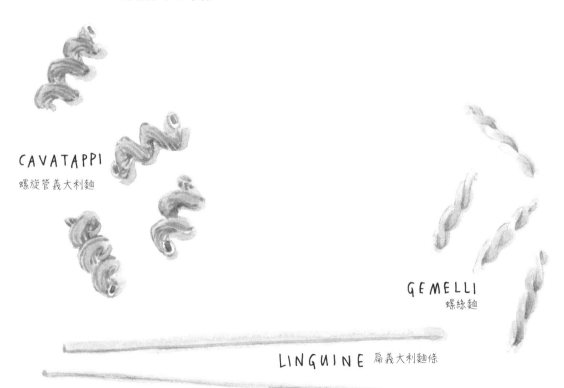

CAVATAPPI
螺旋管義大利麵

GEMELLI
螺絲麵

LINGUINE 扁義大利麵條

SPAGHETTI 圓義大利麵條

蛋

　　只要擁有雞蛋以及下廚的膽識，就能成就出百分之一的奇蹟料理。將一滴一滴的油脂，無畏無懼的往蛋黃裡加，就能得到**基礎美乃滋**（375 頁），還有各式各樣醬汁及沾醬，舉凡：**阿優里醬**到**塔塔醬**（Tartar），有著無限可能。利用**法式奶油布丁小盅**（*pots de créme*）的經典比例：一顆雞蛋加一顆蛋黃，搭配 225ml（1 杯）鮮奶油，就能做出你所能想像到的甜、鹹糕點。往鮮奶油裡，磨入新鮮的黑胡椒、切碎的香草和帕瑪森起司粉，即是經典鹹塔的卡士達基底。在溫熱的鮮奶油裡，泡入薰衣草並添加蜂蜜，過濾後再和蛋液攪拌均勻，倒入烤杯，隔水加熱的方式，以 160°C 烘烤到即將凝結，製成簡單的香芬甜點。

　　多餘不用的蛋白，加一點糖打發後，再搭配上鮮奶油及水果，製成棉花糖口感的**帕芙洛娃**（421 頁），或是如果勇氣再足一點，可以試試製作天使蛋糕。

　　在腦海中刻劃下另一份經典食譜比例，**新鮮雞蛋義大利麵**（fresh egg pasta）輕鬆變得垂手可得。將一顆雞蛋及一顆蛋黃與 135 克（1 杯）的麵粉，慢慢的混合均勻後揉成團，接著讓麵團休息、擀開，再切成麵條，隨時就有**肉醬**（297 頁）義大利麵可吃。

　　要做出**完美煎蛋**（fry the perfect egg），高溫加熱一個小煎鍋，熱鍋的程度，需要比平常的習慣再過頭一點，然後加入足以在鍋面覆蓋薄薄一層的油脂份量，接著打入一顆蛋。加入一點點的奶油，一手握著鍋子把手讓鍋子傾斜，另一手持湯匙不斷的舀起融化的奶油，往蛋白上澆淋。這樣的手法，能使得蛋白的兩面受熱一致，而且蛋黃恰好快凝固的程度。

　　在滾水中請放入一顆帶殼雞蛋，9 分鐘後撈起，馬上移到裝滿冰水的盆中，放涼後剝殼。

蛋白加糖打發

就得到一顆有著光亮感，滑順蛋黃膏的**完美水煮蛋**（The Perfect Boiled Egg）。越是新鮮的雞蛋，水煮熟後越難剝殼。可以在工作檯面上滾動一下使蛋殼裂開，然後再放回冰水中，冰水會滲透到蛋殼與蛋白之間的薄膜下方，讓蛋殼變得好剝。如果要製作打算加入沙拉、可切塊的水煮蛋，則是延長水煮時間到 10 分鐘。或是追求更有液體光亮感的蛋黃熟度，就縮短成水煮 8 分鐘。

一碗米飯、麵或是清湯裡配上一顆**水波蛋**（poached egg）以及一些蔬菜，就能變身為一頓晚餐。取一個大型的湯鍋，裝入至少 5 公分深的水，並加入些許的白酒醋，可以促進蛋白凝結。以中火加熱至即將沸騰，開始冒小泡泡的狀態。敲開一顆蛋，先裝入咖啡杯或是烤杯中，再輕輕的倒進水中冒泡的區域。如果倒入雞蛋後，水溫降低不再小滾冒泡，那麼就稍微調高火力，小心不要讓水激烈的沸騰，旺盛的泡泡會讓外圍的蛋白破碎，也可能擊破蛋黃。一次處理一顆水波蛋，每顆水波蛋大約需要煮 3 分鐘。煮好的水波蛋，以有孔洞的漏勺舀起，移放到乾淨的廚房紙巾或茶巾上，隨後再輕輕滑倒到碗中。

如果水波蛋對你而言不是神奇蛋料理，那麼試試看將一顆蛋，連同些許的帕瑪森起司粉，一起均勻打散後，慢慢的滴進微滾的高湯中，製成一碗撫慰人心的**義式蛋花湯**（273 頁）。

再說到豐腴滑順，接近卡士達質感的**西式炒蛋**（scrambled eggs），往回翻到 147 頁，參考愛麗絲提出來的建議。不管你的採取哪一種做法，記得使用最微弱的文火，並在你判斷熟度恰好的 30 秒前就果斷熄火，讓你的勇氣引領著你與雞蛋，一起走向完美的終點線。

最後，當我們提到**波斯蔬菜庫庫**（306 頁），在翻面時，更是絕對需要一點膽識與勇氣。

水煮,一顆蛋

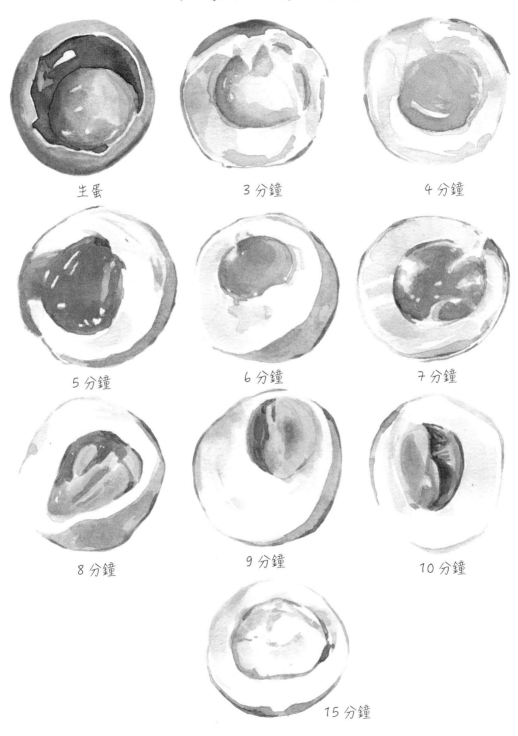

生蛋　　　　3分鐘　　　　4分鐘

5分鐘　　　　6分鐘　　　　7分鐘

8分鐘　　　　9分鐘　　　　10分鐘

15分鐘

波斯蔬菜庫庫（波斯香草蔬菜烘蛋）

Kuku Sabzi, Persian Herb and Greens Frittata

完美的午餐輕食或是開胃小點，波斯香草蔬菜烘蛋和一般烘蛋有著兩大差異點。首先，蔬菜和雞蛋的比例，傾向使用大量的蔬菜，我習慣用剛好能把食材凝結起來就好的最少雞蛋用量。另外，波斯版本的烘蛋，如果少了表面與周圍刻意的煎成深棕色，口感與風味和內部卡士達沒有形成反差，那就不是波斯版本的烘蛋了。完成後的波斯香草蔬菜烘蛋，搭配菲塔起司、優格或是漬物，添進點酸度平衡滋味，可以溫熱食用、常溫吃，或是冰涼後享用。

如果向來不習慣處理大量、多種食材，在製作這道菜時，蔬菜的洗、切、煮，冗長繁複過程，可能會因此感到壓力。可依個人安排，提前一天先行準備蔬菜的部分。

2 大把綠色的莙蓬菜，洗淨

1 根大型大蔥

初榨橄欖油

鹽

6 大匙無鹽奶油

150 克（4 杯）香草葉及軟梗，細切

55 克（2 杯）蒔蘿葉及軟梗，細切

8 到 9 顆大型蛋

如果料理中途，你不打算用翻面的方式處理烘蛋，那麼先預熱烤箱 180°C（關於翻面的更多細節，可參考 307 頁和 308 頁）。

將莙蓬菜的葉子部分切成條狀。一手抓住莙蓬菜的梗底部，另一隻手捏抓住菜梗，往上剝撕。全部的莙蓬菜都這樣處理後備用，梗的部分也保留備用。

切去大蔥的頭尾各 2.5 公分長度，剩下中間的部分，縱切兩次，得到四等分的長條形狀。接著將四條四等分的大蔥，以每隔 5 公釐的距離切成片。將大蔥片放進大碗中，激烈徹底的把泥土洗淨，隨後盡可能的瀝乾水分。先前預留的莙蓬菜菜梗，細切成薄片，靠近根部粗硬的部分丟棄不用。切好的莙蓬菜梗薄片，和大蔥放在一起備用。

使用一個 25 到 30 公分直徑的鑄鐵鍋或是不沾的炒鍋，中火熱鍋後，倒入足以覆

蓋鍋面的橄欖油量。將莙蓬菜葉子的部分加入鍋中，並加入一大撮鹽調味。加熱約 4 到 5 分鐘，一邊不時翻炒，直到葉片出水。將炒好的莙蓬菜葉從鍋中取出，一旁放涼備用。

原鍋回到爐火上，再次使用中火加熱，加入 3 大匙的奶油。當奶油融化後並開始冒泡時，加入切片的大蔥、莙蓬菜梗，以及一撮鹽。翻炒約 15 到 20 分鐘，直到蔬菜柔軟，透明。加熱的過程偶爾翻炒一下，視需要可以加水，調弱火力，或是蓋上鍋蓋、一層烘焙紙，將蒸氣留困住，也能避免蔬菜變色。

同時，將放涼的莙蓬菜葉擠乾水分後，略切，連同香菜及蒔蘿一起裝在大盆中，等大蔥、莙蓬菜梗炒好後，也加入。稍等蔬菜放涼後，以雙手拌勻全部的蔬菜。試吃，加入大量的鹽調味，記著，後續還會有雞蛋加入。

加入雞蛋，一次一顆一顆的加，直到蛋液剛好把蔬菜結合成糊狀。可能不會九顆雞蛋用光光，實際的使用數目受蔬菜的濕潤度和雞蛋的大小而定，最後的狀態會是非常綠、非常綠的一鍋。我通常習慣在這個步驟，再次確認調味的情況，當然，我們不能直接生吃，可以舀一點蔬菜蛋糊煎熟後試吃，之後再決定是否加鹽調味。

鍋子擦乾淨，以中大火熱鍋。熱鍋，是預防烘蛋黏鍋的重要步驟。接著加入 3 大匙的奶油，2 大匙的橄欖油，融化後在鍋中混合均勻，當奶油開始冒泡，小心的將烘蛋糊倒進鍋裡填滿。

為了幫助烘蛋受熱均勻，在剛入鍋的前幾分鐘，隨著受熱凝結後，利用橡皮刮刀，輕輕的把凝固的烘蛋自鍋子邊緣往鍋子中心撥。這個動作持續進行約 2 分鐘後，調降成中火，讓烘蛋糊留在鍋中繼續加熱，途中完全不要去干擾。只要鍋子邊緣維持有冒起的油脂泡泡，就表示鍋子溫度足夠。

由於這是份很厚的烘蛋，需要花點時間中心的部分才會凝結熟透。因此成功的關鍵在於，中心部位熟透之前，要看顧好表面以免燒焦。偷偷的以橡皮刮刀從邊緣翻起一個小縫，查看底部的上色情況。如果變得太黑或是上色速度太快，隨時調降火力。每 3 到 4 分鐘將鍋子旋轉九十度，可以確保受熱均勻。

大約 10 分鐘後，烘蛋糊的流動性不再那麼高，達到某種程度的凝固，底部也金黃上色，鼓足所有的勇氣，準備要翻面了。首先，將鍋裡所有多餘的油脂，盡量倒出到另外準備的碗裡，以免翻面時油脂濺出燙傷。接著，將烘蛋倒扣在披薩烤盤、普通烤盤或是其他寬大的炒鍋上。

原鍋，再加 2 大匙的橄欖油，然後將烘蛋滑回鍋中，繼續煎烘另一面。再加熱 10 分鐘，一樣每 3 到 4 分鐘，轉動鍋子。

如果在翻面烘蛋時，發生任何不測，別驚恐！這只是一頓午餐，盡力就好。鍋裡再加一點油，在鍋裡把破裂的部分拼回去就好。

如果你決定不要執行翻面這個步驟，那麼將整支鍋子放進烤箱裡，烘烤約 10 到 12 分鐘，直到中心部分完全凝結定型。我喜歡加熱到剛剛好凝固的狀態。檢查熟度，可以用牙籤刺看看是否沾黏，或是直接前後重複搖晃烘蛋，頂端會有些晃動。擋住多餘的油脂，小心的將煮好的烘蛋，以滑移的方式裝進盤裡。熱熱的吃、常溫下吃，或是冰涼的享用，隔餐再加熱的波斯香草蔬菜烘蛋，一樣美味。

變化版本

- 如果想要清冰箱，可以將食譜中的莙薘菜，換成任何種類的 675 克煮軟的蔬菜。野蕁麻菜和菠菜都很適合且美味，也能使用菊苣、萵苣、芝麻葉、甜菜根葉，或是任何你所想得到的蔬菜。
- 蒜味版本，2 株蒜苗細切後加入大蔥裡一起料理。
- 若要摻進一點波斯風情，在烘蛋糊裡加入 115 克（1 杯）烤香略切過的核桃或是 30 克（¼ 杯）的白倍莓（barberries），之後才入鍋加熱。

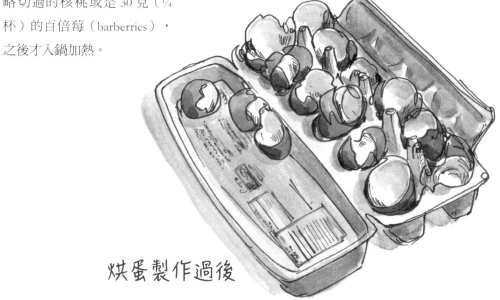

烘蛋製作過後

● 製作普通烘蛋。和波斯烘蛋正好相反，普通烘蛋需要提高雞蛋使用的比率。普通烘蛋，強調雞蛋鬆軟的口感，而波斯烘蛋則是強調越多蔬菜越好。為了達到卡士達口感，在基礎麵糊中，使用 12 到 14 顆的雞蛋，以及 125ml（½ 杯）鮮奶、鮮奶油、酸奶油或是**法式酸奶油**（13 頁）。堅守最多六項食材原則：雞蛋、甜的食材、滑順或厚重的食材、蔬菜、鹽和油。經典的法式鹹塔（quiche）或是披薩上的餡料是挑選食材很好的例子，包括了蘑菇和香腸，火腿和起司，菠菜和瑞可達起司。或是依照自己的下廚經驗，讓當季盛產的各種食材啟發製作烘蛋料理的靈感：

春

蘆筍、青蔥和薄荷

油封朝鮮薊（172 頁）和細香蔥

夏

櫻桃番茄、捏碎的菲塔起司和羅勒

烤過的甜椒、蕪菁嫩葉和捏碎煮熟的香腸肉

秋

炒出水的莙蓬菜，一球新鮮瑞可達起司

球芽甘藍或煮熟的培根粒

冬

烤過的馬鈴薯、焦糖化洋蔥和帕瑪森起司

烤過的菊苣、芳緹娜起司（fontina cheese）和巴西利

魚類

慢烤鮭魚 Slow-Roasted Salmon　　　　　　　　　　　　　6 人份

這是我最喜歡料理鮭魚的方式，使用極溫和的加熱手法，魚肉幾乎不可能被煮過頭。由於鮭魚的脂肪含量高，這個料理方式應用在鮭魚料理上，效果更好。當然，同樣的方法也能用於料理其他魚類，像是虹鱒（steelhead trout）或是阿拉斯加比目魚（Alaskan halibut）。在夏天期間，只要將一個烤盤放在**非直火區**的烤肉網架上，然後關上蓋子，烤肉架就能變身成慢烤烤箱了。我可以預見，這個方法即將也會變成你最喜愛的鮭魚料理法。

> 1 大把細切的香草，例如巴西利、香菜、蒔蘿或是球狀茴香頂端的針狀葉子部分
> 　　　或是 3 片無花果葉
> 900 克的鮭魚排，去皮
> 鹽
> 初榨橄欖油

預熱烤箱 110°C。將香草厚厚的鋪滿在烤盤裡，如果使用無花果葉的話，將葉子鋪在烤盤的中間，備用。

片好的鮭魚排，在寬度的三分之二處會有一排細細的魚骨頭，將魚排放在砧板上，魚皮面朝下，以手指從頭到尾輕輕滑摸，找出小魚骨的位置，再利用夾子夾出。從靠近魚頭的部分開始，夾子跟魚肉維持一定的角度，由於魚骨緊密的黏在魚肉上，需要用點力把一根一根魚骨拖曳出來。每拔出一根魚骨之後，將夾子浸入一杯事先準備好的冷水中，把魚骨輕晃掉。完成之後，再次以手指從頭到尾輕輕滑摸魚排，確認沒有遺漏的魚骨就大功告成了！

魚排的兩面都加鹽調味後，放在事先鋪好香草的烤盤裡，再淋上 1 大匙的橄欖油，以雙手塗抹均勻後，送進烤箱。

烘烤約 40 到 50 分鐘，以小刀或是手指戳戳看魚排最厚的部位，魚肉呈現一片片的狀態，就是烤熟了。因為這種方法的火力非常溫和，即使熟透的魚肉依然維持著透明感。

烤熟的魚排，粗曠的剝成大塊，再淋上任何大量的類似**香草莎莎醬**的醬汁。**金桔莎莎醬**（363 頁）和**邁耶檸檬莎莎醬**（366 頁）都非常適合。搭配白豆或是馬鈴薯以及**薄削球狀茴香與櫻桃蘿蔔沙拉**（228 頁）。

變化版本

- 製作**醬烤鮭魚**（Soy-Glazed Salmon），在小湯鍋內加入 225ml（1 杯）的醬油，2 大匙炒或烤香的芝麻，10 克（½ 杯）的黑糖，以及一小撮的卡宴辣椒粉，以大火加熱收乾濃縮，直到整鍋液體類似楓糖漿的質感。加入 1 瓣蒜泥，1 大匙的薑泥。慢烤鮭魚時，不使用任何香草，直接將鮭魚片放在鋪有烘焙紙的烤盤中，送入烤箱烘烤前，將備好的醬汁刷在 900 克的鮭魚排上，烘烤的途中，每 15 分鐘左右，打開烤箱，將流下來的液態再次舀起淋在魚肉上。

- 製作清爽明亮的**柑橘鮭魚**（Citrus Salmon），在魚肉兩面加鹽，將 1 大匙磨的細碎的柑橘皮和 2 大匙的橄欖油，混合均勻後，加到魚肉上，並以指尖按摩一下。慢烤鮭魚時，不使用任何香草，直接將鮭魚片放在鋪有烘焙紙及血橙或邁耶檸檬薄片的烤盤中，依照上述方法烘烤。完成後，搭配隨性切大塊的酪梨柑橘油醋沙拉（217 頁）一起享用。

- 製作**印度香料鮭魚**（Indian-Spiced Salmon），2 小匙孜然籽、2 小匙香菜籽、2 小匙茴香籽，和 3 顆丁香，一起放入鍋中，以中大火炒香後，使用研缽或是研磨機磨成粉狀後，移放到一個小碗中，隨後加入 ½ 小匙的卡宴辣椒粉，1 大匙薑黃粉，和足量的鹽，再加入 2 大匙的融化澄清奶油或是沒有特殊香氣的液體油脂，攪拌均勻成香料糊。魚肉兩面加鹽調味，並抹上準備好的香料糊，包裹起來放冰箱冷藏醃 1 到 2 個小時。之後先回到室溫，不使用任何香草，依照上述方法烘烤。

啤酒麵衣炸魚 Beer-Battered Fish

4 到 6 人份

　　我對第一次裹麵衣、炸魚的經驗依然印象深刻。麵衣在接觸到熱油，瞬間膨脹的畫面，猶如魔法奇蹟。油炸食物，總是讓我遲疑再三，但是這道既酥脆又美味的炸魚，實屬奇蹟中的奇蹟。隨著時間的飛逝，我的油炸食物經歷終於累積了十多年，我遇見了英國知名主廚赫斯頓‧布魯門索（Heston Blumenthal）的炸魚食譜。他將麵糊中使用到的水換成伏特加，因為伏特加的成分中只含有 60% 的水，藉由降低麵糊的水分，使得麵衣能產生筋度，這使得油炸後的麵衣呈現無與倫比的細緻酥脆。除此之外，他還使用了飽含氣泡的啤酒以及泡打粉製成麵糊，並且盡量保持所有食材冰冷低溫，更進一步的將油炸食物的風味帶往清爽的境界。最終的成品，真是難以置信的輕薄酥脆。美味的程度，讓很多人甚至會使用，你知道的，奇蹟，二字來形容。

325 克（2½ 杯）的中筋麵粉

1 小匙泡打粉

½ 小匙卡宴辣椒粉

鹽

675 克片狀白魚肉，例如：大型或小型比目魚（halibut 或 sole）、鱈魚，去骨修
　　切過

1.3 公升的葡萄籽或花生油，油鍋用

275ml（1¼ 杯）冰伏特加

約 350ml（1½ 杯）冰淡味啤酒（lager beer）

選擇性使用：追求更極致的酥脆，將一半的中筋麵粉，換成米粉

　　取一個中型碗，加入麵粉、泡打粉、卡宴辣椒粉和一大撮的鹽，攪拌均勻後，放進冷凍庫裡備用。

　　將魚肉片，斜切成八份大小約2.5公分寬8公分長、大小相等的魚塊，加鹽調味後，放回冰箱中冷藏備用。

　　使用寬深的鍋子，倒入足量的油脂，油的深度至少要 4 公分，以中火加熱，直到油溫達到 185℃。

　　當油溫攀升時，製作麵糊：將伏特加倒入麵粉中，另一手一邊以指尖慢慢畫圓攪

拌均勻。接著，將啤酒分次加入，將麵糊稀釋到接近鬆餅麵糊的濃稠度（提起手掌，麵糊會從指尖滴落的狀態）。不要攪拌過度，麵糊中看似結塊的部分，在油炸後會轉變成輕盈、酥脆的口感。

　　將一半份量的魚塊，倒入麵糊中。一次處理一塊，仔細的將每一塊魚肉，均勻的裹上麵糊，接著，小心的放入油鍋中。不要同時放入太多塊，油鍋裡的魚塊，應該隨時都保持單層不重疊的狀態。油炸時，不時的使用料理夾撥動魚肉，以免彼此沾黏。大約2分鐘後，魚塊與油鍋接觸的一面變得金黃酥脆後，再一塊塊的翻面，炸另一面。當第二面也金黃上色，使用料理夾或是有孔洞的漏勺，夾、撈起魚塊。放到鋪有廚房紙巾的烤盤上，加鹽調味。

　　繼續以相同的手法，將剩下的魚塊全數炸完。在油炸下批魚肉前，記得讓油溫回到185°C。

　　完成後，搭配檸檬塊及**塔塔醬**（378頁）立即享用。

變化版本

- 製作**義式海鮮蔬食炸物**（*Fritto Misto*），使用魚肉、甲殼類海鮮（像是縱切的蝦子、切成一圈圈的烏賊、軟殼蟹），以及鮮豔繽紛的蔬菜（例如：蘆筍、綠色豆莢、切成一口大小的白或綠花椰菜、青蔥段、櫛瓜花、生羽衣甘藍葉），全都使用相同的麵糊，均勻沾裹。油炸完成後，搭配檸檬塊和**阿優里醬**（376頁）享用。

- 製作酥脆的**無麩質麵糊**（Gluten-Free Batter），使用200克（1½杯）米粉，3大匙馬鈴薯粉，3大匙玉米粉，1小匙泡打粉，¼小匙卡宴辣椒粉，一小撮鹽，225ml（1杯）伏特加，225ml（1杯）冰涼的蘇打水，依照上述說明料理即可。

油封鮪魚 Tuna Confit

　　這份油封鮪魚，將會大大的震撼那些一輩子只吃過罐頭鮪魚的人，我第一次品嘗時，就是如此。鮪魚泡在橄欖油裡，以小火慢煮的方式，能讓鮪魚保持濕潤好幾天。在室溫的狀態食用，搭配含有白豆、巴西利和檸檬組成的沙拉，就是義大利經典料理，鮪魚豆子沙拉（*tonno e fagioli*）。或是在盛夏時，製作成普羅旺斯最高規格的鮪魚三明治（*pan bagnat*）。使用你所能入手有著最酥脆外皮的麵包，剖半後，其中一片抹上**阿優里醬**（376 頁），然後放上搗碎成大塊的油封鮪魚，切片的**十分鐘水煮蛋**（304 頁），熟透的番茄片與黃瓜片、羅勒葉、酸豆和橄欖。最後，疊在頂端的麵包，沾一下油封鮪魚的橄欖油，組合疊好後，整份三明治再壓一下。如果這份三明治的製作流程，讓你感到繁複疲勞，想像一下，每年我們在 Eccolo 餐廳舉辦的夏季宴會，一次要準備700 份！

675 克新鮮的鮪魚（長鰭鮪魚〔albacore〕或是黃鰭鮪魚〔yellowfin tuna〕），切
　　成 4 公分厚大小

鹽

575ml（2½ 杯）橄欖油

4 瓣大蒜，去皮

1 顆乾燥紅椒

2 片月桂葉

2 片 2.5 公分長的檸檬皮

1 小匙黑胡椒粒

開始料理前 30 分鐘，將鮪魚提前加鹽調味。

使用鑄鐵鍋，或是深度夠、厚重的炒鍋，倒入油、大蒜瓣、紅椒、月桂葉、檸檬皮和黑胡椒粒。加熱至 82℃，油溫應該是溫而不燙的程度。維持溫度，加熱約 15 分鐘，讓食材的香氣釋放到油中，同時也有消毒的作用，完成的鮪魚能保存更久。

將鮪魚塊加入溫熱的油裡，以單層不重疊的狀態漂浮在油中。鮪魚必須完全浸泡在油裡，視情況加油，或是分數批油封。讓油溫回到 65℃，或是看到魚塊每幾秒鐘就冒出一兩顆泡泡。實際的油溫並不是太重要，數字會因為火力調高調低，魚塊的加入、翻動，而有所浮動。油封鮪魚，最重要的是全程以低溫加熱的方式煮魚，如果情況需要，溫度不小心過低，也無妨。油封 9 分鐘後，將魚塊自油鍋中取出，檢視一下熟度，魚肉應該是接近三分熟，中心依然維持粉紅色，靠著餘溫會再更熟一些。如果鮪魚還不夠熟，就放回油鍋裡，再煮一分鐘。

魚塊從油裡取出後，不重疊的放在盤中，放涼後裝進玻璃容器裡，放涼的油封油過濾後，倒進玻璃容器內，淹覆住魚塊。可室溫或是冰涼享用。完成的油封鮪魚浸泡在油裡，放冰箱冷藏，可保存約兩週。

觀看雞肉的十三種方法

「我不知如何取捨……」

~ 華勒斯·史蒂文斯（詩人）

超級酥脆去脊骨展平烤雞 Crispiest Spatchcocked Chicken　4 人份

　　靠著兩個關鍵祕訣，這份簡單的食譜，就能做出令人驚豔的烤全雞。首先，將全雞**去脊骨展平**（Spatchcocking），也就是移去全雞的脊椎骨，然後壓平展開成一大片的狀態。我認為透過這樣的方式，好處是增加雞肉受熱的表面積，就能改以較低的烤溫幫助上色。（這也是我最喜歡用來料理感恩節烤雞的作法，大大的縮短近一半的烘烤時間！）

　　第二個祕訣，是我在 Eccolo 工作時從一個廚師犯的錯誤中偶然發現的。那位廚師不小心將幾隻已經加鹽調味的雞，沒有任何包覆，赤裸裸的放在走入式冰箱裡。隔天發現時，對於那位廚師的漫不經心感到非常氣惱。走入式冰箱其實就像個巨型的冰箱，不斷循環的空氣，使得雞皮變得乾燥無比，看起來像是恐怖的化石似的。當時，我別無選擇，只能硬著頭皮照原訂計畫料理。乾燥的雞皮，料理後竟是無比金黃脆口。是我有史以來吃過最酥脆的烤雞，即使沒有馬上食用，隔了一陣子雞皮也一樣酥脆。

　　如果你在時間的安排上，無法提前一晚加鹽調味，讓雞皮放置一夜乾燥的話，那麼，盡可能的越早加鹽越好，料理前以廚房紙巾將表面的水分擦乾，也能有相似的效果。

1.8 公斤全雞
鹽
初榨橄欖油

預計要烤雞的前一天，先將全雞去脊骨並展平。（或是請肉舖幫忙處理！）使用強力的廚房專用剪刀，沿著雞隻的脊椎（位於雞的背面）兩側剪下去，然後移除脊椎。剪刀的下刀處，依個人喜好或習慣，可以是脖子或是尾巴端。剪下來的脊椎，可以留下來日後燉高湯。雞翅的前段也剪掉，保留之後做高湯。

將雞隻放到砧板上，雞胸面朝上，用力往下按壓雞胸，直到聽見軟骨喀啦一聲斷掉，全雞攤開躺平。以足量的鹽，均勻的調味雞隻兩面。裝進淺口的烤盤中，雞胸部位朝上，放進冰箱冷藏一夜。

在料理前一個鐘頭，把雞隻取出，室溫下回溫。烤箱預熱 220˚C，並把層架放置在烤箱上方的三分一處。

使用直徑 25 或 30 公分的鑄鐵平底鍋或是其他可以放進烤箱的炒鍋，以中大火熱鍋後，加入足以淹覆鍋子底部面積的油量，當油加熱到閃閃發光時，將雞肉雞胸面朝下，放進鍋子煎 6 到 8 分鐘，直到上色金黃。如果雞肉無法完全展開攤平，也沒關係，只要雞胸的部分完全接觸到鍋面即可。接著，將雞肉翻面（一樣的，如果沒有完全攤平也沒關係），連同整個鍋子一起放進預熱好的烤箱中，盡量將鍋子推到烤箱的最裡頭，鍋子的把手朝向左邊。

大約烤了 20 分鐘後，小心的使用專用的防燙手套，將鍋子把手由左轉到右，讓鍋子轉動 180 度，然後將鍋子移到烤箱最裡頭，最上層的層架。

繼續烘烤，約 45 分鐘，直到雞肉呈現均勻的棕色，往雞腿處切下時，流出來的肉汁是清澈的，即是完成。

出爐後，休息靜置至少 10 分鐘才分切，溫熱或是常溫享用。

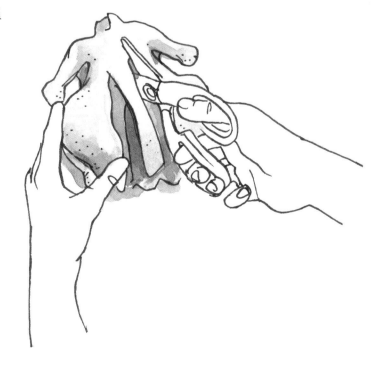

如何 肢解 一隻 全雞

的幾個分解動作

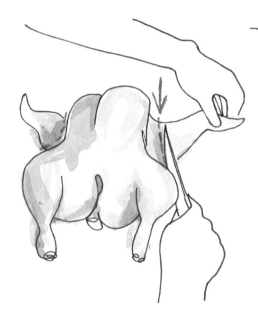

1. 首先，切下兩支雞翅。
   另存日後做高湯之用。

2. 接著，劃開雞腿與雞胸之間
   的皮層。

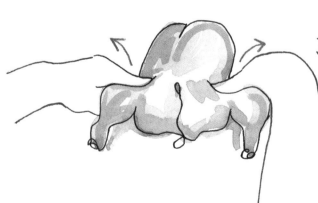

3. 然後，將兩隻拇指插入
   切口，抓起整隻雞，雙
   手向上外翻的手勢，將
   雞腿與雞胸之間的關節
   折鬆。

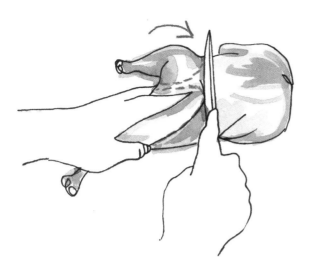

4. 接下來,將全雞翻面,從關節處下刀,切下右邊的雞腿。重複同樣的做法,切下左邊的雞腿。

5. 再次將雞翻面,沿著其中的一邊雞胸骨,輕輕劃開。

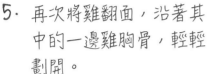

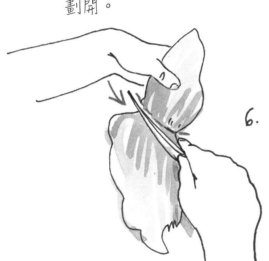

6. 將刀子沿著雞胸肉與雞肋骨之間,一路往雞翅關節處劃開,分別取下兩片雞胸肉。

7. 到此,我們得到了兩份雞胸肉和兩支雞腿。每一塊再依照右圖說明,對切一半。

1 隻全雞 = 8 塊雞

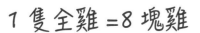

香料炸雞 Spicy Fried Chicken 4 到 6 人份

在孟菲斯（Memphis）的 Gus's 有著我這輩子吃過最美味的炸雞。一次，我在進城的途中，順路在 Gus's 享用午餐，店裡的客人猶如大家剛從教堂作完禮拜似的，人潮不斷的湧現。香料、酥脆和完美的調味，他們的炸雞簡直是顛覆性的美味。我前往央求主廚給我一點提示，到底為什麼他們的炸雞可以做到超級酥脆的外皮，裡頭的雞肉柔嫩。他們當然不肯透露一絲一毫的機密，於是我回家後自己實驗。在炸了一大堆炸雞之後，我得到了幾個結論：在幾顆雞蛋加入白脫鮮奶的幫助之下，還有重複兩次裹粉手續，可以得到酥脆而且不易脫落的外皮。另外，雖然我非常確定 Gus's 的炸雞裡沒有使用煙燻紅椒粉（smoked paprika），但是在炸雞上塗滿香甜煙燻香料油的滋味實在令人上癮。除非 Gus's 很明確的公開機密食譜，跟我說不能加紅椒粉香料油，不然我無法不塗。

1.8 公斤全雞，切成 10 塊。或是 1.3 公斤的帶骨連皮的雞大腿肉。

鹽

2 顆大型雞蛋

450ml（2 杯）白脫鮮奶

1 大匙辣椒醬（我偏愛瓦倫提娜〔Valentina〕辣椒醬）

385 克（3 杯）中筋麵粉

1.3 到 1.8 公升（6 到 8 杯）葡萄籽油、花生油或是油菜籽油，油炸用。外加 55ml（¼ 杯）的油，製作香料油之用。

2 大匙卡宴辣椒粉

1 大匙黑糖

½ 小匙煙燻紅椒粉

½ 小匙烤香的孜然籽，磨成粉

1 瓣大蒜，加點鹽磨成泥

提前處理全雞。如果使用全雞，依照前頁的說明，肢解切成八大塊，再加上兩隻雞翅，總共十塊雞肉。處理後剩下的雞骨架子，留著日後可熬煮**雞高湯**（271 頁）。如果使用雞腿肉，分別切半（參考 318 頁）。在雞塊的每一面，大方的灑上足量的鹽

調味。我個人習慣在前一天就加鹽調味，並冷藏醃漬一夜入味。如果時間不夠，建議至少提前一個鐘頭加鹽，讓鹽能滲入雞肉內後才開始料理。如果加鹽醃漬預計會超過一個鐘頭，放冰箱冷藏保存。若是一個鐘頭內，放室溫下即可。

在一個大型的碗裡，將雞蛋、白脫鮮奶和辣椒醬攪拌均勻，置於一旁備用。另取一個碗，加入麵粉及 2 大撮鹽，拌勻備用。

使用一個寬口的深鍋，倒入油至少至 4 公分高的深度，以中火加熱直到油溫達到 180℃。同時進行雞塊裹粉，一次處理一至兩塊就好。首先，將雞塊放進麵粉碗中沾裹，並抖掉多餘的麵粉，接著放進白脫鮮奶糊，提起雞塊讓多餘的糊滴回碗中，最後再回到麵粉碗中，再裹一次麵粉、抖掉多餘的麵粉，將處理好的雞塊放在烤盤上。

分兩三回合炸雞，炸雞時盡量讓油溫保持在 160℃ 左右。使用耐熱的金屬料理夾，不時的翻動雞塊，約炸 12 分鐘（大塊的雞塊約需 16 分鐘，小塊的則約需 9 分鐘），直到雞塊呈現深金黃棕色。如果無法確定雞肉是否熟透，可以使用小刀刺穿酥脆的外皮，查看內部的肉熟度。雞肉該是由外熟透到骨頭附近，流出來的肉汁則會是清澈的液體。如果肉看起來有些生，肉汁還夾帶一絲粉紅，則將雞塊再次放回油鍋，繼續油炸至全熟。

炸好的雞塊，放在架有網架的烤盤上，放涼。

在一個小碗中，加入卡宴辣椒粉、黑糖、紅椒粉、孜然粉和大蒜泥，及 55ml（¼ 杯）的油，攪拌均勻後刷塗在炸雞上，馬上享用。

變化版本

- 追求更高層次的柔嫩肉質，可將加鹽調味的雞肉，浸泡在白脫鮮奶中，類似**白脫鮮奶醃漬烤雞**（340 頁）的做法。
- 製作**經典炸雞**（Classic Fried Chicken），省略不用辣椒醬和香料油。在麵粉中另外加入 ½ 小匙的卡宴辣椒粉和 1 小匙的紅椒粉，依照上述做法料理。
- 製作**印度香料炸雞**（Indian-Spiced Fried Chicken），省略不用辣椒醬和香料油。調味時，額外使用 4 小匙的咖哩粉、2 小匙的孜然粉和 ½ 小匙的卡宴辣椒粉，連同鹽一起提前調味。在麵粉中另外加入 1 大匙的咖哩粉和 1 小匙的卡宴辣椒粉，依照上述做法料理。並另外製作油亮的塗醬：將 300 克的芒果酸甜醬（1 杯）、3 大匙的水、¼ 小匙的卡宴辣椒粉及一小撮的鹽，一起加熱攪拌均勻後，刷塗在炸雞上，馬上享用。

美式雞肉派 Chicken Pot Pie

在我的成長過程中，並沒有任何享用美式療癒食物的經驗。我想，可能正因為錯過，導致現在我對於這類料理幾近沉迷。特別是美式雞肉派。裡頭滑順濃郁的醬汁、柔軟的雞肉，搭配多層次的酥皮，是精緻、特別，充滿居家風情的滋味。在我廚藝生涯的早期，我立志要鑽研探索雞肉派的所有細節與關鍵，全寫在這份食譜中。

內餡

1.8 公斤全雞，或是 1.3 公斤的帶骨連皮的雞大腿肉

鹽

初榨橄欖油

3 大匙奶油

2 顆中型洋蔥，去皮，切成約 1 公分的丁狀

2 根大型紅蘿蔔，削皮後切成約 1 公分立方的丁狀

2 根西洋芹，切成大小約 1 公分的小塊

225 克新鮮栗子菇（cremini）、蘑菇（button）或是雞油菌菇（chanterelle），修
　　切後對切兩次成 ¼ 塊狀

2 片月桂葉

4 株新鮮百里香

現磨黑胡椒

175ml（¾ 杯）不甜白酒或雪莉酒

125ml（½ 杯）鮮奶油

675ml（3 杯）**雞高湯**（271 頁）或水

65 克（½ 杯）麵粉

150 克（1 杯）新鮮或冷凍的豌豆

10 克（¼ 杯）細切的巴西利葉

酥皮

1 份**純奶油派皮麵團**（386 頁），整份不切冷藏。或是 ½ 份的**輕酥白脫鮮奶比思**
　　吉麵團（392 頁）。或是 1 份市售千層酥片麵團

1 顆大型的雞蛋，略打散

提前處理雞塊肉。如果使用全雞，依照 318 頁的說明，肢解成四大塊。處理後剩下的雞骨架子，留著日後熬煮**雞高湯**（271 頁）。在雞塊的每一面，大方的灑上足量的鹽調味。我個人習慣在前一天就加鹽調味，並冷藏醃製一夜入味。如果時間不夠，建議至少提前一個鐘頭加鹽，讓鹽能滲入雞肉內後才開始料理。如果加鹽醃漬預計會超過一個鐘頭，放冰箱冷藏保存。若是一個鐘頭內，放室溫下即可。

使用大型的的鑄鐵鍋或是其他相似功能的厚底鍋，以中大火熱鍋後，加入足以淹覆鍋子底部面積的橄欖油量，當油加熱到閃閃發光時，將一半份量的雞塊，皮面朝下，放進鍋子每一面煎約 4 分鐘，直到整塊都上色金黃棕色。移放到盤子上，重複同樣的做法將所有的雞塊都煎上色。

小心的倒掉鍋中殘餘的油脂，再次回到爐火上。使用中火，加入奶油融化後，加入洋蔥、紅蘿蔔、西洋芹丁、菇類、月桂葉和百里香。加入少許的鹽和黑胡椒調味。持續加熱約 12 分鐘，不時翻炒，直到蔬菜丁些許上色且開始變軟。倒入白酒或是雪莉酒，利用木匙將黏在鍋上的棕色黏稠物質刮下拌入蔬菜裡。

先前煎上色的雞肉也一起加入蔬菜裡，隨後倒入鮮奶油和雞高湯或水，調成大火，蓋上鍋蓋，煮至整鍋沸騰後，再調降成小火燉煮。如果使用雞胸肉的話，在小火燉煮 10 分鐘後，自鍋中取出，其餘的部位則需繼續燉煮，共 30 分鐘左右。熄火後，將煮熟的雞塊夾出放在盤中，蔬菜醬汁放涼。月桂葉與百里香夾出丟棄。當醬汁靜置數分鐘，油脂會浮到表面，利用湯勺或是平寬的大湯匙將油撇撈起來，保留於量杯或是小碗中。

再另取一個小碗，利用叉子將撇起的 125ml（½ 杯）脂肪與麵粉攪拌成濃稠的膏狀麵粉糊。當麵粉與油脂融合之後，再加入一大勺的蔬菜湯汁，攪拌均勻後，將這碗濃稠的液體倒回鍋中，再次將整鍋醬汁加熱到沸騰，隨後調成小火持續加熱熬煮約 5 分鐘，直到沒有生麵粉的味道。加鹽、黑胡椒調味，離火。

烤箱預熱 200°C，並將烤箱裡的層架，放在中上層的位置。

當雞肉放涼後，將雞肉撕成肉絲，雞皮切的細碎。處理完剩下的雞骨保留下來，日後做高湯用。將雞肉絲、雞皮、豌豆和巴西利加入蔬菜鍋中，攪勻，試吃，加鹽調整味道，離火。

如果使用派皮麵團，擀開成長 38 公分寬 28 公分，3 公釐厚的長方形，並切出至少四道 2.5 公分長的散氣孔，以利蒸氣釋出。如果使用比思吉麵團，切出八份。如果使用千層酥皮麵團，解凍後，輕巧的擀開，一樣切出至少四道 2.5 公分長的散氣孔。

準備好的餡料，倒入 23 公分寬，33 公分長的玻璃或陶瓷，或是任何相似大小的烤盤裡。在餡料上覆蓋上擀開的麵團或是千層酥皮，修剪掉多餘的麵團，約保留大於烤盤 1 公分的麵團邊緣。將預留的邊緣往下塞和烤盤相黏起來。如果麵團無法和烤盤相黏，可以塗上一點蛋液幫助黏著。如果使用餅乾麵團，只需輕輕的排放在餡料的頂端，讓四分之三的部分外露。最後，為派皮麵團、千層酥皮或是餅乾麵團刷上大量的蛋液。

放在烤盤上，送入烤箱，烘烤 30 到 35 分鐘，直到表面的麵團、派皮上色成金黃棕色，內餡沸騰冒泡。趁熱享用。

變化版本

- 如果手邊有剩餘的烤、水煮的雞鴨鵝禽鳥肉類，或是下班途中順路帶回的烤雞，那麼只需單獨料理蔬菜，隨後加入約 700 克（5 杯）的熟雞肉或火雞肉絲，製作麵粉糊的油脂則改用奶油。

- 製作成**獨享雞肉派**，使用同一個食譜，分為六份裝入可進烤箱的碗或烤杯，每份約填裝 450 克的餡料，再依照上述說明烘烤。

我可以！我要吃一打雞！ Conveyor Belt Chicken　　每人兩份雞腿

．．．

　　雖然我已經使用這個方法料理雞肉，長達十五年之久。但是「我可以！我要吃一打雞！」這個名稱是取自最近我和朋友蒂芬妮（Tiffany）在衝浪後，傍晚回家即興而起的。當時我們剛衝完浪，上岸後，一陣飢餓感襲擊而來，她想起家裡冰箱有雞大腿肉，但是我知道以我們飢餓的程度，沒有足夠的時間可以烤或燉熟它們，可能在料理上桌前，我們會餓到把自己的手臂啃掉吧！我們需要一頓晚餐，馬上！

　　在她載我們回家時，我跟她說了我的計畫是：為雞大腿肉去骨，加鹽調味。然後，我會在預熱過的鑄鐵鍋中，加一點橄欖油，放入雞腿，皮面朝下，上面再壓放一個厚重的鑄鐵鍋蓋（或是墊一張鋁箔紙，上頭壓數罐番茄罐頭）。使用適合強度的火力，搭配重物的施壓，可以加速雞脂肪的融化釋出，得到酥脆的雞皮及鮮嫩多汁的雞肉。這樣的做法使得高脂的肉類料理起來，變得和低脂肉類一樣簡單、快速。大約煎煮了十分鐘左右，我們會移走上方的重物，將雞肉翻面後再多煎了 2 分鐘，讓雞肉徹底熟透。預計那頓晚餐，能精準的在 12 分鐘之後完成。

　　當抵達她家後，發現躺在她冰箱裡的是雞胸肉而不是雞腿肉。於是，我們將雞胸肉烤熟，做成了沙拉當晚餐。在飽食一頓，血糖濃度回到正常之後，我就徹底的忘記先前對於雞腿肉的料理計畫。

　　蒂芬妮可沒忘！隔天晚上，她傳來了一張照片：她特地跑去店裡，買了雞腿肉，依照我在極度飢餓的狀態下的描述，依樣畫葫蘆的做了這道料理。看著那棕色、酥脆的雞皮和軟嫩多汁的雞肉，它們看起來超完美的，當然，滋味也是完美。蒂芬妮的老公湯瑪士（Thomas），在嘗了一口之後，誇張的宣布：「我可以！我要吃一打雞！」

　　湯瑪士是我很喜歡的朋友之一，所以我努力讓他得償所願。只要我們聚在一起，我就會做這道「我可以！我要吃一打雞！」有時加了孜然和辣椒，做成雞肉口味的墨西哥玉米餅。或是以番紅花及優格調味，再搭配**波斯風味飯**（285 頁）。有時就只是簡單的以鹽、黑胡椒調味，佐上**香草莎莎醬**（359 頁），及手邊擁有的隨性烤蔬菜。確保湯瑪士可以一直吃一直吃，吃一打！

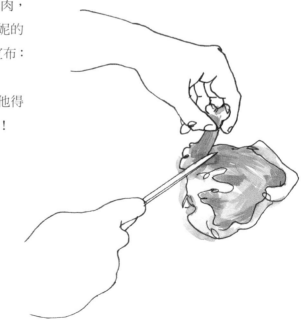

油封雞 Chicken Confit   4 人份

從法國農場太太的筆記本裡偷師的食譜，只要手邊有油封食物的存在，晚餐時刻就不會想破頭。超簡單製作，看電影的時間或是週日玩填字遊戲的同時就能準備，實在找不到不試試看這份食譜的理由！每年冬天，我都會大量的做一兩批，然後放在冰箱裡最下方的層架，最不顯眼，當我需要時卻又垂手可得的角落。像是家裡來了朋友，無預警的留下來一起吃晚餐，或是實在無力煮飯的時候，就派油封食物上場。每每這種時候，我都默默的感謝貼心、量產儲糧的那個我。準備一批，你也會感謝自己的。

如果你找不到或自己製備不來鴨油，單純使用橄欖油也一樣行得通。但是，如果試著購買，或甚至自己製備鴨油，在風味上絕對會有所報酬的（在廚房裡，或許鴨油不是那麼常用，但是拿油封後剩餘的鴨油來烤、炸馬鈴薯，那滋味絕對是令人難以忘懷的）。油封雞及馬鈴薯，配上一小把的芝麻葉或是菊苣沙拉，再佐上滋味明亮的**蜂蜜芥末油醋醬**（240 頁）和一杓的**香草莎莎醬**（359 頁），增添怡人的酸勁。

4 支雞腿，棒棒腿連同大腿的部位

鹽

現磨黑胡椒

4 小株新鮮百里香

4 顆丁香

2 片月桂葉

3 瓣大蒜，切半

約 900ml（4 杯）的鴨或雞油，或是橄欖油

提前處理雞腿。使用利刀，在棒棒腿下方的軟骨關節處的皮層，切割一圈，深度要切到中間的骨頭，確定有切斷韌帶。加鹽、黑胡椒調味。連同百里香、丁香、月桂葉和大蒜，一起放進容器中，妥善蓋好，放冰箱冷藏一夜。

隔天，移除所有的香草，將雞腿單層排放進大型的鑄鐵鍋或是類似功能的鍋子。如果使用雞或鴨油，先行倒入另一個中型湯鍋，以中火加熱融化。將足量的油脂倒入鑄鐵鍋內，直到雞腿完全被淹沒，接著先以中火加熱，直到看見油鍋裡的雞肉冒出第一顆氣泡。調降火力，保持在最微弱的微滾狀態。約燉煮 2 個小時，直到肉質軟嫩。

（另外的做法是，將整鍋食材放進烤箱裡，以 95°C 烘烤，觀察油脂並維持在最微弱的沸騰，判斷方法和爐火上相同。）

煮好後，熄火，讓雞腿浸在油裡，靜待冷卻後，才使用料理夾小心的夾取雞腿末端的關節，避免破壞雞皮的完整，從油中取出。

雞腿及油脂放涼，然後將雞腿放在玻璃或是陶瓷的容器中，覆蓋上過濾的油脂，雞肉必須完全被油脂淹沒。蓋上蓋子，冷藏可保存六個月。

食用時，將雞腿自油裡取出，刮掉多餘的油脂，以中火加熱鑄鐵平底鍋，放入雞腿，皮面朝下。和**我可以！我要吃一打雞！**一樣的做法，上頭放重物，譬如：鋁箔紙包裹的鑄鐵鍋，施壓幫助油脂融化釋出，以得到酥脆的外皮。雞腿的上頭放重物，同時以適當的火力加熱，試著讓外皮酥脆與內部雞肉加熱的速率等速進行。當滋滋作響的聲音停止，轉為爆裂聲時，要特別留意別讓雞肉燒焦了。當雞肉表皮轉變為棕色，移去重物，將雞腿翻面，加熱另一面，上面就不用再壓重物了。整個過程大約需要 15 分鐘。

完成後，馬上享用。

變化版本

- 製作**油封鴨**（Duck Confit），油封 2.5 到 3 個小時，直到肉質軟嫩，幾乎骨肉分離。
- 製作**油封火雞**（Turkey Confit），使用增量為 2 公升（9 杯）的鴨油，油封 3 到 3.5 個小時，直到肉質軟嫩，幾乎骨肉分離。
- 製作**油封豬**（Pork Confit），使用數塊加鹽調味，225 克的豬肩肉，依照上述做法，其中的鴨油換成豬油或橄欖油。

吮指香煎雞
Finger-Lickin' Pan-Fried Chicken

. . . .

　　我是在一週至少吃一次煎雞排的飲食背景下成長的。而在 Chez Panisse 樓下，一晚之內料理上百份金黃酥香的吮指雞胸肉的經驗，更是確認了我對這一道料理的真愛。在一個晚上之內，心無旁騖的重複一百次，專心致力的烹煮單一料理，使得你對這道料理的瞭解激增一千倍。你問，那一晚，我學到了什麼重要的事？香煎雞排，最重要的關鍵，莫過於絕對要使用澄清奶油。用奶油煎出來的雞肉那股圓潤飽滿的香氣，是橄欖油無法比擬的。澄清奶油的做法非常簡單：使用微弱的火力，融化無鹽奶油。乳清固形物會浮到清澈層的上方，黃色的脂肪以及乳蛋白，則是沉到底部。輕巧的使用細緻的篩網，小心不晃動到底部的蛋白，將表面的固形物移除。再將剩下的奶油小心的以紗布或是濾茶器過濾一次。

　　另一個祕訣：如果沒有時間自製麵包粉，可以使用日本麵包粉（panko），先以食物調理機快速的短暫攪打幾次，得到細緻的質地後再使用。

6 份去骨去皮的雞胸肉

100 克（1½ 杯）細緻的白麵包粉，自製尤佳，或是日本麵包粉

20 克的帕瑪森起司粉，磨成細粉（約 ¼ 杯）

130 克（1 杯）的中筋麵粉，以 1 大撮鹽及卡宴辣椒粉調味

3 顆大型蛋，加一點鹽打散

400ml（1¾ 杯）澄清奶油，由 450g 奶油製成（完整做法參考 68 頁）

　　準備兩個烤盤，一個鋪烘培紙，另一個鋪廚房紙巾。

　　如果雞胸肉與雞柳條還黏在一起，將它們分切開來。以利刀將雞胸肉頂端背面的些許銀色皮膜或是結締組織切除。

　　取一份雞胸肉，背面朝上放在砧板上。在塑膠袋的一面塗一點橄欖油，塗油面朝下，覆蓋在雞胸肉上。使用軟化肉品的專用錘子（如果沒有這項工具，可以玻璃瓶替用），敲捶雞肉，直到雞胸肉被敲扁成約 1 公分厚度。同樣的做法，把每一份雞胸肉都處理成扁平。

　　雞胸肉與雞柳條都加少許的鹽調味，然後設立裹麵包粉的工作動線。準備三個淺

寬的大碗或是烤盤，分別裝進調味的麵粉、打散的蛋液和帕瑪森起司粉與麵包粉混合。

像是工廠作業線般，先將所有的雞胸肉及雞柳條拍裹上麵粉，並抖掉多餘的麵粉。然後浸入蛋液中，裹上蛋液，讓多餘的蛋液滴落。最後，一一裹上麵包粉，排放在鋪有烘焙紙的烤盤上。

使用直徑 25 或 30 公分的鑄鐵平底鍋（或是其他類似的炒鍋），以中大火加熱，並倒入足量的澄清奶油，油量至少需要 5 公釐的深度。當鍋裡的奶油加熱到閃閃發光時，丟幾顆麵包粉進鍋中，檢視油溫狀態。如果麵包粉立刻激烈的滋滋作響，隨即將雞肉以單層，不重疊的方式排放進鍋中。每一片雞肉之間，保留一點距離，鍋裡油脂的高度，應該至少高於肉片厚度的一半，以確保麵包裹粉受熱均勻。

持續以中大火加熱，約需 3 到 4 分鐘，直到肉片呈現金黃棕色，然後翻面。翻面後一樣煎到金黃上色，就能從鍋中夾取出來，放在鋪有廚房紙巾的烤盤上，瀝掉多餘的油脂（如果無法確定雞肉是否熟透，可以使用小刀刺穿酥脆的外皮，查看內部的肉熟度。如果裡面的肉還有些許粉紅，將雞肉再次放回鍋裡，繼續煎至全熟。視需要，添加更多的澄清奶油，以相同的方式，將所有的雞胸肉和雞柳條都煎熟）。食用前，再灑點鹽調味。立即享用。

變化版本

- 製作**香煎（炸）豬排**（Pork Schnitzel），將豬里肌肉捶敲成薄片，依照上述說明裹上麵包粉。縮短油煎的時間約每面 2 到 3 分鐘，以免過熟。

- 製作**麵包粉煎（炸）魚或蝦**（Breaded Fish or Shrimp），兩種海鮮都不要提早加鹽調味。在裹粉前才加鹽調味，麵包粉裡省略起司粉不用。蝦子或是任何白魚，包括比目魚、鱈魚，都是使用相同的裹粉手法。提高使用的火力，蝦子每面約煎 1 到 2 分鐘，而魚肉則是每面約煎 2 到 3 分鐘，以避免煎過熟。或是參考 174 頁的說明，改用油炸的方法料理。搭配具有酸味的高麗菜絲或沙拉，以及**塔塔醬**（378 頁）。

- 製作**義式海鮮蔬食炸物**（Fritto Misto），省略起司粉不用，以同樣的裹粉方式，處理橄欖、邁耶檸檬片（Meyer Lemon），燙過的球狀茴香、燙過的朝鮮薊、菇類、茄子或是櫛瓜。依照上述的方法油煎，或是參考 174 頁的說明油炸。

鼠尾草與蜂蜜燻雞
Sage-and Honey-Smoked Chicken

4 人份

．．．

　　身為一個專業的廚師，我居然總是和學習煙燻肉品的機會擦身而過。在 Chez Panisse 工作時，每逢餐廳排定當天要煙燻魚肉或鴨肉時，因為某些神祕因素，我就剛好不在廚房裡。而在 Eccolo 工作時期，我們委託附近煙燻工坊幫忙處理香腸和肉類。就這樣，我一直沒機會學習煙燻的技術，對我來說這是項充滿神祕的廚藝。後來，我開始和麥可‧波倫共事，他出神入化的煙燻之技，著實令我感動。每回我和麥可‧波倫一家人一起用餐，餐桌上總會有著至少一項使用煙燻技術料理的食物，為那頓飯帶來滿室生香的短暫時光。麥可‧波倫還不知道，我是看著他料理煙燻食物，向他學習這項廚藝的。他喜愛使用煙燻手法料理豬肉，而我則是以相似的方法處理雞肉。這份食譜仔細說明了，鼠尾草與大蒜幽幽香氣，伴隨蘋果木的煙燻，以及甜香油亮蜂蜜塗醬的做法。

370 克（1⅓ 杯）蜂蜜

1 束鼠尾草

1 大顆大蒜，從中橫切開來

120 克（¾ 杯）的猶太鹽，或是 60 克（½ 杯）的細海鹽

1 大匙黑胡椒粒

1.8 公斤全雞

2 到 3 把蘋果木木屑

　　在料理雞肉的前一天，準備淹泡的鹽水。取一個大型的湯鍋，加入 1 公升的清水、275 克（1 杯）蜂蜜、鼠尾草、大蒜、鹽和黑胡椒粒，一起煮滾，然後再加入 2 公升的冷開水，靜待備好的香料鹽水降到室溫。接著，將一隻全雞，雞胸肉朝下，完全浸泡入鹽水中。送入冰箱，醃泡一夜。

　　隔天料理時，將全雞自鹽水中取出，拍乾表面的水分，同時將香料鹽水過濾後，大蒜和鼠尾草塞進雞的肚子裡。將雞翼往雞背脊骨面折，兩支雞腿綁在一起，放在室溫下退冰。

　　蘋果木木屑預先浸泡在水裡，一個鐘頭後，瀝乾。準備使用**非直火**的燒烤方式。

（關於更多的非直火料理方式，參考 178 頁）

使用炭火燒烤的方式，點燃煙囪式生火器（chimney starter）裡的木炭，當木炭燒的紅熱，表面開始有灰燼產生時，小心的夾起木炭移放到烤肉架的兩端，堆成兩堆。在烤肉架的中間，放一個拋棄式的鋁箔紙盤（接燒烤時滴落的油脂）。

在每一堆木炭上，加入約 50 克（½ 杯）的木屑以營造煙燻環境。在鋁箔紙盤正上方，放上架好全雞的支架，雞胸朝上。

蓋上烤肉爐的蓋子，通氣閥打開一半，並調整到雞肉的上方。使用數位的溫度計，隨時偵測溫度，保持在 95°C 至 110°C 之間，視情況增添木炭及木屑。將探針溫度計插入雞腿肉中心，測得 55°C 溫度時，馬上將剩下的 95 克（⅓ 杯）蜂蜜均勻的刷在全雞表面。蓋上烤肉架的蓋子，繼續燒烤約 35 分鐘，再次將探針溫度計刺入雞腿中心，直到溫度達到 70°C，就能將雞肉取下，靜置休息至少十分鐘後才分切享用。

要做出極度脆皮的效果，可以將木炭聚集堆在一起，燒成火紅，或是點燃火力讓烤肉架燒熱。隨後將雞隻放回非直火區，蓋上蓋子，加熱約 5 到 10 分鐘，直到雞皮酥脆。

使用瓦斯烤肉爐的燒烤方式，將木屑放入煙燻專用盒裡，點燃附近的火源，大火加熱，直到看見煙霧產生。如果你的瓦斯烤肉爐沒有附燻專用盒，可以將木屑倒在硬厚的鋁箔紙裡，包成一小包，並在表面刺出幾個小洞。放在其中的一個火源上，烤肉架的正下方。同樣的點燃火源，加熱到看見煙霧升起，隨後調低火力，蓋上烤肉架的蓋子，將烤肉爐預熱至 120°C，然後一路維持這個溫度烤雞。

將全雞的雞胸面朝上，架在沒有點燃火源的烤肉架上方（這也就是非直火區），燒烤約 2 到 2.5 個小時。將探針溫度計插入雞腿肉中心，測得 55°C 溫度時，馬上將剩下的 95 克（⅓ 杯）蜂蜜均勻的刷在全雞表面。蓋上烤肉架的蓋子，繼續燒烤約 35 分鐘，再次將探針溫度計刺入雞腿中心，直到溫度達到 70°C，就能將雞肉取下，靜置休息至少十分鐘後才分切享用。

要做出極度脆皮的效果，可以將木炭聚集堆在一起，燒成火紅，或是點燃火力讓烤肉架燒熱。隨後將雞隻放回非直火區，蓋上蓋子，加熱約 5 到 10 分鐘，直到雞皮酥脆。

享用時，將全雞分切成四份，搭配**炸鼠尾草莎莎綠醬**（361 頁）非常合拍，或是將烤雞撕成手扒雞肉絲，夾在三明治裡享用。

雞肉與大蒜濃湯
Chicken and Garlic Soup

製作 3 公升（約 6 到 8 人份）

. . . .

　　這份濃湯實在是太令人滿意且飽足了，我必須把它歸類在雞肉料理（而不是湯品）中。使用全雞下去料理，可以將四個人餵得飽飽的。（或是兩人食用，留下一些隔餐使用！）使用自製雞高湯熬煮全雞，讓這道濃湯的風味更躍升。如果你手邊沒有自製的高湯，可以試著向肉販購買，不要將就使用罐頭高湯，兩者的風味差上十萬八千里。

1.8 公斤全雞，肢解成四大塊。或是 4 大塊連同大腿部位的雞腿

鹽

現磨黑胡椒

初榨橄欖油

2 顆中型洋蔥，切丁

3 根大型紅蘿蔔，削皮、切丁

3 根大型西洋芹，切丁

2 片月桂葉

2.25 公升（10 杯）的**雞高湯**（271 頁）

20 瓣大蒜，切薄片

選擇性使用：帕瑪森起司的外圍硬皮

　　提前處理雞肉。如果使用全雞，依照 318 頁的說明，肢解成四大塊。處理後剩下的雞骨架子，留著日後熬煮**雞高湯**（271 頁）。在雞塊的每一面，大方的灑上足量的鹽及黑胡椒粉調味。我個人習慣在前一天就加鹽調味，並冷藏醃製一夜入味。如果時間不夠，建議至少提前一個鐘頭加鹽，讓鹽滲入雞肉內後才開始料理。如果加鹽醃漬預計會超過一個鐘頭，放冰箱冷藏保存。若是一個鐘頭內，放室溫下即可。

　　取一只容量為 8 公升的鑄鐵鍋，或是其他功能相似的湯鍋，以大火熱鍋後，加入足以淹覆鍋子底部面積的橄欖油量，當油加熱到閃閃發光時，將一半份量的雞肉，放進鍋子煎 4 分鐘，直到上色金黃棕色。起鍋後，放一旁備用，同樣的做法將剩下的雞肉全煎上色。

　　小心的倒掉鍋中殘餘的油脂，再次回到爐火上。使用中火，加入洋蔥、紅蘿蔔、

西洋芹和月桂葉，持續加熱約 12 分鐘，不時翻炒，直到蔬菜丁些許上色且開始變軟。先前煎上色的雞肉也一起加入蔬菜裡，隨後倒入 2.25 公升（10 杯）的雞高湯或水，加鹽、黑胡椒調味，如果使用帕瑪森起司外圍硬皮的話，也一起加進去，調成大火，煮至整鍋沸騰後，再調降成小火燉煮。

以中火加熱一個小型的炒鍋，倒入足以淹覆鍋子底部面積的橄欖油量，隨後加入大蒜。溫和的煎炒 20 秒，將大蒜的香氣炒出，小心別讓蒜片炒上色。將炒好的大蒜加入湯鍋中，一起小火燉煮。

如果使用雞胸肉的話，在小火燉煮 12 分鐘後，自鍋中取出，其餘的雞大腿部位則需繼續燉煮，共 50 分鐘左右。熄火後，用湯勺將浮到表面的油脂撇撈起來。將煮熟的雞塊夾出放在盤中，當雞肉放涼後，去骨，將雞肉撕成肉絲。依個人喜好，雞皮可以丟棄不用（雖然我自己喜歡將雞皮切的細碎，一起使用），然後將雞肉絲加回鍋中，試吃，視情況加鹽調味，熱熱的享用。

以密閉容器妥善裝好，放冰箱可冷藏保存 5 天，或是可冷凍保存 2 個月。

變化版本

- 製作口味細緻的**蒜苗雞湯**（Spring Garlic Soup），捨棄不用大蒜瓣，而改用 6 株蒜苗，細切後和洋蔥、紅蘿蔔、西洋芹及月桂葉一起炒香。
- 增添飽足感，可在湯品裡加入另行煮熟的米飯、義大利麵、米粉、豆子、大麥或是法羅二粒小麥。
- 把這道湯品當作主菜。在碗裡放進略切的嫩菠菜葉，然後舀一大杓滾燙的濃湯進碗裡，食用前，在每一碗裡再添一顆水波蛋。
- 變化成**越式雞肉河粉**，洋蔥、紅蘿蔔、西洋芹、月桂葉、黑胡椒和大蒜都省略不用。改用 2 顆剝皮的洋蔥及一段約 10 公分長度的薑，在爐火或是烤肉爐，以直火接觸燒烤（烤出來的皮有著飽滿的香氣）後加入湯裡，再額外倒入約 55ml（¼ 杯）的魚露、1 顆八角和 2 大匙的黑糖。依照上述說明，燉煮雞肉約 50 分鐘。雞肉煮熟後，將洋蔥與薑段丟棄，後續同樣的做法，將雞肉撕成肉絲後，加回湯裡。最後加一點河粉，並佐上新鮮的羅勒和豆芽菜。

雞肉佐扁豆與香米

6 人份

Adas Polo o Morgh（Chicken with Lentil Rice）

. . . .

在成長的記憶裡，每次媽媽問我晚餐想吃什麼，我總是點這道雞肉佐扁豆與香米。一位小朋友會點米飯跟扁豆料理，看似非常懂得飲食均衡，其實啊！我期待的重點在於最後上桌前，媽媽會用奶油炒葡萄乾跟椰棗，然後加在上頭，甜香的滋味搭配有大地氣息的扁豆，令我非常嚮往。享用時，搭著香料雞肉和一大團的**波斯香草與黃瓜優格醬**（371 頁），那美好的滋味，在我心目中絕對是沒有其他料理能比得上的第一名。這裡我稍作修改，將作法簡化成一鍋煮到底。是波斯版本的雞肉與米飯料理，也是全球共通的療癒食物。

1.8 公斤全雞。或是 8 塊帶骨連皮的雞大腿肉

鹽

1 小匙加 1 大匙孜然粉

初榨橄欖油

3 大匙無鹽奶油

2 顆中型洋蔥，切薄片

2 片月桂葉

1 小撮番紅花

500 克（2 ½ 杯）印度香米，未洗前的份量

1 杯黑色或金黃色葡萄乾

6 顆帝王椰棗（medjool dates），去籽後均切成四份

1 公升（4 ½ 杯）**雞高湯**（271 頁）或水

200 克（1 ½ 杯）煮熟、瀝乾的棕色或綠色扁豆（生豆約 ¾ 杯）

提前處理全雞。如果使用全雞，依照 318 頁的說明，肢解切成八大塊，再加上兩隻雞翅，總共十塊雞肉。處理後剩下的雞骨架子，留著日後熬煮**雞高湯**（271 頁）。在雞塊的每一面，大方的灑上足量的鹽及 1 小匙的孜然粉調味。我個人習慣在前一天就加鹽調味，並冷藏醃製一夜入味。如果時間不夠，建議至少提前一個鐘頭加鹽，讓鹽能滲入雞肉內後才開始料理。如果加鹽醃漬預計會超過一個鐘頭，放冰箱冷藏保存。

若是一個鐘頭內,放室溫下即可。

　　取一個大型的鑄鐵鍋或是類似功能的鍋子,鍋蓋以茶巾整個包起來,在鍋蓋的提握處以橡皮筋綁緊。這樣的步驟,可以預防蒸氣昇起在鍋蓋內部凝結成水珠,滴落回鍋中的雞肉上,使得雞皮口感濕軟不佳。

　　以中大火加熱鑄鐵鍋,接著加入足以淹覆鍋子底部面積的橄欖油量。避免鍋子裡太擁擠,分兩回合將雞肉煎上色,皮面朝下,轉動及翻動雞肉以助均勻受熱,每面約煎 4 分鐘,直到上色金黃棕色。起鍋後,放一旁備用。小心的將鍋中多餘的油脂倒掉。

　　原鍋回到爐火上,以中火加熱融化奶油,接著加入洋蔥、孜然、月桂葉、番紅花和一小撮鹽,翻炒約 25 分鐘,直到洋蔥柔軟上色成棕色。

　　隨後調成中大火,加入香米,翻炒成淡淡的金黃色。接著,加入葡萄乾跟椰棗,約炒 1 分鐘,讓果乾變得膨脹飽滿。

　　倒入高湯及扁豆,調成大火煮到整鍋沸騰。加鹽、試吃。為了讓煮好的米飯鹹味足夠,在這個階段的湯汁應該嘗起來偏鹹,大概像是你嘗過最鹹的湯,那樣的鹹度就對了。調降火力,放入雞肉,皮面朝上。蓋上鍋蓋,以小火燜煮 40 分鐘。

　　時間到後,熄火,不開蓋靜置 10 分鐘,讓蒸氣在鍋中持續作用。開蓋後,以叉子撥鬆米飯。趁熱搭配**波斯香草與黃瓜優格醬**(371 頁)享用。

法式醋溜雞 Chicken with Vinegar 4 到 6 人份

在 Chez Panisse 實習時，我參與的第一場晚宴，就是負責料理**法式醋溜雞**（*Poulet au Vinaigre*，Chicken with Vinegar）。記得一開始，所有的人（包括我自己），對於雞肉與醋的組合都感到很疑惑。主廚先是教我們加熱一鍋像是要做醃漬物的東西，醋加熱後，幾乎令大家窒息的嗆辣，實在很難跟美味、好吃，畫上等號啊！

但是我的老師克里斯・李，建議我好好練習這道經典料理，身為首次身負重任的學生，我硬著頭皮，照著他一字一句的說明，進廚房料理。當朋友來到我那家徒四壁的學生公寓裡，坐下品嘗這道法式醋溜雞晚餐時，一切的練習與努力都得到了回饋。加熱後的醋，酸度已經減退，和料理中豐腴的法式酸奶油及奶油搭配起來，達到完美的平衡。這道料理，完全顛覆了我既有的刻版印象，同時更加深了我對「酸性元素在濃郁料理中，所能造成的重大影響」的欽佩之意。

1.8 公斤全雞

鹽

現磨黑胡椒

65 克（½ 杯）中筋麵粉

初榨橄欖油

3 大匙無鹽奶油

2 顆中型洋蔥，薄切成絲

175ml（¾ 杯）的不甜白酒

6 大匙白酒醋

2 大匙龍蒿葉，細切

125ml（½ 杯）的高脂鮮奶油或是法式酸奶油（113 頁）

提前處理全雞，依照 318 頁的說明，肢解切成八大塊。處理後剩下的雞骨架子，留著日後熬煮**雞高湯**（271 頁）。在雞塊的每一面，大方的灑上足量的鹽及現磨的黑胡椒粉調味。我個人習慣在前一天就加鹽調味，並冷藏醃製一夜入味。如果時間不夠，建議至少提前一個鐘頭加鹽，讓鹽能滲入雞肉內後才開始料理。如果加鹽醃漬預計會超過一個鐘頭，放冰箱冷藏保存。若是一個鐘頭內，放室溫下即可。

將麵粉倒進淺寬的碗或是做派烤盤中，加入一大撮的鹽調味。將雞塊放入麵粉中，均勻沾裹後，抖掉多於的麵粉。接著將雞塊不重疊的排放在鋪有網架或是烘焙紙的烤盤上。

以中大火加熱一個大型的鑄鐵鍋或炒鍋，接著加入足以淹覆鍋子底部面積的橄欖油量。避免鍋子裡太擁擠，分兩回合將雞肉煎上色，皮面朝下，轉動及翻動雞肉以助均勻受熱，每面約煎 4 分鐘，直到上色金黃棕色。起鍋後，放一旁備用。小心的將鍋中多餘的油脂倒掉。

原鍋回到爐火上，以中火加熱融化奶油，接著加入洋蔥和一小撮鹽，翻炒約 25 分鐘，直到洋蔥柔軟上色成棕色。

調成大火，加入白酒和白酒醋，利用木匙將黏在鍋上的棕色黏稠物質刮下拌入洋蔥裡。加入一半份量的龍蒿，攪拌均勻。先前煎上色的雞肉也一起加入蔬菜裡，皮面朝上，調降火力，鍋蓋半掩蓋上，繼續以小火燉煮。在小火燉煮 12 分鐘後，將雞胸肉部位自鍋中取出，其餘的部位則需繼續燉煮，直到軟嫩幾乎骨肉分離，共需 35 至 40 分鐘左右。

將煮熟的雞塊夾出放在盤中，調高火力，加入鮮奶油或是法式酸奶油。將醬汁煮到微滾並且收乾變得濃稠。試吃，加鹽、黑胡椒，視需要加一點點的醋，讓醬汁更入味。加入剩下的另一半龍蒿，放回雞肉，享用。

五香脆皮烤雞 Glazed Five-Spice Chicken

4 人份

大衛・塔尼斯（David Tanis）是我在 Chez Panisse 工作的第一晚，跟著學習與協助的主廚。當時我還正擔心著自己刀工欠佳，他就派給我將黃瓜切成細小方塊的工作，花了數個鐘頭才完成。我親身體會到，廚房裡大大小小的事，透過充分的練習，全都學得來。幾年之後，大衛・塔尼斯離開 Chez Panisse，現在他是《紐約時報》專欄作家，他的「城市廚房」（City Kitchen）是我很喜愛的飲食專欄。每一週，他會以特有的優雅風格，深入專精的介紹一道簡單的料理，這是我深愛他的文章的原因。

其中出自「城市廚房」專欄的香料亮釉雞翅佐五香，更是我珍愛的食譜之一。大衛分享的食譜與做法，既簡單又美味，我還試著變化使用不同部位的肉和魚，近幾年已經做過不下數十次。尤其是使用雞大腿肉，做出來特別美味，不論是搭配泰國香米蒸飯（Steamed Jasmine Rice，282 頁）或是**越南風味黃瓜沙拉**（226 頁），都很合適。多做的雞肉，配飯裝盤，就是一頓美味的午餐。

1.8 公斤的全雞。或是 8 塊連皮帶骨的雞大腿肉

鹽

55ml（¼ 杯）醬油

55 克（¼ 杯）黑糖

55ml（¼ 杯）日本味霖（米酒）

1 小匙加熱的麻油

1 大匙薑泥

4 瓣大蒜，加點鹽磨成泥

½ 小匙五香粉

¼ 小匙卡宴辣椒粉

10 克（¼ 杯）略切的香菜葉及梗

4 小株青蔥，蔥綠及蔥白都用，斜切

提前處理全雞，依照 318 頁的說明，肢解切成八大塊。處理後剩下的雞骨架子，保留日後熬煮**雞高湯**（271 頁）之用。在雞塊的每一面，大方的灑上鹽調味，靜置 30 分鐘。記住，調味雞肉鹹度的主要來源是很鹹的醬油，因此鹽的用量只需平常習慣的

一半。

　　等待鹽入味的同時，將醬油、黑糖、味霖、麻油、薑、蒜、五香粉和卡宴辣椒粉攪拌均勻。將雞肉連同醃醬一起倒入夾鏈袋中，封好夾鏈袋，讓醃醬均勻分散與雞肉接觸，冰箱冷藏醃入味一夜。

　　隔天料理前，將雞肉取出室溫下退冰，同時預熱烤箱 200°C。

　　將雞肉皮面朝上，排放入 20×30 公分的淺口烤盤裡，並將醃醬也倒入。醃醬的量應該是能滿滿覆蓋住烤盤底部面積，如果沒有，那麼就再多加 2 大匙的水，確保覆蓋均勻，才不會烤焦。送入烤箱烘烤，途中每 10 到 12 分鐘，為烤盤轉個方向。

　　如果有使用雞胸肉的話，在烘烤 20 分鐘後先行取出，以免烤過熟。剩下的其他部位則是繼續烘烤 20 到 25 分鐘（總共約 45 分鐘），直到肉質軟嫩。

　　當全部的雞肉都烤熟了，將雞胸肉放回烤盤，並調高烤溫至 220°C，約烤 12 分鐘，醃醬烤到收乾濃縮，雞肉的表皮更加上色酥脆。途中每 3 到 4 分鐘，以刷子沾取流到烤盤裡的醃醬，塗在雞肉上。

　　熱熱的享用，上桌前撒上香菜和蔥段。

　　剩下的烤雞，以密閉容器裝好，可放冰箱冷藏保存約 3 天。

白脫鮮奶醃漬烤雞 Buttermilk-Marinated Roast Chicken   4 人份

．．

　　當我在 Eccolo 的工作，適應的很如魚得水後，對於每晚餐廳都會升起營火烤雞這件事，我更是樂此不疲。後來，我發想了學習南美老祖母的做法，利用白脫鮮奶醃漬雞肉一夜的點子。幾年之後，我正在為一場特別的活動，燒烤十幾份白脫鮮奶醃漬烤雞時，朋友打來了一通電話，他正在招待知名廚師雅克‧貝潘，電話那頭他以非常驚慌的口氣問我是否可以幫忙為這位主廚準備野餐籃料理。我隨手包了一隻烤雞、一份沙拉和幾塊脆皮麵包，沒想太多，就快快送去給那位著急的朋友。當天晚上，我馬上就收到雅克‧貝潘給我的訊息。他說，每樣食物都是經典、美味之作。還有什麼能比得上雅克‧貝潘主廚對這份食譜的肯定與背書呢！

　　白脫鮮奶跟鹽，如同鹽水浸泡的作用，由各種不同的角度發揮作用軟化肉質：白脫鮮奶內含的水分，提供了濕潤度，鹽與酸則是妨礙雞肉蛋白質在料理受熱的同時，把水分擠出去的自然現象（參考 31 頁和 113 頁）。更加分的是，白脫鮮奶裡的糖分，在加熱時會發生焦糖化，因而上色成獨特的棕色。這道完美的烤雞，隨時隨地享用起來都很美味，我個人特別偏好搭配**托斯卡尼麵包沙拉**（231 頁），既有澱粉、沙拉，也有醬汁！

1.6 至 1.8 公斤全雞

鹽

450ml（2 杯）白脫鮮奶

　　烤雞的前一天，以利刀切掉兩邊的雞前翅，另外保留起來，日後熬高湯用。灑上足量的鹽調味，靜置 30 分鐘。

　　在白脫鮮奶中，加入 2 大匙的猶太鹽或是 4 小匙的細海鹽，攪拌均勻。取一個大型的夾鏈袋，放進整隻雞及白脫鮮奶。如果找不到這麼大的夾鏈袋，可以使用兩層普通的塑膠袋，袋口緊緊的打兩個結，綁好。

　　封好後，將白脫鮮奶推擠均勻裹滿整隻雞，然後整袋放在厚底的烤盤上，放進冰箱冷藏。如果你擔心醃漬的均勻度，可以在 24 小時後，把整袋上下翻轉，以確保醃得均勻，但是不這麼做也無妨。

　　預計要烤雞的前一個小時，就從冰箱取出退冰。同時預熱烤箱 220℃，並將烤箱

層架移放到中間層。

　　將全雞從袋子裡取出，盡可能的瀝掉表面的白脫鮮奶，使用專門綁肉的線，緊緊捆兩次，將兩隻雞腿綁在一起。接著把全雞放進直徑 25 公分，可進烤箱的鑄鐵平底鍋或是寬口的烤盤裡。

　　放進烤箱中間層架的最裡面，旋轉調整烤雞的位置，使得雞腿朝向烤箱左邊內部角落，雞胸置中面對烤箱門（烤箱深處的角落，通常是溫度最高的位置。因此，這樣的擺放，能避免雞胸肉過熟，或是雞腿烤不熟的窘境）。很快的，就會聽見烤雞滋滋作響的聲音。

　　大約烤 20 分鐘後，烤雞開始變成棕色，將烤溫調降至 200˚C，繼續烘烤 10 分鐘。然後，轉動烤盤，讓雞腿朝向烤箱的右後方角落。

　　再持續烘烤約 30 分鐘左右，直到整隻雞呈現均勻的棕色，使用利刀往雞腿處刺入時，如果流出來的肉汁是清澈的，即是完成。

　　烤好出爐後，將烤雞移放到餐盤上，靜置休息 10 分鐘後才分切享用。

變化版本

● 如果手邊沒有白脫鮮奶，也能以原味優格或是**法式酸奶油**（113 頁）替用。

● 製作**波斯烤雞**（Persian Roast Chicken），捨棄白脫鮮奶不用。依照 287 頁的說明，先製作番紅花水，然後連同 1 大匙的猶太鹽（或是 2 小匙的細海鹽）、2 小匙磨細的檸檬皮，一起加進 300 克（1½ 杯）的原味優格中。接著將加鹽調味過的全雞及優格，一起裝進夾鏈袋裡，整袋搓揉幫助雞肉裡外都與醃醬均勻接觸。依照上述說明，接續著料理。

西西里雞肉沙拉 Sicilian Chicken Salad

製作 900 克（8 杯）

在 Eccolo 餐廳，每晚都會提供炭火烤雞料理，因此我們必須發揮創意，而且善用這些多餘剩下的烤雞。美式雞肉派、雞肉濃湯和雞肉醬，都是菜單上的常規料理。但是，這一道雞肉沙拉，很快的就變成我們最喜歡的用來消耗雞肉的食譜。加入松子、葡萄乾、球狀茴香和西洋芹增添風味，是一道帶有地中海風情的傳統雞肉沙拉。（如果沒有時間，也能直接使用烤肉店販賣的烤雞，採用高品質的市售美乃滋，加入一或兩瓣的大蒜泥，就能快速做出這份沙拉。）

½ 顆中型紅洋蔥，切絲

55ml（¼ 杯）紅酒醋

65 顆（½ 杯）葡萄乾

750 克烤雞或水煮雞肉，剝成肉絲（5 杯，大約是一隻烤雞的肉量）

225ml（1 杯）硬挺的**阿優里醬**（蒜味蛋黃醬，376 頁）

1 小匙磨細的檸檬皮

2 大匙檸檬汁

3 大匙切碎的巴西利葉

65 克（½ 杯）烤香的松子

2 小根西洋芹，切丁

½ 顆中型的球狀茴香，切丁，約（½ 杯）

2 小匙茴香籽粉

鹽

小碗裡加入洋蔥絲與醋，拌勻後靜置 15 分鐘進行酸漬（參考 118 頁），備用。

另取一個小碗，將葡萄乾泡在滾水中，約 15 分鐘，靜待果乾吸飽水分，變得飽滿。瀝乾後，倒入一個大碗中。

在裝葡萄乾的大碗裡，加入雞肉、阿優里醬、檸檬皮與汁、巴西利、松子、西洋芹、球狀茴香、茴香籽粉和兩大撮鹽攪拌均勻。加入酸漬的洋蔥絲（醃漬的醋先不加），試吃，依口味喜好加鹽、醋。

疊在烤酥的麵包上享用，或是以蘿美生菜、包心生菜包著吃。

變化版本

- 製作**咖哩雞肉沙拉**（Curried Chicken Salad），省略松子、檸檬皮、球狀茴香和茴香籽。巴西利換成香菜，全部再拌入以 3 大匙的黃咖哩粉、¼ 小匙的卡宴辣椒粉、55 克（½ 杯）稍微烘烤過的杏仁片和一顆切丁的酸蘋果。

- 為沙拉增添一點煙燻香氣。雞肉的部分，可使用**鼠尾草與蜂蜜燻雞**（330 頁）取代烤雞或水煮雞肉。

肉類

　　當你佇立在肉舖前，猶豫不決該買什麼部位的肉作為晚餐時，請記得：時間就是金錢，用在選購肉類時更是符合。這麼說好了，越昂貴的部位（肉質本身就很軟嫩），可以花越少的時間料理。而沒那麼昂貴的部位，肉質硬韌，也就需要相對長的時間悉心料理。較昂貴、柔嫩的部位，適合**烈火快煮（炒）**；平價點，肉質硬韌的肉，則是適用**小火慢煮（燉）**的方法。關於更多關於小火慢煮（燉）和烈火快煮（炒）的說明，可以往前翻回 156 頁複習。

　　再來一句諺語。英文裡有句 high on the hog，是來自肉舖慣用語，意思大概就是生活過得猶如神豬般的舒適。當我在義大利時，一位肉舖主人達里歐・切基尼（Dario Cecchini）收我為學生。他說，一直到二十世紀前，義大利很多地方的家庭，一年可以只靠著幾隻豬維生。四處旅行移動的屠夫，在每年冬天會為各個家族殺豬，然後幫忙肢解成許多部位。豬腿就會被做成火腿，豬肚則是做成義式培根，剩下來的畸零肉塊，就做成義式沙拉米臘腸（salami）。油脂融化提煉成豬油，而豬里肌肉（整隻豬裡最高價的部位），會先保存起來，特殊場合才使用。

　　幾個月後，我返回加州，恰巧讀到一本由南美洲知名廚師艾德娜・路易斯（Edna Lewis）所寫的《家鄉味》（*The Taste of Country Cooking*）。書裡她仔細的描寫出家族每年固定的殺豬豐年祭活動。每到十二月，她與手足們都很期待屠夫的來臨，幫忙分解豬隻。孩子們全神貫注的看著大人悉心的煙燻火腿、豬五花和里肌肉，妥善保存以供未來的幾個月食用。他們幫忙提煉豬油，之後可以用於塔派料理，一起製作豬肝糕，一同把殘餘的碎肉做成香腸。我很喜歡這樣的故事：節約、物盡其用的料理方式，在美國南部、在義大利，全球都一樣。

　　每當我駐足肉舖前，腦海中都不自覺的有一隻豬的圖像飛過：從豬蹄到豬鼻之間，各個部位都標注出來，還有是不是天生柔軟的部位，以及價錢。豬、牛排和里肌肉部位，是動物最少運動到的位置，也是最柔軟的；相反的，則是腿部和肩膀肉，

　　像是：牛腱、牛腩、肋排或頸部肉，質地就較硬，也較便宜，通常也會較有風味。

這個法則有個很大的例外，那就是絞肉。肉舖通常會將堅韌、多筋的部位做成絞肉，攪碎的過程也就打斷了肉類的長、硬纖維，是軟化肉類的一大推手。因此，舉凡漢堡、肉丸、香腸和絞肉串，是很合乎經濟與時間效益，適合週間晚餐食用的食物。

　　說到週間晚餐：請將這些食譜當作基礎指南。首先，將技術學上手，然後開始實驗不同風味與肉類部位的搭配組合。唯一不變的是：肉品盡早加鹽調味，隔夜當然最好，若是晚加，又總比沒加好。另外，提前讓肉塊在室溫下退冰回溫，有助於肉塊熟度均勻。

里肌肉　肋排　肩膀　脖子　豬肚　豬腿　豬蹄

香料鹽水火雞胸肉
Spicy Brined Turkey Breast

··

　　自從供應 Eccolo 肉類的美國牧場主人比爾·尼曼（Bill Niman）開始飼養火雞後，每週都會送幾隻來餐廳。他希望我們給他意見，哪一個原生品種的火雞風味最佳、肉質最嫩。原生品種的火雞雖然有著飽滿的風味，但肉質有時很硬澀。在料理了超多火雞之後，我找到了最喜歡的烹煮方式：火雞腿熬燉後，做成肉醬；火雞胸肉，則是泡鹽水後以炭火燒烤，再切片做成鮮嫩多汁的三明治。曾經有一位客人在點了火雞三明治之後跟我們說，原來這才是火雞三明治該有的火雞肉風味，是她以往所沒嘗過的！這麼多年過去了，我還是常常在週末烤泡過鹽水的火雞胸肉，做成的三明治總是羨煞辦公室裡的其他作家！

　　食譜中的鹽水配方，是特別設計給做成三明治的火雞肉的。如果你想要做成熱熱吃、當作主菜的火雞（或是任何肉類），那麼減少鹽用量，改成猶太鹽 90 克（⅔ 杯）或是細海鹽 105 克（7 大匙）。

110 克（¾ 杯）猶太鹽或是 125 克（4½ 杯）細海鹽

65 克（⅓ 杯）糖

1 球大蒜，從中橫切一半

1 小匙黑胡椒粒

2 大匙乾燥辣椒片

½ 小匙卡宴辣椒粉

1 顆檸檬

6 片月桂葉

1 份去骨留皮的火雞胸肉，約 1.6 公斤

初榨橄欖油

　　在一個大鍋裡加入鹽、糖、大蒜、黑胡椒粒、辣椒片、卡宴辣椒粉和 900 毫升（4 杯）的水。以削皮器削下檸檬皮後，檸檬對切。檸檬汁擠進鍋裡，接著將擠過的檸檬與皮也一起加進鍋裡。大火煮滾後，轉小火慢煮，煮到鹽、糖都融化後，離火，再倒入 1.8 公升（8 杯）的冷水。等待香料鹽水，降到室溫。如果火雞柳（在火雞胸肉下方

的一長條白色的肉）還附著，以拉的方式移除。將火雞胸肉和火雞柳泡入香料鹽水中，放進冰箱冷藏一夜，或是最久可浸泡 24 小時。

　　正式料理前兩個鐘頭，將火雞肉自鹽水中取出，放在室溫下退冰。

　　預熱烤箱 220°C。取一個大型的鑄鐵鍋，或是其他相似功能、可進烤箱的鍋子，以大火熱鍋。鍋熱後，加入 1 大匙的橄欖油，接著放入火雞胸肉，皮面朝下。調降成中大火，煎 4 到 5 分鐘，直到火雞皮上色。使用料理夾將火雞胸翻面，皮面朝上，接著放進火雞柳。整個鍋子送進烤箱最深處裡面。這是烤箱裡最熱的位置，一開始的瞬間高溫，可以幫助火雞肉上色均勻。

　　約烘烤 12 分鐘後，將探針溫度計插入火雞柳最厚的地方，當測得 65°C 溫度時，將火雞柳取出。同時，使用探針溫度計在火雞胸上分別偵測幾個不同點的溫度，持續再烘烤 12 到 18 分鐘，直到在火雞胸肉的最厚處測得 65°C。當溫度計測到火雞肉達到 55°C 時，後續溫度會忽然很快攀升，因此，不要跑太遠，每幾分鐘就再偵測一次。出爐後，自鍋中取出，室溫下至少休息 10 分鐘後才切片。

　　食用時，將切片的火雞肉鋪散在米飯上。

變化版本

- 預防火雞肉乾柴，再進一步的在火雞胸肉上疊放或是包上普通培根條或是義式培根。如果需要，可以使用專門綁肉的線，繞綁幾圈，固定火雞與培根。

- 相同的香料鹽水，也能應用在 1.8 公斤的**無骨豬里肌肉**（Boneless Pork Loin）。先將整塊肉煎上色，然後烤 30 到 35 分鐘。肉的溫度達到 55°C，即是略少於三分熟，57°C 則是三分熟。出爐、休息後，溫度會再上升到 61-63°C。切片前，記得要休息 15 分鐘。

- 製作濕潤美味的**感恩節去脊骨展平火雞**，照著食譜使用 110 克的鹽，額外加入 2 株百里香，1 大把迷迭香和 12 片鼠尾草葉片。減少乾燥辣椒片至 1 小匙，省略不用卡宴辣椒粉。加入一顆削皮、切片的洋蔥、紅蘿蔔，以及 1 根切片的西洋芹。整鍋加熱至沸騰後，倒進冷水至 7.2 公升。將火雞去脊骨展平（參考 316 頁），泡進香料鹽水中 48 個小時，以達到最飽滿的香氣。以 200°C 烘烤，直到以探針溫度計插入火雞最厚的地方測得 70°C。出爐後休息 25 分鐘才分切享用。

辣醬燉豬肉 Pork Braised with Chilies 6 到 8 人份

．．．

這份食譜，是這本書裡最富變化性的一道料理。我曾經為美國駐北京外交官依照這份食譜做了燉豬肉，以及成功取悅義大利北部一座千年歷史城堡裡的每一位客人。但我最喜歡的還是在料理課程的熱單元的最後一堂課時，和學生一起做一次這道料理。我們會一起將燉豬肉撕成絲，連同**小火煮豆**（280 頁）、**鮮味高麗菜絲**（224 頁）和**墨西哥風味香草莎莎醬**（Mexican-ish Herb Salsa，363 頁），夾進墨西哥玉米餅中，高高的堆疊起來。最讚的是！我可以帶超多燉豬肉回家，足以享用一整個禮拜。

1.8 公斤的去骨豬肩肉

鹽

1 球大蒜

沒有特別香氣的油脂

2 顆中型洋蔥，切絲

400g（2 杯）切碎的番茄，果肉及汁液，新鮮或罐頭皆可

2 大匙孜然籽（或是 1 大匙孜然粉）

2 片月桂葉

8 根乾燥辣椒，像是：瓜希柳（Guajillo）、新墨西哥（New Mexico）、阿納海姆（Anaheim）或安丘（ancho），去蒂頭、去籽，沖洗一下

選擇性使用：追求煙燻氣息的話，可以使用 1 大匙的煙燻紅椒粉或是 2 根煙燻辣椒，譬如：齊波雷（chipotle Morita）或瓦哈卡帕西拉乾辣椒（Pasilla de Oaxaca），一起下去燉煮

450-675ml（2 到 3 杯）的淡啤酒

15 克（½ 杯）略切的香菜，最後裝飾用

料理的前一天，為豬肉撒上大量的鹽調味，包裹妥當，送入冰箱。

隔天準備開始料理時，預熱烤箱 160°C。將整球大蒜的根部鬚鬚切除，然後從中對半橫切（別擔心大蒜的皮膜，最後會被瀝掉。如果你還是不放心，想把皮膜剝乾淨，那就剝吧！我真心建議大家，可以省下這道工與時間）。

取一個大型的鑄鐵鍋，或是其他功能相似的鍋子，以中大火熱鍋。鍋熱後，加入

1 大匙的油，當油被加熱至閃閃發亮時，放入豬肉，每一面約煎 4 到 5 分鐘均勻上色。

豬肉整塊都煎上色後，起鍋，放一旁備用。小心倒掉鍋中多餘的油脂，倒得越乾淨越好，然後同一個鍋子再次回到爐火上。調降成中火，加入 1 大匙的無特殊香氣的油脂。隨後，加入洋蔥、大蒜，不時翻炒約 15 分鐘，直到洋蔥變軟，稍微上色。

再加入番茄（果肉與汁）、孜然、月桂葉、乾燥辣椒和煙燻紅椒粉及辣椒（如果使用的話），翻炒一下。接著豬肉回鍋，疊在炒香的香料上，倒入啤酒，至少淹過肉約 4 公分的深度。特別留意，乾燥辣椒與月桂葉要浸泡到液體，以免燒焦。

轉大火，整鍋煮到滾後，不蓋鍋蓋，放進烤箱中烘烤。30 分鐘後，檢查是否呈現微滾狀態，後續每 30 分鐘翻動一下豬肉，並確認液體足夠，依情況補充，隨時維持至少淹過肉塊 4 公分的深度。大約烘烤 3.5 到 4 個小時，直到豬肉輕碰就軟爛的程度。

整鍋自烤箱取出後，再小心的將豬肉從鍋裡取出。將月桂葉撈起丟棄，別費力撈大蒜了，後續過濾即可把皮膜過濾掉。使用手動研磨器、果汁機或是食物調理機，將鍋裡的香料攪碎成泥，再以篩網過濾，濾不過的渣渣丟棄。

將醬汁表面的脂肪撇掉，試吃，加鹽調味。料理到此，可以直接將豬肉撕成絲，再加上醬汁，包成墨西哥豬肉玉米餅。或是切片後搭配醬汁，撒上略切的香菜，佐點具有酸度的醬料，譬如：墨西哥特有的發酵鮮奶油（Mexican crema）、**墨西哥風味香草莎莎醬**（Mexican-ish Herb Salsa，363 頁），或是簡單的淋上萊姆汁，當作主菜享用。

剩下的豬肉，以密閉容器裝妥，可冰箱冷藏 5 天。這類的燉豬肉料理，也很適合冷凍保存。只需簡單的將肉塊浸泡在燉煮的液體中，以密閉容器裝好，就能冷凍保存 2 個月。下次食用時，再加點水煮到沸騰即可。

變化版本

- 下一頁提到的各種不同部位的肉，都很適合應用在熬、燉料理中。熟悉上面食譜提到的幾個基本原則後，同樣的步驟可以舉一反三用於料理任何你喜歡的硬韌、多筋的肉類部位。往回翻到熱的章節，複習一下在 166 頁中所提到關於燉煮的許多細節步驟。

- 當你想試試做出世界各地，不同的經典燉煮料理時，事先做點功課。同一道料理，找出幾份不同的食譜，再找出使用的食材及特有步驟，比較彼此相同之處。參考風味圖表，讓書裡的油脂、酸性食材、香料地球村圖表引導你下廚。這份食譜最美好之處在於，只要掌握住幾個基本原則，就等於一下子學會了上百道料理。

關於熬燉，你需要知道的事

最適合的部位

豬
　　肋排
　　豬肩肉
　　豬腱
　　香腸
　　豬五花

雞、鴨、兔
　　腿
　　大腿
　　翅膀（禽鳥類才有）

牛
　　牛尾
　　牛肋排
　　牛腱（燉小牛膝肉）
　　牛肩
　　牛腩
　　牛臀

綿羊與山羊
　　肩肉
　　脖子
　　羊腱

世界各地知名的熬燉料理

阿斗波醬燒肉（菲律賓）

紅酒燉牛肉（法國）

普羅旺斯紅酒燉牛肉（Beef *Daube*，法國）

啤酒燉香腸（德國）

波蘭燉肉（*Bigots*，波蘭）

燉豬五花（到處！）

法式慢燉菜（*Cassoulet*，法國）

義式獵人風燉雞（Chicken *Alla Cacciatora*，義大利）

燉辣肉醬（Chili Con Carne，美國）

紅酒燉雞（*Coq au Vin*，法國）

鄉村風肋排（Country-Style Ribs，美國南部）

衣索比亞咖哩雞（*Doro Wat*，衣索比亞）

紅石榴燉雞（*Fesenjan*，伊朗）

波斯香草燉菜（*Ghormeh Sabzi*，伊朗）

墨西哥燉羊（Goat *Birria*，墨西哥）

匈牙利燉牛肉（*Goulash*，波蘭）

羊肉塔金（Lamb Tagine，摩洛哥）

阿根廷玉米南瓜燉湯（*Locro*，阿根廷）

馬鈴薯燉肉（日本）

燉小牛膝肉（*Osso Buco*，義大利）

牛奶燉豬肉（義大利）

法式牛肉蔬菜鍋（*Pot au Feu*，法國）

美式燉牛肉（美國）

墨西哥玉米濃湯（*Pozole*，墨西哥）

義大利麵肉醬（義大利）

羅根喬西咖哩（*Rogan Josh*，喀什米爾）

羅馬牛尾湯（Roman Oxtail Stew，義大利）

土耳其燜羊肉（*Tas Kebap*，土耳其）

熬燉的建議時間

雞胸肉：無骨的話，5 到 8 分鐘；帶骨雞胸肉則是 15-18 分鐘（如果是燉煮整隻雞的話，將雞胸肉切成四份，帶骨一起大約煮 15-18 分鐘，先行取出，讓雞腿留在原鍋繼續煮）。

雞腿：35 到 40 分鐘

鴨腿：1.5 到 2 個小時

火雞腿：2.5 到 3 個小時

豬肩肉：2.5 到 3.5 個小時，如果帶骨則需更長的時間

帶骨牛肉（牛肋、牛膝、牛尾）：3 到 3.5 個小時

大塊牛肉（牛肩、牛腩、牛臀）：3 到 3.5 個小時

帶骨羊肩肉：2.5 到 3 個小時

蛋白質的採購指南

平均而言，每 450 克的以下肉類，會是幾人份：

魚排：3 人份

帶殼海鮮（除了蝦子）：1 人份

帶殼蝦子：3 人份

帶骨的大塊烤肉：1.5 人份

牛排：3 人份

整隻動物及帶骨肉類：1 人份

做漢堡或香腸的絞肉：3 人份

做肉醬或是辣肉醬的絞肉：4 人份

基底香料蔬菜
地球村

法國：Mirepoix

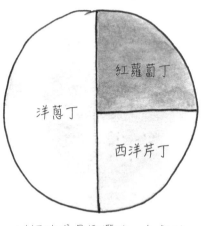

紅蘿蔔丁

洋蔥丁

西洋芹丁

以奶油或是橄欖油，加熱炒煮到柔軟但不上色

義大利：Soffritto

細切的洋蔥

細切的西洋芹

細切的紅蘿蔔

以大量的橄欖油，加熱炒煮到柔軟且上色成棕色

加泰隆尼亞：Sofregit

切碎的洋蔥

切碎的番茄

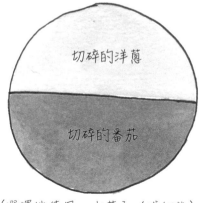

（選擇性使用：大蒜和／或紅椒）
以大量的橄欖油，加熱炒煮到柔軟且上色成棕色

印度：Adu Lasan

| 薑 | 大蒜 |

使用研缽或是食物調理機打成
泥狀，塗抹在肉類或是禽鳥類
肉上，或是加入先行煮軟的洋
蔥，一起炒出香氣。

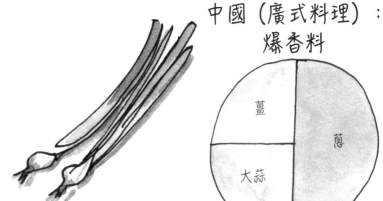

中國（廣式料理）：
爆香料

| 薑 | 蔥 |
| 大蒜 | |

淡口味，全部切大塊，在料理的一
開始就加入。重口味，全部細切，
在煎炒後才加入。

波多黎各：
Recaito

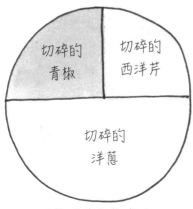

刺芹 / 大蒜 / 切碎的青椒 / 南美洲辣椒 / 切碎的洋蔥

以無特殊香氣的油，加熱炒煮到
柔軟、正要開始上色之際

美國南部：
The Holy Trinity

切碎的青椒 / 切碎的西洋芹 / 切碎的洋蔥

以無特殊香氣的油，
加熱炒煮到柔軟

西非：Ata Lilo

紅洋蔥 / 番茄 / 蘇格蘭伯納特辣椒 / 甜椒

全部打成泥，再煮成濃稠的糊狀

牛排

　　要料理出完美牛排的關鍵在於必須將牛排的每一面都煎、烤到產生一層硬硬焦焦的外部，稱為煎封（sear），然後才微調料理成自己喜好的熟度。但是，不是所有的肉類都能以一模一樣的方式料理：不同的部位，有著不同的脂肪含量，以及不同的肌肉纖維組織，因此料理方式也各異。

　　然而，在烹煮牛排時，有幾條固定的規則，不會隨著牛排部位的不同而改變。首先，牛排外皮的銀白色部分、筋膜和多餘的脂肪，都必須要修切掉。其次，都得提前加鹽調味，讓鹽分子有充分的時間發揮軟化肉質、促進風味的功效。最後，不論使用什麼料理方法，在料理前，要記得將牛排提前 30 到 60 分鐘從冰箱取出放在室溫退冰。

　　炙烤牛排時，務必在烤肉架上營造出數個不同熱度的區域：熊熊燃燒的木炭附近，是直火區；沒有木炭，溫度較低的區域，則是非直火區。如果使用瓦斯火源的烤肉架，刻意調整不同處的火源強弱，營造出相似的效果。烤牛排時，千萬不可以將肉放在烤肉架上，人卻離開，因為邊烤，肉裡的脂肪會因為溫度而開始融化、滴落，而造成突發的火焰。火焰直接與肉的表面接觸後，往往會產生令人不舒服、類似汽油味的分子。因此，料理牛排時，千萬、絕對不可讓肉塊和火焰直接接觸。

　　如果你沒有烤肉架，或是天氣不適合烤肉。可以使用預熱到超熱燙的鑄鐵鍋煎牛排，就會有模擬烤肉架的效果。將鍋子放進 260°C 的烤箱中預熱 20 分鐘，然後小心的取出鍋子，放在爐火上，以最大火繼續加熱。接著，依照下面的說明煎牛排，記得每份牛排之間要保留適當的距離，好讓蒸氣能有效率的逸散。開始之前，建議你把窗戶打開，煙霧警報器暫時先關掉。也能將鑄鐵鍋直接在爐火上預熱，模擬出非直火熱源的料理方式，隨後再以適合的火力煎牛排。

　　我最喜愛的兩個部位牛排，分別是側腹橫肌牛排（skirt，或稱裙帶牛排）跟肋眼牛排（rib eye）。這兩個都是飽含風味、價格合理、容易料理的部位。我個人把側腹橫肌牛排，視為週間晚餐會吃的牛排。而濕潤多汁、帶有大理石油花的肋眼牛排，價位偏高，我歸類成「特別場合」的牛排。

　　側腹橫肌牛排可以直接炭烤或是以**最高溫**，每面加熱 2 到 3 分鐘，料理成一分或是三分熟。

　　2.5 公分厚，大約 225 克的**肋眼牛排**，以**超高溫**每面加熱 4 分鐘，可以得到一分熟的牛排。或是每面加熱 5 分鐘，就會是五分熟。

相對來說，6 公分厚，大約 900 克的**帶骨肋眼牛排**，以超高溫每面加熱 12 到 15 分鐘，可以得到三分熟的牛排。記得要使用**非直火**煎或烤，才能讓牛排表面的每一寸都成為深棕色且產生均勻硬脆的效果。

以按壓牛排來判斷熟度。一分熟壓起來是軟軟的；三分熟的牛排，按壓會有點彈性；按壓起來感覺紮實硬硬的，就是全熟了。當然，也能切一刀，直接看看熟度。或是使用探針溫度計，偵測肉內部的溫度：46˚C 是一分熟，51˚C 是三分熟，57˚C 是五分熟，63˚C 是七分熟，68˚C 就是全熟。依喜好的熟度，在以上這些溫度時將牛排離火起鍋，靜置休息 5 到 10 分鐘。餘溫會持續作用，讓牛排溫度再上升個 2 到 3˚C，最後就是完美熟度的牛排。

還有啊！不管你使用哪種方法料理牛排，起鍋後都要讓牛排休息 5 到 10 分鐘，不論你多餓！這一段休息的時間，讓蛋白質有機會鬆弛，肉汁也能均勻分布。逆著肌肉纖維的紋路分切，更加確保每一口都有柔軟的口感。

烤羊肉串 / 羊肉卡巴 *Kufte* Kebabs
製成約 24 串（4 到 6 人份）

羊肉卡巴、烤羊肉串（*kufte, kofte, kefta*），隨便你怎麼叫都好。基本上，就是魚雷造型的肉丸子。靠近中東或是印度週邊的每個國家，都有屬於自己的羊肉卡巴版本。當朋友們向我點菜要求要吃波斯料理時，我懶得做需要大量洗洗切切的**波斯香草蔬菜烘蛋**（庫庫，306 頁），或是其他同樣複雜的波斯菜，我就會挑這一道做。

1 大撮番紅花
1 顆大型洋蔥，略切碎
675 克羊絞肉（肩膀部位尤佳）
3 瓣大蒜，加點鹽磨成泥
1½ 小匙薑黃粉
6 大匙細切的巴西利、薄荷和／或香菜，任何比例
現磨黑胡椒
鹽

依照 287 頁的說明，泡製**番紅花茶**。將洋蔥倒在篩網中，用力的擠壓，盡量把水分擠掉。

在一個大碗裡，加入番紅花茶、洋蔥、羊肉、大蒜、薑黃粉、香草，和一小撮的黑胡椒。再加進 3 大撮的鹽，然後以雙手將碗中的所有食材，捏拌均勻。雙手是很重要的關鍵工具，手溫會讓肉裡的脂肪稍微融化，能幫助所有食材黏結在一起，避免粉粉鬆散的口感。試煎一小團肉，嘗嘗看鹹度及其他調味是否需要調整。調整好後，如果需要再試煎一顆嘗嘗味道。

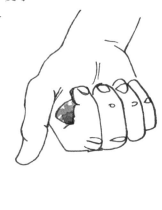
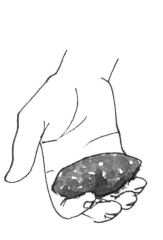

當依照個人喜好口味，完成調味後，雙手沾水，以濕潤的雙手開始捏塑出一顆顆的橢圓型肉丸子。手指頭微微彎曲的手法，將大約 2 大匙份量的肉丸子，捏成三面長橢圓。

料理時，放在炙熱炭火的上方，約烤 6-8 分鐘，直到肉丸子外層炙烤出迷人的炭烤痕跡，裡頭恰恰好熟了的程度。當丸子開始上色後，不時的轉動翻面，以達到表面均勻酥脆。烤好的羊肉丸子，摸起來是紮實的觸感，但是擠捏時，丸子中心是柔軟的。如果你不確定是否完全熟了，就切開一顆丸子看看吧！如果斷面是一圈棕色包圍著中心一點點的淡粉紅色，那就是烤好了。

在室內料理的話，就在爐火上大火加熱一個鑄鐵平底鍋，隨後加入剛好能覆蓋住鍋面的橄欖油量，每面煎 6 到 8 分鐘，全程只翻面一次。

熱熱的或是放涼室溫享用，搭配**波斯風味飯**（285 頁）和**波斯香草優格**（371 頁）或是**薄削紅蘿蔔沙拉佐薑與萊姆**（227 頁）和**北非醃醬**（367 頁）。

變化版本

- 製作**摩洛哥烤羊肉串**（Moroccan *Kofta*），省略番紅花和綜合香草不用，而改用 10 克細切的香菜。減少薑黃粉的用量，改為 ½ 小匙。另外添加 1 小匙的孜然粉、¾ 小匙的乾燥辣椒片、½ 小匙薑泥和一小撮肉桂粉，依照上述製作即可。

- 製作**土耳其烤羊肉串**（Turkish *Köfte*），如果喜歡，可以改用牛肉。薑黃、番紅花和綜合香草都省略不用。改用 1 大匙的土耳其阿勒頗辣椒（或是 1 小匙辣椒片）、¼ 杯細切的巴西利，8 片細切的薄荷葉，依照上述製作即可。

醬料

　　一份好的醬料（汁）可以讓美味的料理更加分，以及挽救那些不怎麼美味的料理。試著把醬料想像成是鹽、油和酸值得信任的合體，總能為食物增添明亮風味。要判斷醬料的滋味是否製備得宜，可以準備一小份預計要搭配此醬料的食物，沾裹著試吃，感受一下食物整體是不是對味。在食用前才加鹽、酸和其他調味食材。

莎莎醬演算法

切碎的香草

+ 鹽
+ 橄欖油，淹沒食材的量
  （製成淋、倒的醬汁，油用多一點；濃稠
  的沾醬，則用少一點油）
+ 酸漬過的紅蔥頭

香草莎莎醬

香草莎莎醬 Herb Salsa

　　只要親自試一次製作莎莎醬，就可以立即上手，而且，練會了一種莎莎醬，就能變化出無數種。對！就是這麼簡單！養成每次上市場買菜，都隨手帶一把巴西利或香菜回家的好習慣。香草搖身一變就是莎莎醬，搭配豆子、蛋、米飯、肉類、魚肉或蔬菜，你能想到的任何食物，幾乎都合拍。莎莎醬以著一種簡單從容的姿態，提升每一道菜的滋味，舉凡：絲滑玉米濃湯（271 頁）、油封鮪魚（314 頁），到我可以！我要吃一打雞！（325 頁）都是。

　　使用巴西利時，將葉子從莖上摘下使用（可能有些費工），剩下來的莖梗可以存放在冷凍庫中，下次做雞高湯（271 頁）時使用。相反的，香菜的梗反而是香氣最足的部位，而且纖維質也比較細緻，連莖帶葉，都能用來做醬料。

　　我是莎莎醬的純粹主義者，建議以手工切任何需要切的食材。如果，你實在辦不到親自手切所有食材，也能以食物調理機操作這些食譜，只是做出來的成品質地會稍微濃稠一點。由於不同的食材被食物調理機打碎的速率不同，每個食材都先單獨打碎，然後才以雙手將各種食材混合在一起。

基礎莎莎綠醬 Basic Salsa Verde

製備 175ml（¾ 杯）

• •

3 大匙細切的紅蔥頭（大約是 1 顆中型紅蔥頭）

3 大匙紅酒醋

10 克（¼ 杯），極度細切的巴西利

55ml（¼ 杯）初榨橄欖油

鹽

在一個小碗裡，將紅蔥頭和紅酒醋拌勻，靜置 15 分鐘，進行酸漬的步驟（參考 118 頁）。

另取一個小碗，加入巴西利、橄欖油和一大撮的鹽。在料理準備上桌前，使用有孔洞的湯匙或漏勺，將紅蔥頭舀出（醃漬用的紅酒醋暫時還不用），加入巴西利油的小碗中。攪拌、試吃，依口味需要再加入紅酒醋。試吃，加鹽調味。馬上搭配食物享用。

裝在密閉容器中，可冷藏保存 3 天。

食用建議：淋在湯裡當調味用的配菜；搭配炙烤、水煮、烘烤、熬燉的肉或魚；配著炙烤、烘烤或是川燙的蔬菜。試試看跟這些料理搭配食用：**英式豌豆湯、慢烤鮭魚、油封鮪魚、超級酥脆去脊骨展平烤雞、吮指香煎雞、油封雞、我可以！我要吃一打雞！、香料鹽水火雞胸肉**，或是**烤羊肉串**。

變化版本

- 變化出酥脆的**粗麵包粉莎莎綠醬**（Bread Crumb Salsa），使用前攪入 3 大匙的粗麵包粉（237 頁）。
- 增添進多元的口感，在巴西利油裡加入 3 大匙切碎烘烤過的杏仁、核桃或是榛果。
- 帶入辣勁，在巴西利油裡，添加 1 小匙的乾燥紅辣椒片，或是 1 小匙切碎的墨西哥哈辣皮扭辣椒。
- 追求更加新鮮的滋味。在巴西利油裡，加入 1 大匙切得極細碎的西洋芹。
- 導入一絲柑橘香，在巴西利油裡加入 ¼ 小匙磨細的檸檬皮。
- 製作帶有蒜香的莎莎綠醬，加進 1 瓣磨碎或是搗碎的大蒜。
- 製作**經典義大利莎莎綠醬**（Classic Italian Salsa Verde），巴西利油裡加入 6 片切碎的鯷魚片和 1 大匙沖過水、略切的酸豆。

- 製作**薄荷莎莎綠醬**（Mint Salsa Verde），將食譜一半份量的巴西利換成 2 大匙細切薄荷。

炸鼠尾草莎莎綠醬 Fried Sage Salsa Verde　　製備 225ml（接近 1 杯）

. . . .

基礎莎莎綠醬（360 頁）

24 片鼠尾草

大約 450ml（2 杯）無特殊風味的油，油炸用

依照 233 頁的說明，炸鼠尾草。

在搭配料理前，將炸鼠尾草捏碎加到莎莎綠醬中。試吃，加鹽、酸，調整口味。

裝在密閉容器中，可冷藏保存 3 天。

食用建議：隨著感恩節大餐一起上桌；淋在湯裡當調味用的配菜；搭配炙烤、水煮、烘烤、熬燉的肉或魚；配著炙烤、烘烤或是川燙的蔬菜。

試試看跟這些料理搭配食用：**小火煮豆、超級酥脆去脊骨展平烤雞、我可以！我要吃一打雞！、香料鹽水火雞胸肉**，和**炙烤側腹橫肌牛排**或**肋眼牛排**。

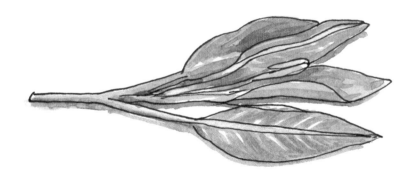

經典法式香草莎莎醬 Classic French Herb Salsa　製備 175ml（¾ 杯）

3 大匙細切的紅蔥頭（大約是 1 顆中型紅蔥頭）

3 大匙白酒醋

2 大匙極度細切的巴西利

1 大匙極度細切的細葉芹

1 大匙極度細切的細香蔥

1 大匙極度細切的羅勒

1 小匙極度細切的龍蒿

5 大匙初榨橄欖油

鹽

在一個小碗裡，將紅蔥頭和白酒醋拌勻，靜置 15 分鐘，進行酸漬的步驟（參考 118 頁）。

另取一個小碗，加入巴西利、細葉芹、細香蔥、羅勒、龍蒿、橄欖油和一大撮的鹽。

在料理準備上桌前，使用有孔洞的湯匙或漏勺，將紅蔥頭舀出（醃漬用的白酒醋暫時還不用），加入香草油的小碗中。攪拌、試吃，依口味需要再加入白酒醋。試吃，加鹽調味。

裝在密閉容器中，可冷藏保存 3 天。

食用建議：淋在湯裡當調味用的配菜；搭配炙烤、水煮、烘烤、熬燉的肉或魚；配著炙烤、烘烤或是川燙的蔬菜。試試看跟這些料理搭配食用：**小火煮豆、慢烤鮭魚、油封鮪魚、吮指香煎雞、油封雞。**

變化版本

- 想要加碼醃漬的酸勁，可以額外加入 1 大匙切得極細的醃漬酸黃瓜。
- 追求更加清爽、明亮的風味，可將食譜中的白酒醋換成檸檬汁，並額外加入 ½ 小匙磨細的檸檬皮。

墨西哥風味香草莎莎醬 Mexican-ish Herb Salsa 製備 225ml（1 杯）

3 大匙細切的紅蔥頭（大約是 1 顆中型紅蔥頭）

3 大匙萊姆汁

10g（¼ 杯）極度細切的香菜葉和梗

1 大匙切碎的墨西哥哈辣皮扭辣椒

2 大匙極度細切的蔥（綠色與白色部分皆使用）

55ml（¼ 杯）無特殊香氣的油

鹽

在一個小碗裡，將紅蔥頭和萊姆汁拌勻，靜置 15 分鐘，進行酸漬的步驟（參考 118 頁）。

另取一個小碗，加入香菜、哈辣皮扭辣椒、蔥、油和一人撮的鹽。

在料理準備上桌前，使用有孔洞的湯匙或漏勺，將紅蔥頭舀出（醃漬用的萊姆汁暫時還不用），加入香草油的小碗中。攪拌、試吃，依口味需要再加入萊姆汁。試吃，加鹽調味。

裝在密閉容器中，可冷藏保存 3 天。

食用建議：淋在湯裡當調味用的配菜；搭配炙烤、水煮、烘烤、熬燉的肉或魚；配著炙烤、烘烤或是川燙的蔬菜。試試看跟這些料理搭配食用：**絲滑玉米濃湯、小火煮豆、慢烤鮭魚、墨西哥玉米餅包啤酒麵衣炸魚、油封鮪魚、超級酥脆去脊骨展平烤雞、我可以！我要吃一打雞！、辣醬燉豬肉。**

變化版本

- 增添一點脆脆咬感，添加 3 大匙紅石榴籽，或是黃瓜丁、高麗菜，或是豆薯。
- 喜歡甜一點，可額外再添加 3 大匙芒果丁或金桔。
- 做成滑順的版本，可以加入 3 大匙切成小丁狀，熟透的酪梨。
- 製作**南瓜籽莎莎醬**（Pumpkin Seed Salsa），將 3 大匙烤過的南瓜籽，切碎後加入。

東南亞風莎莎醬 Southeast Asian-ish Herb Salsa 製備 275ml（1¼ 杯）

3 大匙細切的紅蔥頭（大約是 1 顆中型紅蔥頭）

3 大匙萊姆汁

10g（¼ 杯）極度細切的香菜葉和梗

1 大匙切碎的墨西哥哈辣皮扭辣椒

2 大匙極度細切的蔥（綠色與白色部分皆使用）

2 小匙薑泥

5 大匙無特殊香氣的油

鹽

在一個小碗裡，將紅蔥頭和萊姆汁拌勻，靜置 15 分鐘，進行酸漬的步驟（參考 118 頁）。

另取一個小碗，加入香菜、哈辣皮扭辣椒、蔥、薑、油和一大撮的鹽。

在料理準備上桌前，使用有孔洞的湯匙或漏勺，將紅蔥頭舀出（醃漬用的萊姆汁暫時還不用），加入香草油的小碗中。攪拌、試吃，依口味需要再加入萊姆汁。試吃，加鹽調味。

裝在密閉容器中，可冷藏保存 3 天。

食用建議：淋在湯裡當調味用的配菜，或是當作醃肉醬汁；搭配炙烤、水煮、烘烤、熬燉的肉或魚；配著炙烤、烘烤或是川燙的蔬菜。試試看跟這些料理搭配食用：**慢烤鮭魚、油封鮪魚、超級酥脆去脊骨展平烤雞、五香脆皮烤雞、香料醃豬里肌肉**（Spicy Brined Pork Loin），和**炙烤側腹橫肌牛排**或肋眼牛排。

日式香草莎莎醬 Japanese-ish Herb Salsa

2 大匙極度細切的巴西利

2 大匙極度細切的香菜葉和梗

2 大匙極度細切的蔥（綠色與白色部分皆使用）

1 小匙薑泥

55ml（¼ 杯）無特殊香氣的油

1 大匙醬油

3 大匙米酒醋

鹽

在一個小碗裡，加入巴西利、香菜、蔥、薑、油和醬油。

在料理準備上桌前，加入醋，攪拌、試吃，依口味需要再加入醋、鹽調味。

裝在密閉容器中，可冷藏保存 3 天。

食用建議：淋在湯裡當調味用的配菜；搭配炙烤、水煮、烘烤、熬燉的肉或魚；配著炙烤、烘烤或是川燙的蔬菜。試試看跟這些料理搭配食用：**慢烤鮭魚、油封鮪魚、超級酥脆去脊骨展平烤雞、五香脆皮烤雞、香料醃豬里肌肉**，和**炙烤側腹橫肌牛排或肋眼牛排**。

邁耶檸檬莎莎醬 Meyer Lemon Salsa　　　　製備 275ml（1¼ 杯）

．．．

1 顆小型邁耶檸檬

3 大匙細切的紅蔥頭（大約是 1 顆中型紅蔥頭）

3 大匙白酒醋

10g（¼ 杯）極細切的巴西利葉

55ml（¼ 杯）初榨橄欖油

鹽

將檸檬縱切成四等分，中間的白膜與籽切除剔掉。然後連皮帶肉，切成小小的塊狀。在一小碗裡，將檸檬塊和任何可以蒐集到的檸檬汁，連同紅蔥頭與白酒醋一起拌勻，靜置 15 分鐘，進行酸漬的步驟（參考 118 頁）。

另取一個小碗，加入巴西利、橄欖油和一人撮的鹽。

在料理準備上桌前，使用有孔洞的湯匙或漏勺，將檸檬和紅蔥頭舀出（醃漬用的醋暫時還不用），加入香草油的小碗中。攪拌、試吃，依口味需要再加入鹽、醋調味。

裝在密閉容器中，可冷藏保存 3 天。

食用建議：淋在湯裡當調味用的配菜；搭配炙烤、水煮、烘烤、熬燉的肉或魚；配著炙烤、烘烤或是川燙的蔬菜。試試看跟**小火煮豆、慢烤鮭魚、油封鮪魚、超級酥脆去脊骨展平烤雞、油封雞、**或是**我可以！我要吃一打雞！**搭配食用。

變化版本

● 製成**邁耶檸檬與橄欖開胃醬**（Meyer Lemon and Olive Relish），減少鹽的用量，並加入 3 大匙去籽、切碎的綠橄欖。

● 製成**邁耶檸檬與菲塔起司開胃醬**（Meyer Lemon and Feta Relish），減少鹽的用量，並加入 3 大匙剁碎的的羊奶菲塔起司。

北非醃醬 North African *Charmoula*

½ 小匙孜然籽

125ml（½ 杯）初榨橄欖油

40 克（1 杯）略切的香菜葉和梗

1 瓣大蒜

2.5 公分長的薑段，去皮後切片

½ 根哈辣皮扭辣椒，去梗

4 小匙萊姆汁

鹽

在小平底鍋中倒入孜然籽，中火加熱同時搖晃鍋子，均勻炒香孜然籽，約 3 分鐘後，鍋中的孜然籽開始因受熱而爆開，並釋放出開胃的香甜氣息。這時馬上離火，將孜然籽倒入研缽或研磨機中，加一小撮鹽一起磨成粉，一旁備用。

食物調理機裡加入油、炒過的孜然、香菜、大蒜、薑、哈辣皮扭辣椒、萊姆汁和 2 大撮的鹽，攪打到沒有大塊或是任何葉片存在的程度。試吃，加鹽、酸調整味道。依需要可加水調整濃稠度。密閉容器裝好、冷藏備用。

裝在密閉容器中，可冷藏保存 3 天。

食用建議：可以拌入**基礎美乃滋**（375 頁）中，就是完美的火雞三明治抹醬；減少食譜中的油至 55ml（¼ 杯），可以作為魚或雞肉的醃醬。配上米飯、鷹嘴豆或是庫斯庫斯米、燉煮羊肉或雞肉，炙烤肉類或是魚。淋在**酪梨沙拉**或是**紅蘿蔔濃湯**上；配著**波斯風味飯、慢烤鮭魚、油封鮪魚、超級酥脆去脊骨展平烤雞、我可以！我要吃一打雞！**或是**烤羊肉串**享用。

印度椰子—香菜甜酸醬

製備 225ml（1 杯）

Indian Coconut-Cilantro Chutney

. . . .

1 小匙孜然籽

2 大匙萊姆汁

35 克（½ 杯）新鮮或是冷凍的椰子粉

1 或 2 瓣大蒜

40 克（1 杯）略切的香菜葉和梗（約是一把的量）

12 片新鮮薄荷葉

½ 根哈辣皮扭辣椒，去梗

¾ 小匙糖

鹽

在小平底鍋中倒入孜然籽，中火加熱同時搖晃鍋子，均勻炒香孜然籽，約 3 分鐘後，鍋中的孜然籽開始因受熱而爆開，並釋放出開胃的香甜氣息。這時馬上離火，將孜然籽倒入研缽或研磨機中，加一小撮鹽一起磨成粉，一旁備用。

食物調理機裡加入萊姆汁、椰子和大蒜，攪打 2 分鐘直到沒有任何大塊狀食材的程度。加入炒過的孜然、香菜、薄荷葉、哈辣皮扭辣椒、糖和一大撮的鹽，再攪打 2 到 3 分鐘，直到沒有大塊或是任何葉片存在的程度。試吃，加鹽、酸調整味道。依需要可加水調整濃稠度。以密閉容器裝好、冷藏備用。

裝在密閉容器中，可冷藏保存 3 天。

食用建議：小火滾煮扁豆或是作為醃魚、雞肉之用。搭配**印度香料慢烤鮭魚、油封鮪魚、超級酥脆去脊骨展平烤雞、印度香料炸雞、我可以！我要吃一打雞！、香料鹽水火雞胸肉、烤羊肉串。**

變化版本

🥥 如果買不到新鮮的椰肉，可以使用 30 克的乾燥椰肉，以 255ml（1 杯）的滾水浸泡15 分鐘，吸飽水分後瀝乾使用，依照上述相同的作法料理。

西西里奧勒岡醬
Salmoriglio（Sicilian Oregano Sauce）

. . . .

10g（¼ 杯）極細切的巴西利

2 大匙極細切的新鮮奧勒岡或是墨角蘭，或是 1 大匙乾燥的奧勒岡

1 瓣大蒜，加點鹽磨成泥

55ml（¼ 杯）初榨橄欖油

2 大匙檸檬汁

鹽

在一小碗裡，加入巴西利、奧勒岡、大蒜和橄欖油，以及一大撮鹽，攪拌均勻。

在料理準備上桌前，加入檸檬汁、鹽，攪拌後，試吃，依口味需要再加入檸檬汁、鹽調味。

裝在密閉容器中，可冷藏保存 3 天。

食用建議：搭配炙烤、烘烤的肉或魚；配著炙烤、烘烤或是川燙的蔬菜。試試看跟**慢烤鮭魚、油封鮪魚、超級酥脆去脊骨展平烤雞**搭配食用。

變化版本

● 製作成淋在烤肉上的**阿根廷青醬**（Argentinian Chimichurri），額外添加 1 小匙紅椒片，以及邊試吃邊加 1 到 2 大匙的紅酒醋。

優格醬 Yogurt Sauce

　　任何食物都搭配一大匙優格，是我從小以來的飲食習慣。有點難以啟齒的，甚至是義大利麵我也加。老實說，並不是我特別喜愛優格的風味，更多的原因是實在沒耐心等待滾燙燙的食物放涼，加上一些優格正好可以快速讓食物降溫。漸漸的，我愛上優格滑順、帶酸的滋味，不論是襯托豐腴口感的食物或挽救乾柴的食物，都很合拍。

　　以下的各式優格醬，可以搭配**印度香料慢烤鮭魚、波斯雞肉佐扁豆與香米、炙烤朝鮮薊、波斯烤雞**，或是**波斯風味飯**。也能直接端上桌，作為爽口生蔬菜或是溫熱薄餅的沾醬。我個人習慣使用瀝乾水分的濃稠優格，例如：中東的脫乳清優格（*lebne*）或是希臘優格。除此之外，任何原味優格也能用來製作以下的各式優格醬。

香草優格醬 Herbed Yogurt　　　　　　　　製備約 325ml（1 ¾ 杯）

. . . .

　　　295ml（1 ½ 杯）原味優格

　　　1 瓣大蒜，加點鹽磨成泥

　　　2 大匙極細切的巴西利

　　　2 大匙極細切的香菜葉及梗

　　　8 片薄荷葉，極細切

　　　2 大匙初榨橄欖油

　　　鹽

　　取一個中型碗，加入優格、大蒜、巴西利、香菜、薄荷和橄欖油及一大撮的鹽，攪拌均勻。試吃，依需要加鹽調味。妥善裝好冷藏，直到需要使用時才取出。

　　裝在密閉容器中，可冷藏保存 3 天。

變化版本

🥄 製作**印度紅蘿蔔優格醬**（Indian Carrot *Raita*），省略橄欖油不用。在優格中加入 65 克（½ 杯）略切碎的紅蘿蔔和 2 小匙現磨薑泥。取一個小平底鍋，加入 2 大匙澄清奶油或是無特殊香氣的油脂，中大火加熱。隨後加入 1 小匙孜然籽，1 小匙黑芥末籽和 1 小匙香菜籽，約炒 30 秒，或是直到第一顆種籽因受熱而爆開。接著，馬上加入優格中，攪拌均勻。試吃，加鹽調味。妥善裝好冷藏，需要時才取出。

波斯香草與黃瓜優格醬
Persian Herb and Cucumber Yogurt

製備約 450ml（2 杯）

. . . .

75 克（¼ 杯）黑色或金黃色葡萄乾

295ml（1½ 杯）原味優格

1 根波斯黃瓜，削皮，切成細小的丁狀

10 克（¼ 杯）切細碎的綜合香草：新鮮薄荷葉、蒔蘿、巴西利和香菜，任何比例
    皆可

1 瓣大蒜，加點鹽磨成泥

35 克（¼ 杯）烘香的核桃，略切

2 大匙初榨橄欖油

1 大撮鹽

選擇性使用：乾燥玫瑰花瓣，裝飾用

取一個小碗，倒入滾水浸泡葡萄乾，靜待約15分鐘，讓葡萄乾吸飽水分膨脹起來，
瀝乾後放在中型碗裡備用。隨後加入優格、黃瓜、香草、大蒜、核桃、橄欖油和鹽，
攪拌均勻，試吃，依需要加鹽調味。妥善裝好冷藏，直到需要使用時才取出。使用前，
可以捏碎數片乾燥玫瑰花瓣（選擇性裝飾）。

裝在密閉容器中，可冷藏保存 3 天。

波斯菠菜優格醬

Borani Esfenaj（Persian Spinach Yogurt）

. . . .

4 大匙初榨橄欖油

2 大把洗淨挑切過的菠菜，或是 675 克洗淨的菠菜嫩葉

10 克（¼ 杯）極細切的香菜葉及梗

1 到 2 瓣大蒜，加點鹽磨成泥

295ml（1½ 杯）原味優格

鹽

½ 小匙檸檬汁

　　取一個大型的炒鍋，以大火熱鍋後加入 2 大匙的橄欖油，油熱到閃閃發光時，加入菠菜，約炒 2 分鐘，直到炒軟出水。依鍋子的大小不同，有時菠菜可能需要分兩次炒。炒好的菠菜，馬上起鍋，單層的鋪放在鋪有烘焙紙的烤盤上。以預防餘溫繼續作用煮過頭讓葉菜變色。

　　待菠菜放涼後，以雙手盡量將菠菜水分擠出來，然後切碎。

　　取一個中型碗，加入菠菜、香菜、大蒜、優格和剩下的 2 大匙橄欖油，攪拌均勻後，加鹽和檸檬汁調味。攪拌、試吃，依需要再加鹽、檸檬汁。冷藏，直到需要使用時才取出。

　　裝在密閉容器中，可冷藏保存 3 天。

波斯甜菜根優格醬

Mast-o-Laboo（Persian Beet Yogurt）

3 到 4 顆中型紅色或黃色甜菜根，修切頭尾

295ml（1½ 杯）原味優格

2 大匙極細切的新鮮薄荷葉

選擇性使用：1 小匙極細切的新鮮龍蒿

2 大匙初榨橄欖油

鹽

1 到 2 小匙紅酒醋

選擇性使用：黑孜然籽，裝飾用。

參考 218 頁的說明，烘烤甜菜根並剝皮，放涼備用。

將甜菜根略切後，拌入優格中，隨後加入薄荷、龍蒿（使用的話）、橄欖油、鹽和 1 小匙的紅酒醋。攪拌均勻後，試吃，依需要再加鹽、醋調味。妥善裝好冷藏，直到需要使用時才取出。使用前，可以撒上黑色孜然籽（選擇性裝飾）。

裝在密閉容器中，可冷藏保存 3 天。

美乃滋 Mayonnaise

　　應該沒有任何其他的醬（汁），比起美乃滋更有如此兩極化的喜惡評價了。我自己是倒向絕對衷心喜愛的那一邊。身為一位老師，帶著學生製作美乃滋，觀察到油水分離的美乃滋，和搶救失敗的美乃滋，我也找不到任何其他更具震撼力的廚房實驗了！每次示範，都像是一場奇蹟似的。往回看到第 86 頁，回顧一下製作與搶救美乃滋每一個步驟的細微之處。

　　當美乃滋要應用變化成其他醬料，像是**塔塔醬**或是**凱撒沙拉醬**，製作基底美乃滋時先不加鹽調味，而且質感做得越硬挺越好。將後續需要添加食材的鹹度以及濃稠度考量進去。相同的，調味原味美乃滋所用到的鹽，要事先溶於幾大匙的水或是預計要使用的酸性液體（檸檬汁或是醋）中。如果鹽沒有事先融解就直接加進美乃滋裡，則需要靜待一陣子，鹽粒才會完全融解在美乃滋中，也才能嘗到真正的鹹度。如果你選擇直接加鹽，那麼少量多次的加，並且一路試吃調味。

　　使用橄欖油製作具有地中海風情的**阿優里醬**、**香草美乃滋**或是**辣椒美乃滋**（*Rouille*），用以搭配義式、法式或是西班牙食物。要製作美式的美乃滋基底，用於**經典三明治美乃滋**或是**塔塔醬**，則使用無特殊香氣的油脂，例如：葡萄籽油。

基礎美乃滋 Basic Mayonnaise

製備約 175ml（¾ 杯）

1 顆蛋黃，室溫

175ml（¾ 杯）油（參考 374 頁的說明，幫助決定該使用什麼油脂製作）

將一顆蛋黃放入金屬或是陶瓷材質的中型深碗裡。將廚房抹布浸濕擰乾，摺成長條狀，在工作臺上圍成一圈，將攪拌盆放在圈中，可以避免攪打時位移噴濺（如果，徒手攪拌實在難以辦到，改用果汁機、桌上型攪拌器或是食物調理機，也是可行的）。

使用杓子或是裝有尖嘴孔的瓶子，一邊攪打蛋黃，並同時一滴一滴，以非常緩慢的速度，將油脂添加進盆中。千萬不要停止攪拌。當你加進一半左右的油脂，整體濃稠度提高，接著就能增量每次添加的油量。如果過程中美乃滋變得太過濃稠、攪不動，可以添加 1 小匙左右的水或是後續將使用的酸性液體，以助稍微稀釋。

如果美乃滋有油水分離的現象，參考 86 頁的說明加以拯救。

裝在密閉容器中，可冷藏保存 3 天。

經典三明治美乃滋 Classic Sandwich Mayo

製備約 175ml（¾ 杯）

1½ 小匙蘋果酒醋
1 小匙檸檬汁
¾ 小匙黃芥末粉
½ 小匙糖
鹽
175ml（¾ 杯）硬挺的**基礎美乃滋**

取一個小碗，加入醋、檸檬汁及芥末粉攪拌融解後，加入糖和一大撮的鹽，加入基礎美乃滋中，整體攪拌均勻，試吃，調整鹹度和酸度。妥善裝好冷藏，直到需要使用時才取出。

裝在密閉容器中，可冷藏保存 3 天。

食用建議：用於培根生菜番茄三明治或是俱樂部三明治中。或是加入**精典南美口味高麗菜絲**，或應用於由**香料鹽水火雞胸肉**製成的三明治。

阿優里醬（蒜味蛋黃醬）
Aïoli（Garlic Mayonnaise）

製備約 175ml（¾ 杯）

鹽

4 小匙檸檬汁

175ml（¾ 杯）硬挺的**基礎美乃滋**

1 瓣大蒜，加點鹽磨成泥

將 1 大撮的鹽加入檸檬汁中，攪拌融化後，再連同蒜泥一起加進美乃滋裡，攪拌均勻。試吃，依需要加鹽和酸。妥善裝好冷藏，直到需要使用時才取出。

裝在密閉容器中，可冷藏保存 3 天。

食用建議：搭配水煮、炙烤或是烘烤的蔬菜，和小馬鈴薯、蘆筍或是朝鮮薊，尤其合拍。配上炙烤的魚和肉。適合搭配**炙烤朝鮮薊、慢烤鮭魚、啤酒麵衣炸魚、義式海鮮蔬食炸物、油封鮪魚、吮指香煎雞**，應用於由**香料鹽水火雞胸肉**製成的三明治，**炙烤側腹橫肌牛排**或**肋眼牛排**。

香草美乃滋 Herb Mayonnaise

製備約 225ml（1 杯）

鹽

175ml（¾）硬挺的基礎美乃滋

1 大匙檸檬汁

4 大匙極細切綜合香草：巴西利、細香蔥、細葉芹、羅勒和龍蒿，任何比例皆可

1 瓣大蒜，加點鹽磨成泥

將 1 大撮的鹽加入檸檬汁中，攪拌融化後，再連同蒜泥和香草一起加進美乃滋裡，攪拌均勻。試吃，依需要加鹽和酸。妥善裝好冷藏，直到需要使用時才取出。

裝在密閉容器中，可冷藏保存 3 天。

食用建議：搭配水煮、炙烤或是烘烤的蔬菜，和小馬鈴薯、蘆筍或是朝鮮薊，尤其合拍。配上炙烤的魚和肉。適合搭配**炙烤朝鮮薊、慢烤鮭魚、啤酒麵衣炸魚、義式海鮮蔬食炸物、油封鮪魚、吮指香煎雞**，應用於由**香料鹽水火雞胸肉**製成的三明治，**炙烤側腹橫肌牛排**或**肋眼牛排**。

辣椒美乃滋
Rouille（Pepper Mayonnaise）

- -

鹽

3 到 4 小匙紅酒醋

175ml（¾ 杯）硬挺的**基礎美乃滋**

65 克（⅓ 杯）**基礎辣椒糊**（379 頁）

1 瓣大蒜，加點鹽磨成泥

　　將 1 大撮的鹽加入紅酒醋中，攪拌融化後，再連同辣椒糊和蒜泥一起加進美乃滋裡，攪拌均勻後美乃滋看起來稀釋許多，但是經過幾個鐘頭冷藏後，質地會再次變回濃稠。妥善裝好冷藏，直到需要使用時才取出。

變化版本

● 製作**齊波雷辣椒美乃滋**（Chipotle Mayonnaise），將辣椒糊換成 65 克（⅓ 杯）打成泥的罐頭齊波雷辣椒。

　　裝在密閉容器中，可冷藏保存 3 天。

　　食用建議：搭配水煮、炙烤或是烘烤的蔬菜，和小馬鈴薯、蘆筍或是朝鮮薊，尤其合拍。配上炙烤的魚和肉。適合搭配**炙烤朝鮮薊**、由**啤酒麵衣炸魚**製成的墨西哥餅、**油封鮪魚**、應用於由**香料鹽水火雞胸肉**製成的三明治，**炙烤側腹橫肌牛排**或**肋眼牛排**。

塔塔醬 Tartar Sauce

. . . .

2 小匙細切的紅蔥頭

1 大匙檸檬汁

125ml（½ 杯）硬挺的**基礎美乃滋**（375 頁）

3 大匙酸漬黃瓜，切碎

1 大匙鹽漬酸豆，泡水清洗後，略切

2 小匙極細切的巴西利

2 小匙極細切的細葉芹

1 小匙極細切的細香蔥

1 小匙極細切的龍蒿

1 顆 **10 分鐘水煮蛋**（304 頁），略切，或是磨碎

½ 小匙的白酒醋

鹽

在小碗中加入紅蔥頭跟檸檬汁，浸泡至少 15 分鐘酸漬。

取另一個中型碗，加入美乃滋、酸黃瓜、酸豆、巴西利、細葉芹、細香蔥、龍蒿、蛋跟醋，拌勻後加鹽調味。接著加入紅蔥頭（檸檬汁先保留不加），攪拌均勻後試吃，依需要再加檸檬汁，再次試吃，加鹽、酸調味。妥善裝好冷藏，直到需要使用時才取出。

裝在密閉容器中，可冷藏保存 3 天。

隨著**啤酒麵衣炸魚**或蝦、**義式海鮮蔬食炸物**，一起上桌享用。

辣椒醬 Pepper Sauce

　　辣椒或是甜椒製成的醬汁，可以作為很棒的調味料、沾醬以及三明治的抹醬。許多世界各地料理的調味料，更是以辣椒糊為基礎，而延伸發揮。通常這些辣椒糊的辣度並不是刻版印象中的辛辣無比。在一鍋豆子、米飯、湯品或是燉煮的食物裡，攪入一點辣椒糊，可以提升食物的風味。先行塗抹在要炙烤或烘烤的肉品上，或是熬煮時加一點。在美乃滋裡加一點辣椒糊，就是法式辣椒美乃滋，非常適合使用於由**油封鮪魚**（314 頁）製成的三明治裡。北非**哈里薩辣醬**，則是適合搭配**烤羊肉串**（356 頁）、炙烤的魚類和肉類，或是蔬菜和水煮蛋。加泰隆尼亞地區特別由甜椒、堅果製成的的**蘿梅斯科醬**（*Romesco*），很適宜作為蔬菜或是鹹口味餅乾的沾醬，加點水稀釋，則是烤蔬菜、魚、肉的最佳調味料。**穆哈瑪拉醬**（*Muhammara*），一種由石榴核桃和紅椒製成的，源自黎巴嫩的醬，很適合以溫熱的薄餅和生菜沾著吃。

基礎辣椒糊 Basic Pepper Paste　　　　　　　　　製備約 225 克（1 杯）

85 克（約 10-15 根）乾燥辣椒，例如：瓜希柳（Guajillo）、新墨西哥（new Mexico）、阿納海姆（Anaheim）或是安丘（ancho）

900ml（4 杯）滾水

200ml（¾ 杯）初榨橄欖油

鹽

　　如果皮膚特別敏感的人，建議先戴上橡膠手套以保護雙手。切除辣椒的蒂頭並縱切一刀，以搖晃辣椒的方式將內部的辣椒籽抖出，丟棄不用。將辣椒清洗後，裝進耐熱容器，倒進滾水，在辣椒的上方放一個盤子，以幫助所有的辣椒都淹沒在熱水中。浸泡約 30 到 60 分鐘，讓乾燥辣椒吸飽水分後瀝乾，保留約 55ml（¼ 杯）的水。

　　將辣椒、油和鹽放進食物調理機裡攪打至少 3 分鐘，直到整體變成滑順的質地。若在攪打過程中，辣椒糊顯得太濃稠、難以攪打的話，可以斟酌加入先前保留的水，讓辣椒糊稍微稀釋一點。試吃，依需要加鹽調味。若是在攪打 5 分鐘之後，辣椒糊依然無法呈現滑順質感，可以使用細網目的篩子，搭配橡皮刮刀，將辣椒皮過濾掉。

　　在辣椒糊的表面倒點油覆蓋，妥善包裹起來，放冰箱冷藏可保存約 10 天，冷凍則可保存 3 個月。

哈里薩辣醬（北非辣醬） 製備約 225 克（1 杯）
Harissa（North African Pepper Sauce）

1 小匙孜然籽

½ 小匙香菜籽

小匙香芹籽

225 克（1 杯）的 **基礎辣椒糊**（379 頁）

30 克（¼ 杯）日曬番茄乾，略切

1 瓣大蒜

鹽

在小平底鍋中倒入孜然籽、香菜籽和香芹籽，中火加熱同時搖晃鍋子，均勻炒香種籽，約 3 分鐘後，鍋中的種籽開始因受熱而爆開，並釋放出開胃的香甜氣息。這時馬上離火，將種籽倒入研缽或研磨機中，加一小撮鹽一起磨成粉，一旁備用。

食物調理機裡加入辣椒糊、番茄和大蒜，攪打至滑順後，加入炒香磨碎的孜然籽、香菜籽和香芹籽，試吃，加鹽調味。

裝在密閉容器中，可冷藏保存 5 天。

變化版本

● 製作加泰隆尼亞地區特別的 **蘿梅斯科醬**，省略孜然、香菜及香芹籽不用，改用 55 克（½ 杯）烘香的杏仁及 55 克（½ 杯）烘香的榛果，以食物調理機或是研缽打碎成糊狀，置於中型碗中備用。依照上述說明，將辣椒糊、番茄和大蒜打成泥後，加到堅果糊中，再拌入 2 大匙的紅酒醋，75 克（1 杯）烘烤過的 **粗麵包粉**（237 頁）和鹽。攪拌均勻後，試吃，依口味加鹽或酸調味。完成的醬會是非常濃稠的質地，可以加水調整成需要的質感。

穆哈瑪拉醬（黎巴嫩紅椒核桃抹醬）

製備約 600 克（2 ½ 杯）

Muhammara（Lebanese Pepper and Walnut Spread）

. . . .…. . . . .

1 小匙孜然

200 克（1½ 杯）核桃

225 克（1 杯）基礎辣椒糊（379 頁）

1 瓣大蒜

75 克（1 杯）烘烤過的**粗麵包粉**（237 頁）

2 大匙及 1 小匙石榴糖蜜

2 大匙及 1 小匙檸檬汁

鹽

預熱烤箱 180°C。

在小平底鍋中倒入孜然籽，中火加熱同時搖晃鍋子，均勻炒香孜然籽，約 3 分鐘後，鍋中的種籽開始因受熱而爆開，並釋放出開胃的香甜氣息。這時馬上離火，將種籽倒入研缽或研磨機中，加一小撮鹽一起磨成粉，置於一旁備用。

將核桃在烤盤上不重疊的平鋪一層，放入烤箱烘烤。設定倒數計時 4 分鐘，時間到後稍微翻動一下以確保上色均勻，再繼續烘烤 2 到 4 分鐘，直到核桃外觀呈現淡棕色，入口酥脆。出爐，從烤盤上取下，放涼備用。

在食物調理機裡加入辣椒糊、冷卻的核桃和大蒜，攪打至滑順。

加入石榴糖蜜、檸檬汁和孜然，以短暫多次快速攪打的方式，打到質地均勻一致。試吃，加鹽和酸調味。

裝在密閉容器中，可冷藏保存 5 天。

青醬 Pesto

我曾經為一位廚師工作，他擁有一組不論在尺寸上或是重量上幾乎等同一位小孩的大理石研缽。儘管這組巨型研缽使用起來超級不便，使用時也總是一場混亂，他依然十分堅持每次製作青醬都一定要使用，並宣稱這樣是為了向飲食祖先致敬（青醬的義大利名稱 *pesto*，在義大利文中也正是搗的意思）。聽到他這個說法，大家可以想像一下無數的白眼正在往後腦勺翻的畫面。我老實說好了，大家會紛紛輪流支開這位廚師，以便偷偷使用食物調理機，好快速的完成這項工作。

但是，我就算再不情願，也必須承認，搗製而成的青醬，還真的比以食物調理機製成的青醬滋味來的好。現今，考量到時間以及便利性，我採用混合的方式，堅果和大蒜先分別以研缽搗成糊狀，而羅勒則是以食物調理機攪打均勻，之後才將所有食材放到大碗中，手動拌勻。

一份好的青醬，堅果和起司用量不能省。完成的青醬要當作義大利麵醬汁使用的話，在一大碗裡直接舀進數匙青醬，再加入剛煮熟、瀝乾的義大利麵。依情況需要，可以煮麵水稀釋質地，然後再加上（你猜對了！）更多的帕瑪森起司。青醬，是屬於生的義大利麵醬汁，使用時不需加熱，全是為了保有翠綠的色澤，

在青醬的起源地利古里亞（Liguria），水煮小馬鈴薯、綠色豆子，切半的櫻桃番茄或是切塊的番茄，最後再拌上青醬，是很常見的料理。由蕪菁嫩葉或是羽衣甘藍製成的微苦青醬，在和義大利麵拌勻後，往往會再搭配幾匙瑞可達起司。

青醬非常多變萬用，這也是為什麼我將它收錄在醬汁的章節，而非歸類在義大利麵中。提供你一些點子：在製作**超級酥脆去脊骨展平烤雞**時，可以將青醬塞進雞皮下，再送進烤箱烘烤；青醬加點水稀釋後，淋在燒烤的魚肉或蔬菜上；或是和瑞可達起司拌在一起，做成**瑞可達起司與番茄沙拉烤土司**。

羅勒青醬 Basil Pesto

175ml（¾ 杯）初榨橄欖油

60 克（大約是 2 把）新鮮羅勒葉

1 到 2 瓣大蒜，加點鹽磨成泥

65 克（½ 杯）松子，稍微烘烤後搗碎

100 克帕瑪森起司，磨成細粉（略多於 1 杯），食用時準備更多額外的份量

鹽

使用食物調理機打碎羅勒葉的關鍵在於，要避免過度攪打。機器如果運轉太久，馬達會生熱，因而造成羅勒氧化，顏色變成棕色。因此，一開始先以手動的方式將羅勒葉大略切碎，並且先在食物調理機裡倒進一半份量的橄欖油，以助羅勒在打碎的同時能快速和液體接觸。攪打的過程，不時偶爾暫停，使用橡皮刮刀將葉子推到下方一直攪打到香氣溢出，產生綠色漩渦。

為了避免過度攪打，接著轉移到碗裡，以手工操作完成。將羅勒與油的混合液體倒到一個中型碗中，加入大蒜、松子和帕瑪森起司，攪拌均勻，試吃看看。需要再加一點大蒜嗎？還是鹽？還是起司？質地會太濃稠嗎？如果會，就再加一點油，或是視當下情形，加點煮麵水。邊試吃邊思索，要特別留意的是，隨著青醬靜置，整體的香氣會更融合，大蒜味道會更明顯，鹽也會溶解，表現出鹹度。

靜待一會兒，再試吃，調整滋味，最後加入足以在表面覆蓋上薄薄一層的橄欖油量，避免氧化作用。

放冰箱冷藏，可保存 3 天，或是冷凍保存 3 個月。

變化版本

● 青醬非常適合以其他不同的食材替用變化。照著食譜上的用量比例，因應晚餐的內容及手邊現有的食材，隨性的置換羅勒、堅果或起司：

替換羅勒

煮熟的蔬菜：蕪菁嫩葉、羽衣甘藍,野生蕁麻、莙蓬菜

生的、柔軟的蔬菜：芝麻葉、豌豆苗、菠菜、嫩葉莙蓬菜

香草青醬：巴西利、鼠尾草、墨角蘭、薄荷

香蔥青醬：野韭蔥或蒜苗

十字花科青醬：綠花椰菜、白花椰菜、羅馬花椰菜

替換堅果

堅果,順序依最傳統到較少見,使用生的或是稍微烘烤過的堅果

松子

核桃

榛果

杏仁

開心果

胡桃

夏威夷果

替換起司

　　成分裡的起司,是青醬中鹽、油和酸度的來源,試著變化看看。在最傳統的羅勒青醬中,起司是酸度的唯一來源,幾乎所有硬質的起司都能使用。傳統上習慣使用帕瑪森起司和佩克里諾綿羊起司。但是,阿希亞格、格拉納帕達諾（Grana padano）,甚至是熟成的曼徹格也能替換使用。

青醬的比例圖

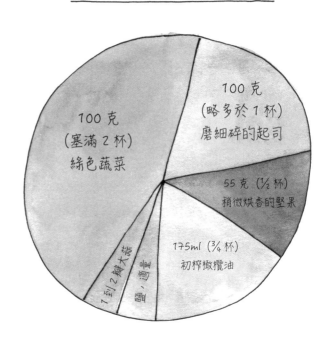

100克（略多於1杯）磨細碎的起司

100克（塞滿2杯）綠色蔬菜

55克（½杯）稍微烘香的堅果

175ml（¾杯）初榨橄欖油

1到2瓣大蒜

鹽,適量

奶油與麵團

　　烘焙，是廚房裡最需要致力於精準的工作。烘焙食譜裡每一個元素的存在，都是有原因的。從溫度、份量的準確秤量，到特定使用的食材，都影響著烘焙的化學反應。食譜裡許多關鍵、特殊的食材，是不容許自行更動的，要發揮創意的話，可以從香料、香草或是口味上著手變化。

　　烘培時，最好亦步亦趨遵照食譜指示執行。我個人雖然不是熱衷於蒐集各式廚房工具、小物。但是，說到烘焙，我很強烈的建議大家務必投資一臺電子秤。烘焙的食材一律以重量為操作單位，而不要使用體積，堅持這個原則，你將會發現烘焙品的品質大大提高，而且穩定。

　　在烘焙時，測量就是這麼重要，其中包括了測量溫度。在以奶油與麵粉製作麵團時，所有的東西都必須要保持冰冷。如果你好奇，為什麼這一點這麼重要，想一想那位曾經與我一起共事、冷靜無比的廚師，她所做出的糕點，是我這輩子嘗過最精緻輕盈的（往回翻到 88 頁，回憶一下）。她深知要追求也層次感分明的酥脆，必須阻擾過多的筋度形成，奶油一旦融化了，內含的水分就會與麵粉結合，因而產生筋度，做成的糕點也就會變得有嚼勁且硬口。說了這麼多，好吃就是最有力的證明。

純奶油派皮麵團
All-Butter Pie Dough

製備一份 280 克的麵團
足夠製作成 2 個直徑 9 吋（23 公分）的塔派
1 個有上蓋的 9 吋塔派，或是 1 份美式雞肉派

使用這份派皮麵團，烘焙出夢幻美味的**經典蘋果派**或是起司派、**美式雞肉派、巧克力布丁派**。因為是使用純奶油製作，因此需要一點事前的規劃與準備：所有使用的食材與工具都要先冰涼、手腳要快，麵團特別小心避免過度操作。奶油在使用上或許有些眉角要多加注意，最後成品所呈現的酥脆與風味是無所匹敵的。

重點提醒：如果沒有桌上型攪拌器，也可以使用食物調理機製作這份麵團，或是使用烘焙專用的奶油搗碎器（pastry blender）。不論使用哪種工具，都要記得提前將所有器具放進冷凍庫裡，冰涼後才使用。

350 克（2 ¼ 杯）中筋麵粉
1 大匙糖
1 大撮鹽
225 克（16 大匙）無鹽奶油，切成 1 公分立方大小，事先冰涼
大約 125ml（½ 杯）冰水
1 小匙白酒醋

將麵粉、糖和鹽連同槳狀攪拌頭，一起放進桌上型攪拌器的攪拌盆中，然後整盆放進冷凍庫裡冰鎮 20 分鐘（如果你的冷凍庫塞不進攪拌盆，那麼先行冰鎮食材即可）。奶油跟冰水，也分別放進冷凍庫冰鎮。

將攪拌盆與攪拌頭裝在機器上，以一次只加幾塊奶油，少量多次的加進盆裡，在搭配低速攪拌的方式，直到盆中的混合物，呈現有如碎碎的核桃塊狀為止。這樣大小不一，殘破質感的混合物，是口感酥脆的保證，千萬不要攪拌過度。

以涓細水流的方式加入醋。隨後再加入恰好（很接近 125ml）份量的冰水，以攪拌次數越少越好的前提，將盆裡的混合物攪拌到幾乎成團，有些不成團的小塊無妨。如果你不確定是否還需要加水，可以暫停機器，抓出一小把混合物，用力的用手掌捏緊，然後再試著將小麵團剝碎。如果質感很乾燥，而且太容易碎裂，表示需要再加水。如果小麵團不容易鬆散開來，或是只會裂成幾塊，表示可以接續下面的步驟了。

在工作檯面上,拉出一大段,但暫時還不要切斷的保鮮膜,手腳明快,大膽的將攪拌盆裡的麵團倒在保鮮膜上。移走攪拌盆後,雙手避免接觸麵團。這時,從遠端切斷保鮮膜,雙手分別提起保鮮膜的兩端,透過這樣的手法,讓中間的麵團聚集成球。不用擔心麵團裡存在一些看似乾燥的麵粉,麵粉會隨著時間均勻的吸收水分。將保鮮膜擰緊,麵團形成一顆球狀。使用利刀,將包著保鮮膜的麵團從中對切成兩半,每一份再分別以保鮮膜包起來,並壓扁成圓盤狀。放冰箱冷藏至少 2 個鐘頭或是一夜。

後續要冷凍保存的話,拆掉原有的保鮮膜,重新包上兩層保鮮膜,再裹上一層鋁箔紙,以避免麵團凍傷,可以冷凍保存 2 個月。使用前,先提前移到冷藏室退冰一夜才使用。

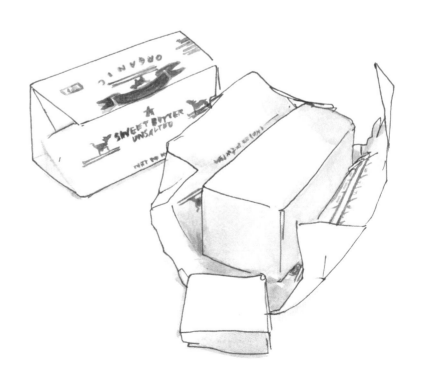

經典蘋果派 Classic Apple Pie 製備一個直徑 9 吋（23 公分）的派

1 份（2 片）冰涼**純奶油派皮麵團**（386 頁）

1.2 公斤具有酸勁的蘋果，譬如：蜜翠果（honeycrisp）、富士蘋果，或是席耶瑞美人（Sierra beauty），約 5 大顆

½ 小匙肉桂粉

¼ 小匙多香果粉

½ 小匙猶太鹽或是 ¼ 小匙細海鹽

125 克（½ 杯加一大匙）黑糖

3 大匙中筋麵粉，及擀麵時需要的額外份量

1 大匙蘋果酒醋

2 大匙高脂鮮奶油

砂糖（granulated sugar）或是金砂糖（demerara sugar）適量

烤箱預熱 220℃，並將層架放置在中間層。

在有足夠麵粉防沾黏的工作檯面上，將其中一塊冰涼的麵團擀開成約 3 公釐厚、12 吋（30 公分）直徑的圓。擀麵棍拍點麵粉防沾黏，將擀開的麵團捲起，以方便移到直徑 9 吋（23 公分）的烤模上方，再鬆開成一片，鋪進烤模中，輕輕按壓，將麵團鋪進烤模底與壁間的轉角裡。外圈保留約 2.5 公分的派皮，多餘的部分以剪刀剪掉。送進冷凍庫，冰 10 分鐘。修剪下來的麵團也另外冷藏保存。另外一片麵團也擀開成一樣的大小厚度，在圓心處切出一個讓蒸氣逸散的洞，放進冰箱冷藏備用。

冰鎮麵團的同時，將蘋果削皮、去核，切片成 2 公分大小。在一個大盆中，加入蘋果、肉桂、多香果、鹽、糖、麵粉和醋，全部翻攪均勻。接著，將蘋果排放進事先鋪好派皮並冰鎮過的烤模裡。利用擀麵棍的幫忙，捲起另一片派皮，鋪放在蘋果餡的上方。烤模外圍保留約 1 公分的派皮，多餘的部分，使用剪刀，同時修剪上下兩片派皮。

將派皮約 5 公釐的外圍，反折塞到派皮下方，形成烤模的邊緣上方是一圈有厚度的柱狀派皮。接著，讓雙手分別在烤模邊緣的兩側，烤模內側的那隻手，以食指推壓派皮，烤模外側的那隻手則是將拇指與食指並在一起，形成一個 V 字型。以這樣的手法，將派皮外圈以每隔2.5 公分的距離，捏合。在捏合的同時，也稍微的將派皮往外推，

隨著烘烤過後，派皮的部分，會稍微回縮。如果有任何破洞，可以使用修剪下的派皮修補。

　　將整份派送進冷凍庫冰 20 分鐘。時間到後，自冷凍庫取出，放到鋪有烘焙紙的烤盤上，刷上大量的高脂鮮奶油，並撒上糖，放在烤箱的中間層，220°C 烘烤 15 分鐘，隨後調降溫度 200°C，再烤 15 到 20 分鐘，直到顏色呈現淡淡金黃色。再次調降溫度至 180°C，繼續烘烤約 45 分鐘，蘋果派熟透。出爐後，置於網架上至少放涼 2 個小時才切片。搭配**香草**、**肉桂**或是**焦糖鮮奶油**享用（423 至 425 頁）。

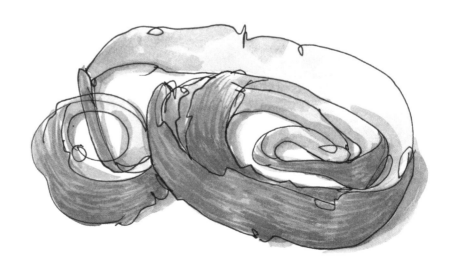

經典南瓜派 Classic Pumpkin Pie 製備一個直徑 9 吋（23 公分）的派

½ 份（1 片）冰涼的**純奶油派皮麵團**（386 頁）

麵粉，擀麵時需要

2 顆大型蛋

350ml（1½ 杯）高脂鮮奶油

425 克南瓜泥

150 克（¾ 杯）糖

1 小匙猶太鹽或是 ½ 小匙細海鹽

1½ 小匙肉桂粉

1 小匙薑粉

½ 小匙丁香粉

烤箱預熱 220°C，並將層架放置在中間層。

在有足夠麵粉防沾黏的工作檯面上，將其中一塊冰涼的麵團擀開成約 3 公釐厚、12 吋（30 公分）直徑的圓。擀麵棍拍點麵粉防沾黏，將擀開的麵團捲起，以方便移到直徑 9 吋（23 公分）的烤模上方，再鬆開成一片，鋪進烤模中，輕輕按壓，將麵團鋪進烤模底與壁間的轉角裡。外圈保留約 2.5 公分的派皮，多餘的部分以剪刀剪掉。送進冷凍庫，冰 10 分鐘。修剪下來的麵團也另外冷藏保存。

將派皮外圍，反折一小段回塞到派皮下方，形成烤模的邊緣上方是一圈有厚度的柱狀派皮。接著，讓雙手分別在烤模邊緣的兩側，烤模內側的那隻手，以食指推壓派皮，烤模外側的那隻手則是將拇指與食指並在一起，形成一個 V 字型。以這樣的手法，將派皮外圈以每隔 2.5 公分的距離捏合。在捏合的同時，也稍微的將派皮往外推，隨著烘烤過後，派皮的部分，會稍微回縮。如果有任何破洞，可以使用修剪下的派皮修補。使用叉子，將派皮刺出許多均勻分布的小洞，隨後將整份派送進冷凍庫冰 15 分鐘。

在一個中型的碗裡，加入蛋，以打蛋器打散後，再加入鮮奶油、南瓜泥、糖、鹽和香料，全部攪拌均勻成類似卡士達質感的混合物，隨後倒入事先準備好的派殼中。

以 220°C 烘烤 15 分鐘，接著調降成 160°C 烘烤 40 分鐘以上，直到餡料中心幾乎要凝固的程度，出爐後，置於網架上至少放涼 1 個小時才切片。搭配**打發酸味香草鮮奶油、肉桂**或是**焦糖鮮奶油**享用（423 至 425 頁）。

變化版本

● 製作**巧克力布丁派**（Chocolate Pudding Pie），依照前頁的說明，將麵團擀開、入模、捏合及冷凍，準備一個 9 吋（23 公分）的派殼。盲烤派殼：在鋪好的派殼上，鋪上一張烘焙紙，再放進盲烤用的重石，或是乾燥的豆子。220℃ 烘烤 15 分鐘，然後調成 200℃，繼續烘烤約 10-15 分鐘，直到派殼呈現淡淡的金黃色。

將派殼自烤箱中取出，移走重石或是豆子，及烘焙紙，並將烤箱溫度調整為 190℃。再次將派殼放進烤箱中烘烤，約 5 到 10 分鐘，直到底部呈現淡金黃色，邊緣開始轉變成棕色。在盲烤的最後這一個階段，時間長短各異，要隨時緊盯著烤箱。

派殼出爐後，放涼。融化 55 克的苦甜巧克力，均勻的刷在派殼內部，靜待巧克力凝結硬化。

製作一份 416 頁的苦甜巧克力布丁，將食譜中的玉米粉用量提高到 40 克（⅓ 杯）。完成後，將保鮮膜直接貼覆在布丁表面，以防止產生一層皮膜。在室溫下靜置放涼後，將巧克力布丁舀到準備好的派殼裡，再貼覆上一層保鮮膜，放冰箱冷藏一夜。搭配豪邁大量的**香草、巧克力、咖啡**或是**焦糖鮮奶油**享用（423 至 425 頁）。

輕酥白脫鮮奶比思吉
Light and Flaky Buttermilk Biscuits

製作出 16 份比思吉（可減半製作）

．．．

　　這道比思吉食譜採用了非傳統的創意做法，是從一間我非常喜愛、位於奧克蘭（Oakland）的餐館裡，向他們的年輕烘焙師，湯姆・波堤（Tom Purtill）學習而來的。在第一次嘗到他製作的比思吉時，我特地央求他走出廚房，拜託他跟我說一遍製作流程。很慶幸，當時我這麼做，因為他接下來所說的每一句每一字，完全顛覆了我對做比思吉既有的瞭解。我一直都知道，關鍵在於製作比思吉麵團時，揉捏的動作越少越好。而他告訴我的是，他如何將大量的奶油混入麵粉中，能達到極致酥脆的手法，後續再經過數次的擀開、折疊，以營造比思吉的層次感。他所形容的做法聽起來實在是太詭異，老實說，如果不是濕潤、層次分明的比思吉擺在眼前，我一定不會相信他。

　　但是，我信了！而且直奔回家，馬上試試看。我把他說的每一句話，奉為聖旨的依樣執行，真的成功了！關鍵，就如同他說的：每樣東西都要保持冰冷，奶油才不會融化，才不會和麵粉結合，也才不會產生筋度，因此，比思吉就會非常酥脆。如果你沒有桌上型攪拌機，使用食物調理機也行。或是使用烘焙專用的奶油搗碎器手動操作，只是會耗時一些罷了。

225 克（16 大匙）無鹽奶油，切成 1 公分立方的小丁，冰涼備用

225ml（1 杯）白脫鮮奶，冰涼備用

520 克（3½ 杯）中筋麵粉

4 小匙泡打粉

1 小匙猶太鹽或是 ½ 小匙細海鹽

225ml（1 杯）高脂鮮奶油，冰涼備用。另備約 55ml（¼ 杯），塗刷比思吉用

烤箱預熱 230℃，準備兩個鋪有烘焙紙的烤盤。

將切小塊的奶油與白脫鮮奶，放冰箱冰鎮 15 分鐘。

將麵粉、泡打粉和鹽，一起裝進桌上型攪拌器的攪拌盆中，接上槳狀攪拌頭，使用低速，約攪拌 30 秒，將所有食材混合均勻。

　　加入一半份量的奶油，少量多次的方式，一次只加幾塊奶油，並同時持續以低速攪拌約 8 分鐘，直到整盆呈現沙礫狀，沒有明顯可見的奶油塊參雜其中。

再加入剩下的一半份量奶油，持續攪拌約 4 分鐘，奶油塊變成約是豌豆的大小。

將混合物移到一個大型、寬口的碗裡，然後以指尖快速的將可見的大塊奶油搓扁：手指頭撲一些麵粉，拇指與食指快速的來回搓動，像是在做數錢動作那樣。

在混合物中心挖出一個凹槽，倒入白脫鮮奶與鮮奶油，使用橡皮刮刀，慢慢的畫圓攪拌，直到整體聚集成團，這時候麵團看起來表面很粗糙是正確的。

工作檯面撒上麵粉防沾黏，將麵團倒出來，以雙手輕輕的將麵團拍成 2 公分厚度，23 乘 33 公分的長方形。將麵團對折一次，然後再對折第二次，接著再對折第三次。使用擀麵棍輕輕的前後擀開，再次擀成 2 公分厚度，23 乘 33 公分的長方形。如果這個時候麵團的表面依然不夠平滑，那麼再重複執行折、擀的步驟一至兩次，直到麵團表面平滑。

工作檯面撒上麵粉防沾黏，最後一次折疊後將麵團擀成 2 公分厚，使用直徑 6 公分的餅乾切模，壓切出一塊塊的比思吉麵團。壓切的次與次之間，切模沾裹一點麵粉，可以防沾黏，並確保烘烤後，比思吉是直挺挺的向上膨脹，不會歪歪的。切剩下的麵團，再捏成一團，擀開，再次壓切出比思吉麵團。

餅乾麵團，塊與塊間隔約 1 公分的距離，排放進鋪有烘焙紙的烤盤中，在表面刷上大量的鮮奶油。以 230℃ 烘烤 8 分鐘，然後旋轉烤盤方向，接著再烤 8 到 10 分鐘，直到比思吉呈現金黃棕色，從烤盤上拿起時非常輕盈。

出爐後，將比思吉移放到網架上放涼 5 分鐘，溫熱的享用。

比思吉可冷凍保存 6 週。將切好的比思吉麵團，單層不重疊的排放在烤盤中，送進冷凍庫，冰硬後才收進塑膠袋中，冷凍保存。烘烤時，不要解凍，直接在冷凍的比思吉麵團上塗上鮮奶油，以 230℃ 烘烤 10 分鐘，接著調降烤溫至 190℃，繼續烘烤 10 到 12 分鐘。

變化版本

- 製作**奶油酥餅**（Shortcakes），在乾燥（粉類）食材中額外加入 100 克（½ 杯）糖。切成比思吉麵團後，表面塗上鮮奶油，並撒上糖。出爐後，將比思吉移放到網架上放涼 5 分鐘，然後盛盤。將比思吉分成兩半夾入**香草鮮奶油**（423 頁）及**糖漬草莓**（Strawberry Compote，407 頁）。

- 製作**水果酥頂**（Fruit Cobbler），烤箱預熱 200℃。準備一半份量的食譜，切塊後至於冰箱冷藏備用。取一個大碗，放入 1.2 公斤（7 杯）新鮮去籽櫻桃、切片水蜜

桃或是油桃（任何比例），或是 1.2 公斤（10 杯）黑莓、柏森莓（boysenberry）、覆盆子莓，以及 150 克（¾ 杯）糖，25 克（2 大匙）玉米粉，1 小匙磨碎的檸檬皮，3 大匙檸檬汁，和一大撮的鹽（如果使用冷凍水果，玉米粉用量則提高至 40 克，約 3 大匙）。

　　將水果混合物，倒入 9×9 吋（23×23 公分）的烤模中，接著將切好的餅乾麵團，排放到水果上。將烤模放在烤盤上，烤盤可以盛接烘烤時水果的汁液沸騰溢出。在餅乾麵團表面刷上厚厚一層鮮奶油，以及撒上大量的糖，送入烤箱烘烤 40 到 45 分鐘，直到餅乾熟透，並且呈現金黃色澤。出爐後，稍微放涼才享用，搭配香草冰淇淋，更美味！

阿朗的塔派麵團
Aaron's Tart Dough

. . . .

在遇到我親愛的朋友阿朗之前，我是個很怕做塔派料理的人。阿朗和我一樣，對於食物風味的講究，簡直激近偏執的程度。這份食譜是經過他多年的實驗而誕生的做法，不但適用於變化萬千的水果或是鹹口味的塔派料理，而且還很容易執行。當你一旦能夠做出美味的塔派之後，就進而開始練習美麗的版本，試著將塔派上頭的食材排得漂亮吸睛吧！

穿插使用不同顏色的李子、蘋果、番茄或是甜椒排成條紋狀。或是簡單的在蘆筍塔上，舀上一匙調味過的瑞可達起司，營造顏色的鮮明對比。對於食物外觀的直覺越敏銳，就越能找出食物之美。

重點提醒：如果沒有桌上型攪拌器，也可以使用食物調理機製作這份麵團，或是使用烘焙專用的奶油搗碎器。不論使用哪種工具，都要記得提前將所有器具放進冷凍庫裡，冰涼後才使用。

235 克（1⅔ 杯）中筋麵粉

25 克（2 大匙）糖

¼ 小匙泡打粉

1 小匙猶太鹽或 ½ 小匙細海鹽

115 克無鹽奶油（8 大匙），切成 1 公分立方的小丁，冰涼備用

85ml（6 大匙）**法式酸奶油**（113 頁）或是高脂鮮奶油，冰涼備用

2 到 4 大匙冰水

在桌上型攪拌器的攪拌盆中加入麵粉、糖、泡打粉和鹽拌勻。整盆，連同奶油以及樂狀攪拌頭，一起放進冷凍庫冰 20 分鐘。法式鮮奶油與鮮奶油，則是放冷藏備用。

將攪拌盆及事先加入的乾粉食材，及樂狀攪拌頭，架上在機器。一邊以低速攪拌，並一邊慢慢的加入冰奶油塊。當奶油全部加入後，就可以將轉速加快成中低速，使用桌上型攪拌器大約需要攪拌 2 分鐘，如果是手動操作，則需要較長的時間。將奶油與乾粉攪拌成類似碎掉的核桃大小結塊狀（不要過度攪拌，還看得見一點奶油塊也無妨）。

加入法式鮮奶油。有些時候，光是靠法式鮮奶油，稍微攪拌後就足以成形麵團。而有些時候，需要額外添加 1 到 2 匙的冰水才能幫助聚集成麵團。要避免加太多水或是攪拌太久，忍住想要讓麵團真的自行聚集成一團的企圖。

麵團看起來表面有一點點粗糙才是正確的。如果你不確定是否還需要加水，可以暫停機器，抓出一小把混合物，用力的用手掌捏緊，然後再試著將小麵團剝碎。如果質感很乾燥，而且太容易碎裂，表示需要再加水。如果小麵團不容易鬆散開來，或是只會裂成幾塊，表示可以接續下面的步驟了。

在工作檯面上，拉出一大段保鮮膜，但暫時還不要切斷，手腳明快，大膽的將攪拌盆裡的麵團倒在保鮮膜上。移走攪拌盆後，雙手避免接觸麵團。這時，從遠端切斷保鮮膜，雙手分別提起保鮮膜的兩端，透過這樣的手法，讓中間的麵團聚集成球。不用擔心麵團裡存在一些看似乾燥的麵粉，麵粉會隨著時間均勻的吸收水分。將保鮮膜擰緊，麵團形成一顆球狀。使用利刀，將包著保鮮膜的麵團從中對切成兩半，每一份再分別以保鮮膜包起來，並壓扁成圓盤狀。放冰箱冷藏至少 2 個鐘頭或是一夜。

後續要冷凍保存的話，拆掉原有的保鮮膜，重新包上兩層保鮮膜，再裹上一層鋁箔紙，以避免麵團凍傷，可以冷凍保存 2 個月。使用前，先提前移到冷藏室退冰一夜才使用。

人字排列的塔
(適用於所有的塔派)

蘋果與杏仁奶油餡塔
Apple and Frangipane Tart

製作一份直徑 14 吋（35 公分）的塔

···

杏仁奶油餡塔

115 克（¾ 杯）杏仁，烤香

3 大匙糖

25 克（2 大匙）杏仁膏（marzipan）

55 克（4 大匙）無鹽奶油，室溫下軟化

1 顆大型蛋

1 小匙猶太鹽，或 ½ 小匙細海鹽

½ 小匙香草萃取液

½ 小匙杏仁萃取液

塔殼

1 份阿朗的塔派麵團（395 頁），冷藏備用

額外的麵粉，擀麵團時使用

6 顆酸脆的蘋果，像是：蜜翠果、席耶瑞美人或是粉紅淑女（pink lady）

高脂鮮奶油

糖，適量

　　製作杏仁奶油餡。將杏仁與糖一起以食物調理機攪打成細緻的粉狀。加入杏仁膏、奶油、雞蛋、鹽、香草和杏仁萃取液，全部攪拌均勻成滑順的膏狀混合物。

　　將烤盤翻面，再鋪上烘焙紙備用。（烤盤翻面使用，在塑型塔時沒有四週的高度妨礙，會較順手。）

　　在拆掉麵團外的保鮮膜前，先隔著保鮮膜將麵團擀成一片圓形，然後才拆掉保鮮膜。在麵團、工作檯面、擀麵棍都撲上麵粉防沾黏。快速的將麵團擀成直徑 14 吋（35 公分）、厚度 3 公分的圓形。

　　將麵團擀成圓形的技巧在於，每擀一次就將麵團轉九十度。如果麵團與桌面開始有些許的沾黏，小心的將麵團掀起，再多撒一些麵粉。

利用擀麵棍將擀開的麵團捲起，可以方便的將麵團移動至翻面且鋪有烘焙紙的烤盤上。送進冰箱，冷藏 20 分鐘。

　　等待的時候，準備水果。蘋果削皮、去核後，再切成約 5 公釐厚度的蘋果片。試吃一片看看，如果味道非常酸，就取一個大碗，將蘋果片與 1 到 2 大匙的糖一起加入碗裡，抓拌均勻後才使用。

　　使用橡皮刮刀，在擀開冰鎮過後的麵皮上，將杏仁奶油餡塗抹上去，約 3 公釐的厚度。麵皮外圍預留 5 公分不要塗。

　　再將蘋果片排放上去，這個步驟需要注意的是，因為水果烘烤過後，會縮小，因此片與片之間重疊在一起的部分需要多一點，才不會烤後餡料外露。採取人字型的排列設計，先將蘋果片以 45°角（蘋果片的尖端要指向同一方向），排出兩排。然後再穿插的排出兩排以 135°角鋪放的蘋果片。同樣的手法，不斷重複，直到整個塔的表面鋪排完成。試著使用兩種不同顏色的水果排列，會更有視覺效果。綠色和紫色的李子、糖漬榅桲，或是西洋梨分別以白酒及紅酒煮過，也能提供使用上的變化（如果使用一種以上的顏色，那麼排列的方式就變成 45°顏色 A，45°顏色 B，135°顏色 B，135°顏色 A，營造出條紋的效果）。

　　要製造出捏花效果的塔皮邊緣，將外緣週圍的塔皮往內折蓋進來約 4 公分。藉著外圈的厚度，用手指抓捏突起，再往中間水果的部分輕輕抵著，製造出有紋路及高度的邊緣。要粗曠造型的話，就將周邊塔皮往內部隨性的折上就好。整個塔還是位在烘焙紙上，以托著烘焙紙的方式，將水果塔移回烤盤上，這次烤盤就正常使用，無須故意翻面了。送進冰箱，冷藏 20 分鐘。

　　烤箱預熱 220°C，裡面的層架放在中間層。塔送進烤箱前，刷上大量的鮮奶油，再撒上糖。水果上也記得撒上一點糖（鹹口味的塔，則是刷上略打散的蛋白，就不用再撒糖了。如果是使用水分很多的水果，譬如大黃或是杏桃，在烘烤 15 分鐘後，才在水果的部分撒糖。太早在水分高的水果上撒糖的話，因為促進滲透作用，容易流出水分。先將塔皮烤得硬韌後，才能盛納內部的水果）。

　　放進烤箱，中間層，220°C 烤 20 分鐘。然後，調降成 200°C，繼續烤 15 到 20 分鐘。接著，再調降成 180°C 到 190°C（視塔皮上色的程度而定），持續烘烤約 20 分鐘，直到熟透。烘烤的過程，記得偶爾要轉動塔，以利上色均勻。如果發現塔皮上色太快，可以輕輕的在塔上蓋上一張烘焙紙，繼續烘烤。

　　完成的塔，水果非常柔軟，塔皮呈現深金黃棕色，以小刀伸入塔的底部，可以輕

易的將塔舉起，自烤盤上取下。塔的底部，應該是不均勻的金黃色。

從烤箱取出後，置於網架上放涼至少 45 分鐘才切片。搭配**香味鮮奶油**（422 頁）或是**法式酸奶油**（113 頁），溫熱或是冰涼的享用。

沒用完的杏仁奶油餡，妥善包裹好，冷藏可保存一週。沒馬上吃完的塔，好好包著，室溫下可保存一天。

變化版本

- 使用水分含量高的水果，例如：大黃、杏桃、莓果、水蜜桃或是李子時，可以在杏仁奶油餡上撒上**神奇粉末**（Magic Dust），幫助吸收多餘的果汁，以避免塔派濕潤軟化。製作神奇粉末：烤香杏仁、糖、麵粉，各 2 大匙，以食物調理機，攪打成細緻的粉末。針對果汁過多的塔，每個塔搭配使用 4 到 6 大匙的神奇粉末。

- 製作鹹口味塔時，在擀開的麵團，撒上 2 大匙的麵粉，然後鋪上瀝乾放涼的**焦糖化洋蔥**（254 頁），或是帕瑪森起司，或是兩者都加，做出相似的隔水效果。

- 對於那些使用事先煮熟的食材，所做成的塔，例如：烤馬鈴薯、菊苣或是奶油瓜，將烘烤的時間調整為 220°C 烤 20 分鐘，接著以 200°C 烤 15 分鐘。然後，先確認看看塔皮部分的熟度，如果還沒熟透，需要再烤的話，則是使用 180°C 烤到塔皮呈現金黃棕色，以小刀伸入塔的底部，可以輕易的將塔舉起，從烤盤上取下。

焦糖化洋蔥，
鯷魚和黑橄欖

李子和
杏仁奶油餡

烤菊苣（食用前
淋上一點陳年的
巴薩米克醋）

大黃和
杏仁奶油餡

祖傳番茄與熟成的
切達起司

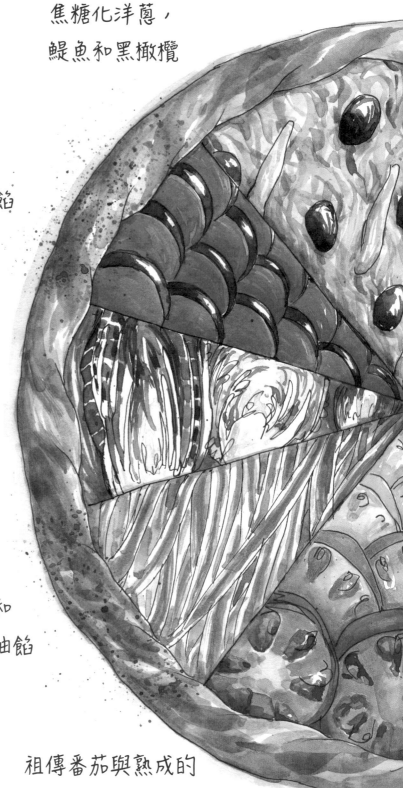

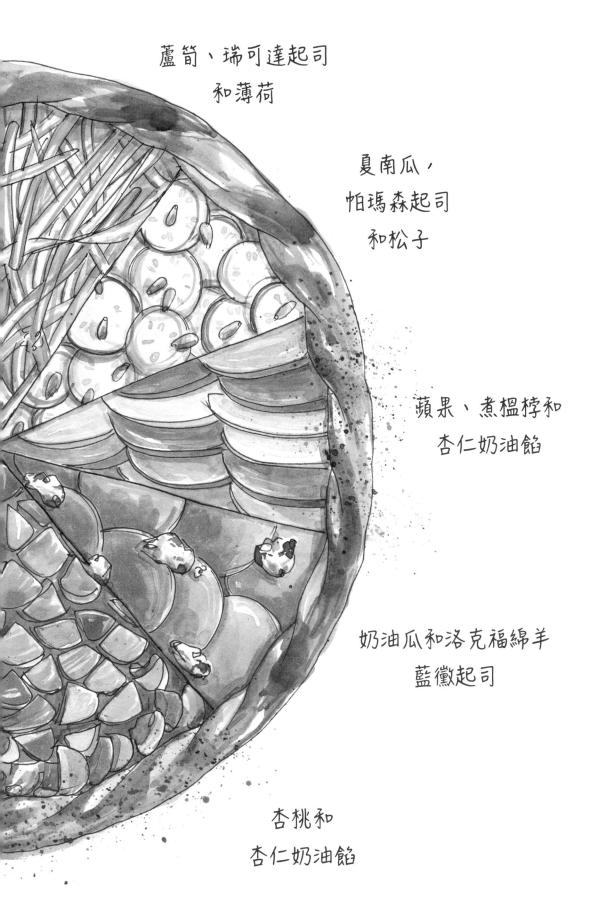

蘆筍、瑞可達起司
和薄荷

夏南瓜，
帕瑪森起司
和松子

蘋果、煮榲桲和
杏仁奶油餡

奶油瓜和洛克福綿羊
藍黴起司

杏桃和
杏仁奶油餡

甜點

納琪夏的橄欖油與海鹽穀麥
Nekisia's Olive Oil and Sea Salt Granola

製作約 900 克（8 杯）

．．．．．．．．．．．．．．．．．．．．．．．．．．．．．．．．．．．．．．

　　我一直到最近，才開始吃穀麥當作早餐。在這之前，我嘗過的穀麥，不是蜂蜜味太重、太甜、味道太平淡，或是很單純的烘烤不夠，總有不對勁的地方。後來，一位朋友寄來了一包出自納琪夏・戴維斯（Nekisia Davis）的早起的鳥兒穀麥（Early Bird Granola），他說這包穀麥會改變我的一生。當我撕開包裝袋，嘗過那烘烤成深棕色、滿是堅果香，並兼具恰好鹹度的穀麥後，我對穀麥自此全然改觀。

　　我深深的渴望知道，這穀麥究竟是怎麼製作的，於是我追著納琪夏祈求她分享食譜。而答案，想當然爾的就是：鹽、油、酸與熱。首先，來說說鹽。她完全不用跟我特別強調，鹽的用量要多麼的大氣。再來，捨棄一般普遍採用的無特殊風味油脂，而是使用初榨橄欖油，納琪夏的食材清單讓這份食譜得以風味突出。她還使用了製糖季後期的深色 A 級楓糖漿，帶有淡淡的酸味，讓她的穀麥甜度得以彰顯且平衡。慢慢製成的深色穀麥，更是低溫烘烤與耐心的成果，不只為穀麥注入了另一個層面的酸味，同時也帶入了經過焦糖化與梅納反應後產生的多元豐富香氣。

　　烘製完成後，拌入一點點乾燥果乾，或是抓一把這份穀麥，撒在一碗優格上，再增添些許酸度，更加分。從此，早餐吃麥片，再也不可同日而語。

300 克（3 杯）傳統燕麥片

125 克（1 杯）去殼南瓜籽

150 克（1 杯）去殼葵瓜籽

60 克（1 杯）無糖椰子片

140 克（1½ 杯）去殼胡桃

150ml（⅔ 杯）純楓糖漿，深色 A 級尤佳

125ml（½ 杯）初榨橄欖油

75 克（⅓ 杯）黑糖

灰鹽或是馬爾頓海鹽

選擇性使用：150 克（1 杯）乾燥的酸櫻桃或是切塊杏桃乾

　　烤箱預熱 150°C。將厚重的烤盤鋪上一層烘焙紙備用。取一個大型的碗，倒入燕麥片、南瓜籽、葵花籽、椰子片、胡桃、楓糖漿、橄欖油、黑糖和 1 小匙的鹽，攪拌至整體均勻。將穀麥混合物倒入事先鋪好烘焙紙的烤盤上，平均撥散鋪平。

　　送入烤箱烘烤，每隔 10 到 15 分鐘，使用金屬材質的工具撥翻攪動，約烘烤 45 到 50 分鐘，直到穀麥芳香酥脆。

　　從烤箱中取出後，再加鹽調味並試吃。

　　完全放涼後，依喜好再加入乾燥櫻桃或是杏桃乾。

　　收納於密閉容器中，可保存 1 個月。

水果的四大用法

大多時候，找到最佳熟度的水果，拿在手上直接啃，是最好的享用方法。尤其是夏日時分的莓果、油桃、水蜜桃、李子、瓜類，或是任何可以入手的水果，一口咬下，鮮美多汁的水果汁液猶如瀑布般的流瀉，沾滿我的每一件 T 恤胸前。正如同廚房裡的科學家哈洛德・馬基（Harold McGee）曾說過：「所有料理，都嚮往水果自然的熟成美好。」既然水果渾然天成的美好，無須錦上添花，我建議料理水果時，料理的動作越少越好。在水果塔派以外，以下四種我非常喜愛的水果處理方法，很能夠彰顯歌頌熟成水果之美。

也正因為這些食譜簡單至極，請務必使用你所能入手、美味程度最佳的水果。使用當季、盛產時期的水果（製作冰沙時所使用的冷凍水果，也是在盛產時冷凍保存下來的）。成品的美味程度，不會讓你後悔的。

榨成汁，做水果冰沙 *Granita*

源自西西里的冰沙，之所以成為我很喜歡的一款清涼甜品，很大的一部分原因在於：做法極為簡單。製作的過程偶爾翻攪，而非持續不斷的翻攪，因此冰晶顆粒比起冰淇淋或是義式冰淇淋還要大些，食用時在舌尖半融之間，還同時保有酥脆口感。

自己現擠檸檬汁（也可以偷吃步，購買現擠的新鮮檸檬汁）。或是將任何熟透或是冷凍的水果打成果汁（我最愛的是櫻桃、草莓、覆盆子莓和瓜類水果），加一點水後以果汁機或是食物調理機打碎成泥，然後使用篩網瀝掉渣渣。可以使用橡皮刮刀或是杓子的底部弧度，按壓濾網上的水果渣渣，徹底的擠出每一滴果汁。如果手邊沒有水果可用，杏仁奶、椰奶、沙士、咖啡、濃縮咖啡，或是紅酒，也能用來做出美味的冰沙。

處理好，得到果汁後，加糖增加甜度，再加入適量檸檬或是萊姆汁，讓酸平衡整體的滋味。記著一點，任何食物一旦冷凍之後，嘗起來的甜度都會大減，因此，糖的用量應該要比你認為需要的還要多。

以下提供了兩個基本的食譜，讓你能參考後馬上上手。份量都是四人份。

柳橙冰沙

450ml（2 杯）柳橙汁

50 克（¼ 杯）糖

6 大匙檸檬汁

1 小撮鹽

咖啡冰沙

450ml（2 杯）濃度高的咖啡

100 克（½ 杯）糖

1 小撮鹽

　　將上述的其中一份食譜（或是你自行設計的食譜）材料全數倒入一個碗或盤內（使用與酸接觸不會起反應的材質，譬如：不鏽鋼、玻璃或是陶瓷）。混合之後的液體，在盤內應該至少有 2.5 公分的深度。放入冷凍庫，一個小時後，只要有時間，或忽然想起，就自冷凍庫取出，以叉子翻攪。翻攪時，特別留意將表面及邊緣冰晶形成較多的區域，與中心尚未成形的冰泥徹底混合。攪拌得越激烈，最後製成的冰沙質地就會越均勻細緻（冰晶較小）。大約需要冷凍 8 個小時，直到冰沙完全成形。整個冷凍的過程，至少要攪拌三次，在取出享用之前，再做最後一次的攪拌，依喜好搭配冰淇淋或是一匙**香味鮮奶油**（422 頁）享用。在冷凍庫裡，可以保存一週。

酒煮水果 Poach It in Wine

· ·

　　水蜜桃、油桃、杏桃、李子、蘋果、西洋梨或榅桲等水果，剝皮、切半、去籽、去核處理後，放入酒中煮到柔軟（煮軟每種水果，所需的時間各異，避免一鍋中煮多樣水果）。依照菜單與個人喜好，選用紅酒或白酒，再選用偏甜或是不甜的酒類口感。每 900 克的水果，配上 900ml（4 杯）葡萄酒、265 克（1⅓ 杯）的糖，及

2.5 份約 8 公分長的檸檬皮，半根剖開連同莢膜與刮下籽的香草莢，一大撮的鹽，一起放進厚重，遇酸不起反應材質的鍋中，先加熱到沸騰，轉小火慢燉。利用烘焙紙剪出一個圓形，中間再剪一個約 5 公分直徑的洞，覆蓋在水果上方。燉煮到以小刀可以輕易刺入果肉的柔軟程度。所需的時間可能短至 3 分鐘（杏桃），或長至 2.5 個小時（榲桲）。煮軟後，將水果從鍋裡取出，裝在盤子上放涼。此時如果鍋裡的液體看起來是稀稀水水的，那麼再次開火，大火加熱，將液體煮到如同楓糖漿的質感後，熄火、放涼，將水果放回鍋中。溫熱或是常溫享用，食用時淋上一點濃稠酒液，以及馬斯卡彭起司（mascarpone）、**法式酸奶油**（113 頁）、微甜的瑞可達起司、希臘優格、香草冰淇淋或是**香味鮮奶油**（422 頁）。

　　追求視覺上效果，可以將一半份量的西洋梨或是榲桲以紅酒燉煮，另一半份量則是以白酒燉煮，完成後各自切片，交錯排列裝盤。冬季時期，可以額外再加入半根肉桂、2 顆丁香，再磨點肉荳蔻，為酒液添進些溫潤的香氣。

　　更多適合酒煮料理的水果點子，可以參考 405 頁。

墊著無花果葉烘烤 Roast It on a Bed of Fig Leaves

　　取一個陶瓷或是玻璃材質的烤盤，鋪滿無花果葉（也能以月桂葉或是百里香替代），墊著烤水果，能為水果帶來濃厚的堅果香氣。葉子上方，單層不重疊的擺上約拳頭大小的連莖葡萄串、切半的杏桃、油桃、水蜜桃或李子，切面朝上。撒上大把的糖，以 220℃ 烘烤，小型水果約烤 15 分鐘，大型水果則約需 30 分鐘，直到果肉柔軟，表面呈現金黃棕色。溫熱或是常溫享用，搭配**香味鮮奶油**（422 頁）、香草冰淇淋，或是**白脫鮮奶義式奶酪**（418 頁）食用。

糖漬水果 Make Compote

　　使用新鮮、熟透的水果，加點糖靜置（糖漬）一會兒，依需要再加數滴的檸檬汁、酒或醋，平衡一下甜味。如果你不是很確定加了糖的水果嘗起來的滋味，以及該加多少糖。試著撒一大把糖，靜待水果吸收糖分後，試吃看看，再依喜好追加用糖。

　　糖漬水果佐上**香味鮮奶油**（422 頁）、香草冰淇淋、馬斯卡彭起司、微甜的瑞可達起司、希臘優格或**法式鮮奶油**，就是簡單美味的甜點。或是可以當作其他甜點的配料，例如：**白脫鮮奶義式奶酪**（418 頁）、**蘿瑞的午夜巧克力蛋糕**（410 頁）、**鮮薑與黑糖蜜蛋糕**（412 頁）、**杏仁與小荳蔻茶點蛋糕**（414 頁）或是**帕芙洛娃**（421 頁）。

　　建議使用下方列出的水果種類，單獨或是搭配組合，加糖、檸檬汁，邊加邊試吃，糖漬 30 分鐘。

草莓切片

杏桃、油桃、水蜜桃或是李子，切片

藍莓、覆盆子莓、黑莓或是柏森莓

芒果切片

鳳梨切片

櫻桃，去核切半

柳橙、橘子或是葡萄柚，去皮膜切果肉瓣

金桔去籽薄切

石榴籽

變化版本

- **糖漬水蜜桃與香草籽**（Peach and Vanilla Bean Compote），使用半根的香草莢刮下的籽，連同糖，糖漬 6 顆水蜜桃，並以檸檬汁調味平衡。

- **糖漬杏桃與杏仁**（Apricot and Almond Compote），使用 ½ 小匙的杏仁萃取液與 20 克（¼ 杯）事先烤香的杏仁片，配上約 900 克的杏桃一起糖漬，並以檸檬汁調味平衡。

- **糖漬玫瑰香莓果**（Rose-Scented Berries），2 小匙的玫瑰水及 350 克的莓果及適量的糖，一起糖漬，並以檸檬汁調味平衡。

水果：煮法與產季

	塔	派	酥頂	冰沙	烘烤	酒煮	糖漬
蘋果	●	●		●	●	●	
杏桃		●		●	●		
黑莓	●	●	●	●			●
藍莓		●	●	●			●
柏森莓	●	●	●	●			●
櫻桃		●	●	●	●	●	●
無花果	●				●	●	
葡萄柚				●			●
葡萄				●		●	
奇異果				●			●
金桔							●
檸檬				●			
萊姆				●			

	塔	派	酥頂	冰沙	烘烤	酒煮	糖漬
橘子							
瓜類							
油桃							
柳橙							
小蜜桃							
西洋梨							
柿子							
李子							
石榴							
榅桲							
覆盆子莓							
大黃							
草莓							

春　　夏　　秋　　冬　　全年度

兩款美味的油脂蛋糕

蘿瑞的午夜巧克力蛋糕
Lori's Chocolate Midnight Cake

製成 2 個直徑 8 吋（20 公分）的蛋糕

　　這個蛋糕食譜，就是我在油脂章節提到過的，改變了我一生的食譜。在二十歲前，我認為再也找不到一份風味足又符合我喜愛口感的巧克力蛋糕了！當時，西元 1990 年左右，正是無麵粉巧克力蛋糕火紅的全盛時期。但是，我所渴望的巧克力蛋糕滋味是：兼具蛋糕預拌粉所能達成的濕潤質感，及高級烘焙坊所販售的巧克力風味。我開始在 Chez Panisse 當侍餐員的數個月之後，一位朋友蘿瑞・帕德瑞扎（Lori Podraza）帶來了一顆名為午夜，上頭抹有香草鮮奶油的蛋糕，為餐廳裡的一位廚師慶生。儘管當時，我早已放棄覓得完美蛋糕食譜的念頭，我仍然拿了一小塊嘗嘗。天啊！那個曾經拒絕吃巧克力蛋糕的我，在淺嘗了一小口之後，就深深的沉迷其中了！我想不通，她的這份蛋糕為何遠遠比起我以往所嘗過的任何蛋糕都好吃上許多。忙著吃，我也懶得去想了！一直到幾個月之後，我才忽然想通，這份蛋糕之所以能這麼濕潤，全是因為使用液體油脂，而非奶油啊！就和我一向喜愛的預拌粉製成的蛋糕一樣！

55 克（½ 杯）鹼化處理可可粉（Dutch-process cocoa powder），法芙娜（Valrhona）品牌尤佳

300 克（1½ 杯）糖

2 小匙猶太鹽或 1 小匙細海鹽

255 克（1¾ 杯）中筋麵粉

1 小匙蘇打粉

2 小匙香草萃取液

125ml（½ 杯）無特殊香氣的液態油脂

350ml（1½ 杯）滾水或是現泡的濃咖啡

2 顆大型雞蛋，回到室溫，輕輕打散

450ml（2 杯）**香草鮮奶油**（423 頁）

烤箱預熱 180˚C。將烤箱裡的層架，放在上方三分之一的高度。

將 2 個直徑 8 吋（20 公分）的烤模抹上薄薄的一層油，再鋪上烘焙紙。接著再抹上足量的油，撒上麵粉，並將多餘的麵粉，拍倒掉。置於一旁備用。

取一個中型碗，倒入可可粉、糖、鹽、麵粉及蘇打粉，拌勻後過篩至一個大碗中。

另一個中型碗中，拌勻香草萃取液和油脂。煮一壺滾水，或是泡製需要的咖啡，並加到香草／油脂混合液中。

在大碗中的乾粉材料中心，挖一個凹槽，將油水混合物慢慢的倒入，並且一邊攪拌。接著慢慢的倒入蛋液，攪拌到整體滑順。備好的蛋糕麵糊，會是稀稀的狀態。

將麵糊分別倒入兩個先前備好的模子裡，接著提起裝有麵糊的模子，約從離桌面 8 公分的高度，輕輕放手落下，震出泡泡。

放在烤箱上方三分之一高處的層架，烘烤 25 到 30 分鐘，直到輕碰蛋糕會回彈，蛋糕與模子的交界處恰好出現空隙。以牙籤刺入蛋糕，取出，沒有麵糊沾黏即可。

將蛋糕連同模子，放在網架上徹底放涼後才脫模，撕去烘焙紙。食用前，將其中一層蛋糕放在盤子上，輕輕抹上約 225ml（1 杯）的**香草鮮奶油**，接著再疊上另一層蛋糕。將剩下的鮮奶油，塗抹在蛋糕的頂端中間，至少冰 2 個小時才享用。

也可以抹上奶油起司糖霜，再搭配冰淇淋。或是單純篩點可可粉或是糖粉。同樣的蛋糕麵糊，也能製成非常美味的杯子蛋糕！

完成的蛋糕體，以保鮮膜緊密包裹好，室溫下能保存四天，或是冷凍可保存 2 個月。

鮮薑與黑糖蜜蛋糕
Fresh Ginger and Molasses Cake

製成 2 個直徑 9 吋（23 公分）的蛋糕

．．

　　在 Chez Panisse 擔任食材守衛一職時，我必須一早六點就上班。我一向就不是個早起的晨型人，每天清晨都得跳過早餐，才能準時上班。甜點部門的廚師們，會在八點抵達廚房，然後釋出前一天剩下來的蛋糕和餅乾，讓員工當點心。大概頂多撐到八點十五分吧！我原本不吃甜點的超強意志力，就會完全潰堤。抓了一塊薑味蛋糕，為自己泡上一大杯奶茶，再次套上羊毛帽子，走回冷藏室。一邊享用口口濕潤的香料蛋糕與冒著蒸氣的熱茶，一邊整理肉類與食材，以及等待當日的進貨。在繁忙的餐廳日常之中，能享有這段靜謐的時光，是我在 Chez Panisse 工作時很喜愛的回憶。我將這份蛋糕的原始食譜稍作修改，成為這份適合居家烘焙的版本。我實在忍不住將它改成鹽味及香料味都更重一點。大家不妨跟我一樣，搭著一杯熱茶，隨時享用。

115 克（1 杯）削皮、切碎的新鮮薑（約是 150 克的帶皮薑塊）

200 克（1 杯）糖

225ml（1 杯）無特殊風味的油脂

225ml（1 杯）糖蜜

350 克（2 ⅓ 杯）中筋麵粉

1 小匙肉桂粉

1 小匙薑粉

½ 小匙丁香粉

¼ 小匙現磨黑胡椒

2 小匙猶太鹽或 1 小匙細海鹽

2 小匙蘇打粉

225ml（1 杯）滾水

2 顆大型雞蛋，回到室溫

450ml（2 杯）**香草鮮奶油**（423 頁）

　　烤箱預熱 180˚C。將烤箱裡的層架，放在上方三分之一的高度。將 2 個直徑（9 吋）23 公分的烤模，抹上薄薄的一層油後，再鋪上烘焙紙。接著再抹上足量的油，撒上麵

粉，並將多餘的麵粉拍掉。置於一旁備用。

將切碎的新鮮薑末，連同糖，以食物調理機或是果汁機，攪打約 4 分鐘，直到質地滑順成泥。薑糖泥、油脂和糖蜜一起倒入一個中型碗中，並攪拌均勻，備用。

取一個中型碗，倒入麵粉、肉桂粉、薑粉、丁香粉、胡椒粉、鹽和蘇打粉，拌勻後，過篩至一個大碗中，備用。

將滾水拌入糖／油脂混合液中，攪拌均勻。

在大碗中的乾粉材料中心，挖一個凹槽，將油水混合物慢慢的倒入，並且一邊攪拌。接著慢慢的倒入蛋液，攪拌到整體滑順。備好的蛋糕麵糊，會是稀稀的狀態。

將麵糊分別倒入兩個先前備好的模子裡，接著提起裝有麵糊的模子，約從離桌面 8 公分的高度，輕輕放手落下，震出泡泡。

放在烤箱上方三分之一高處的層架，烘烤 38 到 40 分鐘，直到輕碰蛋糕會回彈，蛋糕與模子的交界處恰好出現空隙。以牙籤刺入蛋糕，取出，沒有麵糊沾黏即可。

將蛋糕連同模子，放在網架上徹底放涼後才脫模，撕去烘焙紙。

食用前，將其中一層蛋糕放在盤子上，輕輕的抹上約 225ml（1 杯）的**香草鮮奶油**，接著再疊上另一層蛋糕。將剩下的鮮奶油，塗抹在蛋糕的頂端中間，至少冰 2 個小時才享用。

也可以抹上奶油起司糖霜，再搭配冰淇淋。或是單純篩點糖粉。同樣的蛋糕麵糊，也能製成非常美味的杯子蛋糕！

完成的蛋糕體，以保鮮膜緊密包裹好，室溫下能保存四天，或是冷凍可保存 2 個月。

杏仁與小荳蔻茶點蛋糕
Almond and Cardamom Tea Cake

製成 1 個直徑 9 吋（23 公分）的蛋糕

使用液體油脂，可以製作成濕潤、柔軟的蛋糕，而使用奶油製作的蛋糕則是風味飽足、質地綿密。這份食譜中使用了杏仁膏，則是同時保有兩種優點。又甜又鹹，還有焦糖化杏仁的酥脆及紮實、充滿香氣的易碎質地，這份蛋糕，絕對是冒著蒸氣熱茶的最佳良伴。

杏仁裝飾配料

55 克（4 大匙）奶油

3 大匙糖

85 克（略少於 1 杯）杏仁片

1 小撮片狀鹽，譬如：馬爾頓海鹽

蛋糕體

145 克（1 杯）中筋麵粉

1 小匙泡打粉

1 小匙猶太鹽或 ½ 小匙細海鹽

1 小匙香草萃取液

2½ 小匙小荳蔻粉

4 顆大型雞蛋，回到室溫

225 克（1 杯）杏仁膏，回到室溫

200 克（1 杯）糖

225 克（16 大匙）奶油，回到室溫，切小塊

烤箱預熱 180℃。將烤箱裡的層架，放在上方三分之一的高度。使用直徑 9 吋（23 公分）、高度 5 公分的烤模，抹上薄薄的一層奶油後，撒上麵粉，並將多餘的麵粉拍掉，再鋪上烘焙紙。置於一旁備用。

製作杏仁裝飾配料。取一個小湯鍋，加入奶油與糖，使用中大火加熱約 3 分鐘，至糖完全融解，奶油冒出細小的泡沫。離火後，倒入杏仁片與海鹽。完成的配料，倒

入蛋糕模中，利用橡皮刮刀撥散，均勻分布鋪在模子的底部。

製作蛋糕體。將麵粉、泡打粉和鹽，一起過篩到一大張烘焙紙上，備用。

取一個小碗，加入香草萃取液、小荳蔻粉和雞蛋，攪打均勻，備用。

杏仁膏放到食物調理機裡，短暫快速的攪打數次，打碎後，加入 200 克（1 杯）的糖，再次開機攪打 90 秒，直到質地類似細緻的沙礫。如果你沒有食物調理機，也可以使用桌上型攪拌器，所需的時間會較長，大約需要攪拌 5 分鐘。接著，加入奶油，並持續攪打約 2 分鐘，直到混合物質感輕盈、蓬鬆。中途適時暫停，刮下黏在壁上的食材，以確保攪拌均勻。

機器持續攪拌，同時一匙一匙緩慢的加入蛋液，像是在做美乃滋般的緩慢。（這個步驟，也一樣是乳化反應喔！）每加入一些蛋液時，都靜待攪拌吸收，混合物再次回復到絲綢般的滑順質地，才再加下一些蛋液。當全數的蛋液都加進去了，停機，使用橡皮刮刀刮下黏在壁上的食材，再次啟動攪拌，直到所有食材均勻一致。將完成的麵糊倒到一個大型的盆中。

提起烘焙紙上過篩的乾粉，分三次倒入麵糊中，每加一次乾粉，都輕輕的以折拌的方式攪勻，才再倒下一次。避免過度攪拌，導致硬實的蛋糕。

完成的麵糊，倒入準備好的烤模裡，放進烤箱中架好的層架上，烘烤 55 至 60 分鐘，以牙籤刺入蛋糕，取出沒有麵糊沾黏即可。蛋糕與模子的交界處恰好出現空隙，也是恰恰好烤熟了的象徵。放在網架上徹底放涼後，使用小刀，沿著模子與蛋糕的交界處劃一圈，模子底部直接放在爐火上加熱幾秒鐘，幫助蛋糕脫模。撕去烘焙紙，盛裝在蛋糕盤中，即可享用。

蛋糕可以單獨直接享用，也能配上**糖漬莓果或桃類水果**（407 頁），與**香草**或**小荳蔻鮮奶油**（423 頁）。

完成的蛋糕體，以保鮮膜緊密包裹好，室溫下能保存四天，或是冷凍可保存 2 個月。

苦甜巧克力布丁 Bittersweet Chocolate Pudding

6 人份

多年以來，我和舊金山的塔緹烘焙坊（Tartine Bakery）一直有固定合作主題晚餐的系列活動。活動結束後，我們有個稱作「塔緹下班後」（Tartine Afternhours）的聚會。在烘焙坊關門後，我們會將所有的桌子全推併在一起，然後各自準備一些自己喜歡的食物，大盤大盤的擺出來，像是一場家庭聚餐。不是什麼精緻的饗宴，但是非常真誠熱情。有時，時間接近午夜了，大家正做著打掃清理工作，我才忽然驚覺，早餐後，我就再也沒吃過東西了。環顧四周，全是烘焙品與甜點。在一整天長時間的工作後，我熱到滿身是汗，唯一引得起我食慾的，就只有玻璃門後冰箱裡一盅盅的巧克力布丁。於是，我找了一支湯匙，從冰箱裡拿出一盅布丁，挖了一口。綿密、滑順、冰涼，正是我當下需要的滋味。然後，大家看見我在吃，陸陸續續的也拎著湯匙，來分食一口。於是，我們就默默無聲的完食那一小盅布丁，然後又各自返回手邊本來的清潔工作。大家一起，就只吃那一小盅。而這段經驗，成為我對那一晚最喜愛的部分。這裡收錄了源自塔緹，經過我稍微修改的版本：減少一點點的甜度，增加一些些鹹度。但，和塔緹一樣，我們都使用法芙娜的可可粉，這一點非常重要。

115 克苦甜巧克力，略切
3 顆大型蛋
675ml（3 杯）半對半鮮奶油（haif-and-half）
20 克（3 大匙）玉米粉
150 克（½ 杯加 2 大匙）糖
15 克（3 大匙）可可粉
1¼ 小匙猶太鹽或尖尖的 ½ 小匙細海鹽

將巧克力倒入一個大型、耐熱的碗盆中，上方架著一個細網目的篩子，置一旁備用。

中型碗裡，輕輕打散 3 顆蛋，置一旁備用，

中型的湯鍋裡，倒入鮮奶油，以小火加熱。當鮮奶油開始冒出蒸氣，臨界沸騰之際，離火。千萬別將鮮奶油煮沸騰了，乳製品一旦沸騰，也就喪失了乳化狀態，蛋白質於是會開始凝結。使用沸騰過的乳製品做成的布丁，無法得到完美無瑕的滑順質地。

在攪拌盆中，倒入玉米粉、糖、可可粉和鹽，攪拌均勻後，倒入溫熱的鮮奶油。再將混合物，倒回湯鍋中，以中小火加熱。

邊加熱，邊以橡皮刮刀攪拌，約煮 6 分鐘，直到液體有明顯的濃稠感。離火，檢查濃稠度。利用湯匙背面沾取一些卡士達，並以指頭劃過湯匙背面，如果能留下一道痕跡，表示濃稠度足夠。

將大約 400ml（2 杯）的熱布丁液，緩慢且邊不斷攪拌邊倒入蛋液盆中，隨後再將蛋／布丁液倒回鍋裡，以小火加熱。加熱時，持續不斷的攪拌，約煮 1 分鐘，直到混合物再次變得濃稠，或是使用溫度計測量，溫度達到 97℃。離火，倒入架在巧克力盆上的篩網中。搭配使用小湯勺的底部或是橡皮刮刀，畫圓攪動，加速布丁液過篩。

靜待餘溫融化盆中的巧克力。使用果汁機或是手持式攪拌機，攪打至光亮滑順。試吃，依需要加鹽調味。

隨後馬上分裝進 6 個杯子中。將杯子在桌面上輕震，敲出氣泡。徹底放涼後，在常溫下搭配**香味鮮奶油**（422 頁）享用。

仔細密封包好，冷藏可保存 4 天。

變化版本

- 製作**墨西哥巧克力布丁**（Mexican Chocolate Pudding），鮮奶油中添加 ¾ 小匙的肉桂粉，其他步驟如上所述。
- 製作**巧克力小荳蔻布丁**（Chocolate-Cardamom Pudding），鮮奶油中添加 ½ 小匙的小荳蔻粉，其他步驟如上所述。
- 製作**巧克力布丁派**（391 頁），將食譜中的玉米粉提高用量至 35 克（⅓ 杯），依照上述方法製備布丁液。參考 390 頁的完整說明，組合完成。

白脫鮮奶義式奶酪 Buttermilk Panna Cotta 6 人份

· ·

　　這一款輕盈的卡式達，在 Chez Panisse 的地位已經屹立不搖近十年了！我一直深信 Chez Panisse 使用的是原始創作食譜。在我離開 Chez Panisse 的幾年後，一位朋友借我一本他很是珍愛的食譜書籍，傳奇甜點廚師，克勞蒂亞·佛萊明（Claudia Fleming）的知名著作《最後一道》（*The Last Course*）。就在第十四頁，白脫鮮奶義式奶酪，有著一樣的食譜！很明顯的，這道甜點從克勞蒂亞在紐約經營的 Gramercy Tavern 菜單上，西遷到了 Chez Panisse 了。又經過數年之後，我閱讀到一篇克勞蒂亞的專訪文章，她說，好東西從來就沒有絕對的原創，還揭露了原來她的食譜也是改自澳洲《Vogue》雜誌！只能說，這份食譜實在太經典了，在世界各地流傳著（我深信，世界上還有更多的角落、更多的餐廳，正在使用著這份食譜）。

無特殊風味的液態油脂

275ml（1¼ 杯）高脂鮮奶油

85 克（7 大匙）糖

½ 小匙的猶太鹽或尖尖的 ¼ 小匙細海鹽

1½ 小匙無添加香味的吉利丁粉

½ 根香草莢，縱切剖開

400ml（1¾ 杯）白脫鮮奶

　　取用 6 個容積為 175ml 的烤杯、小碗或杯子，利用烘焙專用毛刷或是直接用手指，在容器內部抹上薄薄一層油。

　　在小湯鍋中，倒入鮮奶油、糖和鹽。加入刮下的香草籽，連同莢膜也一起放入鍋中。

　　在一個小碗裡，加入 1 大匙的冷水，撒上吉利丁粉，靜置 5 分鐘，待其融解。

　　以中火加熱鮮奶油，攪拌幫助糖融解。約加熱 4 分鐘，鮮奶油開始冒起蒸氣（別讓鮮奶油滾沸，如果鮮奶油溫度太高，後續加入的吉利丁會因此失去活性）。轉成最微弱的火力，加入吉利丁，攪拌均勻至融解，約 1 分鐘。離火後，加入白脫鮮奶。使用細網目的篩子過篩，倒入有倒嘴的量杯。

　　分裝進抹過油的容器裡，保鮮膜包好，送進冰箱冷藏至少四個鐘頭，或是隔夜。

脫模時，將容器浸一下熱水，然後將奶酪翻倒在盤子上。使用**糖漬柑橘類水果、莓果或是桃類水果**（407頁）。

這份食譜，可提前兩天製備。

變化版本

- 製作**小荳蔻義式奶酪**（Cardamom Panna Cotta），在鮮奶油加熱前，另外加入 ¾ 小匙小荳蔻粉。其餘做法依照前頁說明進行。
- 製作精緻的**柑橘義式奶酪**（Citrus Panna Cotta），在鮮奶油加熱前，另外加入 ½ 小匙磨碎的檸檬或柳橙皮。其餘做法依照前頁說明進行。

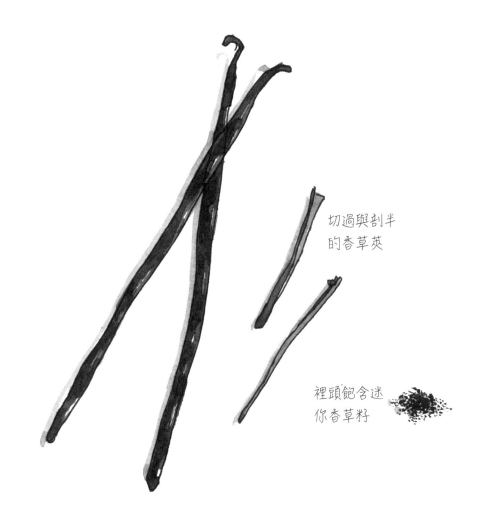

切過與剖半的香草莢

裡頭飽含迷你香草籽

棉花糖口感馬林糖 Marshmallowy Meringues　　製成約 30 顆小馬林糖

　　我的朋友小晴（Siew-Chin）是位打發蛋白的高手。我向她學到了製作馬林糖時，打發蛋白的重要關鍵在於：攪打的速度要緩慢，才能導入大小一致的空氣泡泡，蛋白霜才能得到最豐盈的體積，烘烤時也才得以維持穩定。而最最重要的是，蛋白要維持絕對乾淨，不能有任何雜質污染。不能有任何油脂，不論是來自蛋黃、你的手，或是打蛋盆裡洗不乾淨的殘餘油脂，都會大大的干擾蛋白體積膨脹的程度。我非常喜愛這份食譜做出來的馬林糖，不管是做成一口大小，或是一大份的**帕芙洛娃**（參考下一頁的變化版本），兩者口感都是輕盈 Q 彈。

15 克（4½ 小匙）玉米粉

300 克（1 ½ 杯）糖

175 克（¾ 杯，大約是 6 顆大型雞蛋的）蛋白，回到室溫

½ 小匙塔塔粉

1 小撮鹽

1½ 小匙香草萃取液

烤箱預熱 120°C，準備兩個鋪有烘焙紙的烤盤。

　　在一個小碗中，將玉米粉與糖，拌勻。

　　桌上型攪拌機的攪拌盆裡，加入蛋白、塔塔粉和鹽，使用氣球狀攪拌頭打發蛋白（如果沒有桌上型攪拌器，也能改用手持式電動攪拌器，搭配氣球狀攪拌頭使用）。

　　一開始以低速攪打，再慢慢的調至中速，約攪打 2 到 3 分鐘，蛋白霜有明顯紋路，氣泡非常綿細且大小一致。別急，慢慢來。

接著，提高轉速為中高速，慢慢、分次的撒入事先混合的糖／玉米粉。加完糖，數分鐘後，再加入香草萃取液。再稍微提高轉速，將蛋白霜攪打到具光澤感，提起攪拌頭，有硬挺小尖角，約攪打 3 到 4 分鐘。

用湯匙舀取一球球約乒乓球大小的蛋白霜。利用另一根湯匙將蛋白霜刮下，一一排放在鋪有烘焙紙的烤盤上。轉動手腕，應用湯匙背面在蛋白霜頂端滑畫，製造出不同的紋路。

送入烤箱後，調降烤溫至 119°C。烘烤 25 分鐘後，將兩個烤盤前後旋轉 180°，並且上下交換。如果此時馬林糖開始上色，或是出現裂紋，就將烤溫調降成 95°C。

繼續烘烤 20 到 25 分鐘，馬林糖可以輕易的從烘焙紙上取下，表面酥脆乾燥不黏手，內部依然維持有棉花糖的口感。反正，就拿一顆試吃看看啦！

輕巧的將馬林糖一顆顆從烘焙紙上拔下，移到網架上放涼。

保存在密閉容器裡，或是一顆顆單獨包裹好，如果環境不潮濕的話，能保存一週。

變化版本

- 將蛋白霜整形成**帕芙洛娃**（Pavlovas）。舀一匙蛋白霜到鋪有烘焙紙的烤盤上，調整形狀為 8 公分乘 5 公分的橢圓形，再以湯匙背面，畫出紋路。依照上述說明，烘烤 65 分鐘，徹底放涼後，搭配**香味鮮奶油**（422 頁）或是冰淇淋，再佐以**糖漬莓果或柑橘類水果**（407 頁）享用。

- 製作**波斯帕芙洛娃**（Persian Pavlovas）。在蛋白中加入 ½ 小匙的小荳蔻粉和 1 大匙放涼的番紅花茶。依照上述說明操作。搭配**糖漬玫瑰香莓果**（407 頁）、**小荳蔻鮮奶油**（423 頁）和烤香的開心果，再撒上揉碎的玫瑰花瓣。

- 製作**一杯馬林糖**（Meringue Fool）。將捏碎的馬林糖與**糖漬莓果**（407 頁）或是檸檬酪和**香草鮮奶油**（423 頁），在玻璃杯中，交替疊放。

- 製作**一杯巧克力—焦糖馬林糖**（Chocolate-Caramel Meringue Fool）。在完成的蛋白霜烘烤前，拌入 55 克融化、放涼的苦甜巧克力，再依照上述說明操作。將捏碎的馬林糖與巧克力冰淇淋、**鹽味焦糖醬**（426 頁）和**焦糖鮮奶油**（425 頁），在玻璃杯中，交替疊放。

香味鮮奶油 Scented Cream   製備約 450ml（2 杯）

打發的鮮奶油，口感既輕盈又豐腴，是極具對比性的美味食物。鮮奶油，透過抓困住空氣泡泡的能力，得以讓原本的液體狀態，轉化成膨起的固態（更多細節，請參考 423 頁）。

在購買食材時，留意挑選原味、無添加的高脂鮮奶油。坊間有許多品牌都加有像是卡拉膠（carrageenan）的穩定劑，或是經由高溫殺菌（UHT）處理過，都會影響鮮奶油的打發效果。若要得到人間美味的打發鮮奶油，就必須盡可能的使用純鮮奶油。

自以下列出的各種香味清單，挑選使用食材。以或浸或加的方式，量身打造出符合個人喜好的香味鮮奶油。焦糖鮮奶油，搭配蘋果派；挖一球月桂香氣鮮奶油，放在烤水蜜桃上；還能，烤香椰子鮮奶油，搭配**苦甜巧克力布丁**（416 頁）。或是需要速成的糖霜抹醬，將香味鮮奶油打發到濕性發泡與乾性發泡之間，然後塗抹在放涼的蛋糕上。你會發現，任何烘焙品一旦有了香味鮮奶油的加持，滋味肯定是加分不少。

225ml（1 杯）高脂鮮奶油，冰涼備用

1½ 小匙砂糖

下一頁中提到的任何一種香料食材

好好的打發

圖 1

滑順猶如絲綢

圖 2

再多打 3 秒鐘，就變奶油了

取一個深大的攪拌盆（或是桌上型攪拌器的攪拌盆）及打蛋器（或是氣球狀攪拌頭），在開始之前，提早至少 20 分鐘，預先放進冷凍庫冰鎮。等工具冰涼後，加入鮮奶油、列在下方選用的香料食材和糖。

我個人喜歡手動打發鮮奶油，因為手動能有較好的控制，比較不會打發過度，導致最後直接生成奶油。如果你習慣用電動攪拌器，那麼請使用低速操作，攪打到軟軟的小勾角出現。如果使用桌上型攪拌機，這個時候改用手持式的攪拌器，繼續攪打直到所有的鮮奶油液體都轉變成鬆軟膨脹的質地。試吃，調整甜度和香味濃度。冷藏保存，備用。

以密閉容器裝妥，冷藏可以保存 2 天。若需要，可以再以打蛋器攪拌一下，讓消泡的鮮奶油重新打發。

香味選擇

攪打前才加：

- 製作**香料鮮奶油**（Spiced Cream），加入 ¼ 小匙小荳蔻粉、肉桂粉或是肉荳蔻粉。
- 製作**香草鮮奶油**，加入 ¼ 根香草籽，或是 1 小匙香草萃取液。
- 製作**檸檬鮮奶油**（Lemon Cream），加入 ½ 小匙磨碎的檸檬皮，再依喜好，加入 1 大匙檸檬酒（lemomcello liqueur）。
- 製作**柳橙鮮奶油**（Orange Cream），加入 ½ 小匙磨碎的柳橙或橘子皮，再依喜好，加入 1 大匙柑曼怡酒（Grand Marnier）。
- 製作**玫瑰鮮奶油**（Rose Cream），加入 1 小匙玫瑰水。
- 製作**橙花鮮奶油**（Orange-Flower Cream），加入 ½ 小匙橙花水。
- 製作**酒氣鮮奶油**（Boozy Cream），加入 1 大匙的柑曼怡酒（Grand Marnier）、阿瑪雷托杏仁甜酒（amaretto）、波本威士忌（bourbon）、覆盆子利口酒（framboise）、卡魯瓦咖啡酒（kahlúa）、白蘭地（brandy），或是蘭姆酒（rum）。
- 製作**杏仁鮮奶油**（Almond Cream），加入 ½ 小匙杏仁萃取液。
- 製作**咖啡鮮奶油**（Coffee Cream），加入 1 大匙即溶咖啡粉，再依喜好，加入 1 大匙卡魯瓦咖啡酒。

取一半份量的鮮奶油，加入以下列出的食材，一起加熱到臨界沸騰（不要過燙）。分別浸泡各自描述的時間，過濾、冰涼後，加入另外一半份量的鮮奶油。再依照前頁說明打發。

- 製作**水蜜桃葉鮮奶油**（Peach Leaf Cream，水蜜桃葉有著很濃郁的杏仁香味），加入 12 片揉碎的葉子，浸泡約 15 分鐘。
- 製作**伯爵茶鮮奶油**（Earl Grey Cream），加入 2 大匙伯爵茶葉，浸泡 10 分鐘，
- 製作**月桂葉鮮奶油**（Bay Leaf Cream），加入 6 片揉碎的葉子，浸泡約 15 分鐘。

以冰涼的鮮奶油浸泡 2 個鐘頭或是隔一夜，過濾後再依照前頁說明打發。

- 製作**杏桃果核鮮奶油**（Apricot Kernel [Noyau] Cream），12 顆杏桃果核，敲碎後，稍微烘烤後浸泡。
- 製作**烤香杏仁或開心果鮮奶油**（Toasted Almond or Hazelnut Cream）。加入 35 克（¼ 杯）略切碎的堅果浸泡。
- 製作**烤香椰子鮮奶油**（Toasted Coconut Cream），加入 40 克（⅓ 杯）事先烘烤過、無添加糖的椰子絲浸泡。椰子絲會吸收鮮奶油，因此在過濾時，盡力將椰子絲擠乾。
- 製作**巧克力鮮奶油**（Chocolate Cream），在一個小型湯鍋裡，加入 125ml（½ 杯）高脂鮮奶油及 1 大匙糖。以中小火加熱，直到冒起蒸氣。隨後將加熱的鮮奶油，倒入 55 克切碎的苦甜巧克力，融化巧克力並攪拌均勻。放冰箱冷藏，直到非常冰涼。然後再加入 125ml（½ 杯）冰涼高脂鮮奶油，攪打到有個彎彎的小角（濕性發泡）。搭配**蘿瑞的午夜巧克力蛋糕**（410 頁）、**棉花糖口感馬林糖**（420 頁）、**咖啡冰沙**（405 頁）或是冰淇淋享用。

- 製作**焦糖鮮奶油**（Caramel Cream），將 50 克（¼ 杯）糖連同 3 大匙水，一起煮到呈深琥珀色，熄火後加入 125ml（½ 杯）高脂鮮奶油（依照 423 頁說明）。加入 1 小撮鹽，放進冰箱冷藏至非常冰涼，再加入 125ml（½ 杯）冰涼的高脂鮮奶油，接著依照上述說明打發。適合搭配**蘋果與杏仁奶油餡塔**（397 頁）、**經典蘋果派**（388 頁）、**咖啡冰沙**（405 頁）、**蘿瑞的午夜巧克力蛋糕**（410 頁），或是冰淇淋。

- 製作**打發酸味鮮奶油**（Tangy Whipped Cream），將 125ml（½ 杯）冰涼的高脂鮮奶，加上 3 大匙糖與 55ml（¼ 杯）酸奶油、希臘全脂優格或是**法式酸奶油**（113 頁），接著依照上述說明打發。適合搭配**蘋果與杏仁奶油餡塔**（397 頁）、**鮮薑與黑糖蜜蛋糕**（412 頁），或是**南瓜派**（390 頁）。

- 製作無奶版本的**椰子鮮奶油**（Coconut Cream），使用兩罐椰奶的固體脂肪，冰涼後依照上述說明打發，將椰奶保留下來烹煮茉莉泰國香米（282 頁）。適合搭配**蘿瑞的午夜巧克力蛋糕**（410 頁），**苦甜巧克力布丁**（416 頁）、**巧克力布丁派**（391 頁）或是冰淇淋。

鹽味焦糖醬 Salted Caramel Sauce　　　　　　製作約 350ml（1½ 杯）

將這份食譜，安排為書裡的最後一份食譜，為整本書下來最好的呼應。鹽，讓平凡的食物得以與眾不同。在焦糖醬裡，得到最好的註解。鹽在焦糖醬中的存在，降低了苦味，鹹度和甜度形成迷人的反差。單純美味的焦糖醬，在加了鹽後，變身進化成難以分析或無法解釋的生津美味。到底需要加多少鹽？唯一知道答案的方法就是，鹽要一點一點，慢慢增量。每次加鹽都需靜待鹽融解，試吃、判斷，再重複數次。當你在試吃後無法決定是否還要再加鹽，可以使用湯匙舀一匙焦糖醬，往湯匙裡的焦糖醬再撒一點鹽，嘗嘗看。如果嘗起來太鹹了，那麼表示加鹽量已經達到上限了。如果嘗起來又更好吃了，那就再往整鍋裡加點鹽吧！遲疑的時候，可以這麼做，就不用冒著搞砸整鍋食物的風險了！

　85 克（6 大匙）無鹽奶油
　145 克（¾ 杯）糖
　125ml（½ 杯）高脂鮮奶油
　½ 小匙香草萃取液
　鹽

使用一個厚重的鍋子，加入奶油，以中火加熱融化。加入糖，轉成大火。若是看起來有些油水分離，不用擔心。堅定信念：之後會沒事的！持續攪拌，直到混合物質地一致且沸騰就停止攪拌。這個時候，焦糖的顏色開始轉深，小心的轉動鍋子，幫助焦糖均勻上色。加熱約 10 到 12 分鐘，還沒但快要冒煙，糖的顏色呈現深金黃棕色。（像是 147 頁的「冒煙警報預備備」的顏色）。

離火，隨即倒入鮮奶油。這個步驟要異常小心，整鍋液體頓時變得非常滾燙，也會激烈冒泡，甚至噴濺出來。如果發現有焦糖結塊的話，回到爐上，以極小火邊加熱邊輕輕攪拌，直到結塊融解。

焦糖醬自然降溫至微溫的狀態，再加入香草萃取液及一大撮的鹽。攪拌、試吃，依喜好再加鹽調味。焦糖醬在放涼之後，質地也會跟著變得濃稠。我個人偏好使用室溫，而不是剛煮好、熱燙的焦糖醬。因為冷卻濃稠的焦糖醬能攀附在冰淇淋或是其他搭配的食物上，是比較好的享用方式。但是，我老實跟大家說吧！放冰箱冷藏後，冰

冰冷冷的吃，也實在是非常好吃到天理不容啊！

　　以密閉容器妥善冷藏，可保存 2 週。溫熱使用，可以微波爐加熱回溫，或是倒入鍋中，以極小火加熱並一邊攪拌。

　　適合搭配：**經典蘋果派、經典南瓜派、蘋果與杏仁奶油餡塔、蘿瑞的午夜巧克力蛋糕、鮮薑與黑糖蜜蛋糕、**使用於**一杯巧克力─焦糖馬林糖**之中，或是淋在冰淇淋上。

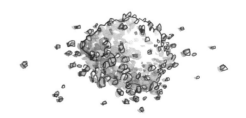

料理課程

　　好了！是時候將鹽、油、酸和熱的課程，付諸實踐於日常生活中了！如果你還不是很確定該怎麼開始的話，就從 PART ONE 所提到的許多食譜中，挑出你感興趣的開始吧！

鹽課程

由內部調味

鹽的層次感練習

油課程

乳化反應

油的層次感練習

酸課程

酸的層次感練習

熱課程

熱的層次感練習

炙烤朝鮮薊（266 頁）

波斯風味飯（285 頁）

雞肉佐扁豆與香米（334 頁）

義式甜酸奶油瓜與球芽甘藍（262 頁）

上色

炙烤：超級酥脆去脊骨展平烤雞，薄或厚切肋眼牛排（316 或 354 頁）

爐火：吮指香煎雞，雞肉佐扁豆與香米，辣醬燉豬肉（328、334 或 348 頁）

烤箱：義式甜酸奶油瓜與球芽甘藍，五香脆皮烤雞（262 和 338 頁）

留住軟嫩口感

西式炒蛋（147 頁）

慢烤鮭魚（310 頁）

油封鮪魚（314 頁）

吮指香煎雞（328 頁）

硬韌轉變成柔軟

久煮蕪菁嫩葉（264 頁）

小火煮豆（280 頁）

油封雞（326 頁）

辣醬燉豬肉（348 頁）

一些其他的課程

料理時間建議（精準）

水煮蛋（304 頁）　　　　側腹橫肌牛排跟肋眼牛排（354 頁）

西式炒蛋（147 頁）　　　棉花糖口感馬林糖（420 頁）

油封鮪魚（314 頁）　　　鹽味焦糖醬（426 頁）

料理時間建議（不精準）

焦糖化洋蔥（254 頁）　　肉醬義大利麵（297 頁）

雞高湯（271 頁）　　　　辣醬燉豬肉（348 頁）

小火煮豆（280 頁）

刀工

焦糖化洋蔥——切絲（254 頁）

托斯卡尼豆子與羽衣甘藍濃湯——切絲和切丁（274 頁）

西西里雞肉沙拉——切丁（342 頁）

波斯香草蔬菜烘蛋——切碎蔬菜與香草（306 頁）

去脊骨展平烤雞——基礎肉類肢解（316 頁）

我可以！我要吃一打雞！——基礎肉類肢解（325 頁）

香草莎莎醬——切碎和切細丁（359 頁）

剩菜創意變身

酪梨沙拉矩陣（217 頁）

川燙蔬菜與日式胡麻醬（258 和 251 頁）

義大利麵與綠花椰菜及粗麵包粉，變化版本（295 頁）

波斯香草蔬菜烘蛋（306 頁）

所有你夢想得到的塔與派！（400-401 頁）

建議菜單

波斯輕食午餐：

    剁碎的菲塔起司，切片黃瓜和溫熱的披塔麵包

    薄削球狀茴香與櫻桃蘿蔔沙拉（228 頁）

    波斯香草蔬菜烘蛋（306 頁）佐波斯甜菜根優格醬（373 頁）

炎炎夏日午餐：

    夏日番茄與香草沙拉（229 頁）

    油封鮪魚（314 頁）和小火煮白豆（280 頁）

三明治與沙拉的經典場合：

    蘿美生菜佐滑順香草沙拉醬（248 頁）

    香料鹽水火雞胸肉製成的三明治（346 頁）和阿優里醬（376 頁）

越南河內餐：

    越南風味黃瓜沙拉（226 頁）

    越式雞肉河粉（333 頁）

提前打包的野餐：

    羽衣甘藍沙拉佐帕瑪森油醋醬（241 頁）

    西西里雞肉沙拉製成的三明治（342 頁）

    杏仁與小荳蔻茶點蛋糕（414 頁）

比日式照燒還美味：

亞洲菜絲（225 頁）

五香脆皮烤雞（338 頁）

蒸煮茉莉泰國香米（282 頁）

繁忙週三的提神食物

小顆萵苣生菜佐蜂蜜芥末油醋醬（240 頁）

美式雞肉派（322 頁）

蒜味青豆（261 頁）

溫暖的冬季晚餐聚會

冬日托斯卡尼麵包沙拉（234 頁）

香料鹽水豬里肌肉（347 頁）

烤防風草根與紅蘿蔔（使用 263 頁的烘烤方法）

邁耶檸檬莎莎醬（366 頁）

白脫鮮奶義式奶酪（418 頁）

酒煮榅桲（405 頁）

一點點印度風

印度香料鮭魚（311 頁）

番紅花飯（287 頁）

印度紅蘿蔔優格醬（370 頁）

印度風味蒜味青豆（261 頁）

夏季晚餐

芝麻葉佐檸檬油醋醬（242 頁）

我可以！我要吃一打雞！（325 頁）——試試看以燒烤的方式！

油封櫻桃番茄（256 頁）

炙烤玉米（使用 266 和 267 頁的方法，無須事先燙煮）

草莓奶油酥餅（393 頁）

法式情調

田園生菜與紅酒醋油醋醬（240 頁）

吮指香煎雞（328 頁）

快炒蘆筍（使用 260 頁的快炒方法）

經典法式香草莎莎醬（362 頁）

大黃與杏仁奶油餡塔佐香草鮮奶油（400 和 423 頁）

風味十足的摩洛哥饗宴

薄削紅蘿蔔沙拉佐薑與萊姆（227 頁）

小火燉煮鷹嘴豆搭配摩洛哥香料（280 頁，搭配參考 194 頁的香料地球村）

摩洛哥烤羊肉串（357 頁）

哈里薩辣醬、北非醃醬和香草優格醬（380、367 和 370 頁）

冬天，冬天，晚餐要吃雞

鮮味高麗菜絲（224 頁）

香料炸雞（320 頁）

輕酥白脫鮮奶比思吉（392 頁）

燉煮黑眼豆（black-eyed Peas，280 頁）

久煮羽衣類蔬菜佐培根（使用 264 頁的久煮方法）

苦甜巧克力布丁（416 頁）

完美平衡的感恩節

去脊骨展平火雞（347 頁）

蒜味青豆（261 頁）

冬季菊苣佐巴薩米克油醋醬（241 頁）

義式甜酸奶油瓜與球芽甘藍（262 頁）

炸鼠尾草莎莎綠醬（361 頁）

蘋果與杏仁奶油餡塔（397 頁）佐鹽味焦糖醬（426 頁）

南瓜派（390 頁）佐酸味打發鮮奶油（425 頁）

自己的墨西哥玉米餅自己包

酪梨與柑橘沙拉佐酸漬洋蔥及香菜（217 頁）

辣醬燉豬肉（348 頁）與溫熱墨西哥玉米餅

墨西哥風味香草莎莎醬（363 頁）和發酵鮮奶油

小火煮豆（280 頁）

有點居酒屋

川燙菠菜（259 頁）佐日式胡麻醬（251 頁）

超級酥脆去脊骨展平烤雞（316 頁）

日式香草莎莎醬（365 頁）

還有，關於甜點的搭配建議

蘋果與杏仁奶油餡塔（397 頁）佐打發法式酸奶油（113 頁）

經典南瓜派（390 頁）佐打發酸味鮮奶油（425 頁）

蘋果派（388 頁）佐焦糖鮮奶油（425 頁）

杏仁奶冰沙（404 頁）佐烘香杏仁鮮奶油（424 頁）

咖啡冰沙（405 頁）佐巧克力鮮奶油（424 頁）

血橙冰沙（404 頁）佐伯爵鮮奶油（424 頁）

烤杏桃（406 頁）佐杏桃果核鮮奶油（424 頁）

酒煮西洋梨（405 頁）佐鹽味焦糖醬（426 頁）

糖漬水蜜桃（407 頁）佐水蜜桃頁鮮奶油（424 頁）

蘿瑞的午夜巧克力蛋糕（410 頁）佐咖啡鮮奶油（423 頁）

鮮薑與黑糖蜜蛋糕（412 頁）佐打發酸味鮮奶油（425 頁）

杏仁與小荳蔻茶點蛋糕（414 頁）佐糖漬油桃（407 頁）

墨西哥巧克力布丁（417 頁）佐香料鮮奶油（423 頁）

白脫鮮奶義式奶酪（418 頁）佐糖漬水蜜桃與香草籽（407 頁）

小荳蔻義式奶酪（419 頁）佐糖漬玫瑰香莓果（407 頁）

柑橘義式奶酪（419 頁）佐糖漬金桔（407 頁）

未來的閱讀推薦

　　一旦你慢慢熟悉某些作家或廚師，知道他們食譜容易上手、成功，請將這些人列入值得信賴的資料來源清單中。以下是我在網路上或是實體書籍中尋找新食譜時常常參考的廚師與作家。

　　世界各地料理：Cecilia Chiang 和 Fuschia Dunlop（中國），Julia Child 和 Richard Olney（法國），Madhur Jeffrey 和 Niloufer lchaporia King（印度次大陸），Najmieh Batmanglij（伊朗），Ada Boni 和 Marcella Hazan（義大利），Nancy Singleton Hachisu 和 Shizuoka Tsuji（日本），Yotam Ottolenghi、Claudia Roden 和 Paula Wolfert（地中海），Diana Kennedy 和 Maricel Presilla（墨西哥），Andy Ricker 和 David Thompson（泰國），Andrea Nguyen 和 Charles Phan（越南）。

　　日常料理：James Beard、April Bloomfield、Marion Cunningham、Suzanne Goin、Edna Lewis、Deborah Madison、Cal Peternell、David Tanis、Alice Waters、The Canal House 和《廚藝之樂》（*The Joy of Cooking*）。

　　關於食物書寫與料理的靈感來源：Tamar Adler、Elizabeth David、MFK Fisher、Patience Gray、Jane Grigson 和 Nigel Slater。

　　烘焙參考：Josey Baker、Flo Braker、Dorie Greenspan、David Lebovitz、Alice Medrich、Elisabeth Prueitt、Claire Ptak、Chad Robertson 和 Lindsey Shere。

　　料理中的科學：Shirley Corriher、Harold McGee、J. Kenji Lopez-Alt、Herve This 和圖解廚藝》（*Cook's Illustrated*）編輯群。

致謝

這本書可說是集合長達十五年實務料理及對料理的想法，和六年以來蒐集資料與鑽研寫作的大成。這一路上我持續收到無數或大或小的幫助，在此我想深深的感激：

愛麗絲‧華特斯，感謝她創造出如此具啟發性與教育意義的環境，並接納我成為其中一員。我在 Chez Panisse 被灌輸的審美觀與直覺反應，至今依舊引領著我的所有料理行為。在她身上，我看到了一位下定決心、有遠見的女性所能成就的豐偉功績。

麥克‧波倫和茱蒂斯‧貝爾澤（Judith Belzer），感謝他們的友情、引領，以及多年來各種形式的支持。打從我想將料理以理論的形式發表這個輕率點子的萌發初期，一直到付梓成書，都獲得他們的全力支持。

克里斯多福‧李，感謝這位最強大的資料庫，教導我尊敬並效法料理界的先驅，引領我追求屬於我自己的廚藝巔峰，更要感激他教會我如何品嘗食物。

謝謝蘿瑞‧帕德瑞扎與馬克‧戈登（Mark Gordon）的耐心，樂於作為我的這些飲食理論的人體試驗者。

湯瑪士‧朵門（Thomas W. Dorman），感謝他教導我好跟還能更好之間的差異。

我的每一位老師：史蒂芬‧布斯（Stephen Booth）、希爾凡‧布拉克特（Sylvan Brackett）、瑪麗‧卡納萊斯（Mary Canales）、達里歐‧切基尼（Dario Cecchini）、秦小晴（Siew-Chin Chinn，音譯）、雷尼爾‧德‧古茲曼（Rayneil de Guzman）、艾咪‧丹克勒（Amy Dencler）、莎敏莎‧葛林伍德（Samantha Greenwood）、查理‧哈洛維（Charlie Hallowell）、羅伯特‧哈斯（Robert Hass）、凱爾西‧克爾（Kelsie Kerr）、尼羅佛‧伊查波瑞亞‧金（Niloufer Ichaporia King）、夏琳‧尼科爾森（Charlene Nicholson）、卡爾‧佩特濃，多明尼克‧賴斯（Dominica Rice）、克里斯婷娜‧羅奇（Cristina Roschi）、琳賽‧希爾（Lindsey Shere）、艾倫‧唐瑞（Alan Tangren）、大衛‧塔尼斯（David Tanis）和班尼德塔‧維達李。

謝謝舊金山十八個理由廚藝學院（18 Reasons）的山姆‧蒙和南（Sam Moghannam）、羅西‧布然森‧吉爾（Rosie Branson Gill）和米歇爾‧肯麥齊（Michelle McKenzie）。以及靈魂食物農場（Soul Food Farm）的艾利克斯與艾瑞克‧科佛（Alexis and Eric Koefoed）給了我最珍貴的機會，第一次教授《鹽、油、酸、熱》的課程，藉此我得以再次精煉整體的內容。也要謝謝莎夏・羅佩茲（Sasha Lopez），我的第一位、也是最好的一位學生。

我要深深感謝以下幾位作家，包括克里斯・柯林（Chris Colin）、傑克・伊特（Jack Hitt）、道格・馬圭伊（Doug McGray）、卡洛琳・保羅（Caroline Paul）、凱文・維斯特（Kevin West）和參與 Notto 的所有人：羅克絲・巴哈（Roxy Bahar）、茱蒂・肯恩（Julie Caine）、若薇拉・卡本特（Novella Carpenter）、布里奇特・休伯（Bridget Huber）、卡西・麥尼（Casey Miner）、莎拉・瑞奇（Sarah C. Rich）、瑪麗・若煦（Mary Roach）、艾力克・史考特（Alec Scott）、高帝・史萊克（Gordy Slack）和瑪利亞・沃稜（Malia Wollan）。

莎拉・艾德蒙（Sarah Adelman）、蘿拉・布萊特門（Laurel Braitman）和珍妮・瓦朋兒（Jenny Wapner），謝謝她們幫忙鼓舞催生這個點子以及堅毅的友情。

謝謝吐溫萊特・古琳兒維（Twilight Greenaway）的蔡麥，與賈斯丁・利摩格斯（Justin Limoges）和馬羅・寇特・古琳兒維（Marlow Colt Greenaway-Limoges），對我姐妹相挺的情誼之深，堪稱是我肚裡的三胞胎。

阿朗・賀門（Aaron Hyman）的陪伴，跟著我的好奇心一起探索深究，並且鞭策我不可以妥協馬虎。

克里斯汀・若斯木生（Kristen Rasmussen），謝謝她在科學及營養學的角度，強而有力的支持。哈洛德・瑪基（Harold McGee）在食品科學上的支援，及蓋・克羅斯比（Guy Crosby）、米歇爾・哈里斯（Michelle Harris）和蘿拉・卡茲（Laura Katz）協助我一一逐例檢視。

安內特・芙蘿瑞絲（Annette Flores）、米歇爾・富爾斯特（Michelle Fuerst）、艾咪・哈特烏戈（Amy Hatwig）、蓋瑞・路易絲（Carrie Lewis）、阿瑪利亞・瑪里歐（Amalia Mariño）、依落山田（Liro Oyamada）、勞瑞・艾倫・波里卡諾（Laurie Ellen Pellicano）、湯姆・波提歐（Tom Purtill）、吉爾・桑托彼埃羅（Jill Santopietro）、吉里恩・紹（Gillian Shaw）及潔西卡・渥史伯恩（Jessica Washburb），謝謝他們幫忙紀錄食譜、試吃及提供意見。

感謝成千上萬，數不清的家庭煮廚們，耐心紀錄、恆心傳承與用心試驗的食譜！

湯瑪士與蒂芬妮・康柏貝爾（Thomas and Tiffany Campbell）、古利塔・卡如索（Greta Caruso）、芭芭拉・丹坦（Barbara Denton）、雷克斯・丹坦（Lex Denton）、菲利普・杜維兒（philip Dwelle）和艾力克斯・霍利（Alex Holey），謝謝他們的好胃口、

友誼，以及站在家庭煮廚的角度，提供我意見。

謝謝達瑪・愛德爾（Tamar Adler）和茱莉亞・特迅（Julia Turshen），在充滿文字及食物的路上一直陪伴著我。

大衛・瑞齡（David Riland），感謝他堅毅和藹的指引。

莎拉・瑞哈能（Sarah Ryhanen）與艾瑞克・法明山（Eric Famisan），謝謝提供在農場邊的房間，讓我專心寫作。

彼得（Peter）、克里斯汀（Kristin）、菩提（Bodhi）和碧雅・貝克兒（Bea Becker），謝謝在我每次進城時，都極力拯救我的一頭亂髮。

佛林・克萊肯布格（Verlyn Klikenborg），感激他的書《關於寫作的幾個短句》（*Several Short Sentences about Writing*）。

赫德蘭藝術中心（The Headlands Center for Arts）馬克杜維爾・克努尼（MacDowell Colony）及梅薩創作所（Mesa Refuge），謝謝提供的場所、時間和創意無價的支持。

阿爾瓦羅・維拉鈕瓦（Alvaro Villanueva），謝謝無極限的耐心、幽默感，以及接受挑戰，一同創作這一本顛覆傳統的書籍。

艾蜜莉・格拉夫（Emily Graff）渴求細節、熱衷分析的個性與無極限的支持，是督促本書更進步的動力。安・契利（Ann Cherry）、莫林・寇爾（Maureen Cole）、凱莉・霍夫曼（Kayley Hoffman）、莎拉・瑞蒂（Sarah Reidy）、瑪麗蘇・儒奇（Marysue Rucci）、史黛西・沙卡兒（Stacey Sakal）和達娜・卓克兒（Dana Trocker）默默在西蒙與舒斯特出版社（Simon&Schuter）為本書努力，同時賦予了它生命力，走向全世界。

珍妮・羅德（Jenny Lord），感謝遠從地球另一端，在對的時間，說了一句對的話。

麥克・許茲邦（Mike Szczerban），謝謝他的睿智與熱情，幫助這本書得以朝向正確的方向發展。更重要的是，珍愛這本書之餘，也促成了彼此的友誼。

謝謝溫蒂・麥克諾頓（Wendy MacNaughton）極佳的幽默感及冒險精神，勇於嘗試任何事物。感謝為我打氣、被迫妥協，當然還有，努力的工作。我怎麼會這麼幸運！能與我最喜愛的插畫家合作，而合作的過程中還成了至交。無庸置疑的，她絕對是我夢寐以求的最佳合作伙伴。

凱爾・史都爾特（Kair Stuart），我親愛優秀的朋友，沒有他，這本書就永遠沒有出版的一天。謝謝阿曼達・烏爾本（Amanda Urban）大方出借凱爾（Kair）。派翠克・莫利（Patrick Morley），感謝你身為一個這麼好的人。

最後，謝謝我的家人，教育我讓我懂得吃：夏拉（Shahla）、帕夏（Pasha）和巴哈朵・納斯瑞特（Bahador Nosrat）；我的阿姨與舅舅雷拉（Leyla）、沙哈伯（Shahab）、沙

哈潤（Shahram）、沙瑞亞（Shahriar）和辛巴·卡薩（Ziba Khazai）；和我的祖母們，帕紋·卡薩（Parvin Khazai）與帕瑞馬須·納斯瑞特（Parivash Nosrat）。開胃！吃好！（nooshe joonetan.）

— Samin

感謝我超棒、事事鼓勵我的父母，羅賓與凱蒂·麥克諾頓（Robin and Candy MacNaughton）。（媽！你是我生命中最初，也是最棒的主廚！）

在這本料理與插圖饗宴完成前，就被迫一睹為快的眾親朋好友。謝謝你們提供的點子、睿智、支持與愛。這些打氣，全幻化成我前進的能量。

絕對要起立感謝我的工作室經理，兼私人工作調度員，崔西·理查門（Trish Richman）。你是這份作品的重要角色，少了你的幫助，不論是這本書或是我本人，肯定會是一團糟。

阿爾瓦羅·維拉鈕瓦（Alvaro Villanueva）！你絕佳的設計能力，超有創意的點子，清晰的思路及無比的耐心，實在是太令人佩服了。是你，才讓完成數百件藝術作品，看起來不費吹灰之力。感謝你。

謝謝凱爾·史都爾特（Kari Stuart）照顧我跟莎敏，你是我們心目中的大好人。

夏洛特·西迪（Charlotte Sheedy），我的經紀人，我的偶像。就算送你幾百桶的波本酒，也不足以感謝你所為我做的許多遠遠超越你份內工作的事。

謝謝卡洛琳·保羅（Caroline Paul），我人生的全部。每一頓晚餐、每一堆待洗碗盤、每一場會議及每一個決定，你都在場，陪我一起參與。沒有你就沒有這本書。謝謝你帶領整個家與我們的人生，一同經歷創作這本作品。我很高興，現在我終於又能得空為你煮飯了。

還有，莎敏，當你第一次向我提出合作邀約時，我那時甚至連西式炒蛋都不知道怎麼做。也只有透過你的幽默、耐心、溫和及與生俱來的熱忱，能引起我的學習專注力，體驗到下廚的迷人之處與樂趣。謝謝你，你改變了我的人生。能與你共事，為你創作插圖，成為你的朋友，是極為有趣的事，更是我極致的榮幸。

參考書目

Batali, Mario. Crispy Black Bass with Endive Marmellata and Saffron Vinaigrette, in *The Babbo Cookbook*. New York: Clarkson Potter, 2002.

Beard, James. *James Beard's Simple Foods*. New York: Macmillan, 1993.

———. *Theory and Practice of Good Cooking*.

Braker, Flo. *The Simple Art of Perfect Baking*. San Francisco: Chronicle Books, 2003.

Breslin, Paul A. S. "An Evolutionary Perspective on Food and Human Taste." *Current Biology*, Elsevier, May 6, 2013.

Corriher, Shirley. *BakeWise: The Hows and Whys of Successful Baking with Over 200 Magnificent Recipes*. New York: Scribner, 2008.

Crosby, Guy. *The Science of Good Cooking: Master 50 Simple Concepts to Enjoy a Lifetime of Success in the Kitchen*. Brookline, MA: America's Test Kitchen, 2012.

David, Elizabeth. *Spices, Salt and Aromatics in the English Kitchen*. Harmondsworth: Penguin, 1970.

Frankel, E. N., R. J. Mailer, C. F. Shoemaker, S. C. Wang, and J. D. Flynn. "Tests Indicate That Imported 'extra-Virgin' Olive Oil Often Fails International and USDA Standards." *UC Davis Olive Center*. UC Regents, June 2010.

Frankel, E. N., R. J. Mailer, S. C. Wang, C. F. Shoemaker, J. X. Guinard, J. D. Flynn, and N. D. Sturzenberger. "Evaluation of Extra-Virgin Olive Oil Sold in California." *UC Davis Olive Center*. UC Regents, April 2011.

Heaney, Seamus. *Death of a Naturalist*. London: Faber and Faber, 1969.

Holland, Mina. *The Edible Atlas: Around the World in Thirty-Nine Cuisines*. London: Canongate, 2014.

Hyde, Robert J., and Steven A. Witherly. "Dynamic Contrast: A Sensory Contribution to Palatability." *Appetite* 21.1 (1993): 1–16.

King, Niloufer Ichaporia. *My Bombay Kitchen: Traditional and Modern Parsi Home Cooking*. Berkeley: University of California, 2007.

Kurlansky, Mark. *Salt: A World History*. New York: Walker, 2002.

Lewis, Edna. *The Taste of Country Cooking*. New York: A. A. Knopf, 2006.

McGee, Harold. "Harold McGee on When to Put Oil in a Pan." *Diners Journal Harold McGee on When to Put Oil in a Pan Comments. New York Times*, August 6, 2008.

———. *Keys to Good Cooking: A Guide to Making the Best of Foods and Recipes*. New York: Penguin Press, 2010.

———. *On Food and Cooking: The Science and Lore of Cooking*. New York: Scribner, 1984; 2nd ed. 2004.

Mcguire, S. "Institute of Medicine. 2010. Strategies to Reduce Sodium Intake in the United States." Washington, DC: The National Academies Press. *Advances in Nutrition: An International Review Journal* 1.1 (2010): 49-50.

McLaghan, Jennifer. *Fat: An Appreciation of a Misunderstood Ingredient, with Recipes.* Berkeley: Ten Speed Press, 2008.

McPhee, John. *Oranges.* New York: Farrar, Straus and Giroux, 1967.

Montmayeur, Jean-Pierre, and Johannes Le Coutre. *Fat Detection: Taste, Texture, and Post Ingestive Effects.* Boca Raton: CRC/Taylor & Francis, 2010.

Page, Karen, and Andrew Dornenburg. *The Flavor Bible: The Essential Guide to Culinary Creativity, Based on the Wisdom of America's Most Imaginative Chefs.* New York: Little, Brown, 2008.

Pollan, Michael. *Cooked: A Natural History of Transformation.* New York: Penguin, 2014.

Powers of Ten—A Film Dealing with the Relative Size of Things in the Universe and the Effect of Adding Another Zero. By Charles Eames, Ray Eames, Elmer Bernstein, and Philip Morrison. Pyramid Films, 1978.

Rodgers, Judy. *The Zuni Cafe Cookbook.* New York: W. W. Norton, 2002.

Rozin, Elisabeth. *Ethnic Cuisine: The Flavor-Principle Cookbook.* Lexington, MA: S. Greene, 1985.

Ruhlman, Michael. *The Elements of Cooking: Translating the Chef's Craft for Every Kitchen.* New York: Scribner, 2007.

Segnit, Niki. *The Flavor Thesaurus: A Compendium of Pairings, Recipes, and Ideas for the Creative Cook.* New York: Bloomsbury, 2010.

"Smoke: Why We Love It, for Cooking and Eating." *Washington Post*, May 5, 2015.

Stevens, Wallace. *Harmonium*. New York: A. A. Knopf, 1947.

Strand, Mark. *Selected Poems*. New York: Knopf, 1990.

Stuckey, Barb. *Taste What You're Missing: The Passionate Eater's Guide to Why Good Food Tastes Good*. New York: Free, 2012.

Talavera, Karel, Keiko Yasumatsu, Thomas Voets, Guy Droogmans, Noriatsu Shigemura, Yuzo Ninomiya, Robert F. Margolskee, and Bernd Nilius. "Heat Activation of TRPM5 Underlies Thermal Sensitivity of Sweet Taste." *Nature*, 2005.

This, Hervé. *Kitchen Mysteries: Revealing the Science of Cooking=Les Secrets De La Casserole*. New York: Columbia UP, 2007.

———. *Molecular Gastronomy: Exploring the Science of Flavor*. New York: Columbia UP, 2006.

———. *The Science of the Oven*. New York: Columbia UP, 2009.

Waters, Alice, Alan Tangren, and Fritz Streiff. *Chez Panisse Fruit*. New York: HarperCollins, 2002.

Waters, Alice, Patricia Curtan, Kelsie Kerr, and Fritz Streiff. *The Art of Simple Food: Notes, Lessons, and Recipes from a Delicious Revolution*. New York: Clarkson Potter, 2007.

Witherly, Steven A. "Why Humans Like Junk Food." Bloomington: iUniverse Inc., 2007.

Wrangham, Richard W. *Catching Fire: How Cooking Made Us Human*. New York: Basic, 2009.

索引

✳ NOTES ✳

廚房必備基本工具

1. 湯鍋
2. 油炸時使用的溫度計
3. 炒鍋
4. 研磨過濾器
5. 瀝水籃
6. 湯勺

7. 細網目的篩子
8. 木頭材質的湯匙
9. 橡皮刮刀
10. 網杓
11. 不鏽鋼材質的餐夾
12. 高湯鍋
13. 鑄鐵材質的荷蘭鍋
14. 鑄鐵材質的平底煎鍋
15. 盒狀研磨器
16. 手動擠汁工具（常用於柑橘類）)
17. 研缽
18. 主廚長刀（以及小刀、鋸齒刀）
19. 量杯與量匙

收納在櫥櫃裡的

20. 料理秤
21. 測量肉塊溫度的探針式溫度計
22. 沙拉甩水器
23. 攪拌盆（數個）
24. 烤盤（數個）
25. 果汁機或食物調理機
26. 日式薄切工具
27. 刨刀（磨皮器）

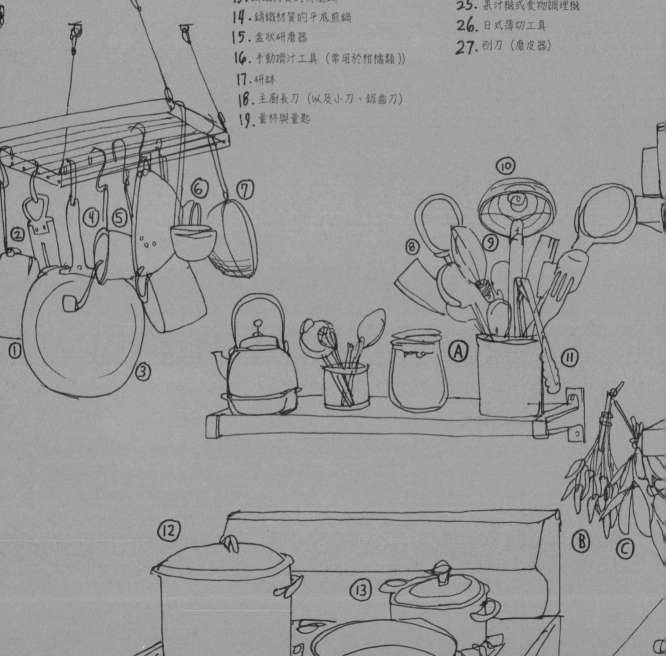

常備食材

A. 猶太鹽或細海鹽
B. 乾燥辣椒
C. 月桂葉
D. 醬油
E. 香料
F. 堅果及乾燥果乾
G. 巧克力與可可粉
H. 義大利麵、米和穀物
I. 初榨橄欖油和無特殊風味的液態油脂

J. 番茄罐頭
K. 洋蔥
L. 新鮮香草
M. 乾燥豆類
N. 橄欖與酸豆
O. 鮪魚及鯷魚
P. 大蒜
Q. 檸檬與萊姆
R. 紅酒醋、白酒醋、巴薩米克醋和米酒醋

S. 黑胡椒
T. 片狀鹽
U. 奶油
V. 帕瑪森起司
W. 蛋